第三届全国建筑评论研讨会
暨海南省土木建筑学会2019年学术年会

海口·海南

12.14

谨以此书致敬每一位执着投身于中国建筑评论事业的学人们

蓝天碧海听涛声

第三届全国建筑评论研讨会（海口）论文集

第三届全国建筑评论研讨会组委会、海南省土木建筑学会、《建筑评论》编辑部　主编

天津大学出版社
TIANJIN UNIVERSITY PRESS

图书在版编目（CIP）数据

蓝天碧海听涛声 : 第三届全国建筑评论研讨会(海口)论文集 / 第三届全国建筑评论研讨会组委会，海南省土木建筑学会，《建筑评论》编辑部主编 . -- 天津 : 天津大学出版社 , 2021.3
ISBN 978-7-5618-6880-5

Ⅰ . ①蓝… Ⅱ . ①第… ②海… ③建… Ⅲ . ①建筑艺术 - 艺术评论 - 中国 - 学术会议 - 文集 Ⅳ . ① TU-862

中国版本图书馆 CIP 数据核字 (2021) 第 043372 号

Lantian Bihai Ting Taosheng: Disanjie Quanguo Jianzhu Pinglun Yantaohui (Haikou) Lunwen Ji

策划编辑　金　磊　韩振平
责任编辑　郭　颖
装帧设计　董晨曦

出版发行　天津大学出版社
地　　址　天津市卫津路 92 号天津大学内（邮编：300072）
网　　址　publish.tju.edu.cn
电　　话　发行部：022-27403647
印　　刷　廊坊市瑞德印刷有限公司
经　　销　全国各地新华书店
开　　本　210mm × 265mm
印　　张　16.75
字　　数　608 千
版　　次　2021 年 3 月第 1 版
印　　次　2021 年 3 月第 1 次
定　　价　96.00 元

主编单位

第三届全国建筑评论研讨会组委会

海南省土木建筑学会

《建筑评论》编辑部

评审委员会

主　　任　布正伟

副 主 任　洪铁成　李敏泉

委　　员　（以姓氏笔划为序）

方　立　王兴田　支文军　王绍森　付海涛　龙　灏　李晓峰　苏晓河　邵　松　张伶伶　吴永发

陈德雄　陈展辉　金　磊　金　捷　周　榕　姜志燕　崔　勇　夏桂平　韩林飞　彭礼孝　廖石刚

编辑委员会

顾　　问　（以姓氏笔划为序）

马国馨　布正伟　汪正章　洪铁城　顾孟潮　崔　恺　曾昭奋　黄天其

主　　编　金　磊

副 主 编　李敏泉　支文军　段晓农

执行主编　苗　淼　董晨曦

编　　委　张学栋　邵　松　崔　勇　付海涛　夏桂平　陈孝京　任学斌　江国买　焦新华　黄艳青　郭建明

廖石刚　侯百镇　张新平　刘少锋　段若安　许桂清　李国平　刘建军　李　沉　朱有恒

目录

优秀论文

入选论文

嘉宾论文

序一／过程中的建筑评论

马国馨

从 1995 年起陆续写过几篇有关建筑评论的小文，并多次引用俄国作家屠格涅夫的话："关于伟大作品的评论，其重要性不在伟大作品本身之下。"这次同样还要重复引用一次。因为创作和评论应是繁荣建筑创作不可缺少的两翼，就像一辆车子的两个轮子，缺一不可，不然就会举步维艰、东倒西歪了。

2012 年曾为《建筑评论》的出版写过一篇短文，当时写这篇文字还动了一番脑筋，其主要观点无非是以下几点：评论是一种理性的分析过程，是一个从感性到理性、从感受到体验的过程，需要一支身份独立化的专门从事建筑评论的职业队伍；建筑评论无法回避"自由思想、独立精神"这个话题；失去独立性的随众和随俗的出现，除了利益驱动的因素之外，更多的是源于自信和自觉的缺失，在评论者中形成了若干思维定势；现实的建筑评论未必要先急于从历史和文化的宏大目标去进行评断，更需要从作品本身，从建筑师的创作方法和审美情趣，以及由此引发的某一方面的问题等角度去进行剖析。这次随着《蓝天碧海听涛声 第三届全国建筑评论研讨会（海口）论文集》的出版，看到各方面专家学者和同行的新成果，不由想再补充一点东西。

建筑作品从构思、建设到使用是一个较长的过程，建筑评论也是一个逐步分析、认识和思辨的过程，因此无论是作品也好，还是评论也好，都要在时间的长河中经受洗礼和考验，换句话说时间也是一位重要的观察员和评判员，而时间的判断可能会更有说服力和权威性。最近偶然看到两份几十年前的材料，出自日本《日经杂志》一个很有趣的专栏，叫"有名建筑之后"，它对国内外著名建筑师设计的著名建筑进行竣工十多年之后的再回顾和评论，手头材料较多，只介绍其中的两件。

一件是日本建筑师大谷幸夫设计，在 1966 年竣工的国立京都国际会馆，评论发表于完工之后 11 年的 1977 年。京都国际会馆的公开竞赛是日本国内重要的设计竞赛之一，在 195 个方案中，当时 39 岁的建筑师大谷幸夫获得优秀奖，因为竞赛条件中明确要求要有日本的形式，同时又位于京都这样的古城，他利用正台形和反台形的巧妙组合表现几何形体的组合，并巧妙

处理了 1 个 2000 人大会议厅和 13 个 50 人到 600 人不等的大小会议厅的安排，作者认为："建筑和大自然一样，在表现有力和强大的同时，也要有优雅、微妙的细部，单纯的优雅太女性化，表现这种美学需要更男性化。"因此，该建筑在竣工时被认为是仅次于日内瓦和纽约联合国大楼的世界第三大会议设施，也被认为是表现日本那个时代的具有艺术价值的杰作，获得一片好评之声。

但在建筑使用之后，问题也逐渐暴露出来。先说建筑本身，首先是漏雨问题，当年使用了橡胶材料防水，交工之后漏雨问题就陆续出现，此后是无休止的修补，经过 12 年到 1978 年基本修补完毕。另一个问题是建筑内部使用的路线太曲折，对使用者来说如入迷宫，大小会议室在地上 1~6 层中，当中有 24 处标高，尤其对初次来这里的人来说很不方便。还有一些细节问题，如同声传译室看不到会议发言者的表情，缺少展览面积、住宿设施等。另外，会馆位于郊区比叡山下，远离市区，但缺少旅馆等配套设施，所以在交工之后的 11 年中，举办国际会议 338 次，国内会议 5104 次，基本比例约为 1∶15，之所以国际会议数量少，还是地理上的原因，1000 人以下的会议对这里敬而远之，政府的会议、需要保密的会议一般都选在东京，交通方便，配套设施也齐全。1976 年在日本召开的国际会议中，东京经团联会馆有 43 件，参加人数 7365 人（其中外国人 1312 人），京都国际会馆 28 件，参加人数 13366 人（其中外国人 5306 人，可能是京都的风光更为吸引外国人）。当然馆方在 1973 年又扩建的记者中心也是补救措施之一，评论认为从建设之初，无论是设计方还是使用方都经验不足，所以在使用过程中自然会不断发现问题，这也是建筑完成之后除了本身的外形外的漫长"人生"中必须经历的吧。

另一个例子是大家都熟悉的悉尼歌剧院。建筑物作为建筑艺术的杰作和精华，受到评论家极高的评价，但是作为剧院的功能，从交工之后就开始受到各方面严厉的批评，变成了建筑

的造型魅力超越其使用功能的典型案例。评论是在其竣工15年后的1988年进行的。

众所周知，悉尼歌剧院是在1957年的设计竞赛的223个方案中，选中了丹麦建筑师约恩·伍重的方案，当时伍重表示"要创造一个美丽的雕刻"。但整个工程旷日持久，仅设计工作就花费了8年时间，最后4.45万平方米的建筑花费了10200万澳元。施工时间拖延14年，1973年9月竣工。尤其是中间南威尔士州政府换人，工程刚进行到结构阶段，伍重不得不于1966年辞职回国。工程改由州政府指定的建筑师彼得·霍尔、莱昂内·托德和大卫·利特尔莫尔3人接手，而接手的同时，也面临着任务书的重大修改：最早任务书要求演出厅的音乐厅（3000座）和歌剧院（1700座）兼用，这是很困难的。所以，在争论中霍尔判断，二者兼用是不可能的。当时音乐厅后面是澳大利亚广播公司（ABC）在支持，认为喜爱交响乐的听众更多，在ABC坚决支持下，最后决定2690座大厅为交响音乐厅，1547座小厅为歌剧院，并修改了任务书，由此也埋下了种种问题，尤其是做歌剧院使用的小厅。

小厅原定座席1200座改为1547座后，台塔和乐池以及舞台的机械等，就只能在有限的空间中安排。原在大厅中准备的舞台机械虽然已加工好，但也无法使用。由于外形限制，音乐厅的矛盾表现在台塔高度受到制约，影响幕的场面更换；乐池太小，目前只能容纳大型双管或小型3管的乐队，如是大3管或4管的乐队，或瓦格纳歌剧的大型乐队就很难满足，所以准备扩充到可容纳85~90人。因为这个作为澳大利亚剧场的代表，如果不能满足这点基本要求是说不过去的。另外，其没有侧台，后舞台也十分狭小，尤其面对目前歌剧舞台背景的日益立体化，过去舞台上一个台车就够用的剧目，现在有的需要多至6台，这样储存的空间就十分不足。由于后舞台狭窄，歌剧上演时演员加工作人员超过60~70人就很困难。

大音乐厅则是管理方十分自豪的地方，其修改主要是取消了舞台下方原拟安装的世界最早的垂直变换型舞台机械，改为音乐厅后，下部空间改造成了300座的录音室。在观众厅中专家认为两侧座席的反射声较好，而中间座席则感到反射声不足。但随着时间推移，也有人提出能否把音乐厅再改为歌剧院。

所以，悉尼歌剧院实际是一个矛盾交织的作品，按照惯例对于音乐厅和歌剧院这种观演建筑，内部功能和声学质量是首位的，欧洲许多类似建筑就是按此要求进行的，并没有让人瞠目结舌的创造性外形。而悉尼歌剧院位于重要的观光区，对外形的重视又远远超过内部的各种问题，同时内部使用功能修改时，结构部分已经完成，由此出现了不同的评价。

从以上两个案例的简要分析可以看出，对一栋建筑的评论

和批评，不仅是哲学、美学的，还包括人们和建筑的关系，包括建筑功能对人使用的影响。实际上，其与设计过程、施工过程、使用过程、改造过程等都有密切关系，与建筑完工后的维护管理水平更是直接相关。也只有详细了解其全过程后，做出的评价才能更客观、更科学、更有说服力。早在1995年张钦楠先生就在《建筑设计方法学》一书中介绍了国外对建筑使用后的反馈机制——使用后评价（Post-Occupation Evaluation，POE），如套用一句当下常用的话，那就是实践是检验建筑的重要标准。我在这里不提"唯一"，因为决定建筑物评价的因素太多，不是那么简单。这也和我们常提到的控制论的反馈机制、反馈信息密切相关。此后多年，经庄惟敏等学者不断研究和发展，逐渐形成了"前策划—后评估"的闭环，并得到建设主管部门的认可和推行。所以，我很同意这种观点，随着人类社会的发展，社会行为越来越复杂，对于承载这种活动的建筑和城市也提出了更为复杂的要求。简单的直觉式的评估越来越不能适应现在的时代发展需求。所以，人们也提出这种评估（论）不应仅仅局限于建筑投入使用之后，从策划、设计、施工到此后的各个环节都应涵盖在内。从前面所举的国立京都国际会馆和悉尼歌剧院所反映的问题就可看出，评论实际包括了建设全过程的许多环节，如果缺少这种系统化、较全面的科学评价，只会在人们头脑中形成许多被误导的片面结论。

所以，将一个建筑作品置于时间维度中加以评价，不但是对作品本身的最过硬的考验，而且对建设过程的各方都是有好处的，对行业本身的进步和发展也将起到重要的推动作用。但使用后评估工作在我国刚刚起步，目前所看到的一些评估报告也还是一种碎片化、局部的调研，其结果的提出也有赖于相对独立的评估机构，涉及各方实事求是地提供分析数据和材料，需要克服许多阻力和干扰，才能使这一科学方法得以顺利实现。后评估远比前策划要更复杂、更困难。总之，以评估指导评论，以评论促进评估，应成为建筑行业的常态。

我国的建筑评论工作任重而道远，祝贺有志于此的专家学者在过去的评论工作中所取得的各种成果，也希望在此领域能够迈出更大、更有力、更健康的步伐！

作者系中国工程院院士、全国工程勘察设计大师
北京市建筑设计研究院有限公司顾问总建筑师
《建筑评论》名誉主编

2020年6月1日定稿

见证大视野建筑评论点燃的星星之火

布正伟

覆盖社会的"评论"领域相当广泛，从经济到政治，从科学到艺术，从情操到伦理，等等。但为什么听起来很平常的"建筑评论"，却能把触觉延伸到上面所说的方方面面的内容之中呢？道理就在于，"为生存盖房子"的"建筑"事业，与人的"生老病死、衣食住行、甚至喜怒哀乐"都能紧紧连接在一起。这样看来，我们不仅要坚守并践行"以人为本"的建筑观念，而且还需要懂得，"建筑评论"事关人的生存状态和生存质量，我们必须责无旁贷地以深入推进全社会的"建筑评论"活动为己任。

2019 年是值得我们建筑学人永远记住的一年。首先，在中国建筑学会建筑师分会、中国文物学会 20 世纪建筑遗产委员会的支持下，《建筑评论》编委会推出《中国建筑历程 1978—2018》一书，并召开以建筑设计的名义纪念新中国诞生 70 周年暨《中国建筑历程 1978—2018》发布座谈会，这就意味着我们继往开来的"建筑评论"实践已走到了一个新的起点。令人欣喜的还有从业者的应势而动，2019 年年底在海南省海口市，召开了以"谱写人居环境新篇章"为主题的第三届全国建筑评论研讨会，这是继第一、二届分别由洪铁城、张学栋先生主持运作的浙江东阳、四川德阳会议之后，间隔 28 年再续薪火的一次历史性盛会。很荣幸，我们手中的这本论文集见证了第三届会议启动的前奏进程——在本届大会组委会成员段晓农、李敏泉先生指导下，完成了全国论文的征集与评选工作，点燃了当今大视野建筑评论的星星之火。

说到这里，我们自然就会想起建筑前辈杨永生先生，他生前不仅把大力推进建筑评论工作视为重中之重，而且还身体力行，亲身投入到建筑评论的重要学术活动中，他的诸多建筑评论的肺腑之言，一直感染和激励着我们。21 世纪开元的 2000 年，他特意邀请了建筑界著名专家、教授撰写了 40 篇评论文章，编辑出版了《建筑百家评论集》（中国建筑工业出版社，2000 年

8 月）。20 年过去了，但今天读起来仍可对号入座，发人深省。实践证明，写得好的情深理重的建筑评论，定会让人刻骨铭心、受用终身。

这本《蓝天碧海听涛声 第三届全国建筑评论研讨会（海口）论文集》，共收集了 58 篇论文，经 9 名专家（布正伟、洪铁城、李敏泉、金磊、支文军、邵松、付海涛、崔勇、夏桂平）组成的评委会三轮评选，最终选出了优秀论文 11 篇，入选论文 33 篇。如果与 2000 年杨永生先生编辑出版的《建筑百家评论集》作一比较的话，便不难发现，时过 20 年出版的这本建筑评论文集有两个显著的特点。一是作者群体年轻化，大部分都是三四十岁的中青年学人，以"新面孔"亮相的居多。二是建筑评论的视野更加开阔、视角更加多变：从乡村振兴战略到城市特色因缘；从当今建筑设计教学急功近利的"短板"，到对建筑之美本质认知的误区；从国内设计院体制下建筑创作出现的局限性问题，到境外建筑师在中国实践的社会效应；以及其他一些让建筑师意想不到的课题，如环境监测与环境评估对城市规划、城市建设的深远影响等，都敏感地反映出了新时期我们急需正视、警觉，并加以研究解决的问题。值得一提的是，论文中不乏来自

基层实践或基层调查研究的成果。总之，论文选题能如此开放、自由、与时俱进，与第三届全国建筑评论研讨会确立的主题——"谱写人居环境新篇章"展示的大视野是密不可分的。

这次论文评选打破了评委出差、集中开会的惯例，采取了"远程操作、分段评议；微信讨论、各抒己见；服从多数、三榜定案"的方式。在为期数天的远程评选中常有争论，但有一点是评委们都意识到了的——这次征集到的论文总体质量尚不理想，不论是从立论的"导向力"、分析的"深刻性"来看，还是就表达的"鲜活感"、效应的"反响度"而言，都还有很大的提升空间和改进余地。然而，在各单位学术研究与建筑设计都繁忙的情况下，取得这样的成果也属不易了。特别要指出的是，与会作者们的精神面貌让我们评委感到十分欣慰：从本届大会开幕到闭幕的全过程中，作者们始终都满怀激情：或虚心讨教、或相互鼓励，或表达努力跟进、持续进取的愿望。正如洪铁城先生说的那样，这些中青年作者正在成长之中，对建筑评论社会活动所展示的无比热忱是最宝贵的，在他们身上就蕴藏着我们所期待的发展潜力。

海南欣逢盛世，将被打造成为世界自由贸易港，成为国际金融、旅游、购物中心。在这样明媚伟丽的地方，我们开启了全国"建筑评论"的新征程，既感到无比自豪，又深感使命重大。多方信息证实，源于民间组织的"全国建筑评论研讨会"还将继续接力运作下去。如何展望、进取、求索——这是需要我们好好静下心来细细思考的大事。我相信，《建筑评论》主编金磊先生的独特思绪会给我们宝贵的启示，他曾讲到："建筑评论涉及面广，虽不可随意设置建筑批评言说的框架，但也不可没有健康的评论方式，这至少要求建筑评论者要勇于匡正自己的建筑文化历史观——面对举国大兴土木的时代，任何人都没有理由忽视建筑与历史、建筑与文化的相关性；建筑绝不仅仅是房子，它也影响着文化，还作用于人的精神。现在社会上一味强调建筑要有'前瞻性'以免被批'落后了'，其实，这是缺乏对正确建筑评论价值的认同。所以，作为一种期待，培育对历史与未来均善于省思者，应是建筑评论界的好抉择。与此同时，我非常渴望提升建筑评论的公众普及服务功能，为此，希望建筑评论人和建筑师要勇于用评论的言说，为公众读懂建筑当好'真善美'鉴赏的讲解员；此外，还需要评论者坚守可贵的勇锐精神和真实地敞开自己的心灵之窗，坦诚地面对作品的思想之境，处理好被低估与被高估的、被点赞与被批评的敏感性关系，时刻铭记着：应充分体现出'建筑评论'不是做学术交易的手段，而是评论者尊严的如实写照。"

我们不负使命，借这次海口盛会举办的全国论文征集与评选的东风，接过 1987 年第一届和 1991 年第二届大会传递下来的中国建筑评论火种，又把 2019 年第三届新时期大视野建筑评论的星星之火点燃起来了！让我们满怀信心、携手共进，去迎接"星火燎原"之势的早日到来吧……

作者系中房集团建筑设计有限公司资深总建筑师
第三届全国建筑评论研讨会学术委员会主任

2020 年 6 月 22 日于北京

业界知名人士的致辞

编者按：2019 年 12 月，"第三届全国建筑评论研讨会"召开，本集选编其中专家领导的发言与致辞。

陈孝京

海南省住建厅副厅长

建筑评论是建筑理论的重要组成部分，也是建筑实施全过程中重要的互动环节，是提高建筑创作水平的重要举措之一。建筑评论不仅是对所有建筑现象和建筑问题的科学评价和理论建构，也是沟通建筑与时代、建筑与公众、建筑与社会的一个重要渠道。我们城乡建设的每一项工作，特别是建筑设计创作必须树立特色文化意识、建筑精品意识、特色风貌意识，城乡建设成果不仅要满足于与国内兄弟省市比较，达到国内先进水平，而且要对标世界一流水准，达到国际领先水平。希望本次建筑评论研讨会能够办出特色、办出水平，为海南的建筑发展，为中国的城市建设指明方向和路径。

崔愷

中国建筑设计研究院（集团）总建筑师
中国工程院院士
全国工程勘察设计大师
中国建筑学会副理事长

建筑评论是非常有必要的。近年来，我国建筑评论有了长足发展，无论是建筑杂志、网络评论，还是学术研讨会，都为当代中国建筑创作提供了非常好的发展平台，同时又使我们开阔了视野。希望建筑师和评论家们共同努力，让中国建筑创作立于世界之林。

段晓农

海南省土木建筑学会理事长
第三届全国建筑评论研讨会
组委会主任

在本届建筑评论研讨会上，我们共同审视我国建筑设计创作环境、现状和存在的问题，共同探讨新时代建筑创作所面临的机遇和挑战，共同挖掘我国建筑设计理论的内涵和文化价值，共同探索更加健康和谐的建筑创作与建筑评论之路，这无疑是我国建筑设计界一次值得庆幸的盛会，对广大正投身于海南自由贸易港建设的本土建筑师和工程师们而言，更是一份年终厚礼，是一次难得的交流建筑创作心得、促进多种先进设计理念融合共生的绝好机会。

顾孟潮

中国建筑学会教授级高级建
筑师、著名建筑评论家

科学的建筑评论是不可或缺的事业，它具有普遍性、
重要性、必要性和迫切性。评论本身就是书写真实的历史
和为真实的历史作证的事业。它要为历史负责，为社会负
责，为业界负责，当然也要为自己所处的时代负责。所以，
我将科学的建筑评论比喻为建筑领域的眼睛和喉舌，强调
其历史和专业的洞察力和监督作用，以及它科学评价与鼓
励真善美建筑，并起到呼吁社会和业界及公众的理解与支
持建筑界深化改革的喉舌作用。

苏晓河

世界华人建筑师协会秘书长

为了今天的再聚首，我们等待了近三十年，这样的相
会来之不易。各路"神仙大咖"即将奉上的学术盛宴，必
将点燃建筑师的激情。愿我们的建筑评论会议收获丰硕的
成果，为祖国建筑文化事业的繁荣添砖加瓦。

王兴田

当代中国建筑创作论坛总召集人

中国建筑创作多元并存、兼收并蓄，呈现出多元的趋
势和崭新的风貌。希望第三届全国建筑评论研讨会在学术
上发挥作用，深入展开对建筑理论和创作实践的交流与探
索，为创作无愧于时代的建筑、成就高水平的建筑师而努力。
愿我们一起携手谱写建筑环境新篇章，推动和繁荣现代中
国建筑创作。

浙江东阳·1987
第一届全国建筑评论研讨会回顾

洪铁城

1987年春天，我以县级《东阳建筑》杂志的名义，与重庆建筑工程学院、同济大学、南京工学院的建筑系联合，在"建筑之乡"东阳举办了"建筑评论会议"。北京、上海、重庆、南京、广州、武汉、哈尔滨、合肥、兰州、西安、拉萨、杭州、苏州等20多个地区的高校、设计院、报社、杂志社代表不远千里地来了，有的乘飞机，有的乘火车，有的乘汽车。他们是：白佐民、杜顺宝、沈福煦、顾孟潮、萧默、李行、张耀曾、蒋智元、唐玉恩、蒋慧洁、艾定增、李宛华、汪正章、邬人三、郭镛渠、郑振纮、高雷、孙承彬、陶友松、萧友文、刘托、张为耕、韩森、张学栋、杨筱平、钱满、王立山、吴承棪、宋云鹤、张申、王甫、王茂根、章胜利、范治隆、张小岗、姚继韵、马志武、俞坚、乔夫、贾东东，骑骆驼者叫张坪，加上金华代表，

一共64人。有个甘肃金昌的青年是骑骆驼赶到几十里地外的汽车站换乘火车赶过来的。其中有名家大腕，资深巧匠，更有初出茅庐的年轻设计师。有的专家教授因忙不能到会，发来贺函贺电表示对会议的重视与期望，他们是：布正伟、罗德启、聂兰生、吴国力、陈重庆、马国馨、熊明、唐璞、程泰宁、渠箴亮、裘行洁、冯利芳、关肇邺、高介华、邢同和、曾昭奋、王明贤、潘玉琨、陈志华、彭松琴、王伯扬、蔡德道、庄裕光、刘勤世、张在元等。

会议开得极顺畅，特热烈，每天出1万多字的《快报》，几乎所有代表都在《快报》上发了诗文，接受过《快报》记者采访。尾声中代表们建议，中国历史上未曾有过这种会议，建议在新闻发布时加上"全国首届"四个字。我问特邀法律顾问，他回答：

图1 全国首届建筑评论会议合影

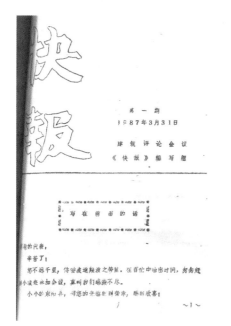

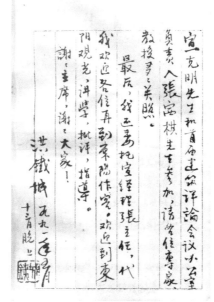

图 2 1987 年建筑评论会议《快报》

图 3 洪铁城于 1991 年写下对全国第二届建筑评论会议的贺词（节选）

没有问题！

三十多年前，中国文学界评论朦胧诗很起劲，最后认为：朦胧诗可以像小花自由地开放，但不能成为中国诗歌的创作主流。因为朦胧诗模糊、难懂，甚至灰暗、消极。中国新诗的主流应该是积极的，健康的，为读者喜闻乐见的。中国建筑设计能不能通过开展评论，弄明白方盒子、瓜皮帽、欧陆风以及千篇一律、千城一面等问题，推动创作繁荣呢？或者换句话说，可不可以通过评论弄明白我们到底应该建设什么样的生存空间与环境呢？我们一致认为：完全可以。于是有了全国首届建筑评论会议，并于次年被《中国市容报》评为中国十大建筑新闻之一。这说明我们的努力是正确的，是被社会认可的。

今日回首已过去 32 年，真是弹指一挥间！可惜好几位当年参与全国首届建筑评论会议的著名专家、教授已作古。我再次感谢健在的出席过全国首届建筑评论会议的业友们！感谢张学栋先生接过接力棒于 1991 年在德阳举办了全国第二届建筑评论会议，同时特别感谢海南大学、海南省住建厅、省土木建筑学会、省建筑设计院、省建设项目规划院等单位对建筑评论工作的高度重视，感谢海南业友段晓农、李敏泉、付海涛、夏桂平等人精心筹划，使中断 28 年之久的中国建筑评论这一重要学术活动得以薪火相传！感谢马国馨、郑时龄院士，张钦楠、吴焕加、曾昭奋、布正伟、顾孟潮、高介华、汪正章、张百平、王明贤、金磊、赵冰等老师，对本届会议筹备工作的关心与支持。祝全国第三届建筑评论会议圆满成功，祝与会老师、业友们身体健康，为人类诗意栖居奉献佳作！

（本文为第三届全国建筑评论研讨会海口上洪铁城的发言，作者系金华市国土规划局原总规划师）

图 4 1988 年《中国市容报》刊登本报评出的 1987 年《中国十大建筑新闻》

四川德阳·1991
第二届全国建筑评论研讨会回顾

张学栋

一、第三届全国建筑评论研讨会发言稿

东阳薪火,德阳相继。二十八载,海口重光。

作为第二届全国建筑评论研讨会的操办者代表,感谢第三届全国建筑评论研讨会组委会邀请我和马国祥先生(请假)参会,我代表马国祥和到会的原第二届全国建筑评论研讨会代表韩森先生、夏义明教授、支文军教授、杨筱平总建筑师、徐千里院长等作汇报。

继于1987年浙江东阳召开的全国首届建筑评论会议之后,由建设部《建设》杂志社、《世界建筑》杂志社、《时代建筑》编辑部、《华中建筑》编辑部、《南方建筑》编辑部、四川省建筑师学会、德阳市建委共同发起,由德阳市建委主办的第二届全国建筑评论研讨会,经过4年来的精心筹备,于1991年5月20—23日在四川德阳召开。

代表来自北京、上海、天津、河南、陕西、江苏、四川、广东、海南、黑龙江、浙江、湖北以及香港等地,16个省、直辖市、特别行政区的代表共计45位。会议收到21个省、自治区、直辖市共计83篇论文。

代表中既有国家级的专家教授,又有二十出头的青年学者;既有建筑刊物负责人,又有一线实际工作者和政府部门领导。

28年前的5月20日上午9时许,建设部《建设》杂志社李根华社长宣布研讨会开幕。他宣读了时任建设部副部长叶如棠给会议的亲笔题词:活跃建筑评论,推动创作实践与理论研究的结合。宣读了吴良镛、徐尚志、罗小未、马国馨、顾孟潮先生等来自全国各地学者、专家的贺电、贺信。来自东阳市的代表宣克明同志,代表洪铁城先生宣读了全国首届建筑评论会议的"传递书"。

接着进行学术交流,与会代表回顾了几年来我国建筑创作和评论的历程,结合实际,探讨了建筑创作与建筑评论方面的成败得失,大家还对建筑评论本体论、方法论、评论范围与评论标准等进行了较为深入的探讨。晚上,邢同和、沈福煦、袁镶、栗德祥作专题学术讲座。

我们学习东阳会议的成功经验,由马国祥先生领导,我和叶昌元、支文军、曾坚、莫争春等青年新秀组成《快报》编辑小组,连夜采编、出版、印制,及时呈现最新会议动态。

会议期间,德阳市委、市政府领导,特别是建委领导,抓住机遇,邀请与会代表对德阳城市规划建设建言献策。

23日,四川省建筑师学会秘书长庄裕光先生宣布会议闭幕。他对会议进行了小结,充分肯定了这次会议,指出建筑创作和评论密不可分、相辅相成,积极健康的建筑评论会对建筑创作起到重要的推动作用。

庄先生代表会议发起单位、会议组织者宣布:第二届全国建筑评论研讨会的"接力棒"将传向海南,将在海口举办第三届全国建筑评论研讨会。会议在走向大海、走向蔚蓝的期待中胜利闭幕。

时光飞逝,日月如梭。今年今日海南接棒。我和洪铁城、马国祥先生一样,特别感谢海南省住建厅、海南省土木建筑学会,感谢海南建筑学界和实践者的远见卓识,感谢晓农、敏泉、海涛、桂平和海南省土木建筑学会同志们精心筹划和高效工作,使中断28年之久的建筑评论会得以接续。

感谢学界前辈马国馨、郑时龄、曾昭奋、布正伟、顾孟潮、高介华、汪正章、张百平、王明贤、金磊等学人对本次会议的重要贡献。感谢在座的所有代表和没有到会的所有支持、鼓励、帮助促成此会的朋友们,是众缘和合,势呈道生,二十八载,梦想成真!

谢谢大家,预祝第三届全国建筑评论研讨会圆满成功。

二、赞三届"建评会"快报组和组织者

快报组、很辛苦,有传承、显创新;

笔头快、干劲猛,有策划、有激情;

三届会、势如虹,最辛苦、会务组;

洪铁城、有大谋,开首届、第一人;

布正伟、气宇轩,阐观点、新而深;

段晓农、好统领，办事周、细而精；

李敏泉、善穿针，点成网、聚高人；

金磊兄、有远谋，推评论、用真功；

夏桂平、擅发动，志愿者、似生龙。

王涛弟、有活力，服务勤、思绵密；

老中青、一股绳，讷于言、敏于行；

讲奉献、功德荫，深情义、恒记心；

星夜里、匆匆行，望明月、沐海风；

爱宝岛、盼重逢，东阳启、德阳承；

建评事、重光呈，东方白、日又新。

三、参加第三届全国建筑评论研讨会学术感言

第三届全国建筑评论研讨会于 12 月 13—15 日在海口成功举办，我有幸作为三届评论会的学习者、参与者和见证者，有以下六点小体会，与诸君共勉。

（1）东阳开启，德阳承续，海南重光，顺理成章，根正苗红，是"建筑评论会"品牌本身的历史与逻辑的合理延续。

（2）建筑评论和建筑创作是一对孪生兄弟，没有建筑创作就不会有建筑评论，没有建筑评论就不会提升、完善、修正建筑创作，互补性需求使然。

（3）真正的创作灵感，来源于生活，来源于客户的真实需求，体现着建筑师、建筑创作团队的思维层次、审美取向和价值追求。好的作品是建筑师执意追求精雕细刻的结果，同时也是善于汲取不同层次评论家给予灵感的结果。

（4）建筑评论会是一个共享平台，不同评论者对建筑功能的技术和美学观点的智慧碰撞，其实是思想的交融与升华。评论的魅力是通过交心达到相互启发，进而成为知心朋友，一同干、一起拼、一道赢，皆大欢喜。

（5）具有水滴石穿强大韧性的建筑评论会发起者洪铁城先生，32 年中，不仅持之以恒，而且目标始终如一。2019 年，时机成熟，由一个善念，一拍即合，善愿叠加，转战北京、东阳、上海、海口等地，至少有包括铁城、国馨、孟潮、正伟、敏泉、晓农、金磊、桂平、文军、海涛等多位贤者的共同努力，包括百多位热心关注建筑评论的有识之士的共同参与，真可谓：念正愿正，协力同心，众人拾柴，遂成正果。

（6）三生万物，生生不息，海口第三届全国建筑评论研讨会的成功举办，标志着播撒在建筑之乡东阳的建筑评论种子，已完成生二生三，完成第一轮生根、发芽、开花、结果。相信日后在机缘成熟时，一定会继续发扬光大。我们期待"建筑评论会"在祖国更多的地方接续。

四、东阳·德阳·海口——三届评论会特色比较

植物解

以花喻之，东阳如清莲，德阳如腊梅，海口如菠萝蜜。

以树喻之，东阳如松，德阳如柳，海口如椰。

动物解

以飞禽喻之，东阳如鹰，德阳如雁，海口如鸥。

以走兽喻之，东阳如虎，德阳如象，海口如龙。

易经解

以五行观，东阳木性，德阳水性，海口火性。

以八卦看，东阳为震，德阳为兑，海口为离。

以"图·像思维"

东阳为"势"，德阳为"场"，海口为"道"。

五、几点补充建议

我在中国行政管理学会和九三学社 20 多年，参与策划组织近百场各式各样的会议，有一些体会。比较海口会议，从经验角度看，就办会本身，以下四点需引起关注。

（1）精心设计会议的议程至关重要，特别是开、闭幕式主持人和讲演者的选择，因其决定着会议的层次和美誉度，必须发挥集体智慧，认真选择。海口会议，统筹兼顾，很有特色，美中不足的是主持人介绍讲演者时偶有过于简单、不够规范的现象。

（2）主旨报告人 3~4 位，必须是真正有思想、有理论、有实践、有见地的业内翘楚，因其决定着会议成果的质量和水平。海口会议，选择把关好，但是个别发言离题较远，稍显拖沓。

（3）主持人对发言时间一定要严格把握，在指定时间内发言，不然一拖再拖，气势不连贯，影响会议整体效果。海口会议，偶有时间把关不太严格的现象，累积下来，超时叠加，影响下面议程。

（4）作为第一、二、三届会议的好传统，会议《快报》编辑非常辛苦，建议保留为建筑评论会的特色之一，一定要提前制定好文章组织规则，统一由组委会指定专人对其把关。尤其在互联网时代，要注意文字本身的质量和严谨性。海口会议，编辑组非常辛苦，工作非常有效率，捕捉精彩花絮，还需加强。

以上个人看法，仅供参考。

（本文为海口第三届全国建筑评论研讨会上张学栋的发言，作者系高级建筑师）

海南海口·2019
第三届全国建筑评论研讨会回顾

李敏泉

一、缘起 策划

2019年初的北京,虽然天蓝蓝,艳阳高照,但寒风依然沁骨。1月5日,《建筑·空间·语言》设计与研究微信群(我为群主)举行2019迎新聚会"群友赠书交流"活动(图1)。建筑界业内人士单德启、金笠铭、洪铁城、李敏泉、俞孔坚、刘临安、韩林飞、孙成仁、陈向前、夏桂平、姜志燕等20余人,借参加微信群赠书交流活动之际,相聚于北京石景山(图2、图3)。

图1《建筑·空间·语言》微信群"书袋" 图2 我向洪铁城老师描绘和憧憬第三届会议

图3《建筑·空间·语言》设计与研究微信群2019迎新聚会会场

赠书交流活动后的第二天,我征询原《东阳建筑》主编、全国首届建筑评论研讨会发起人、金华市国土规划局原总规划师洪铁城先生:当年影响较大的两届建筑评论研讨会这一全国"民间学术活动",从1991年召开第二届至今已中断了近30年!我们现在能否将此学术平台重新激活并延续?并将其培育成为一个常态化的学术品牌……这一设想和提议,即刻得到了当时在座人员的呼应和认同,初定最好年内在海南召开"第三届全国建筑评论研讨会"(以下简称"第三届")。

我们注意到,自改革开放以来,当代中国建筑业发展迅猛,建筑学术界也有长足进步。1982年,《建筑学报》恢复为月刊(在此之前一度曾是季刊),《建筑师》《世界建筑》《新建筑》《时代建筑》等建筑期刊在那个时期先后创办,并开始登载建筑评论类文章,为解放建筑思想、繁荣建筑创作、讨论建筑核心话题等发挥了重要作用。中国的几代建筑评论人、学者和媒体人也都为建筑评论做出了极大的贡献。如罗小未首次对建筑批评展开了全面、系统、深入的学理化讨论;杨永生、曾昭奋、顾孟潮、王明贤等学者通过媒体平台拓展了建筑评论领域,我当时的一篇论文《后现代性/全球化语境与转型期的中国建筑》也曾有幸录入杨永生先生主编的《建筑百家评论集》(中国建筑工业出版社,2000年);马国馨、布正伟、崔愷等建筑师也积极参与和关心建筑评论。可以说郑时龄院士的《建筑批评学》作为中国第一本建筑评论学术著作在2001年的出版,标志着我国已初步奠定了建筑评论(批评)的理论体系和框架结构。

但客观来讲,中国的建筑评论还任重道远。建筑评论与中国当代建筑的发展极不相称,还有很多路要走。没有高质量的建筑评论,建筑业的良性发展也就缺少了助推剂;因为建筑评论薄弱,中国建筑在世界建筑发展史上尚无相应的地位。因此,现在呼吁中国新时代的建筑评论正逢其时。

2019年3月末的北京,玉兰花开的季节。3月25日,我和洪铁城老师、海南大学建筑系夏桂平主任等就"第三届"筹备事宜,分别从深圳、金华、海口再一次专程来到北京。《建筑评论》主编金磊先生,于百忙之中约见我们,当即便热情地表示了对激活建筑评论研讨会的鼎力支持。当天下午,我们又前往国家某部委大院,拜访了老朋友暨第二届全国建筑评论研讨会的主要发起人之一、中国行政管理学会会长助理张学栋先生。谈起此事,他非常赞同,并透露了一个"有缘的巧合"——当时1991年5月在德阳开完"第二届"时,就曾计划1993年在海南召开"第三届"。

随后,我们建立了"第三届"筹备组的微信群,群内成员不仅有前两届建筑评论研讨会的组织者和参会者,还有国内外诸多研究并关注建筑评论、建筑创作、建筑文化的学者和专家。

6月下旬，我们又专程赴京拜访了中国工程院院士、《建筑评论》名誉主编马国馨先生，得到了马国馨老师的认同和支持（图4）。此行期间，我们还拜访了布正伟先生、曾昭奋教授、张钦楠先生等（图5至图7），得到了在京诸多学友的呼应和支持（图8）。

7月中旬，我开始联系中国建筑学会建筑评论学术委员会理事长、《建筑批评学》的著者郑时龄（老师）院士（20世纪80年代我在同济大学建筑系学习时，郑老师与我的指导老师同在"建筑教研二室"）。7月23日下午，他于百忙之中与我和洪铁城老师、支文军教授在同济大学约见畅谈，表达了对"第三届"的支持，并对因不便乘飞机而不能参会表示了遗憾（图9）。在上海期间，亦取得了老朋友暨当代中国建筑创作论坛总召集人王兴田先生以及世界华人建筑师协会在沪成员的支持（图10、图11）。

在以上前提和基础上，我们反复拟写了四稿"策划方案"。

图4 赴京拜访马国馨院士（前中）和《建筑评论》金磊主编（后左四）

图5 拜访布正伟先生（左四）

图6 拜访曾昭奋教授（左二）

图7 拜访张钦楠先生（左二）

图8 拜访清华单德启教授（左四）

图9 赴上海同济大学拜访郑时龄院士（左三）和《时代建筑》主编支文军（左一）

图10 王兴田先生赠书

图11 与世界华人建筑师协会在沪人士小聚

二、筹备　实施

随后，在海南省土木建筑学会段晓农理事长的大力支持下，我们又得到了海南省住建厅领导和省内外诸多设计单位的支持（图12、图13）。与此同时，"第三届"组委会亦顺利组建完成（图14）。

图12 海南省住建厅陈孝京副厅长（左三）会见组委会成员

图13 洪铁城先生与海南省土木建筑学会段晓农理事长（左六）等见面

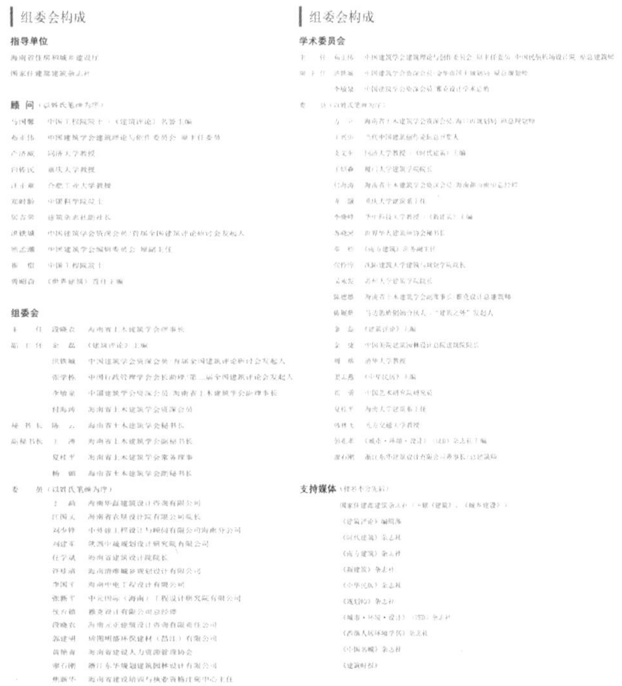

图14 研讨会组委会构成

经过11个月的策划和筹备，2019年12月14日至15日，以"谱写人居环境新篇章"为主题的第三届全国建筑评论研讨会在海南省海口市如期召开。本次会议由"第三届"组委会与《建筑评论》编辑部、海南省土木建筑学会主办；海南省建筑设计院、海南省农垦设计院有限公司、海南省建设培训与执业资格注册中心、海南省建设人力资源管理协会、瑞图明盛环保建材（昌江）有限公司、浙江东华规划建筑园林设计有限公司等6家单位，及同济大学、重庆大学、清华大学、华南理工大学、合肥工业大学、北京建筑大学、海南大学、长安大学、厦门大学、青岛理工大学、苏州大学等10余所国内高校联合主办；另有8家省内外设计单位协办（图15至图17）。

图15 会议手册封面　　　图16 研讨会主题背景墙

图17 研讨会会场一角

本届研讨会邀请了同济大学、重庆大学、清华大学、华南理工大学、合肥工业大学、北京建筑大学、海南大学、长安大学、青岛理工大学、广东工业大学、香港大学、华梵大学等10余所高等院校的知名教授和建筑评论学者；国内外具有影响力的设计单位（如西班牙波菲设计事务所、美国MZA建筑设计有限公司、BE建筑设计（香港）公司等）的优秀建筑师、规划师；以及《建筑》《建筑评论》《时代建筑》《南方建筑》和中国建

图18 研讨会签名墙

第三届全国建筑评论研讨会
暨海南省土木建筑学会2019年学术年会

图19 研讨会嘉宾合影

筑工业出版社等10余家媒体的50余位业内外有识之士作为特邀嘉宾参会，为700余位省内外与会者带来了一场人居环境新思想的盛宴（图18、图19）！

14日上午，研讨会在崔愷院士的视频贺辞中拉开帷幕（图20），海南省土木建筑学会段晓农理事长（"第三届"组委会主任）、海南省住建厅陈孝京副厅长、海南大学梁谋副校长、中国建筑学会建筑评论学术委员会金磊副理事长（"第三届"组委会副主任）、世界华人建筑师协会苏晓河秘书长、当代中国建筑创作论坛王兴田总召集人分别代表参会各方致开幕辞；首届建筑评论研讨会发起人洪铁城先生（"第三届"组委会副主任）、第二届建筑评论研讨会发起人张学栋先生（"第三届"组委会副主任）分别对前两届研讨会作了回顾性的介绍（图21至图26）。

上午的研讨会由金磊、李敏泉（"第三届"组委会副主任、中国建筑学会资深会员）主持（图27、图28），布正伟、张铭、汪正章、吕柏林、金磊等作了精彩的主题报告。原中房集团建筑设计有限公司资深总建筑师布正伟先生对当今建筑所受多重困扰作了分析，提出了在大视野中，应立足于构建"建筑精神""建筑理性"与"建筑情感"的契合点，探寻能广聚公信力的守正至简之道，正视建筑普遍存在的困扰与纠结，以促进"建筑评论"与"建筑创作"可持续的良性互动；美国建筑师学会院士张铭先生认为建筑师的灵魂即创新，创新的本质是对美及个性的追求，相关建筑需要聆听、观察、投入和探索；合肥工业大学汪正章教授以建筑形式和建筑美学切入，建议海南的现代建筑一定要表现出时代精神和地域文化特色，开创出

图20 崔愷院士视频致辞

图21 段晓农理事长致欢迎词

图22 海南省住建厅陈孝京副厅长致辞

图23 世界华人建筑师协会苏晓河秘书长致辞

图24 当代中国建筑创作论坛王兴田总召集人致辞

图25 洪铁城先生介绍首届概况

图26 张学栋先生介绍第二届概况

图27 《建筑评论》主编金磊先生在主持

图28 李敏泉教授在主持

图29 布正伟先生作主旨演讲

图30 美国建筑师学会院士张铭先生作主旨演讲

海南建筑的新局面；原海南省建设厅总规划师吕柏林对海南本土的建筑设计，做了中肯而理性的批评性思考和评论；《建筑评论》主编金磊发出了"问计中国建筑评论发展之策，并非有简单的答案，它要在实践中探索，靠评论之思总结出导向"的呼吁（图29至图33）。

下午的研讨会由洪铁城（"第三届"组委会副主任）、江国买（海南省农垦设计院院长）主持，王兴田、支文军、贾倍思、黄天其、付海涛、洪铁城、孙成仁、徐千里、龙灏、廖石刚、萧百兴等11位专家学者作了精彩的主题演讲。其中，洪铁城对2009—2019年十年全国建筑设计大奖赛100个获奖作品作了评点；同济大学支文军教授介绍了中国五代建筑师的分代及其代际群体特征的研究成果；萧百兴教授与大家分享了台湾当代建筑师跨界参与地方创生的一些思考。期间，文学界著名作家韩小蕙、刘元举等发言，代表了文学界对建筑的一些思考、寄语及期望（图34至图45）。

此次研讨会的"全国征文评选"由布正伟、洪铁城、李敏泉、金磊、支文军、邵松、付海涛、崔勇、夏桂平等9位专家担任论文评委，从58篇应征论文中评选出了11篇优秀论文和33篇入选论文。海南省建设项目规划设计研究院苏金明院长主持14日晚上的"获奖论文颁奖典礼"，颁奖嘉宾为部分优秀论文、入选论文作者颁发了荣誉证书（图46至图50）。颁奖典礼期间，大家聆听了顾孟潮先生（中国建筑学会编辑工作委员会原副主任）的"书面发言"，他提出的对建筑评论理论体系建构的四个期望目标，在一片浓厚的学术氛围中将第三届全国建筑评论研讨会推向了高潮（图51至图53）。

15日上午的会议议程为学术交流论坛。由支文军（《时代建筑》主编）、邹卫华（海南华磊建筑设计咨询有限公司建筑师）主持。北京建筑大学刘临安教授、清华大学张雷教授、同济大学李凌燕副教授，以及姚继韵、陈向前、邱连峰、李向北、吴宇江、王珏、韩森、张磊、邵松、朱南羽等10余位从事建筑创作实践和理论研究的老、中、青专家学者，就各自的研究领域进行了精到的评析和分享。其中，刘临安教授的大运河文化遗产的历史场景叙事；李凌燕副教授的媒介视角下的中国当代建筑批评；吴宇江编审对莫伯治院士的评介；姚继韵总建筑师对房产设计师的评述等演讲均在大会上引起了较大反响（图54至图58）。在"自由交流座谈"环节，与会者更为踊跃。在下午的"优秀论文作者座谈会"上，多位论文获奖作者交流了论文撰写和参会的心得体会（图59至图64）。研讨会期间，组委会的《快讯》编辑组，共发布了四期《快讯》（会后还编辑了《快讯合辑》），对及时反映会议动态、活跃会场气氛，并增强与会者凝聚力起到了较大作用（图65至图74）。

图31 合肥工业大学汪正章教授作主题演讲　图32 原海南省建设厅总规划师吕柏林先生作主题演讲　图33 金磊主编作主题演讲

图34 日兴设计上海事务所总建筑师王兴田先生作主题演讲　图35 《时代建筑》主编支文军作主题演讲　图36 香港大学贾倍思教授作主题演讲

图37 重庆大学黄天其教授作主题演讲　图38 付海涛先生作主题演讲　图39 洪铁城先生作主题演讲

图40 重庆大学龙灏教授作主题演讲　图41 重庆设计院徐千里院长作主题演讲　图42 北京建筑大学刘临安教授作主题演讲

图43 研讨会场景之一。左起江国买、萧百兴、孙成仁、廖石刚

图44 研讨会场景之二。左起韩小蕙、张帆、刘临安、陈向前

图 45 研讨会场景之三

图 46 论文评选评委名单　　图 47 优秀论文证书

图 53 颁奖典礼场景之二

图 48 苏金明院长主持
颁奖典礼

图 49 李敏泉宣布论
文获奖名单

图 50 颁奖典礼上滚动播放顾
孟潮老师的"书面发言"

图 54 同济大学李凌燕副
教授作主题演讲

图 55 姚继韵先生作主题
演讲

图 56 吴宇江高级编审作
主题演讲

图 51 为 11 位优秀论文获奖者颁奖

图 57 邱育章先生作主题
演讲

图 58 陈向前先生作主题
演讲

图 59 来自夏威夷的王珏
先生即兴发言

图 52 颁奖典礼场景之一

图 60 《南方建筑》编辑
部常务副主任邵松先生
即兴发言

图 61 来自南京的韩森先
生即兴发言

图 62 长安大学建筑系张
磊主任即兴发言

图 63 海南本土的朱
南羽先生即兴发言　图 64 组委会部分成员合影

图 69 《快讯》页面示例之三　　图 70 《快讯》页面示例之四

图 65 《快讯合辑》　　图 66 《快讯合辑》卷首语

图 71 《快讯》页面示例之五　　图 72 《快讯》页面示例之六

图 67 《快讯》页面示例之一　　图 68 《快讯》页面示例之二

图 73 《快讯》页面示例之七　　图 74 《快讯》编辑组

三、成效　思考

中国的建筑评论从 20 世纪 80 年代萌芽，伴随着我国的改革开放进程而发展。全国首届建筑评论会议于 1987 年在浙江东阳创办，这是具有历史意义的建筑事件。第二届全国建筑评论研讨会四年后于 1991 年在四川德阳举办。2015 年国际建筑评论家委员会（CICA）研讨会在上海召开，随后在《时代建筑》专刊报道，进一步密切了中国建筑评论界与国际建筑评论家、理论家和史学家的关系。特别要说的是，2017 年 12 月中国建筑学会建筑评论学术委员会在同济大学成立，郑时龄院士担任理事长（目前可能已退），标志着中国建筑评论领域第一个半官方性质的学术组织诞生。

2019 年 12 月，时隔 28 年后"全国建筑评论研讨会"这一非官方组织的全国性民间学术活动形式（平台和品牌）被重启

激活并拓展。"第三届"恰逢我国改革开放 40 余年，海南自由贸易区（港）建设如火如荼之际，故而影响深远。主题拓展已从原建筑学专业的建筑本体评论走向了大建筑，即对城乡建设系统及人居环境的建筑、规划、景观三大板块的整体综合评论和研究。在某种意义上，这不仅为建筑创作提供了高起点的交流和促进平台，也为我国城乡建设系统的发展和建筑设计、城乡规划、景观园林等领域的创新，培育民间学术力量，拓展社会公众参与度等层面提供了强大助力，这也将业内 20 世纪末便倡导的"建筑走向社会"之理念导入了逻辑回归的轨道。

第三届全国建筑评论研讨会有以下特点。

在时间层面上：

具有重启激活、承前启后、继往开来、深度拓展的历史作用。

在代际传承上：

高度衔接了老、中、青研究群体，既有如顾孟潮、布正伟、汪正章、洪铁城、黄天其、吕柏林、方立等资深前辈的高端参与，也有如王兴田、支文军、刘临安、金磊、龙灏、李凌燕、孙成仁、徐千里、吴宇江、付海涛等中青年学者的实力展示。

在主题层面上：

极力倡导对"大建筑"三大板块（建筑、规划、景观及风景园林）、"城乡建设系统"和"人居环境"的评论（批评），关注和重视建筑评论理论体系科学性建构，传播媒体和评论等研究。

在评论内容上：

广泛而深入地进行了建筑本体、建筑师个人及群体、建筑评论理论体系、评论与媒体、城市更新、乡村振兴、城市主义、文化遗产等领域的探讨。

在参与程度上：

达到了空间上的一定广度，不仅有中国香港、台湾的学者参会并演讲；还有来自美国的院士、西班牙国际著名设计机构（波菲设计事务所）的建筑师等与会并演讲。

在学术发展意义上：

"第三届"进一步巩固了建筑评论领域的民间学术力量；夯实了学术平台的常态化路径；开拓了大建筑三大板块整体评论的方向；提出了科学评论的目标；厘清了理论批评、应用批评、实践批评三种类型的相互渗透、相互依存之逻辑关系；奠定了学术品牌的地位。

上述"第三届"的特点，必将为我国今后建筑评论的"健康化"发展进程有所贡献！

"第三届"虽然取得了一定的成效，达到了特定的目的，满足了既定的愿景。但以更高的目标和要求来看，我感到仍有诸多"不足和遗憾"。

其一，本想借助"第三届"的东风，促进对海南本土"大建筑"的评论，但这方面却不尽如人意！比如"观光浏览"并评论"海花岛"等项目，鉴于时空的因素（会议日程、空间距离）和管理的因素（一般不让进去看）等，导致了会议议程不便安排；又如海南本土设计单位和个人的参与度（论文、演讲、发言等层面）与策划筹备阶段的目标有所落差，没有极大促进对海南本土建筑评论的发展，从这一角度可思考海南"人文环境"生态发展的话题。

其二，会后本应出台一个宣言之类的"文本"，此"缺项"虽主要是由于当时组委会无人有暇专注此事，但也与我们当时的"低调"原则有关，故稍遇"挫折"便放弃追求此目标。

其三，面对如此一个全国性规模的学术活动，海南省、海口市的公共媒体竟然近乎于"无动于衷"！虽说是有地域文化缺陷的因素，但也与我们组委会的战略意识、传播意识不强有关。

其四，研讨会期间的《快讯》，为反映会议动态、活跃会议气氛起到了较大作用。但鉴于时间、人力因素，未顾及实行"校审规定"之类要求，故出现了某些内容的比重控制失调，某些文字的措词尚有不太到位之处。好在这些"瑕疵"只有与会者和组委会的部分人发现，另《快讯》仅限于会场和微信群传播，扩散范围不大。

我本人作为第三届全国建筑评论研讨会的"首席策划"和组委会副主任，尽管当时确实很忙，但以上不足和遗憾也有我的责任！

最后，我要对所有促成和支持"第三届全国建筑评论研讨会"的朋友和机构，说声谢谢！第四届再见！

2020 年 4 月 25 日
于深圳仁恒峦山美地

（本文根据海口第三届全国建筑评论研讨会上李敏泉的发言整理而成，作者系建筑学教授、第三届全国建筑评论研讨会组委会副主任）

优秀论文

蓝天碧海听涛声　第三届全国建筑评论研讨会（海口）论文集

布扎建筑教育的艺术归宿及对当今速绘训练的批判

陈晨　　金陵科技学院　教师

王柯　　金陵科技学院　系副主任

摘　要： 文章评析了布扎建筑教育中，有关绘图准确性的练习与西方古典美学传统下的构图训练及其艺术旨归，对于提高建筑师设计能力与审美素养的深远意义。继而，立足当今中国的现代建筑教育背景，解析快速表现技法课程及其速绘训练的成因；通过比较布扎的渲染图与当今的速绘图，布扎的快题图与当今的设计草图等典型案例，反思时下流行的"速成式"速绘训练方法。初步得出结论：在信息社会变化莫测的设计环境中，速绘训练有其存在的必要。但是，疏离了布扎审美意趣培养的速成式速绘训练方法，不仅无益于学子与设计师艺术造诣的提升，更将导向一种擅长形式复制的设计生态，固化了中国自 20 世纪初期以来就已形成的注重外观的"形式主义"设计思维。

关键词： 布扎建筑教育；艺术归宿；当今；速绘训练；批判

一、引言

20 世纪 60 年代以前，国际建筑教育大多采用法国巴黎美术学院的教学模式。其中，1891 年至 1932 年，因为 W.P. 赖尔德主管宾夕法尼亚大学建筑系，以及 1903 年之后保罗·克瑞执掌教学工作，而造就了这处学院派建筑教育的第二大阵营及其建筑教育的黄金期。单踊比较了巴黎美院与宾大的学院派建筑教育后认为：二者在"学校与学会协同的办学方式""大学体系与画室制结合的教学模式""尚古、折中的学术倾向""唯美、严谨的治学风范"等方面具有共性。但是，宾大建筑教育的灵魂人物——保罗·克瑞作为巴黎美院嫡传的法国人，却并未照搬巴黎美院的教学模式，而是在"美国背景＋布扎（鲍扎）理想"的前提下，探索出更能适应美国市场需求与职业化教育目标，人文与科技类课程知识结构更加完整，教学管理更趋严密地扎根美国的学院派建筑教育体系。

在这里，出现了"布扎"二字。关于布扎与巴黎美院这个教育机构以及学院派建筑教育模式之间的关系，已有诸多学者论及。例如：顾大庆直接将布扎解释为 Ecole des Beaux-Arts，即法国巴黎美院的谐音。认为巴黎美院模式即布扎模式，其中包含两个基本含义：①一种主导的建筑教育模式；②古典建筑设计。卢永毅认为："'布扎'建筑教育总是难免被归入一种僵化的历史风格，因此，其作为有相当普适性和开放性的设计方法的特征就容易被湮没。"因此，布扎应被理解为知识结构的组织方式，这套知识结构被贯彻到一套设计教学方法中，成为一套可教授的建筑学，这对于当今建筑学教育而言极具启示性。单踊分析了学院派和布扎的区别。他认为"学院派"和"布扎"并不对等，"学院派"是以学究式的唯美意识与治学风范为特征的一类学术倾向的统称，而"布扎"是国立巴黎高等艺术学院之学术思想的代名词。综合上述学者的布扎解释，可以看出，由于巴黎高等艺术学院将古希腊、罗马与文艺复兴的柱式及其美学原则奉为典范，因此不论布扎代表巴黎高等艺术学院的学术思想，还是作为巴黎美院教学模式的派生词，它都毫无疑义地表达了对建筑历史风格的兴趣，对素描、水彩等美术训练的重视，以及对画家所必备的"如画"审美趣味的培育。

以下，分析布扎建筑教育的美术训练及其艺术旨归。继而，立足于当今中国的现代建筑教育背景，反思时下速绘训练在学生的艺术素质培养与设计训练立场等方面存在的问题。

二、布扎建筑教育的艺术归宿

顾大庆的《"布扎"，归根到底是一所美术学校》一文，从布扎的法语原文"Beaux-Arts"，即英语"fine art"切入，探讨了建筑学的渊源在艺术，认为美术教育在布扎建筑教育中拥有核心地位。如果分析保罗·克瑞这位在宾大建筑系盛期产生重要影响的最关键人物的建筑观，就可以进一步知晓布扎建筑教育所传达的艺术旨归。克瑞时常以艺术和艺术家指代建筑学和建筑师。他认为在建筑创作中功能和结构等问题是开始追求美的前提，是设计的开始，之后便是对难以捉摸的美的苦苦尝试。至于产生美的源泉，克瑞说道："建筑师必须在其继承的传统与其心中的创意间取得一种良好的平衡。"他相信传统为产生美提供了丰富的资源。关于建筑师的工作性质，克瑞认为建筑师与结构工程师是合作关系，只是建筑师"忘掉他所学到的数学知识，以专心解决美学问题了"。对于结构工程中的力学因素，他"反对盲目崇拜纯力学计算而产生僵硬形式的趋势"，但也不能撇开结构的影响，因此建筑师要做的是在满足结构条件的前提下，以美学为原则选择最优方案。

基于布扎建筑教育的艺术归宿，布扎教学计划中提升人文素养、帮助学生理解建筑历史风格的建筑史课程，以及开发学生潜在美感，帮助其品味、识别美之形式的图艺类课程，便在课程细分门类与学分上占据较大比重。以1918至1919学年宾大建筑系教学计划为例：四个学年建筑史与图艺类课程共计27个细分门类，仅次于"设计"这一主干类课程，其中的图艺类课程更是贯穿大学四年（表1）。布扎教育思想在中国的集大成者——国立中央大学建筑系1944年课表也显示：史论类与图艺类课程高达70学分，占总学分约64%（表2）。克瑞曾经提及：在设计过程中，"想象力、品味、协调和造型感觉"起决定性作用。同时，顾大庆认为，布扎重视美术教育旨在培养学生的形式思维，发展他们的感知力、想象力与审美趣味。那么，为了实现这一建筑教育目标，除了上文所述增加建筑史与图艺课程的比重以外，在具体的教学内容与方法上，则将重心放在绘图能力的训练，以及以古典建筑构图方法解决实际问题的能力培养这两大主要方面。

表1 宾大建筑系教学计划一览表（1918—1919学年）

课程门类	门类小计（门）				门类合计（门）
	第一年	第二年	第三年	第四年	
设计		8	10	15	33
技术及基础	4	4	7	2	17
建筑史		3	3	2	8
图艺	9	3	3	4	19
公共课	10	5			15

（表格根据单踊，《西方学院派建筑教育史研究》，南京，东南大学出版社，2012年，166页表7-2宾大建筑系历年教学计划一览表整理）

表2 国立中央大学建筑系课程与学分（1944年）

课程大类	课程名称	学分
技术基础课与技术课	应用力学	5
	材料力学	5
	营造法	6
	钢筋混凝土	6
	土层计算	1
	图解力学	2
	建筑师职务	
	法令	
	暖房及通气	1
	电学	1
	钢骨构造	2
	施工估价	1
	建筑组织	1
	测量	2
	给水排水	1
	合计	34
史论课与图艺课	初级图案（或属于设计规划类）	2
	建筑图案（或属于设计规划类）	29
	内部装饰（或属于设计规划类）	4
	投影几何	2
	透视画	2
	模型素描	6
	徒手画	2
	水彩画	10
	阴影法	2
	西洋建筑史	6
	中国建筑史	4
	美术史	1
	合计	70
设计规划类课	都市计划	3
	庭园学	2
	合计	5

（表格根据童寯，《建筑教育》（未发表），见《童寯文集（一）》，北京，中国建筑工业出版社，2000年，整理）

（一）绘图准确性的训练

关于绘图能力的训练，如果从宾大建筑系教学计划与国立中央大学建筑系课表来看，可以发现主要分为两大类：一是包括徒手画、水彩画、写生、模型素描等科目在内的绘画训练；二是包括建筑画、画法几何、阴影法、透视、建筑装饰、投影几何、水彩渲染等科目在内的与设计相关的技能训练。其中，绘画训练中的徒手画、水彩画、写生等科目持续四个学年，基本遵循了绘画或雕塑学院由临摹、静物再到写生的艺术训练过程。与设计相关的技能训练中的渲染练习，因为研究古典建筑部件，形成"如画"构图审美意识的需要，而成为低年级最具主导性的技巧性练习，它在宾大甚至持续四年。这些绘图训练旨在告知学生："绘图与设计一样，若要达至整体的统一，就必须在局部之间建立真正的联系。"它们的共性在于：通过绘图技巧的训练培养学生的形式思维，以及准确把握形体、光影关系与空间关系的能力，从而为日后理解西方古典建筑美学提供艺术感知基础，为在设计中表达西方古典建筑构图与造型原则提供基本的方法、技巧。

以人体写生为例，通过大量课时的反复练习，这种以准确性为目标的绘画训练，可以帮助学生把控人头部与身体的精准比例关系，使其建立起对比例与尺度的认知，进而可以触类旁通地理解建筑中整体与局部的协同关系建构。再以技能训练中的渲染练习为例。童寯的《制图须知及建筑术语》一文详述了着色工具准备与绘图流程，其中，仅"粘纸"一项就颇费心力："最简便之法，先将纸之反面四边敷一寸宽之民生浆糊或胶水，然后用海绵吸清水将纸之两面润湮（勿洗去浆糊），使纸因水而胀，再将反面粘于木板，用手指拉纸四面，使之大致平坦，同时浆糊因手指之压力而黏着，以吸水纸将纸之四周余水吸尽，置板于平面上，使水分发散，纸干后即平紧如鼓。"过程中稍有不慎即纸皱或起泡，甚至纸张撕裂。至于着色之平染、晕染法则更加讲究，须得绘图者万般谨慎才行。童寯总结诀道："①板须斜，免水上流。②一层先干，再上一层。③染色须湮，始不出缝。④最后余水吸干。" 对此，顾大庆在《"布扎"，归根到底是一所美术学校》一文中无奈地表达出：渲染的技法以及过程中的种种挫折给他留下了不可磨灭的印象。但是，也不得不承认，经由工匠般的裱纸，不厌其烦地渲染，紧密控制水量与水的流动，以及晕染中把握光影明暗的渐变关系等一系列讲求严谨、准确的渲染训练，学生对光影关系微妙变化的观察，在平面上创造立体效果的能力，以及以写实为目的的准确的造型、色彩关系感知能力，皆得到质的提升。正如保罗·克瑞所言："为做到真正的深刻与有效，这一学会如何欣赏新事物而藐视其他的缓慢演进阶段，必须只能是个体和理性的，而不是将会被触及和永久影响的感性的。……它暗示人自始至终的不懈努力，……好的设计师和差的设计师之别在于前者比后者更有愿望与可能比后者要持久地学习。"

（二）西方古典美学传统下的构图训练

在拉丁语中，构图指代组合、布置。这一名词最初在文艺复兴时期被阿尔伯蒂引入绘画，之后巴黎美院将绘画构图拓展到建筑领域，单踊将构图视为"最能代表法国学院派体系的术语"。《布扎"构图"中国化历程研究》一文指出：古典建筑构图是布扎建筑教育的入门练习，通常选取古典建筑局部，推敲要素位置、大小，形成均衡、稳定的关系，进而通过渲染技法成图。无论在宾大建筑系还是东北大学、国立中央大学等代表性布扎建筑系，古典建筑构图训练一般都被安排在学习建筑的第一年。但是，由于这里的构图又是一种赋予建筑空间秩序感的"设计处理技巧"，因此构图训练其实贯穿进设计全过程，是将好构思发展成好设计的必要能力。

鉴于布扎建筑构图源于学院派美术教学中将前景、中景、背景组构成美的画面的"如画"审美趣味，以及描绘准确的形体、比例、色彩与光影关系，加之它首先以古典要素为训练对象，伴有比较强烈的历史风格倾向性，因此布扎构图训练一般具有以下两大特点。

（1）古典柱式研究是基础。童寯1930年在号称宾大分校的东北大学，写下了《建筑五式》一文，或曰"教学笔记"。序言中即详述了希腊三柱式、罗马五柱式与文艺复兴柱式的形式特点、各部位比例关系及各柱式演变，并与中国传统木料建筑的举架、斗拱进行了比较。童寯强调："惟学建筑者，欲有古典根底，仍以先治罗马五式及中国斗拱为宜，必须将每式绘为详图，记忆纯熟，即久而淡忘，其精神固已深入脑际，而能变化自如焉。" 汪妍泽参考了巴黎美院出版的教材《古典建筑片段》与《巴黎美术学院学生作品集》后认为：教师讲解古典样式之后，应由学生选取建筑要素并做铅笔草图，经指导老师修改确定样稿，在此基础上进行深化，由此培养学生的古典美学意识。

（2）以对称、非对称、如画构图方法协调平、立面与内、外部关系。这是将建筑视为统一的整体，推敲局部、整体关系的训练方式，依然可溯源至绘画训练中的整体意识。其中的如画构图意在培养"一种从某个固定的视点来观察对象的态度，把瞬间所见当作一幅画来经营"的审美趣味。 而在经营各部位关系的过程中所形成的对比例、尺度、经典形式美学的敏感性，对于发展设计构思，形成完整、有深度的建筑设计作品来说，又是不可缺少的艺术感知素养。对此，童寯曾著文《比例》《外中分割》，探讨令人视觉舒适的空间比例，以及用模度划分建筑立面的方法。如果查看接受了布扎建筑教育的民国建筑师的建筑作品，或许更能体会：经由构图训练之后的建筑创作何以经得起空间、结构、形式关系的推敲。以国民政府外交部官舍（华盖建筑事务所，童寯主持立面设计，1935年）为例。其一，从纵向构图来看，南立面阳台到地面与阳台至女儿墙的高度比接近1.5：1，二层屋身往内收缩，又在与女儿墙交接处扩大，因此形成比较宽厚的一层建筑墙基。参照藏式典型建筑布达拉宫，就会发现它同布达拉宫建筑比例的相关性，即皆呈现出下层墙基宽厚的特点。其二，从横向构图来看，则表达了西方古典主义建筑的构图关系。具体而言，为了与平面图中纵横轴垂直相交的理性秩序相适配，官舍南立面以主入口为中轴，客厅、大厅、餐厅所在主体空间与两侧附属用房空间的立面，将整个南立面划分为中部较宽、两侧对称分布且较窄的三个部分。官舍北立面，同样为了与室内空间的进退关系相吻合，而将外立面划分为五个部分。关于这种基于平立面来组合形体的方法，德国奥格斯堡大学教授克拉夫特早在《建筑理论史：从维特鲁威到现在》中，就针对为学院派奠定建筑教育基础的迪朗的建筑构图理论说道："这一构图的出发点不是建筑空间，而是平立面，以及由此产生的形体组合。迪朗还把他的构图方法简化为一种可以有无数种可能的格网系统。"（表3）

表3 国民政府外交部官舍纵横向构图关系比较
（华盖建筑事务所，1935年）

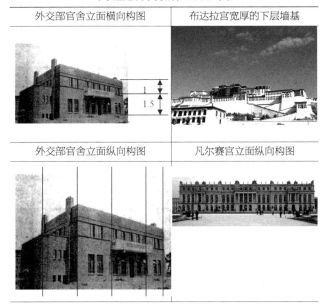

| 外交部官舍立面横向构图 | 布达拉宫宽厚的下层墙基 |
| 外交部官舍立面纵向构图 | 凡尔赛宫立面纵向构图 |

（图片出处：蒋春倩.华盖建筑事务所研究 [D].上海：同济大学，2008:56）

对此，借用顾大庆的观点，或许可以说明构图训练及其连带产生的对建筑史的研究，针对渲染技巧的持续练习，以及古典审美趣味的养成，对于成长为一名优秀的建筑师来说应有的深远意义——"在'布扎'的建筑设计'构图'理论和方法中，平面和立面都是相对独立的问题，一个好的建筑师应该能够通过'构图'的技巧将两者很好地统一起来，成为一个内外逻辑都合理的建筑。……一个建筑师的水平高低就体现在协调处理的能力。"

三、批判认知现代建筑教育中的速绘训练

众所周知，早在20世纪20年代，欧洲就已兴起以包豪斯为代表的现代主义建筑思潮，摸索出现代建筑教育体系，"二战"以后，随着包豪斯教育阵营大规模转移至美国，更是在美国发展出现代主义建筑的高潮，进而使得美国取代欧洲成为现代主义建筑潮流与现代建筑教育的中心。这一建筑浪潮的巨大波动自然也波及在美求学的中国建筑学子，包括黄作燊、王大闳、刘光华、贝聿铭等纷纷放弃了古典主义建筑学术体系与古典折中主义的创作手法，而追随哈佛大学、麻省理工学院、伊利诺伊大学等的现代主义思潮。这批建筑学子归国投身建筑教育后，也曾在占据主导地位的"宾大—布扎"模式之外，输入以"空间—建构"为主轴的现代主义建筑思想，并开展相关建筑实践。例如：早在20世纪30年代，广州省立勷勤大学已经积极引进现代主义建筑学术思想。又如：20世纪40年代，黄作燊任职圣约翰大学建筑系主任时，启发学生关注现代建筑的时代精神，密切关注建筑的新动向，引导学生"在空间所营造的精神气氛中寻找中国建筑的传统特色"。可以说，现代主义建筑思潮对当时国内的"宾大—布扎"教学体系还是产生了一定的冲击的，这从秉持布扎图学，一直在西方古典主义与中国古典形式之间寻求近代中国建筑出路的梁思成，也于20世纪40年代"皈依"格罗皮乌斯所创包豪斯之法，可以窥得。他认为："今后课程宜参照德国 Prof.Waletr Gropius 所创之 Buahuas 方法，着重于实际方面，以工程地为实习场，设计与实施并重，以养成富有创造力之实用人才。德国自纳粹专政以还，Gorpius 教授即避居美国，任教于哈佛，哈佛建筑学院课程，即按 Gorpius 教授 Buahuas 方法改编者，为现代美国建筑学教育之最前进者，良足供我借鉴。"

然而，正如赵辰在《失之东隅，收之桑榆——浅议20世纪20年代宾大对中国建筑学术之影响》中所说：由于建筑学是关系到现代国家社会制度与意识形态的重要学科，因此作为一门从西方引进的学科，它在学术体系的建构过程中面临着传递国际现代文明，以及向世界展现中国的民族国家形象的双重职责，加上国民政府复兴中国固有之形式以彰显国民党意志的助推作用，中国近代建筑的学术发展便长期将布扎建筑教育中的古典形式逻辑作为向世界展现中国建筑形象的不二法门。在此基础上形成的在古典建筑文法中摆弄中国建筑词汇的折中主义手法与风格，也因为更符合中国近现代社会、政治的生态环境，而延续到20世纪50年代以后。这是如星星之火一般的现代建筑教育，在古典主义教育强势主导或教育几乎百废待兴的20世纪80年代以前的中国难以燎原的根本原因。

值得一提的是，现代建筑教育同20世纪80年代之前的中国建筑学术未能持久交集的同时，后者在发展过程中还潜藏有对布扎教育的误读。洋务运动以后，西方制图理论传到国内，文字至上的中国传统逐渐被"编图说以明理法"的图学思维取代，之后美育救国的思想加速了布扎图学的兴盛。包括平立面绘图与渲染表现技法等布扎图学，因为同晚清工业学堂的图稿绘画课以及民国时期的图案课程的美术倾向高度契合，而被作为比设计更重要的建筑学知识，这直接导致拥有设计、绘图完整体

系的布扎建筑教育被曲解得只剩下需要耗时训练的渲染、图案等美术教育。这是一个巨大的认知危机，既不利于对布扎健全的知识体系以及基于类型学的高效的教育方法等现代意义的整体接受，也是20世纪80年代以后再次引入国内的现代建筑教育，简单化地批判、否定布扎艺术表现与审美教育的潜在诱导。基于此，在这种存在解读偏见的现代建筑教育背景下诞生的重要基础课——快速表现技法及其速绘训练，便不可避免地有其先天不足。

（一）速绘训练成因及速成式训练方法

20世纪80年代以后，西方现代建筑理论又一次传入国内建筑教育界。这种以包豪斯的空间构成、肌理感知、色彩分析与拼贴组合为基础的新型建筑教育范式，旨在解决空间、建造与建构的问题，采用以模型为基础的推敲空间、选择材料的工作方法，主张在多维环境中研究形体与空间的构成。事实上，这一系列以空间、建构为核心的建筑教育，无疑是针对布扎建筑教育中的西方古典形式秩序，以及一直以来有关布扎"图画表达、形式主义"倾向的认识误区而来的。那么，基于这种批判立场，布扎古典美学传统下的构图训练，以及坚持不懈地以严谨、写实的平染、晕染法，再现古典柱式比例、建筑要素组合、建筑色彩与光影关系的渲染技能，也就被极具概括性、重在图示说明性，并可在短时间内提高学生表现能力的快速表现技法课程与速绘训练所取代。此其一。

其二，信息时代的电脑绘图可以以较高的作图效率和较逼真的作图效果，代替同样逼真却相当耗时的渲染图，加上现代设计中的问题导入式思维方式也使得当今建筑教育的重点，"从处理技巧的训练转向构思能力和分析能力的训练"，于是图解思考与分析的方法被引入设计教学中。快速表现图因为符号化、图示化的语言，可以迅速捕捉方案初期阶段的设计思想，它精炼到点、线、面的抽象图形特点，又可以为推敲方案、图解思

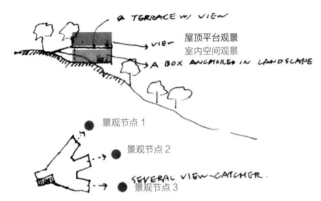

图1 符号化、图示化的图解思考与分析（图片出处：www.vankecar.com）

考过程提供较大的表现空间，因而深受当今师生与建筑师的欢迎（图1）。其三，为了应对信息时代瞬息万变的市场需求，当今国内的建筑院校逐步将产教融合、紧密对接市场需求作为办学目标，为了跟踪目标受众的诉求与市场导向，设计全过程中高效率地与客户交流就显得十分必要。这时，用图示语言向对方传达设计构想，并且共同探讨设计方案，使客户的遐想显形于纸面的快速表现技法，也就当仁不让地成了设计师必备的表达能力。

基于上述速绘训练的成因分析，我们可以相信：在现代建筑必胜的国内的社会进化论引导下，批判布扎的美院式基础教学方法、建筑史考古研究方法，以及西方古典建筑形式逻辑等，是当今建筑教育及其速绘训练的大势所趋。速绘训练产生并发展到这一步，似乎一切都是时代与社会发展规律使然。然而，不可忽视的问题是：从20世纪20年代留学归国建筑师引入布扎建筑教育体系直至今日，国内一直以来注重外观的"形式主义"，以及改革开放之后现代与后现代主义一并涌入中国，造成国内建筑界长期迷茫于现代与后现代主义建筑的形式选择问题中。这就使得国内现代建筑的教学过程依然将重心放在平面、立面、效果图的图学表达方面，其重要性甚至超过了对建筑本质的关注。因此，究其内在，现代建筑设计与教学其实延续了布扎"图画建筑"的程式。只不过，现代建筑倡导以功能关系引导平面组合，再依次形成立面与表现图，因而在表象上与布扎以西方传统形式原则为主导的形式主义存在差异。而另一方面，如上文所述，如此依赖形式秩序的国内现代建筑教育，却是以误读布扎所依托的古典美学原则与审美教育为先导的，它以忽视布扎建筑教育中的审美素质培养为代价，实现快速沟通与交流的目的，一味地追逐标新立异的形式，附会信息化时代精英审美取向缺失的市场需求。在针对布扎的只弃不扬的批判立场下，适应现代建筑教育体系的速绘训练，也就相应地存在缺乏艺术内涵、停留于形式模仿、不利于提升审美素养等诸多问题。现将这种速成式训练方法简述如下。

（1）程式化的材质表现。重在对空间、环境、陈设、家具等材质特点进行归纳，用提炼、概括手法进行表现。如：将石材简单地分为平滑光洁的与烧毛粗糙的，前者用不规则纹理与倒影表现光滑质感，后者以点绘画表现粗糙效果。对于金属材质的表现，甚至程式化地总结成：一条亮、一条暗，高光过去是暗部的画法。

（2）模式化的笔触表现。当前最常见的快速表现图，有钢笔线绘、彩铅、马克笔、彩铅马克笔结合，以及电脑绘图软件模拟手绘等技法。速绘训练强调好的笔触可以增强画面的形式美感，并将熟悉笔触规律作为速绘训练的重要环节。如：总结

马克笔的笔触为排线，它同样被机械化地细分为三种主要类型，即水平、垂直或斜向平行排线，在平行排线的笔触上改变方向轻扫粗细笔触以及笔触粗细、方向或色彩渐变的排线。

（3）概括化的形体表现。高度概括形体本质特征，去掉可能无关本质的细节因素，并总结出："注重形体的张力；在内形的处理上，注重形体的丰富性；形成外形整、内形碎"的通用原则。

（4）单一化的构图表现。"强调中间紧、四边松的原则，紧紧抓住画面的中间部分"，据说如此可以精雕细刻，形成画面的视觉中心，做到张弛有序、突出重点。然而，如果所有的速绘图不论场景、主题均采用这一构图原则，是否会形成千篇一律的画面效果呢？粗看如复制品，又何来艺术性？

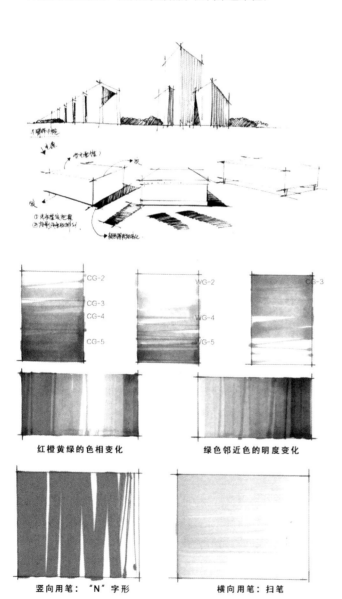

红橙黄绿的色相变化　　　　绿色邻近色的明度变化

竖向用笔："Ｎ"字形　　　　横向用笔：扫笔

图2 速绘训练中的笔触、线条、光影表现（图片出处：www.soho.com）

（5）机械化的色彩表现。无论何种绘图工具，都概括为由浅入深的着色法，据说可便利日后的色彩修改与调整。至于三大面、五大调的处理，在这里也一概简单化为："把大量的中间色概括成色彩的基调色，然后用这个基调色做底，在上面添上暗部、提出亮部、画出整个形体变化，使这个底色融入形体变化之中，成为形体的一部分。"

上述程式化、模式化、概括化、单一化、机械化的速绘训练，"以分析为手段，以表现设计效果为目的。对物体原形的特征进行筛选、归纳、概括、提高，创造出带有规范化特征的符号形象，广泛应用于各种场合"，因此教学简便，学生可以在短时间内掌握各种场景的设计表现。也由于它以形体、色彩等共性表达代替对实物的细微观察与深入分析、描绘，故而即便不接受系统的绘画训练与艺术熏陶，学生也可借由快速表现技法的"套路"，模仿、再现一些粗浅的客体或场景的共性特征，速绘训练因此被称为无须坚实的绘画基础与审美修养也可准确表达设计创意的捷径。 以致当今建筑教育界出现了无时间和定力进行长期的绘画训练，却又急于以技巧代替艺术素养的学子们，在快速表现技法的课堂教学之外，继续追捧社会上开办的速成式绘画训练班的现象（图2）。

（二）基于案例比较的批判立场

《还原布扎——一种现代建筑思想的批判呈现》一文认为："建筑中的艺术不仅是图像化的美学表现，更是一种对理想情境的描绘；而技术也不仅是艺术表现的附属物，而是理想图景的实现手段。" 布扎以其对各类建筑制度的普适性、各种知识的兼容性以及注重实用功能与审美统一关系的现代意义，而成为兼顾艺术素养与技术问题的教育范本，进而对现代建筑语境的建构持有开放态度。而专注于批判布扎"图画建筑"中的形式主义，以期引入"空间—建构"等现代建筑话语的现代主义，却在传入中国时，与借助建筑学形塑国民形象的政治环境相遇，加上20世纪80年代以后，后现代主义与现代主义一并引入国内，于是现代建筑话语遗憾地成了国内现代建筑教育与创作中可被选择的一种新形式，而被剥离了本质。这是当今国内设计界走向长于复制、模仿形式，却脱离布扎艺术内涵的新型形式主义的历史原因。在现代建筑教育中属于重要基础课的快速表现技法课程，它所采用的速成式绘画训练方法，或许也是这种形式主义的缩影。

以下，列举布扎建筑教育中讲求绘图准确性的渲染图与当今的速绘图，以及布扎教育中确定最初方案的快题图与产生于同一设计阶段的当今的设计草图，比较它们在艺术内涵与绘图技法等方面的差异。

1. 布扎的渲染图与当今的速绘图

以竣工于1957年的香港崇基书院的渲染图为例，它由毕业于宾大的建筑师范文照设计、绘制。之所以列举该渲染图，在于香港崇基书院是一组典型的现代主义建筑群。众所周知，通过反复推敲古典要素的布置方式并最终付诸渲染，"可以帮助学生建立初步的审美判断"，因此渲染通常被认为是与古典建筑构图相伴而生的。鉴于此，一些批判布扎建筑教育的学者就指出："到了20世纪80年代通过渲染现代建筑来学习现代建筑就显得非常勉强了"，"事实上，表现技法，特别是渲染技法的训练一直被认为是'传统'的一个重要的内容"。然而，范文照这件以现代主义建筑为表现对象的渲染作品，却以其大气的场景、均衡的构图、细腻的建筑表现、写实的光影关系与如画的情境，表明比例、尺度、对称、均衡、韵律等古典建筑构图原则是"一种能够建立起所有风格通用的设计规则的手段"，借由以写实为目的的呈现形体、光影微妙变化的渲染技法，它同样适用于现代主义建筑的场景与细部表现。再看这例绘制得尚属完整的速绘图。它是一处住宅小区的景观效果图，采用了勾线笔线绘结合水彩敷色的快速表现技法。画面构图饱满充实，建筑、道路、植物、人物等形体表现比较坚实、果断，色彩方面除大面积平涂色块以外，还通过改变笔触与叠加色彩表现树荫与植物背光面。然而，如果将这例速绘图与范文照的香港崇基书院渲染图进行比较，就会发现二者在艺术内涵与绘图功底方面的差异（表4）。

（1）空间层次的表现。速绘图在线绘伊始就没有线条的轻重缓急变化，画面中的每个物件都描绘得比较具体，加上色彩关系上欠缺饱和度变化与环境色的影响，因此，整幅画面缺少浸入式空间体验。渲染图比较注重前、中、背景的空间层次，建筑群所在中景描绘最细致、光色对比度最强，成为画面中心，也是视觉体验中最清晰的位置，符合人的视觉生理特性。而前景的操场、背景的山脉则向画外延伸，且以大色块表现对象的整体结构。整幅作品虚实相生、空间层次丰富。

（2）设计意境的表现。要在设计作品中表达出如画的意境，需要协调好建筑要素之间局部与整体的关系，并将某个固定视点观察到的对象当作一幅画来经营，形成"美"的画面。从审美趣味的角度来看，"如画"超出了西方学院派美术教育中，有关对称、非对称或是借由一点、两点、三点透视进行构图训练的一般意义，而在于追求一种超越"像与不像"通俗标准的画意美学，这在杨廷宝、童寯、李扬安、梁思成、过元熙等毕业于宾大的建筑师的渲染图中表现得尤为明显。他们留学期间绘制的新教教堂、英国宴会大厅、共济会教堂、郊野俱乐部等设计方案，虽然都采用了西方古典建筑形制，但在图面表达方面，

却都有中国水墨山水或平远开阔，或深远幽邃，或高远旷达的意境。范文照的这张渲染图亦如此。背倚崇山峻岭的现代主义建筑群，犹如山水画中高远视角下的山中茅屋，山脉与建筑皆有延伸至画面之外的趋势。这与王澍的"与山体比较，成为一种平行建造，用以控制和消解巨大面积所导致的巨大体量"的自然旨趣形成某种巧合，呈现出一种以山水诗意为基础的半自然、半人工的营造。所以，观摩范文照这件渲染而成的方案图，体会到的是融入自然的如画趣味。对比之下，这张速绘图则采用了基于抽象几何学的一点透视进行构图，追求的是对物象的客观描绘。它有赖勾线笔勾勒的线框撑起整幅画面，大面积平涂的色块却几乎背离了固有色、光源色、环境色的基本关系，因此，色彩与僵硬的线框之间无法形成准确的空间表达，观者更无从体会如画的意境。

表4 布扎教育背景下的渲染图与现代建筑教育背景下的速绘效果图比较

名称	香港崇基书院渲染图（范文照，1957年）	某住宅小区速绘景观效果图
例图		
	虚实相生、山水诗意、如画趣味	线条刻板、色彩单薄、较少浸入式空间感知

（图片出处：左，"基石——毕业于美国宾夕法尼亚大学的中国第一代建筑师"展览；右，www.ddove.com）

2. 布扎的快题图与当今的设计草图

布扎的快题要求学生在很短时间内拿出构思草图和设计立意。顾大庆的《我们今天有机会成为杨廷宝吗？一个关于当今中国建筑教育的质疑》一文介绍："'布扎'的设计竞赛制度采取'快题+设计渲染'的方式。一个通常两个月的设计周期中，基本的设计想法通过一日的快题确定下来，而且不能更改，余下的时间就用来将这个想法发展成一个设计，以及最后用渲染图的方式表达出来。"单踊总结宾大建筑系设计题的时间安排时说道："快图题时间安排有两种情况。一种是……由系里主持人出题，时间均为一天（即当天完成）。另一种是各种竞赛题，有的时间就稍长些。……'巴黎大奖赛'第一轮1天，第二轮2天。"并提及，一般在交图后的第三天附有评图时间。快题的构思草图阶段要求学生综合考虑设计方案诸多问题，并提出解决问题的基本构想，因此构思的目的不止于分析问题，而在于

解决问题并形成、确定设计立意。用保罗·克瑞的话来说，就是："为一个设计课题选择一个整体构想或立意，就是采取一种态度倾向以引向某一结论，并期望一座建筑物按照这个结论所预想的思路发展将给这个设计项目带来最好的结果。"基于此，毕业于宾大的建筑师谭垣，在教学中绝不允许学生轻易丢失或更改设计立意，他强调坚持构想、逐步成图，要求学生今后的设计就沿着这一确立的主张发展下去。之后的发展设计方案，则在示范与模仿的教学方法中完成。这一阶段，学生通过观摩教师改图，掌握处理设计问题的技巧；教师在改图过程中，可以不善言辞，只需身体力行地传播处理设计问题的经验和设计知识即可，而且无标准答案。对于快题中从构思草图到设计立意的全过程，卢永毅认为："构思草图不是随意想象，却是'积之于平日、得之于俄顷'的东西，而这些'东西'正是'布扎'教学中完整安排的、围绕设计课程的一整套知识和技能课程。"

以某一获巴黎大奖的设计构思草图为例。它展现了从平、立面草图的推敲、比较到确定一个设计立意的过程，建筑局部的阴影处表达了未来可发展、深化的区域。从中可以看出：分析问题和发展设计方案之间的关系比较合理，构思草图的重点是设计方案本身，因而有利于师生后期讨论如何深化设计的问题，最终形成完整的能够解决实际问题的设计作品。再看当今流行的设计分析草图。以某国家级设计比赛一等奖作品为例，其背景概况分析、场地分析、现状分析、水文分析、植物种植意向分析、设计理念分析等林林总总的以分析图为主的构思草图，占据了整件作品图量的一大半，而基于各种分析之上形成的设计方案却停留于概念图的阶段，其中的平、立、剖面图与效果图可以说是比较粗朴、欠缺深度的（表5）。

如果进一步比对这两件图例，就会发现二者在形式语言的内涵与图面的艺术造诣等方面的差异。

（1）布扎快题图的重点在助力设计方案的发展、深化；而当今的设计草图却游走于分析问题与决定设计想法之间。

（2）布扎快题图与最终的设计方案有紧密的衔接关系，正如保罗·克瑞所说的构思或立意直接导向结论；而当今的设计草图与最终设计方案之间却有一种隔靴搔痒的隔阂感，各种抽象图解或者为了获取某一设计概念，或者为了分析历史、社会、环境、技术问题，有一种为了分析而分析的倾向，总之游离在建筑本体之外。

（3）因为布扎快题图需要落实在平、立面与建筑整体造型的推敲、绘制上，因此它往往比例和尺度合理、美观，局部与整体关系和谐，从中可见：绘图者接受了以准确性为原则的学院派美术训练，并具备扎实的绘画功底。当今设计草图，为了迎合现代建筑教育"设计是解决问题的某一过程"的观念，遂

以分析抽象问题为先导，于是涌现出各种标榜着分析性与研究性的抽象图解作业。这些抽象图解中故弄玄虚的零散线条，折射出它与设计的本质渐行渐远以及设计者艺术表达能力与审美素养的退化。

表5 布扎教育背景下的快题图与现代建筑教育背景下的设计草图比较

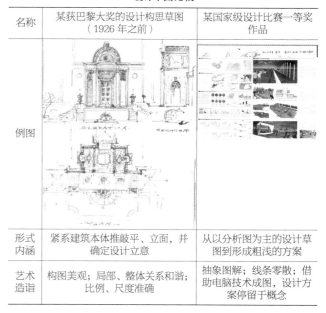

名称	某获巴黎大奖的设计构思草图（1926年之前）	某国家级设计比赛一等奖作品
例图		
形式内涵	紧系建筑本体推敲平、立面，并确定设计立意	从以分析图为主的设计草图到形成粗浅的方案
艺术造诣	构图美观；局部、整体关系和谐；比例、尺度准确	抽象图解；线条零散；借助电脑技术成图，设计方案停留于概念

（图片出处：左，John F. Harbeson, The Study of Architectural Design: with special reference to the program of the Beaux-Arts institute of design, 1926, The Pencil Points Press; 2008, John Blatteau and Sandra L. Tatman, P7；右，www.huaban.com）

四、结语——疏离布扎审美意趣的速绘训练与擅长形式复制的当今设计

诞生于现代建筑教育背景下的快速表现技法课程，不仅在学校教育中以其较多的课时和学分拥有较重要的地位，而且鉴于提高设计师与客户沟通效率的行业发展需求与考研应试的需要，它还衍生到面向大众的各类速成式培训班。不可否认，快速表现技法及速绘训练的异军突起，是信息化时代变化莫测的设计发展进程使然，有其存在的必要。然而，问题是：当以可教、易学为诱惑，却以摒弃布扎建筑院校扎实、漫长的美术训练为代价的"速成式"绘画训练方法被学子追捧，甚至成为通用于当今建筑与设计院校的手绘训练范式时，这就不仅导致学子沉迷于程式化的表现技巧，不利于提升自身的艺术素养，更深远的危机在于：一旦他们从以不变应万变的速绘"套路"中尝到甜头之后，可能会进一步削弱、阻碍自己在未来建筑创作与设计实践中，发掘其表达设计创意、经营建筑美学的动力与能力。

以下是最近发布的迪拜世博会中国馆设计方案，它外观取自中国灯笼，并以其火红的窗花传达光明、团圆、吉祥和幸福之意。作为呈现各国高新建筑技术与创新理念的世界盛会，世博会各场馆的设计、建造往往成为倾举国之力的国家行为，传递了官方意志主导下的当前各国建筑文化的言说方式。这样一处中国馆方案，让我们看到这个以"构建人类命运共同体——创新和机遇"为主题的展馆，执着于视觉化的符号表达，却少了一些中国传统建筑形式之外的诉诸于民族审美与建构思维的深层次表现，折射出的是欲向当今世界建筑图谱输入民族性与普适性信息的中国主流建筑话语（图3、图4）。

图3 迪拜世博会中国馆设计方案：展示科技智慧的大灯笼

图4 传达光明、团圆、吉祥和幸福之意的"窗花"。（图片出处：assbook 设计食堂）

如果从布扎美术教育与当今速绘训练的关系来看，也可以这样认为：这件颇能集中体现当下建筑设计问题的作品，是速绘训练疏离了布扎建筑教育中基于古典美学原则的构图、渲染练习与如画意趣的培养，而采用程式化地模仿形式、符号与技巧的训练方法，在建筑创作中的投射。它最终导向一种擅长形式复制的设计生态，固化了自20世纪初期以来，中国就已形成的注重外观的"形式主义"建筑设计思维。

参考文献

[1] 单踊. 西方学院派建筑教育史研究 [M]. 南京：东南大学出版社，2012.

[2] 顾大庆. "布扎—摩登"中国建筑教育现代转型之基本特征 [J]. 时代建筑，2015(05).

[3] 卢永毅. 谭垣的建筑设计教学以及对"布扎"体系的再认识 [J]. 南方建筑，2011(04).

[4] 单踊. 西方学院派建筑教育评述 [J]. 建筑师，2003(03).

[5]The School of Architecture University of Pennsylvania. The University McMll,1902.

[6] 童寯. 制图须知及建筑术语. 童寯文集（一）[G]. 北京：中国建筑工业出版社，2000.

[7] 汪妍泽，单踊. 布扎"构图"中国化历程研究 [J]. 新建筑，2017(02).

[8] 童寯. 建筑五式. 童寯文集（一）[G]. 北京：中国建筑工业出版社，2000.

[9] 顾大庆. "布扎"，归根到底是一所美术学校 [J]. 时代建筑，2018(06).

[10] 赖德霖. 构图与要素：学院派来源与梁思成"文法—词汇"表述及中国现代建筑 [J]. 建筑师，2009(12).

[11] 梁思成. 致梅贻琦信. 梁思成全集（五）[G]. 北京：中国建筑工业出版社，2001.

[12] 赵辰. 失之东隅，收之桑榆：浅议 1920 年代宾大对中国建筑学术之影响 [J]. 建筑学报，2018(08).

[13] 顾大庆. 我们今天有机会成为杨廷宝吗？一个关于当今中国建筑教育的质疑 [J]. 时代建筑，2017(03).

[14] 缪军，张竞予. 从布扎传统看中国当前的建筑审美教育 [J]. 南方建筑，2012(02).

[15] 谷彦彬. 程式化表现技法在室内设计表现中的重要性 [J]. 中国美术教育，1991(01)

[16] 谷彦彬. 再论程式化表现技法的重要性 [J]. 内蒙古师大学报，1999(12).

[17] 顾大庆. 中国的"鲍扎"建筑教育之历史沿革：移植、本土化和抵抗 [J]. 建筑师，2007(04).

[18] 王澍. 那一天 [J]. 时代建筑，2005(04):102.

[19]John F Harbeson. The study of architectural design: with special reference to the program of the Beaux-Arts institute of design,1926,The Pencil Points Press; 2008, John Blatteau and Sandra L. Tatman:22.

[20] 童寯. 建筑教育 [未发表]. 童寯文集（一）[G]. 北京：中国建筑工业出版社，2000.

[21] 蒋春倩. 华盖建筑事务所研究 [D]. 上海：同济大学，2008.

[22] "基石——毕业于美国宾夕法尼亚大学的中国第一代建筑师"展览.

建筑之美的本质与误区

陈德雄　　雅克设计有限公司　总建筑师

摘　要： 建筑美学是一个古老而永恒的话题。关于"建筑之美的本质"的探讨是涵盖建筑学、哲学、美学等多学科内容的综合思考。本文结合多学科内容的交叉知识，引用以建筑为审美对象的多种客观现象及多个建筑案例，旨在提出正确理解"建筑之美的本质"，避免追求纯粹"形式美"、短暂"时尚美"的误区，让"建筑之美"的创作回归本质。

关键词： 建筑之美；本质；误区；愉悦反映；经验和记忆

早在 20 世纪 50 年代，我们国家就提出了"适用、经济、在可能条件下注意美观"的建筑十四字方针。2016 年，《中共中央国务院关于进一步加强城市规划建设管理工作的若干意见》又适时提出新时期的建筑八字方针"适用、经济、绿色、美观"。对比建筑方针的变化，可以发现对"美观"的理解和要求升级了。中国建筑学会理事长修龙在"十三五"全国万名总师培训班上解读"美观是一种大美，是和谐之美、融洽之美、人文之美、大众欣赏共鸣之美，经得起历史检验"。在人们对建筑的艺术审美性越来越重视的新时代，我们不妨对建筑之美的本质做一些思考。

一、建筑之美的本质及现象

关于美的定义，国内外自古至今众说纷纭。其中，百度百科在关于"美"的词条中提到我国学者易万成于 2008 年在《存在与华夏文明》一书中关于"美"的定义，把"美"定义为"人对自己的需求被满足时所产生的愉悦反应的反应"，认为"美"可以是现实需要被直接满足时的感受，也可以是以往需求被满足的经验和记忆。该观点可以在"建筑之美"的现象中得到很好的验证。例如，城市里再难看的高楼大厦在乡下老百姓的心目中都"很美"，乡村里再破陋的老房子在城里人的心目中也都"很美"，这是什么原因造成的不同"审美"结果呢？究其原因，恰恰反映了建筑之美的本质。我们不能说乡下老百姓没见过世面，而是他们真的认为"美建筑"就应该是能够防御五十年不遇洪涝灾害、抵抗十二级台风和八级地震不倒的高楼大厦；我们也不能说城里人个个都有乡愁情怀，而是他们真的认为"美建筑"就应该是日照充足、自然通风良好、随时能走出室外漫步的低矮房子。事实上，乡下老百姓心目中的城市"美

建筑"有不少都登上了"十大最丑建筑"的榜单，城里人心目中的乡村"美建筑"都被拆得差不多了，有老百姓自己拆的，有开发商拆的，也有政府拆的。这些现象启示了我们，对于一栋建筑、一座城市或一个乡村来说，有些人觉得美，也有些人觉得不美。如何让更多的人觉得美，作为建筑师的我们责无旁贷。

面对乡村建筑的规划设计，我们除了关注建筑的功能布局和通风采光以外，还要合理考虑选址和场地竖向设计以加强防御洪涝灾害的能力，合理设计门廊、连廊以遮风挡雨，合理选择适宜的建筑体型、结构形式以满足花少量的钱就能建起抗台风、抗地震的房子。面对大都市建筑的规划设计，我们除了追求建筑的高大体量和豪华气派以外，更要合理地考虑自然通风采光，在气候条件允许的地区尽可能多设计一些诸如景观中庭、空中花园、屋顶花园之类的室内、室外、半室外空间，让人们的工作和生活更接近自然而回归本性。早在 20 世纪 80 年代由岭南建筑大师莫伯治、佘畯南等主持设计的广州白天鹅宾馆就是一个非常成功的例子，设计师将中国传统园林与岭南传统园林设计的精华应用于宾馆的中庭（图 1）。在 21 世纪初由世界级生态建筑大师杨经文主持设计的新加坡国家图书馆在空中有多个花园（图 2），读者在城市中心的高层图书馆里看书时也可以很方便地步入惬意的空中花园。崇尚自然，师法自然。只要我们建筑师在这些方面都迈出哪怕是小小的一步，乡下老百姓和城里人都会觉得

图 1　广州白天鹅宾馆的景观中庭

图2 新加坡国家图书馆及其空中花园

自己所感受的建筑是"美"的，因为他们的现实需求被直接满足了。

从世界级地标式的高楼来看，在同样建筑规模的前提下相比较，由世界级建筑大师萨夫迪主持设计的新加坡滨海金沙酒店在很多人的心目中是很美的地标建筑。相对于全世界的摩天大楼来说，设计师巧妙地把其分解为由屋顶花园连通的三栋50多层的高楼，显然让人们觉得摩天大楼的"通病"都解决了，而且有多项之最的屋顶花园室外泳池又恰好体现了大众公认的新加坡印象——"花园城市"（图3）。这两点让该酒店建筑具有了建筑之美的本质且达到城市地标的"美"效果。

图3 新加坡滨海金沙酒店及其屋顶花园

从建筑之美的本质来看，建筑的地域性也是很重要的，因为地域性要求建筑的空间特性、色彩、材料质感等"美"元素要符合当地的气候条件和人文环境。本人主持创作的海南省琼海中学附属小学是具有较强地域性的一个项目（图4）。该项目

图4 海南省琼海中学附属小学教学楼

采用富有热带地域特色的外廊空间和海南民居的风格，同时结合校园一侧的滨水公园来设置教学楼的趣味洞口。该项目的造型既符合人们对民居的"经验和记忆"，又符合关于自然通风、遮阳、观景的"需求被直接满足"，所以大多数人认为是"美"的。

二、从老建筑的审美看"建筑之美"的本质

大凡老建筑都能给人以"美"的印象，不管是哪个国家、哪个民族的老建筑，也不管是富丽堂皇的还是古朴简约的老建筑。从建筑之美的本质来看，是因为人们的经验和记忆是"适者生存"。老建筑能够保存至今，既足以说明它符合大自然规则才不会被大自然的力量所毁掉，也足以说明它能被大多数人所接受才不会被人为拆掉（图5、图6）。当我们看到一栋造型

图5 北京故宫　　　　　　　　　图6 广东外事俱乐部

比较具象的现代建筑，大多数专家学者会觉得不美甚至把其列为"批评"的对象；但换成一栋造型比较具象的老建筑，大多数专家学者又觉得美了，或者至少不会觉得丑。例如，我们在工作中看到海口某村庄里有这么一栋老建筑，其正面的造型有点像"人脸"，中间的窗洞像"鼻子"和"眼睛"，下方的过街门洞像"嘴巴"（图7）。我们对这样的老建筑并没有反感它的具象之处，反而有好奇之心去猜测它的造型是怎么形成的。

业内人士都知道，专家和学者普遍对假古董的"复古建筑"比较反感，很大的原因是这些假古董无法让人们感到"适者生

图7 海口某村的老建筑（人脸造型）

存"。尤其是时过境迁，建造技术和建筑材料都发生了变化，再完全照搬原来的模样难免让人们感觉有点"不对劲"。其实，作为"真古董"的老建筑也是与时俱进的，并非一成不变。广州沙面是见证百年近代史的重要商埠，是我国近代史和租界史的缩影，我们在那里可以看到一些"真古董"老建筑因外廊酒瓶栏杆的间距过大、高度过低而经历了一些巧妙的改造。其具体的做法是在原有酒瓶栏杆的基础上增加一些钢筋护栏，让人们增加对自己关于"安全防护"的需求被满足时所产生的愉悦反应（图8）。这些"真古董"老建筑在与时俱进的过程中始终坚持"人对自己的需求被满足"，人们的反应是愉悦的，所以他们普遍认为这些建筑的美是得到传承的。

图 8　广州沙面大街老建筑的酒瓶栏杆增加安全防护设施

三、从建筑照片的审美看"建筑之美"的本质

爱好建筑摄影的人士都知道一个基本的常识，最佳的拍摄时间大约在靠近日出、日落的时间段。当你拍摄普通建筑时，只要是在这个黄金时间段内拍摄的都会显得"美"好多；当你拍摄著名建筑时，假如拍摄的时间没有选好，例如在烈日当空的时刻拍摄，这些建筑也会显得比平时"逊色"好多。这是为什么呢？很大的原因是人们的"以往需求被满足的经验和记忆"起了作用。人们一看到早晨或黄昏的照片，第一反应就是回忆起"气温温和"的愉悦反应；而人们一看到烈日当空的照片，第一反应就是回忆起"被暴晒"的痛苦感受。建筑之美可以说是动态的，是有时间维度的。当我们理解这个原理之后，我们建筑师可以尽力去延长特定建筑物的"美"的时间，让更多的人很少有机会看到它的"不美"。例如，我们可以精心设计建筑物的色彩，可以精心配置建筑物的绿化或水景，可以精心营造建筑物的灰空间（图9至图11），让烈日当空时拍摄的照片不再勾起人们"被暴晒"的回忆。本人在创作海南

图 10　新加坡艺术科学博物馆的水景

图 11　三亚亚龙湾瑞度假酒店入口灰空间

省琼海市嘉积中学科学馆时，也正是遵循了以上原则，采用砖红色饰面和门廊（灰空间）及点缀绿化，让百年老校园内的新建科学馆建筑在一天当中达到了"长时间"的美（图12）。

作为一个专业摄影师可能会挑选最佳的拍摄时间去拍摄一栋建筑，但一栋建筑物的大多数使用者或到访者是任何时间都有可能接触到该建筑的，所以在一天当中、一年当中"美的时间"占有多大的比例是很重要的。一个优秀的建筑作品的"美"不应该只是停留在一天当中的某一时刻，或者是一年当中的某一时刻，那样的话就只能是"网红"了（这里特指把在某个特定的

图 9　新加坡南洋理工大学公寓楼的色彩

图 12　海南省琼海市嘉积中学科学馆

时间拍摄到的精美照片挂到网上炒作），不能惠及大众。我们建筑师应该努力去设计这么一栋或一组建筑，在很多的时间节点都能体验到它的美。

四、从建筑的永久性看"建筑之美"的误区

与时装的美相比，建筑的美是具有"永久性"（本文特指相对的永久性）的，而非昙花一现。时装可以在不同的年份具有不同的流行款式，也不至于给社会造成浪费。而建筑物一般都具有 50 年或者更长乃至上百年的合理使用期，这个特性决定了建筑之美是要讲究"永久性"的。当建筑的美只是一种外加的装饰，随着时间的推移，人们总会越来越觉得它不美了。一栋优秀的建筑必然是这样一种情况，当建筑的合理性越来越被人们所熟知，人们就开始觉得它越来越美了，最终成为经典作品。

我们需要说明的一点就是建筑审美的复杂性。从建筑之美的本质来看，有很多时候是从"经验和记忆"又推导出新的"经验和记忆"，经过无数次的间接推导，就形成了影响建筑审美的复杂性。正是这些错综复杂的"经验和记忆"形成了一些所谓"时尚"的美，只要造型能够吸引眼球和富有"新意"就能获得"最美"的评价，不一定非要具备建筑之美的本质。作为类似于世博会场馆那样的临时建筑，或者是类似于城镇街景改造那样的过渡建筑，采取离开本质的"时尚"美是无可厚非的，因为当人们发现"自己的需求"不被满足时这些建筑可能已经不存在了。现实中，对于肩负着"百年大计"的建筑有不少也是采用这样的创作手法，这无疑是一个严重的误区。当华而不实的"时尚"美在人们的日常体验中被发现有越来越多的"不适用"或"不科学"时，人们的"经验和记忆"就会重新建立，认为这个"时尚"美是不美的。中意清华环境节能楼是意大利著名建筑师马利奥·古奇内拉设计的一座 40 米高的退台式建筑，是"绿色建筑"的典范（图 13）。退台上安装的太阳能板可以利用太阳能发电，还可以遮阳，而且在建筑形象上也具有"时尚"

之美。清华大学的教授曾在全国性的培训中提到，该建筑在实际使用过程中的节能效果并非想象中那么好，已经不断地暴露了一些问题，例如 500 多片太阳能板在建成几年后只有 100 多片能用，因北京与意大利的地面温度变化不同也导致玻璃百叶换气没有达到意大利那样的效果。这样的体验正在慢慢地影响着人们的"经验和记忆"，一旦走到极端的话，那些"时尚"的构架就会成为人们心目中的"脚手架"形象而变得不美了。当然，目前还不至于如此，但愿只是出现一些小的瑕疵，在使用过程中能够不断完善其技术的合理性，继续给人们以"美"的印象。

五、结语

建筑审美是具有复杂性的，但我们不能因其复杂性而对"建筑之美"的本质产生困惑。我们应该清醒地认识建筑之美的本质是建筑能够对人产生这样的直接感受或经验和记忆——"人对自己的需求被满足时所产生的愉悦反应的反应"。我们既要避免追求纯粹"形式美"的误区，也要避免追求短暂"时尚美"的误区，真正做到"美"至名归，让新时期的建筑八字方针"适用、经济、绿色、美观"落到实处，给大众展示更多的名符其实的建筑之美。

图片来源：文中所有图片均为作者本人拍摄。

参考文献

[1] 参见 Baidu 百科中关于"美"的介绍.

[2] 修龙.浅析新时期建筑方针.第三期"十三五"万名总师培训班讲义, 2017.

[3] 张利.建筑评论.第三期"十三五"万名总师培训班讲义, 2017.

图 13 中意清华环境节能楼

现代主义建筑的文化自信表达——以王澍作品为例

董赛微　　合肥工业大学建筑与艺术学院　硕士研究生

苏剑鸣　　合肥工业大学建筑与艺术学院　教授

摘　要： 文化自信是民族持久发展的基础和灵魂。建筑是历史文化的载体，文化自信是建筑永续发展的不竭动力。然而，在全球化发展和现代主义建筑文化的影响下，除诞生了一批引人注目的时代建筑外，也产生了城市趋同以及建筑崇洋、求怪等缺乏文化自信的现象。本文以王澍作品为例，结合文化批评和价值批评模式分析传统文化在现代主义建筑设计中的表达，希望中国建筑设计要坚持文化自信，传承优秀文脉，创造新时代中国特色的现代主义建筑。

关键词： 现代主义建筑；文化自信；王澍

一、研究背景、意义及方法

（一）研究背景及意义

随着全球化的高速推进和世界的快速发展，现代主义建筑给中国建筑设计带来了广泛而深刻的影响。一方面，现代主义建筑推动了思想的进步和技术的创新，为建筑设计提供了新的技术和材料，为建筑发展注入了新的动力和血液；另一方面现代主义建筑也引发了城市趋同以及建筑媚洋、求怪、缺乏特色等文化自信缺失现象。王澍作为普利兹克建筑奖的首位中国籍得主，同时也是本土建筑师的重要代表，他的获奖引发了建筑界对传统文化回归的思考，针对传统文化与现代建筑发展之间的矛盾，中国建筑师们也进行了一系列探索，但更多是欠缺内涵和思考的，只是对传统或现代进行了形式主义的模仿，不仅没有达到文化传承的目的，反而使建筑形象遭到破坏，城市文脉逐渐消失。王澍的作品扎根传统又不受传统的拘束，用现代语汇演绎传统，因此对现代建筑设计如何体现本土文化自信以及探索中国特色的建筑现代化道路具有积极意义。

（二）研究方法

1.文化批评模式

建筑的文化批评主要是对建筑及其所在环境的文化内涵进行分析和评价。王澍对中国传统文化有着较为独特的见解，并将他对场所及历史的解读融入到现代建筑设计当中，在现代空间中再现传统氛围以及本土文化魅力。

2.价值批评模式

建筑的价值批评主要是探讨功能、美学、经济等方面的问题，关注建筑的根本目的以及对人的需求的满足程度。随着新时代中国社会主要矛盾的转变，精神需求逐渐成为社会关注的焦点。

王澍的建筑设计在满足现代功能需求的基础上重视对传统文化精神的挖掘和人性化场所空间的营造，能够唤起人们思想情感上的共鸣。

二、现代主义建筑对中国建筑设计的影响

（一）现代主义建筑

现代主义建筑是基于工业革命所带来的科学技术的革新和新型材料的出现，以及第一次世界大战后欧洲各国暴露出来的经济和社会中的各种矛盾而诞生的。它主张建筑摆脱传统的束缚，不拘泥于过去的形式，以新的技术和材料来创造适应工业化发展要求的新建筑，兼具理性主义和功能主义的色彩。

（二）中国现代主义建筑发展存在的问题

现代主义建筑深深扎根于欧洲文化传统之中，与工业文明之间存在着根深蒂固的关系，所以能在西方国家健康发展。中国没有西方国家的文化传统，却又受西方国家影响步入现代化进程，所以在建筑现代化的问题上更为复杂。

中国于20世纪初期就已经开始了对现代主义建筑的探索，但是由于民族主义精神与国际现代主义的冲突以及新材料与旧形式之间的矛盾，现代主义建筑未能迅速发展起来。改革开放之后，出于对发展的渴望，建筑师们对发达国家"先进"的建筑设计和城市发展模式进行了模仿跟风，城市虽然"旧貌换新颜"了，但也导致了一系列问题：鳞次栉比的高楼大厦、千篇一律的城市形象、数不胜数的山寨之作，以及屡见不鲜的造型怪异的建筑。除此之外，追捧国外建筑师来进行创作的风气也迅速蔓延，例如赫尔佐格、德梅隆设计的"鸟巢"国家体育场（图1）以及库哈斯设计的央视办公楼等，这些虽然给人带来了强烈的

图 1 国家体育场

视觉刺激和耳目一新的感觉，但却片面追求造型而忽略了经济和功能。城市建筑逐渐失去固有的地域特色，承载着中国历史文化的传统建筑也日益遭到破坏。因此，如何处理现代主义建筑发展和传统历史文化之间的矛盾关系，是中国建筑师长期关注和争论的问题。

（三）中国传统文化与建筑现代化的矛盾

中国建筑是主张传统复兴完全采用传统建筑方式，还是放弃传统积极投身现代主义建筑创作中呢？现代主义建筑的出现是历史的一种进步，无论是对功能需求的重视，还是对新技术、新材料的运用都符合社会发展的趋势。因此，完全复兴传统无法顺应时代的潮流，不能适应长期发展的需求，建筑的发展必然要向现代主义迈进。那么，现代主义建筑的发展是否意味着我们要抛弃民族文化传统呢？当然不是！建筑与文化相互依存，不能脱离时代背景和地域环境而孤立存在。现代主义建筑是结合了西方相应的时代背景产生的，中国与西方的文化背景不同，从而导致中国一些建筑只是模仿了现代主义的外表，而缺少相应的精神内涵。因此，现代主义建筑要想在中国健康发展，必须以民族文化为根基！

图 2 北京西站（"大屋顶"形式）

当然，一些建筑师也领悟到"民族精神"的重要意义，"积极"创造蕴含中国传统文化特色的现代建筑，但是更多只停留在表面一味仿用传统形式。譬如风行全国的"大屋顶"，梁思成曾批评其为"穿西装戴瓜皮帽"，仅仅是钢筋混凝土房子冠以中式屋顶，并没有体现出传统建筑的韵味（图 2）。相比之下，日本现代建筑师更善于发掘形式背后的精神本质，能够完美地将现代建筑与本土文化融合在一起。他们放弃了对传统形式的简单模仿，而是对传统元素加以提炼，或是把传统建筑带来的空间感受以及生活体验用现代的语言无形地展现出来。比如安藤忠雄设计的风之教堂，尽管没有采取传统的形式元素，却通过空间的处理手法将日本传统寺院的静谧、神圣感表达了出来。因此，日本现代建筑的发展是值得我们深思和学习的：建筑对文化的传承不一定是对传统元素的形象化运用，而是对传统空间和意境的传承，对形式背后"本质"的表达。正如黑川纪章所说："不要仅把看得见的东西当作传统搬到现代建筑中来，而要注意那些眼睛看不见的东西。"[①]

传统和现代、继承和发展看似矛盾，实则相辅相成，都不能摒弃对方而孤立存在。我们既不能盲目引进西方现代主义建筑，照搬照抄，也不能完全复制传统建筑形式和元素，而是要兼收并蓄，寻求传统文化和现代主义建筑的结合点和创新点，齐驱并进。

三、王澍建筑作品的文化自信表达

王澍，作为我国地域建筑的代表人物，始终坚持对中国传统文化的高度自信。当建筑师为了追求建筑发展的速度、建设量和现代感，而忽略建筑的文化性和地域性特征，抑或是还在盲目地将传统符号拼贴在现代主义建筑形体之上的时候，普利兹克建筑奖给予了王澍高度肯定，甚至将他的作品称为"世界性的建筑"。这意味着，王澍对地方文脉的挖掘和对传统文化的传承得到了建筑界的高度认可，迎合了人们的精神追求。

（一）重返自然之道——以中国美术学院象山校区为例

王澍认为，中国建筑应当追求"重返自然之道"的哲学，建筑不仅仅是造房子，而是要让建筑与周围环境相互协调，与自然融为一体。老子曾提出"道"是自然万物的本源，王澍设计思想中的"自然之道"同道家哲学思想类似，强调建筑师要在尊重自然的基础上进行建筑创造，要向自然学习，遵循自然规律。

在中国美术学院象山校区的设计中，王澍并没有参照现代大学规划的一般模式，而是充分依据地形地貌和环境特点，注重生态环境的保护以及校园人文意境的营造，打造一个诗情画意与现代气息并存的新校园。王澍运用中国传统"造园"手法，合理布局，整山理水。在他看来，建筑不是最重要的，应当谦逊质朴，避免夸张的造型与体量，考虑退隐。王澍对于自然环境的尊重，体现了他所尊崇的"自然之道"。

1. 自然布局

象山校区的建筑群规划遵循了自然法则，建筑依山傍水，自由地分布在象山周围，看似毫无联系，实则暗含着逻辑性和秩序性。王澍并没有采取削减象山的方式来创造更多的可建面积，而是以象山为中心，围绕象山来组织建筑，以求建筑与象山的和谐共生。校区一期建筑单体分散布置在象山脚下，形式上采用半围合或是全围合的"回"字形庭院的母题，来寻求统一的秩序，半围合的院落将自然景观引入建筑内部的同时，也与自然和谐地融合在一起。二期建筑的布局与起伏的山脉相呼应，形式上更加成熟自由。王澍还从中国古典园林中提取了"山房""合院"等元素，并运用当地的橙黄色原生态杉木板与粉墙黛瓦相衬托，营造了江南水乡特色和中国传统山水画中的意境（图3）。

图3 中国美术学院象山校区总平面

2. 空间体验

"廊"是传统园林中联系内部空间和外部环境的重要构件，王澍对其的运用不同于一般走廊的平铺直叙，而是将廊道外挂在简洁的教学楼外立面上，并采用了一种与楼梯坡道结合的方式，在外墙面形成了跌宕起伏的效果。这种功能与装饰相结合的手法，不仅改变了以往建筑交通空间的单调乏味，带来了趣味性的空间体验，也丰富了立面的视觉效果（图4、图5）。

象山校区是现代校园规划中形式最自由，风格最独特的案例。校区内部道路的可识别性不强，建筑内部空间甚至没有明确的功能，然而正是这种不确定性给空间带来了更多可能性，使用者是空间的主角，空间功能也是由使用者自己创造的，这样主观灵动的空间体验能够给追求艺术的使用者带来无限的灵感和启发。

图4 合院　　　　　　　　　　图5 外廊

3. 社会价值

象山校区是建筑、园林和艺术的结合，是传统语言与现代主义建筑设计的高度融合，对现代校园规划中场所精神的重建以及历史文脉的传承具有借鉴意义，体现了较高的社会价值。象山校区的规划设计目标在于营造宜人的环境，回归诗意的山水田园生活。因此，相对于建筑的使用功能和物质价值来说，王澍更加重视场所的体验和传统意境的营造，更加重视建筑所体现的美学价值和文化价值。

（二）尊重历史文化——以宁波历史博物馆为例

王澍对中国传统文化颇为执着，而且善于用现代主义建筑语言来表达自己对中国传统文化的理解，并将这种理解融入到宁波历史博物馆设计当中，给人带来耳目一新的感觉。在王澍看来，博物馆建筑本身就是一种特殊的展品，应当具有较高的美学价值，因此宁波历史博物馆无论是外在形式还是内在本质都展现了很多中国传统文化的意象，不仅满足了人们了解城市的历史，以及事物的发展演变历程的功能要求，更承载了宁波的地域文化和精神追求（图6）。

1. 建筑形态

王澍将园林中"山"这一景观要素进行抽象表达，从建筑形态来看，建筑下半段完整，上半段成开裂状态，微微向四周倾斜，仿佛城市中升起的山丘，水景横贯主入口大通道，并环

图 6 宁波历史博物馆

绕在建筑外围，蕴含着宁波从渡口到港口城市的演变历程，同时也成为宁波的精神坐标。博物馆整体采用简洁的方形集中体块，然后将其分裂成几个单体，体块与体块之间通过庭院与交通空间来连接，打造了宁波历史文化街区与园林建筑相融合的景致，行走其间，不仅能唤起宁波本地人心中的城市记忆，也让外来游者感受当地文化的魅力。

2. 传统材料

王澍十分注重对传统形式与地域特色的保护，并用现代主义建筑语言将中国传统建筑元素表达出来，希望以此唤起建筑界对传统文化的重视，以及传统建筑技术、材料和理念的回归。因此，旧材料便成为王澍对传统元素表达的一个重要载体。他收集了宁波旧城改造时残存的上百万块旧砖瓦，将其砌入墙面，不仅与博物馆"收藏历史"的功能性特征相结合，从某种程度上也契合了当地文化，具有浓厚历史意义和社会价值。建筑立面采用南方特有的"瓦爿墙"的砌筑方式，不仅实现了旧材料的再利用，复活了砖瓦尘封的价值，更能以此来保留时间和空间，让每个本地人都能在这里体验到过去的生活痕迹（图 7、图 8）。

图 7 庭院空间　　　　　图 8 瓦爿墙

3. 社会价值

文化是建筑中永恒的存在。我们需要功能主义的建筑，但也同样需要能够读懂城市历史的建筑。宁波历史博物馆不管是从建造理念还是建筑形态或是建筑材料，都与宁波当地文化、历史文脉和博物馆建筑特性有机结合，并注入了精神文化内涵。

这符合王澍设计的出发点，建造可以长久留存的建筑、建造有生命力的建筑。因此，宁波历史博物馆承载的社会文化价值远远超越其物质价值。

四、总结：建筑与文化自信

王澍之所以成功在于他对中国建筑文化的充分自信。建筑与文化息息相关。建筑的更迭与发展，依托于历史文化的进步；文化的渗透和滋养，也让建筑在不同的历史时期和不同的地域场所散发着独具特色的光芒和色彩。文化是城市的心脉，也是建筑设计的内涵。建筑设计只有同地域特征、民族精神和时代风貌相统一才能提升建筑的独特魅力，才能更具艺术、文化价值。因此，建筑设计必然要传承优秀的文脉，呈现所在地区的时代烙印，也就是说，建筑设计要有文化自信。

建筑是历史文化的载体，反映了社会的价值标准，因此中国现代主义建筑必须有属于自己的发展方向，要有坚定的文化自信。建筑文化自信的根本在于传承优秀的传统文脉，并将其融合于现代主义建筑设计之中，创造时代精神和民族精神相结合的建筑，创造新时代中国特色的现代主义建筑。

注释：

①战风云. 现代主义建筑中东方文化的渗透——贝聿铭等大师的作品剖析与启迪 [D]. 青岛：青岛理工大学，2013.

参考文献

[1] 胡冰洁. 浅谈中国当代建筑创作哲学：以中国美术学院象山校区"水岸山居"为例 [J]. 艺术教育，2017（12）：178-179.

[2] 刘成林. 现代建筑设计中传统建筑语言的传承与交融 [D]. 济南：山东大学，2015.

[3] 罗小未. 外国近现代建筑史 [M]. 北京：中国建筑工业出版社，2004.

[4] 王苒苒. 从王澍获奖谈中国当代建筑创作 [D]. 昆明：昆明理工大学，2013.

[5] 王澍. 我们需要一种重新进入自然的哲学 [J]. 世界建筑，2012（5）：20-21.

[6] 张璇. 论当代中国建筑中传统文化精神的回归：兼论王澍获普利兹克奖的思考 [D]. 开封：河南大学，2013.

图片来源

图 1、图 2 来源于百度百科，https://baike.baidu.com/.

图 3 来源于田朝阳，唐文静，张丽媛. 王澍建筑设计思想探析——以中国美术学院象山校区为例 [N]. 沈阳建筑大学学报（社会科学版），2018-04-15(2).

图 4、图 5 来源于作者自摄.

图 6 来源于搜狗百科，https://baike.sogou.com/.

图 7、图 8 来源于建筑摄影师 Iwan Baan.

城市的特色来自何处——对于当代城市"千城一面"的思考

刘捷　东南大学建筑学院　副教授

摘　要：城市特色是时间的产物，通过各个时期建筑与街区的日积月累而逐渐形成，保护好各个时期的建筑遗产是保护城市特色的关键，把建筑遗产与日常生活结合起来，形成场所，才能保证城市特色的延续和发展。

关键词：城市；特色遗产；日常化；生活方式；场所

改革开放 40 年来，中国城市建设得到了空前高速的发展，取得了巨大的成就，城市化率由数十年前的约 30%，提升到 2018 年年底统计的 60%，城市的基础设施、轮廓线、结构、城市空间的面貌等，都发生了很大的变化。在城市各个方面都取得了长足发展的今天，有一个问题也逐渐引起了人们的重视，那就是我们的城市逐渐变得雷同，即"千城一面"，城市的特色逐渐模糊和淡化。

面对这个问题，很多专家对此现象进行了剖析，有一部分专家认为，"千城一面"不是问题，城市空间品质才是问题，或者从城市结构的角度来看，城市并非千篇一律。这种观点忽略了人们感知城市的方式，并把质量问题和城市的形象问题混为一谈。

还有一部分人把此归纳为城市建筑的风格问题，而解决这个问题的办法有两种，一是地标建筑的建设，二是城市建筑的风格化。

地标建筑的建设的确为一些城市树立了独特的标志，如上海的金茂大厦、上海中心大厦等高层建筑，南京的青年文化中心，北京的国家大剧院、央视大楼等，但这些标志性线索只能起到画龙点睛的作用，是城市特色的一部分，而且这些建筑与市民的日常生活没有关联，它们起到点的作用，对广大的城市区域影响不大。地标的特性虽然强，但建筑形式的独特性并不必然带来城市特色的丰富性，这是很多评论中都指出的问题。

地域主义建筑的探索也是克服"千城一面"的药方之一。地域主义建筑从当地的建筑类型、材料、形式入手，试图去形成当地的风格，但地域主义建筑在高密度的城市建设中受到了限制，对风格的探索在建筑设计全球化和当代开发模式的影响下，容易变成新的风格传播出去，变成新的千篇一律，如前几

年特别流行的新中式又成了很多城市的新建筑模式，如同商品品牌一样出现在很多城市之中，造成新的"千城一面"。

类型学自从罗西提出来以后，已成为解决城市建筑的重要理论和实践方法。类型学作为建筑形态和历史产生关联的理论，对城市形态理论做出了重大的贡献，罗西提出了类似性城市的概念，为现代建筑找到一条新路，而中国传统城市建筑大多为平层加上院落的形式，密度很低，很难转化为现代城市建筑，这样的类似性很难找到，而西方城市原本密度就比较高，例如古罗马城原来的密度就有 3 以上，因此类型学很适合西方城市，在中国城市和城镇建设中，类型学还是显得有些力不从心。

从以上分析可以看出，种种以新建筑设计风格为核心解决城市个性的方法，都存在一定的局限性。解决当代城市的个性，需要从城市与建筑的本质不同来思考。

那么，城市和建筑相比，形态的本质有什么根本不同呢？建筑在建成以后，相对固定与稳定，虽然也可以根据使用的要求进行调整，但基本形态是大体不变的，虽然也有建筑改造再利用的情况，但那也是突然发生的一次性的改变。与建筑不同，城市是历时性的，是不断改变的，城市每天都可能在某处发生变化，城市的特色是逐渐积累形成的，不是某一天突然完成的结果。

城市的特色或者说城市的个性从何而来？城市特色来自时间的积累，具有历时性，正如人的个性来自成长时期阅历的积累一样，有特色的城市，往往是历史文化十分丰富、历史悠久的城市，比如南京市包含了各个历史时期的遗址和街区，如六朝时期的石头城遗址、栖霞古寺、古鸡鸣寺；明清时期的十里秦淮、两江总督府；民国时期的行政建筑、西洋影响的颐和路民国别墅群；20 世纪 50 年代的工业建筑厂房，改革开放后大

面积的新开发住区、高层建筑以及公共建筑群等，这些不同时期的建筑街区包含着不同的历史信息，反映了城市建筑文化的发展过程，从而呈现了城市的个性。

城市的历时性不仅是城市特色的来源，也是城市多样性和活力的重要来源，不同时期的建筑和遗址，包含着不同时期的历史信息。关于城市多样性理论层出不穷，有不同信仰的多样性，如城市里的寺庙、教堂、清真寺等；有业态的多样性，如商业街区的不同业态相互并存；有社会生活的多样性。自从雅各布《美国大城市的生与死》一书出版以来，多样性已成为城市规划的经典原则，雅各布认为城市多样性的产生来自人们的需求，其中重要的一部分来自居民多样性的精神需求和情感需求，而历时性的城市各个历史时期的建筑和遗址，正是满足多样性的精神需求和情感需求的重要载体，城市的多样性与历时性有密切的关系。

城市设计在当前方兴未艾，那么，城市设计在城市特色的塑造中发挥了怎样的作用？与城市形态的历时性是什么关系？城市设计是一个长期的、动态的过程，起到引导和控制的作用，通过很长的时间逐步形成城市特色，鲜明的城市设计，起到骨架的作用，城市的特色依然要依靠一栋栋的建筑和一个个具体的城市空间在一段时间内来形成，如郑州的郑东新区采用了组团式布局，鲜明的城市骨架与城市的格局形成的城市特色，但是这种特色只是结构和骨架的特色，人们感知这些空间依然是通过建筑、道路和环境，这些定义了空间的界面，定义了空间的质量，是市民感受空间的载体，这些载体建设时间拉得越长，城市的特色也就越明显。郑东新区的建设表明，虽然只是城市布局和骨架有特色，但过快的建设依然产生了大量的平庸建筑和平庸的环境设计，几个椭圆形的湖面很有特色，但建筑风貌依然和大多数新区趋于雷同，城市特色依然不足。

从文化的角度看，经历了时间的建筑遗产是每个城市的文化之根，是每个城市特色的源头，每个人不管后来的成长道路如何，多与他早期的重要经历有很大的关系，城市也是一样，一个城市的建筑遗产在城市特色塑造中起到了很大的作用。每一个有文化底蕴的城市都非常注意保护自己的建筑遗产，保护带有历史信息和文化信息的遗址，如耶路撒冷记录耶稣蒙难过程的苦路；柏林多处二战中被毁建筑的遗址和作为冷战标志的柏林墙，强烈地让人感受到柏林这座城市曾经的古典优雅，曾经遭受过的创伤，以及作为东西欧对立的前沿，这些都让柏林这座城市给人以心灵上的震动，给这座城市带来独特的精神性。

遗产和遗址固然在城市特色的形成中起到重要作用，但更重要的是城市的生活，历史的沉淀与生活结合起来，形成带有历史信息的日常性，形成独特的当代生活，或者保护保存传统

的生活方式，使之适应当代的环境，形成生活的特色，这才是一个城市的最大魅力。如果城市生活与其他地方没有区别，只是有一些遗产点缀，这样的城市特色是极其表面化的，如果对于遗产的保护过于专业化，而得不到广大市民的参与，力量是不足的。市民有某种倾向，认为传统就是落后，这就需要专业人士和有识之士加以引导、展示，做出榜样，精心设计，激发市民创造生活特色的热情。

实际上，我们在去其他城市参观时，重要的建筑固然难忘，但当地独特的日常生活与空间的联系，更让人难忘，如伊朗亚兹德民居地下庭院，从地下一层到地下三层各种类型，白天庭院上空拉上遮阳布，晚上把遮阳布拉开，在地下庭院看着星空，这样的建筑特色与城市特色和生活特色是高度融合的，北京的四合院、苏州的私家园林、西湖的风景、新疆的坎儿井等，都是某种生活方式的体现，建筑方式与生活方式的结合形成了场所，从而形成生活意义上的城市特色。

综上所述，可以得出如下结论。

城市的特色是逐渐形成的，不是一次性设计出来的，城市的特色来自城市的历时性。城市的特色形成需要很长的时间，而对老街区的拆毁，却可以在很短时间内对城市特色造成极大的破坏。

建筑遗产在城市特色的形成中起到巨大作用，而且与单个遗产相比，成片的街区在城市特色中起到的作用更大，不同时期的建筑与街区都是城市的宝贵财富，城市是多个层面的叠加，层叠性是城市特色的重要特性。

不仅是建筑遗产，带有历史信息和文化信息的遗址，以其独特的信息，是有重要的价值，遗址往往记载着城市历史的某些重要事件或特定历史时期的信息，是城市精神的载体。

不同历史时期的文化遗产需要在日常生活中发挥作用，从而塑造和定义当代生活，生活的特色是城市特色的源头。物质形态与生活相结合，形成城市的场所，才能塑造出具有魅力的城市特色。

参考文献

[1]Saruhan Mosler. Everyday heritage concept as an approach to place-making process in the urban landscape. Journal of Urban Design，2019，5：778-791.

[2] 阮仪三 . 历史环境保护的理论和实践 [M]. 上海：上海科学技术出版社，2000.

[3] 齐康 . 文脉与特色：城市形态的文化特色 [J]. 城市发展研究，1997（1）：20-24.

建筑评论随想

祁嘉华　　西安建筑科技大学　教授，中国民间文艺家协会中国营造文化研究中心　主任

靳颖超　　中国民间文艺家协会中国营造文化研究中心　秘书长

摘　要：建筑评论是对一切建筑行为的分析和评价。建筑的技术性和社会性，决定了评论者必须具有建筑学的基础，又要有多学科的知识背景，具有多角度分析问题的能力，从而发现各种建筑现象背后的意义和价值，起到指导建筑实践的作用。多学科交叉，人文精神的渗透，艺术层面的引领，构成了建筑评论的基本框架。

关键词：建筑评论；多种知识；人文情怀；艺术气质

专业院校喜欢用建筑这个词语，民间更喜欢用房子来表述。在学术上，建筑和房子肯定是两个概念，但是要说清楚两者的区别却并不容易。专业人士更习惯从空间上把玩建筑，从设计到施工，想方设法地将各种材料组合成一定的空间形式；非专业人士更注意从使用上看房子，从购买到装修，几乎将全部的精力都用在了如何居住上。建筑属于一门学问，涉及材料、结构和环境问题；房子属于一种制成品，涉及买卖、居住和生活使用。于是，专业人士关心建筑的"造"，非专业人士则更关心房子的"用"。

这样看来，对建筑的"评论"既不属于建造，也不属于使用，好像有点上不着天、下不着地。久而久之，人们也并没有感到这种情况有什么不好，更不想有所改变。直到跨世纪前后，大量外形怪异的建筑挑战着人们的传统审美观念，高昂的房价让民众越来越莫名其妙的时候，人们才开始有所质疑，有所言说。

比如，作为一个历史悠久的文明古国，为什么中心城市的新地标几乎都是外国人主持设计的奇怪建筑？对古建遗址进行公园化改造，周边却被拔地而起的高楼围得水泄不通！如此做法，难免会让人产生这样的疑虑：难道只有洋人的设计才能代表现代化？对古迹无节制的开发是保护还是变相出卖？当然，最让老百姓有话要说的是，倾其所有购买的房子，入住之后才发现内在质量和空间环境上问题百出……总之，一段时间以来，有房子的和没有房子的人都对房子有所不满。凡此种种，有对传统文化的忧虑，有对商业虚伪的揭露，有对社会不公的愤懑……角度有不同，语言有雅俗，实质上都是在对自己身边各种建筑现象给予的"评论"。

由此可见，营造和使用还处于对建筑物理属性的认识阶段，对各种建筑现象的感悟和评说，则是人们关注建筑社会属性的结果。从关注物质到关注精神，从单纯的建造使用到意义的分析论证，是对建筑价值认定上的深入拓展，这显然是一个更高的境界。也就是说，对于从事建筑设计的施工者来说，要想超越按照甲方脸色从事设计的匠人水平；对于房屋消费者来说，要想摆脱跟风攀比的盲目消费状态，对身边的各种建筑现象有所思考、有所评判，无疑都需要一种更高的境界。

于是，能否"评论"，会不会"评论"，便成为衡量与建筑打交道者成熟与否的试金石。

2015年上半年，我校在建筑学研究生中开设了"建筑评论"课程。大到对不同城市品位的宏观比较，小到对一种建筑现象的价值分析，远到对古建遗址的历史性追溯，近到对身边一房一景的评价，均可以作为授课内容。谈设计风格，论文化特性，评社会影响，纵横上下，由小及大，为学生由表及里地认识建筑开阔了视野。这样广泛的涉猎是想证明一点：但凡由人建造出来的空间，不管大小高低，功能如何，都可以成为"评论"的对象，古今中外，概莫能外。

于是又出现了一个如何"评论"的问题。与人们面对"楼歪歪""楼倒倒"时的义愤填膺，向亲朋好友介绍购房经验、装修心得、布置感受时的不厌其详，对一座城市的印象、一个景点的褒贬、一次居住的感受的随意不同，课堂上的内容会更系统、更准确，因此也更有学理性。

那么，需要从哪些方面来体现该课程的学理性呢？

首先，需要调动多种知识。日常生活中谈论建筑，多是通过描述性的语言，夹杂更多的是主观感受，结论往往并不肯定。课堂上评论建筑则不能这样。为了给学生一个比较肯定的观点，教师需要有理有据、引经据典、旁征博引，尽可能做到在多学科交叉中抓住建筑特点，讲出其中的奥妙。这些还是形式上的。

由于是给学生讲，从哪个角度切入，怎样将感受性的东西升华到理性，进而在平易的语言中表达出深意，需要找到最佳的角度。比如说，评论城市建筑多是从环境科学的角度切入，因为城市化面临的最大问题就是环境——不管是自然环境还是人文环境；评论历史性建筑多是从史学和文化学角度切入，因为只有在这样的背景上才可能从那些老房子中发掘出内涵和价值；评论乡村建筑多是从民俗学入手，因为这里才是养育华夏文化的沃土……当然，对建筑进行评论，不仅需要谙熟建筑学的基础知识，还要具有其他学科方面的修养，更重要的还要善于发现建筑与其他学科之间的关系。这样才可能透过各种建筑现象有所分析、有所发现。

其次，需要有一定的人文情怀。有人将人文等同于文学，觉得只要舞文弄墨的人都有人文情怀。这种解释既是歪曲的也是浅薄的，这是对人文学科的极大误读。在我看来，人文学科以研究人的根本价值为旨归，近于古人所说的"究天人之际，通古今之变"，立意在人类，追究在终极。所谓以人文情怀评论建筑，就是站在一种大境界上来面对建筑，着眼点就不会仅仅局限在建筑本身，而是其中的人文意义。以这样的境界审视建筑，才不会只满足于高楼林立的表面热闹，还会看到高楼大厦在人与大自然之间造成的隔膜，以及在远离自然后可能给人的健康带来的危机；才会透过古村落破旧的外观，发现旧而不衰、破而不废的奥妙，发现祖先当年的营造智慧；才会在各种所谓仿古工程中，看穿那些以保护之名行赚钱之实的虚伪嘴脸，警觉到文物从无价到有价的实质性蜕变；才会透过虚高的房价，看到官商在利益同盟中各自担当的角色，以及消费者的可怜处境……比较建筑设计者的就事论事和房屋消费者的实用主义，这样的立意显然已经进入到了形而上的层面，触碰到了隐藏在建筑背后的更深层次，与就事论事地谈建筑有着天壤之别。可以肯定地说，如果我们的规划者能以这样的境界开展工作，我们的城市可能会有更加浓郁的人文气息，面貌不会像今天这样千篇一律；如果我们的设计者能够以这样的立意展开思路，我们的建筑可能会更加具有中国特色，而不会一味地去模仿西方；如果我们的消费者能以这样的眼光进行消费，会增加更多的洞察力，各种或明或暗的"豆腐渣"工程可能也就没有了市场。

最后，需要拥有艺术气质。当下的建筑市场中，设计、消费、艺术三者之间各自为政，遵守着不同的规则，并没有直接的关联，人们仿佛也没有意识到这三者之间可能存在着怎样的关系。直到在解决了温饱问题，尤其是在走出国门之后，面对发达国家的城市规划和居住环境，人们才在懵懂中发现：有品位的城市都蕴含着明显的艺术气息。于是，有人急于求成，通过建造各种广场、雕塑一些造像、种草养花来增加所在城市的品味。

结果是，经过这些应时应景的"打造"，城市确实变得花哨了，但不是雍容大方的，而是庸脂俗粉的。原来，城市艺术气质的养成，不能仅靠景观的堆砌，还需要深厚的文化积淀；少不了经济实力，更需要用心和时间。那些被世界公认的著名城市，每一个都是历史和艺术的结合体。建筑评论就是要告诉人们——技能属于手艺，可以照猫画虎，做出一些工程；文化属于本源，可以高屋建瓴、指导实践。以这样的立意面对建筑，才不会被表面的华丽所蒙蔽，也不会轻易地从花钱多少上论英雄，更不会靠个人崇拜或迷信去盲目逢迎。

这样看来，建筑评论既涉及理论又涉及实践，是在多学科交叉中完成的。比较日常生活中人们对各种建筑现象的评判，建筑评论课程则需要厚实的知识结构作为基础，人文情怀作为背景，艺术修养作为保障。需要教师站在史学、美学、伦理学、环境学的角度展开思路，对于打破狭隘的建筑本位思想和培养复合型设计人才，无疑具有重大意义。

我们认为，建筑评论应该具有这样的作用：对学生来说，在完成各种设计规划项目时，所提供的方案不应急功近利，应应时应景，且能承担起更多的社会责任，使方案能够经受得起历史的考验；对消费者来说，在进行各种建筑消费时，所做出的决定不会仅从建筑本体入手，同时还会考虑建筑与自己性格、身份，尤其是对自己及其家人健康的关系。也就是说，具备一些建筑评论能力，对专业人士可以提升自身的综合素质，对消费者则有助于提高居住觉悟。就犹如买了西装还要懂得西装的穿法，有了汽车还要知道开汽车的规矩，有了家庭还要具备操持生活的能力一样，随着整个社会对建筑认识水平的提升，是否具备对建筑的评论能力，将成为时代对建筑设计人员和居家过日子的百姓提出的新要求。

遗憾的是，就目前的情况看，能够明确建筑评论性质，并意识到重要性的人士还不多。于是，看甲方的脸色设计，跟着感觉消费，仍然是建筑设计工作者和绝大多数购房者的基本状态。于是，我们的城乡建筑整体水平还不高，我们的家居环境整体上还欠档次。但愿随着建筑评论的深入人心，能够为改变这种状况提供思路，为提高人们对建筑的认知水平提供方向。

涟湄乡村振兴实践评述——从价值重塑的视角

邱连峰　　华阳国际规划设计研究院　执行总规划师

李博文　　广东工业大学建筑设计研究院　规划师

摘　要： 对于如何评价乡村振兴实践的合理性，本文借涟湄案例，梳理了发达国家乡村转型的历史和理论，通过租差、后生产主义和多功能农业理论，提出了乡村土地租差是乡村价值重塑、乡村振兴的内驱动力，而乡村价值已经扩展到多元化产品、功能及参与主体等范畴，进而选取可观察变量，构建乡村价值重塑导向下的乡村振兴实践评价内容框架，涵盖乡村价值判断及振兴必要性评价、发展方向评价、要素产品评价及环境改善评价、实施策略评价等步骤。

关键词： 价值重塑；乡村振兴；租差；后生产主义；多功能农业；评价内容框架；涟湄村

一、引言

"乡村振兴"的国家战略已经得到各级政府和学者们的重视，并通过实践以"乡村产业、人才、文化、生态和组织振兴"[1]去促进实现"2050年，乡村全面振兴"的目标[2]，五大振兴则作为观察、评价乡村振兴效果的视角。但从乡村发展实践中长期暴露出的问题来看，从结果去审查具体的实践行为而忽略乡村发展的内在发展规律，往往会造成实践结果与目标的偏差，甚至振兴的假象。比如追求基础设施全覆盖的乡村环境整治工程，看上去环境改善了，但是由于乡村空心化，基础、公共服务设施投资低效[3,4]，也无法解答某些学者的困惑，即"当中国的农村只剩不到30%的人在村子里住的时候，我们还需要花那么多精力去振兴乡村吗？[5]"比如因片面追求产业振兴而迎合游客，生硬嫁接娱乐功能而导致的乡村"主题公园化"现象，乡村空间异化、文化丧失、乡村居民和操盘者（政府或者企业以及部分居民）的矛盾激化，造成乡村社会的割裂，异化出新型的乡村二元社会结构[6,7]。

这些问题与偏差，暴露出来的深层次原因则在于实践主体对乡村振兴的内驱动力缺乏深入理解。我们对乡村振兴的关注应从结果的视角转变为从内在发展动力和运行原理出发，关注乡村振兴从现状到未来目标的实现途径的合理性和适合度。从这个角度出发，本文试图通过理论梳理，评述国外乡村发展历史和理论，辨析乡村转型的内在经济动力和应对政策，最后对比我国实际，以涟湄村为案例评述在乡村价值重塑的视角下乡村振兴应持的价值评价视角以及内容框架。

二、乡村发展问题的国际背景和理论评述

（一）租差是激发乡村振兴的内生力量，同时需要关注市场短视造成的社会问题

20世纪末，21世纪初西方发达国家经历了以上与我国乡村发展过程中出现的类似问题。这些问题和产生的过程称为"乡村绅士化"（rural gentrification）。其表象一是发达国家以传统农业生产为主的乡村随着粮食问题的解决而衰落，二是城市中产阶级为改善居住环境而迁入乡村。其同样暴露出来的问题是乡村表面繁荣，物质景观改变[8]，但由于资本和消费市场力量对乡村传统空间和社会结构的冲击和异化，乡村经济关系及发展模式重构[9]，乡村弱势群体边缘化，并由此引发乡村社会的割裂，乡村社会关系重构[10]。

针对这种现象，西方学者试图引用城市绅士化研究中的"租差(rent gap)理论"[11]和"资本跷跷板(the seesaw of capital)理论"[12]进行探索解释。租差是指城市用地"潜在地租水平与当前土地利用下资本化的实际地租之间的差额"。所谓"潜在地租"，即"最高且最佳（the best and highest）"土地利用下能够被资本化的地租总量，"实际地租"是指现行土地使用下实际能够获取资本化地租的数量。潜在地租和实际地租本质上都是资本化地租，二者的差别在于土地利用的状况，前者是在"最高且最佳"土地利用情况下，后者是在当前土地利用情况下。租差理论以及由租差引起的资本流动以及城市空间开发过程表现在土地开发完成初期，固定资本的投资符合当时土地利用所预期产生的地租，即实际地租等于潜在地租。此后，潜在地租与实际地租的发展出现分化：一方面，周边环境改善、技

术进步等将改变地块的可达性、服务设施水平及景观，使得地块最优、最高和最佳土地利用状态下的资本化地租增加，即潜在地租增加；另一方面，沉淀在地块上的特定土地利用方式的投资，由于短时期内不能转向最高且最佳的利用状态，并且随着建筑物和其他基础设施的折旧，需要投入劳动力和资本维护及维修，这会导致现有土地利用状态下能够获得的资本化地租下降。于是，增长的潜在地租和下降的实际地租造成了二者之间持续扩大的差额，这就是租差。随着租差逐渐增大，土地上创造具有投机性利润（the speculative interest）的机会增大，达到阈值时，资本将重回这块土地，通过改变土地的利用，使得该地块实现符合潜在地租，由此开启另一轮循环[13]（图1）。

乡村与城市的不同在于除了建设用地外，还存在着大量的农用地。农用地不同于建设用地，其上没有建筑的折旧和维护损失。农用地在现有土地利用状态下如果能够以正常的耕作维护肥力或产量，获得的资本化实际地租并不呈现明显的下降趋势。农用地的租差主要体现在由于环境设施、农业技术改善以及外部市场需求，农用地自身承载更高价值功能的可能性提升（如承载高附加值农业以及服务业），因此乡村土地在传统农业用途与其他潜在的更高类型用途之间的资本化程度产生差异，形成租差，从而造成资本向乡村倾斜（图2）。

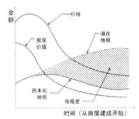
图1 Smith 租差模型图示[11]

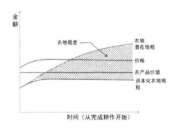
图2 农用地租差模型图示（作者绘制）

因此，发达国家乡村绅士化过程本质上来源于租差，引发城市居民对乡村空间进行系统的消费[14]，以满足城市中产阶级对自然环境和乡村生活的消费需求为前提和目标，从而实现土地最大化的地租收益的投资过程。在此过程中，租差形成了乡村价值重塑的内驱动力。城市资本客观上填补了乡村经济资本的缺口。乡村居民通过改变土地利用和开发原有生产空间成为迎合游客的消费空间，从而可以从中获利。这种积极的寻租行为推动了乡村的经济重构，促进了村民致富，是推动乡村振兴的有力力量。

同时，需要指出的是，这种力量以及所带来的投资行为必然具有一定的功利性和排他性，因此，造成空间异化以致社会关系的重构也就不难理解了[15]。因此，在乡村的价值重塑和转型过程中，不仅要从经济维度考量，更需要关注人文以及公共

政策对市场的干预引导，以消弭市场化短视造成的社会问题。另外一方面，乡村农用地投资收益不像建设用地可以以房产的形式通过售卖一次收回，因此农用地投资是长期行为，主要依靠农用地上的附加功能和产出，更需要考虑与乡村的原有农业产业、文化、区位等条件紧密结合。

（二）后生产主义和多功能农业阐述了乡村的多元价值转变，提出综合的应对策略

应对乡村绅士化以及产生的种种社会问题，西方社会意识到必须从整体的视角对农业进行完整的研究，以推动农业政策和制度的变革。英国首先提出的"后生产主义"理论，即对比原有强调食品生产的"生产主义"农业模式，现在农业生产模式已经迈入涵盖食品提供、生态系统服务与文化景观保护等多元化农业产品的"后生产主义"阶段。在这种新型生产模式下，土地、资源的非农使用收入可以弥补甚至超过因粮食产量损失而导致的机会成本[16-18]。"后生产主义"提供了观察农业与乡村的全新视角，并提出了农业概念，但是这种"断代"式的划分方式容易强化两个模式，容易陷入一种线性化、简单化的思维误区以及"二元论"的思维僵局。为此，法国、比利时及荷兰等国家提出多功能农业（Multifunctional Agriculture）概念，并逐渐发展成为一种有效的解释乡村转型的理论框架[19]。其多功能性（Multifunctionality）有着多重含义：一是指新型农业经济活动的多元化产物及其特征（经济与社会，积极或消极），二是指参与其中的多元角色以及其社会功能。社会功能包括多功能农业带来的乡村景观的改变，以及乡村社会的文化、生态和经济的多元性和丰富性，更重要的是激发了当地居民对土地重要性的再认识，加强了居民对"乡土"的眷恋，激发了维护"乡土"的热情[20]。在此语境下，乡村已经不再为农民（farmers）所独有[21]，而是一个由原住民与迁入者、游客、职工、土地所有者、政府、媒体以及学者等共同参与的混合网络化空间。这些参与者的体验和表现塑造了全新的乡村性（rurality）[22]。

后生产主义理论和多功能农业理论在我国转型期乡村价值的认识研究上得到了广泛的借鉴，阐明了处于城乡融合阶段转型期内的我国乡村的价值已经随着乡村主导功能的改变而转变，乡村由原有单一的农业生产功能，进而转向"生活、生产、生态、文化"兼具的多元功能，并支撑着除农业之外，经济、生态、社会三个层面的腹地（hinterland）价值和维系地方性的家园（homeland）价值[23-25]。

值得强调的是，两个理论的重心不仅是对乡村价值、乡村概念的内涵的重新认识，更重要的是推进农业、农村政策与制度突破原有政治与社会体制的界线，将农业从关注粮食生产，

扩展为包含粮食质量、生态环境保护、社会服务等多种功能的社会生产方式。从而使制定政策的内容，涉及的利益主体，决策的理念、主体和方式都产生相应变化[26]，以确保乡村的多元化功能、多元化产物能够满足社会的需求，实现多元价值[27]。

（三）我国乡村振兴应坚守的核心价值和特征

首先，与西方"扩荒"式农业文化不同，我国几千年持续不断的农耕文明赋予了中华文化重要特征，有着"文化守护"的作用[28]。这不仅在大量的文学作品中得到体现，也渗透到"乡土中国"的社会生活细节上。"告老还乡""礼失求诸野"，这些人与乡土互相紧密联系的"乡愁"和独特的心理告慰方式，正是我国乡村家园的核心价值。因此，应从此核心价值出发，谨慎选择乡村空间，警惕消费主义下的乡村空间"迪士尼化"[29]现象。

其次，从空间上看，我国地域宽广，各地社会经济发展水平、城镇化水平的差异导致乡村价值呈现出不同的特征；即便不同区域内部，乡村发展也会因与大城市的距离、交通条件、政策引导、投资力度的差异而不均衡[30]。以乡村旅游为例，可以观察到游客数量以城市为中心呈距离衰减趋势，旅游地的主次密集带呈现距城市20km、70 km左右的空间分布规律[31]。从发展阶段看，我国正处于城镇化快速发展期，未来20年内乡村人口和空间都将处于一种动态的不稳定状态，乡村人口的数量会大幅度减少[4]。因此，不是所有的乡村都需要振兴。乡村公共服务设施均等化的理念需有所调整，要兼顾公共财政投入的效率与平等。

再次，乡村的土地权基本属于村民或者集体，因而在利用租差获取资本的经济动力上，村民是直接受益者，因此更有主动性和发言权。而且，理论上最大的潜在地租可能只有掌控土地开发权利的主体获取，这与乡村振兴的主体是农民这一要求不谋而合。乡村振兴也是一个权利在不同主体（村民与村民、村民与集体、村民与企业等）间分配的过程。但是村民相对组织松散、利益分散，容易碎片化地逐利，从而互相产生矛盾，因此需要控制引导、协调统一。其中主体（农民）的个人认知和社会行为模式的提升以及反馈机制尤为关键[32]。

最后，我国现有的土地流转政策以及城乡二元的户籍、医疗、养老等政策，在一定程度上保护了乡村居民的快速更迭，限制了民房资本化以及城市居民下乡。但是从另一个角度来看，其存在着妨碍城乡要素交流的制度性弊端，有待改善[5]。

三、涌湄村案例的评述

（一）涌湄村概况与乡村振兴评价内容框架

涌湄村是位于广州市南沙新区西北侧榄核镇的一个行政村，面积3.4平方千米，农户共1026户，总人口2835人。乡村主要产业为种养殖业。涌湄村是人民音乐家冼星海的故乡，是革命老区，是广州市历史文化传统村落，是广东省特色景观旅游名村。村内保持有完整的沙田水乡风貌格局，村内建筑主要分布在涌湄涌两岸，呈现出清晰的鱼骨形肌理结构。

2018年年底开始，南沙区政府启动涌湄村乡村振兴工作，除了继续推进"美丽乡村"建设外，还开展了"千村帮百企"活动，编制了《涌湄乡村振兴概念性规划——"美丽榄核·星海故里"项目前期策划》以及《南沙区2019年特色精品示范村景观提升概念规划设计（涌湄）》《星海故里百花园策划》等技术指导文件，同时联络多家企业与村集体联系，试图共同开发涌湄，促进振兴。

作为正在实施过程中的乡村振兴案例，如果采用"五大振兴"这一结果形式的标准去评价则为时已晚，因此考察其是否符合重塑其独特价值可以成为评价的可行视角和方法。依据以上理论梳理，可以构建评价体系如下（图3）。

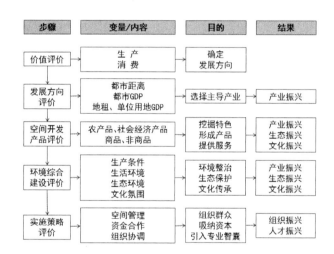

图3 价值重塑导向下乡村振兴实践模式图（作者绘制）

乡村振兴必要性以及价值评价：即对乡村生存环境、社会经济情况的综合审视，定性分析、评价与判断乡村的发展阶段和乡村振兴的必要性、承担的主要功能及价值。

乡村振兴的发展方向评价：即通过定量分析与定性分析相结合，对乡村外部市场环境（乡村区位、农产品市场、周边城市社会经济发展水平）以及内部收益（村地租水平、单位农田产值）情况进行综合判断和评价。

空间开发产品评价：是否充分挖掘乡村农产品、村落物质环境、历史文化特色，把握乡村精神内核，因势利导形成具有经济效益并对外输送乡村价值的载体项目。

环境综合建设评价：是否提出适应以上乡村价值、市场、产品要求的乡村生活、生产、生态环境的改善举措。

实施策略评价：是否能吸引资本的投入以及各方协同合作，是否引发乡村社会矛盾和文化危机。

（二）涎湄村振兴实施行动的评述

首先，涎湄村常住人口稳定，生产情况正常，收入偏低，具有农业价值，以及人文教育、爱国教育、乡村旅游等社会、经济价值，有必要保障它的振兴发展。同时，因为它处于城市边缘，不应忽略未来向城市社区转变的可能。

其次，涎湄村所处的南沙新区位于大湾区地理中心，周边有7000多万人均GDP约20000美元的珠三角城市人口，2018年珠三角人均GDP达130182元人民币[33]。按照南沙目前的规划和建设，到2024年，粤港澳大湾区大多数城市都能在半小时内与南沙通达[34]。微观交通设施方面，涎湄距离广州番禺区中心市桥7千米、广州市中心32千米，离广州南二环高速七号公路高速出入口仅2千米，与主城广州以及顺德等城市联系便利。

但是涎湄土地实际收益低，从南沙区统计数据来看，农用地年平均亩产值仅0.45万元[35]，而根据涎湄村委提供资料显示，农用地年租金可达4000元每亩。因此，涎湄村乡村居民宁可将农用地出租获利并出去打工。这样的情况一方面反映了原有生产方式的低效式微，农民需要高效兼业的机会；另一方面也反映了农用地资本化潜在地租高，租差大，市场倒逼高附加值产业的发展，涎湄村的发展进入到后生产主义阶段。同时，涎湄村人均收入低（2018年人均可支配收入20500元，同期广州市农村常住居民人均可支配收入26020.1元[36]），乡村居民具有改善收入水平的动力。因此，涎湄乡村振兴中提出发挥交通优势，面向周边城市市场开展多功能农业的产业发展方向；以星海精神为魂、以农业为本、以水乡为环境特色的空间开发方向；以及利用优势互补的周边乡村产业，共塑南沙品牌，倡导政府、专家、企业、乡村居民共同参与的合作策略是适宜的。

涎湄村除了水网环境（图4）中沉淀的水乡安详、静怡的人文气氛之外，星海精神是涎梅村的人文精神内核，加上已经集中形成苗圃、花卉园地、养鱼场等现有设施基础，涎湄乡村振兴中提出的空间开发产品出发点适宜，但是目标的实现以及由此引发出的环境建设效果有待观察（表1，图5）。

在资本的投入以及各方协同合作方面，南沙区开展了"百企帮百村"工程，涎湄村先后与中国金茂控股集团有限公司、广州南沙城市建设投资有限公司结对帮扶。并通过帮扶的企业，拓展招商触角，目前文创产业的开展有东莞白房子酒店有限公司，期望利用沿江25栋闲置建筑进行音乐民宿改造，还有中山大学艺术学院在推进星海实景演出剧目；环境建设方面有保利集团和南方报业集团，正在洽谈村内建筑的修缮、旧改和景

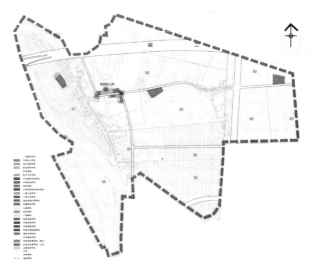

图4 涎湄村用地现状图 [38]

表1　涎湄村产品策划与环境建设表（作者绘制）

价值	要素产品	环境建设	目标
人文价值 教育价值 消费体验价值	红色教育、音画教育、音乐欣赏	星海纪念馆、博物馆建设提升以及星海故居复原；音乐长廊、小径、田园音乐舞台、音乐水巷、含瑞园以及音乐培训夜校	广东省乃至全国中小学教育研学实践教育（科教艺术+红色教育）基地
农产品价值 农事体验价值 教育价值	花卉苗木种植、锦鲤等现赏鱼养殖、观光农业	农业园、养殖园、交易中心、农业实验室	广东省4A级农业公园 广东省乡村创客基地 农业创新创业（"双创"）基地 广东省乡村休闲旅游示范村
居住价值 生态价值 观赏价值 休闲体验价值	传统村落、美丽乡村、特色民宿、生态水网	基础设施、公共服务设施、河道整治、水上交通建设、湿地保育、旅游服务设施完善	广东省特色精品示范村，4A级景区

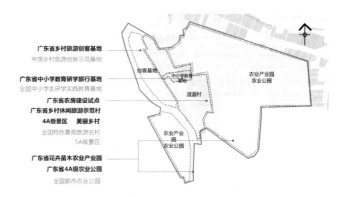

图5　涎湄村空间发展目标 [38]

区改造；现代农业园方面有上海多利农庄正在洽谈。镇泰小学改造的艺术基地已经有画家进驻，精品村景观建设也即将开展施工。（图6、图7）

两个平台也正在建设之中，一个是南沙城投公司与榄核镇合作设立分支机构，作为统一的招商融资平台；另一个是由榄核镇创办，作为统一的空间管理平台开展村庄整治工作（图8、图9）。村民积极参与以上建设，例如规划采用"画家＋农民"徒手绘制的方式生成第一轮方案，经过农民同意后，才交由专业的设计团队开展设计，体现了农民的主体地位（图10）。

图 6 "星海故里"复建方案 [38]

图 7 内河涌整治与传统建筑修复方案 [39]

图 8 濠湄村与南沙城投公司结对帮扶 [37]　　**图 9 村庄整治技术人员与村民交流（作者拍摄）**

图 10 画家画境与设计方案 [39]

四、讨论与结论

乡村发展过程中暴露的问题反映出"五个振兴"强调的是从结果的视角出发审查振兴实施后的效果，而在过程中对振兴

实践的指导与评价方法仍需要探索。因此，本文借着评价正在实施的濠湄村乡村振兴案例，梳理、评述了发达国家的类似历史和相关理论，提出乡村已经由单一农业生产向多元生产模式转型，土地租差引起的投资机会为当地居民提供了致富的机遇，乡村居民获利的经济动力促进了乡村振兴。同时，"后生产主义"和"多元功能"理论不仅是对乡村价值、乡村概念的内涵的重新认识，更重要的是推进农业、农村政策与制度突破原有政治与社会体制的界线，将农业从关注粮食生产，扩展为包含粮食质量、生态环境保护、社会服务等多种功能社会生产方式。从而使制定政策的内容，涉及的利益主体，决策的理念、主体和方式都产生相应变化，以确保乡村的多元化功能、多元化产物能够满足社会的需求，实现多元价值。

因此，结合我国乡村特色历史文化底蕴以及制度，评价乡村振兴的实践可以从是否需要振兴，以及乡村价值的重塑方向、空间开发产品、环境整治、实施策略是否适宜这五个步骤出发，通过地租、收入、区位、文化等因素进行定性定量的分析评价，监督并提供应对策略。

不可否认的是，乡村振兴是一个动态的过程，目前案例仅是现在这一时间断点的探索。随着时间的推移，周边环境日益改善，土地租差进一步扩大，资本持续介入，乡村产业更迭，居民生活方式和游客消费方式也将发生改变，从而推进乡村价值和空间的演进（Evolution）。目前，濠湄村的乡村振兴也存在这样的情况，由房地产开发企业提供的整村旧改方案依然在持续地与村民和各级政府沟通，不排除待未来时机成熟时实施。因此，乡村价值的判断和重塑需要一个持续且不断回顾改进的机制。

本文中乡村价值重塑下的乡村振兴模型中变量的选择有待论证。评价的案例在区位、资源以及周边基础设施、公共服务设施条件方面存在一定的特殊性与局限性。

参考文献

[1] 学习中国.习近平要求乡村实现"五个振兴"[EB/OL].（2018-07-16），[2019-09-20].https://www.thepaper.cn/newsDetail_forward_2266392.

[2] 新华网.2018年中央一号文件公布 全面部署实施乡村振兴战略 [EB/OL].（2018-02-04），[2019-09-20].http://www.xinhuanet.com/politics/2018/02/04/c_1122366155.htm.

[3] 赵晨.要素流动环境的重塑与乡村积极复兴："国际慢城"高淳县大山村的实证 [J].城市规划学刊,2013(03):28-35.

[4] 党国英.关于乡村振兴的若干重大导向性问题 [J].社会科学战线,2019(02):172-180.

[5] 吴必虎.传统村落的绅士化与乡村社会景观变迁 [EB/OL].2019-04-22，[2019-09-21].http://www.sohu.com/a/309606241_100081590.

[6] 张娟,王茂军.乡村绅士化进程中旅游型村落生活空间重塑特征研究：以北京爨

底下村为例 [J]. 人文地理 ,2017,32(02):137-144.

[7] 高慧智 , 张京祥 , 罗震东 . 复兴还是异化？消费文化驱动下的大都市边缘乡村空间转型：对高淳国际慢城大山村的实证观察 [J]. 国际城市规划 ,2014,29(01):68-73.

[8] Wilson O. Rural restructuring and agriculture-rural economy linkages: a New Zealand study[J]. Journal of Rural Studies, 1995, 11(4): 417-431.

[9] Guimond L, Simard M. Gentrification and neo-rural populations in the Québec countryside: representations of various actors. Journal of Rural Studies, 2010, 26(4): 449-464.

[10] Phillips M. Other geographies of gentrification[J]. Progress in Human Geography, 2004, 28(1): 5-30.

[11] Smith，N. Toward a theory of gentrification a back to the city movement by capital, not people ［J］. Journal of the American Planning Association, 1979, 45(4): 538-585.

[12] Smith N. Gentrification and uneven development ［J］, Economic Geography，1982, 58(1) : 39 - 55

[13] Williams P，Smith N. From " renaissance " to restructuring: the dynamics of contemporary urban development ［A］/ /Smith N, Williams P. Gentrification of the city ［C］. Boston: Allen & Unwin, 1986: 204-24.

[14] Phillips M. Making space for rural gentrification. Anglo Spanish Symposium on Rural Geography. University of Valladolid, Spain, 2000.

[15] Darling E. The city in the country: wilderness gentrification and the rent gap. Environment and Planning A, 2005, 37:1015-1032.

[16] Wilson G A.From productivism to post-productivism, and back again? Exploring the (un)changed natural and mental landscapes of European agriculture. Transactions of the Institute of British Geographers , 2001, 26(1):77-102.

[17] Evans N, Morris C, Winter M. Conceptualizing agriculture: acritique of postproductivism as the new orthodoxy. Progress in Human Geography, 26(3), 313-332. DOI: 10.1191/0309132502ph372ra.

[18] Mather A S, Hill G, Nijnik M. Post-productivism and rural land use: Cul de sacor challenge for theorization? Journal of Rural Studies, 2006, 22(4), 441-455. DOI: 10.1016/j.jrurstud.2006.01.004.

[19] OECD, Agriculture in a changing world: which policies for tomorrow? Meeting of the Committee for Agriculture at the Ministerial level, Press Communiqué, Paris, 1998, 5-6 March.

[20] MAJKOVI D, BOREC A, ROZMAN C, et al. Multifunctional concept of agriculture: just an idea or the real case scenario?. Društvena istraživanja: časopis za opća društvena pitanja, 2005, 14(77): 579-596.

[21] Vander Ploeg J D, Renting H, Brunori G, et al. Rural development: from practices and policies towards theory. Sociologia Ruralis, 2000, 40(4): 391-408. DOI: 10.1111/1467-9523.00156.

[22]Hecht S. The new rurality: globalization, peasants and the paradoxes of landscapes[J]. Land Use Policy,2010,27(2): 161-169.

[23] 张京祥 , 申明锐 , 赵晨 . 乡村复兴：生产主义和后生产主义下的中国乡村转型 [J]. 国际城市规划 ,2014,29(05):1-7.

[24] 刘祖云 , 刘传俊 . 后生产主义乡村：乡村振兴的一个理论视角 [J]. 中国农村观察 ,2018(05):2-13.

[25] 申明锐 , 张京祥 . 新型城镇化背景下的中国乡村转型与复兴 [J]. 城市规划 , 2015, 39(01): 30-34, 63.

[26] Almstedt A, Bronder P, Karlssons, et al. 2014, "Beyond post-productivism: from rural policy discourse to rural diversity. European Countryside, 2014, 6(4):297-

306.

[27] OECD (2001), Multifunctionality. Towards an analytical framework. Paris, OECD, 160.

[28] 唐珂 . 农耕文明与中华文化的特征 [N/OL]. （2011-12-11），[2019-09-21]. http://www.wenming.cn/wmpl_pd/whzt/201112/t20111212_421233.shtml.

[29] 高杨昕 , 殷洁 . 迪斯尼化消费空间的生产：以南京 "太阳城" 购物综合体为例 [J]. 现代城市研究 ,2018(09):27-34.

[30] 余斌 , 卢燕 , 曾菊新 , 等 . 乡村生活空间研究进展及展望 [J]. 地理科学 , 2017,37(03):375-385.

[31] 吴必虎 , 黄琢玮 , 马小萌 . 中国城市周边乡村旅游地空间结构 [J]. 地理科学 ,2004(06):757-763.

[32] 颜文涛 , 卢江林 . 乡村社区复兴的两种模式：韧性视角下的启示与思考 [J]. 国际城市规划 ,2017,32(04):22-28.

[33] 新快报 . 珠三角人均 GDP13 万占全省 8 成 接近高收入国家水平 [EB/OL]. （2019-08-01），[2019-09-21]. http://gd.sina.com.cn/news/b/2019-08-10/detail-ihytcitm8156365.shtml.

[34] 汤南 , 杨洋 , 卢文洁 , 等 . 打造 " 半小时交通圈 "[EB/OL].（2018-01-26），[2019-09-21].http://gd.ifeng.com/a/20180126/6337370_0.shtml.

[35] 政协南沙委员会 . 打造都市现代农业示范村助推南沙乡村振兴战略实施 [EB/OL].（2019-03-11），[2019-09-21].http://www.gzns.gov.cn/zx/zxdsjgzsnsqwyhdschy/dhfy_21235/201903/t20190311_383521.html.

[36] 广州市统计局 , 国家统计局广州调查队 . 2018 年广州市国民经济和社会发展统计公报 [EB/OL].（2019-04-02），[2019-09-21].http://www.gzstats.gov.cn/gzstats/tjgb_qstjgb/201904/369f2210193c45eb8e225374ea28d3a4.shtml.

[37] 南沙城投公司 . 南沙城投公司与榄核镇湴湄村签署 "百企帮百村" 工程村企结对帮扶协议 [EB/OL].（2019-03-26），[2019-09-20].http://www.gznsnews.com/index.php?m=content&c=index&a=show&catid=8&id=44227.

[38] 广东工业大学建筑设计研究院 . 湴湄乡村振兴概念性规划："美丽榄核 · 星海故里" 项目前期策划 [R].2019-05.

[39] 广东工业大学建筑设计研究院 . 南沙区 2019 年特色精品示范村景观提升概念规划设计（湴湄）[R].2019-08.

从国外地域建筑创作看我国设计理念的差距

唐圆圆   深圳机场地产有限公司   建筑师

摘　要： 通过旅行寻访北欧芬兰的阿尔瓦·阿尔托、南亚斯里兰卡的杰弗里·巴瓦以及东亚日本若干建筑师的作品，试图描述这些"非西方主流"的不同地域，不同年代的杰出作品，揭示地域性建筑的社会价值和人文意义。在20世纪建筑学发展的进程里，他们开放性地融合了现代建筑技术与本国的地域元素，开创了具有民族独特个性以及文化传承的建筑学语汇。对比我国的设计现状，梳理出他们给予我们的启示。

关键词： 开放性融合；地域；传统

引言

图1 左起：阿尔瓦·阿尔托、杰弗里·巴瓦、安藤忠雄

"我们参与未来的方式决定历史对我们的意义，正如我们的祖先勾画未来的方式决定我们的可能性一样。"

——Georgia Warnke[1]

地域关乎空间，传统关乎时间。

今日的建筑师，是否正在面临一场"价值危机"？[2]是否在现代化文明的冲击下迷失了自身的位置？

回过头去，重新探访20世纪杰出的匠师们。他们在20世纪轰轰烈烈的大时代里，面临工业与技术的改革浪潮，城市和乡村的剧烈变化，始终清醒地立足于地方和传统的景观，开放性地融合了当代技术与地域和传统，走出自己的道路，给予后人启示。

一、北欧　芬兰阿尔瓦·阿尔托（Alvar Aalto，1898—1976）——"设计中的情感和直觉"[3]

芬兰是北欧小国，长期被瑞典、俄国统治，直至1917年才独立。阿尔托出生时，正是民族浪漫主义兴起时。阿尔托早期接受现代主义运动的熏陶，创作了一系列简洁的构成主义作品，后期从钢筋混凝土的表现转向木和自然材料，呼应芬兰独特的地理环境，大量采用当地盛产的木材和铜，建筑细部如同匠人手工打造，形式上从芬兰民间建筑得到灵感，顺应地形，呼应环境，融合了乡土特色，创作了独特的"人情化建筑"。[4]

抱着朝圣的心情来到赫尔辛基。初见阿尔托有点失望，除了看到划分精致的立面，比例完美的构图，墨绿色的铜皮线脚与温暖的红砖墙面形成的有趣对比，多数建筑就像曾经在教科书里看到过无数次的现代主义早期作品，平淡得有些乏味，没有8000千米飞行后那种期待中的惊艳。蓦然而至，并没能一下读懂阿尔托。直到看到位于赫尔辛基郊区蒙基涅米（Munkkiniemi）的阿尔托自宅及工作室，我对阿尔托才有了真正的认识。

（一）阿尔托自宅及工作室（Alvar Aalto House and Studio）

自宅建于1935—1936年，同时作为家庭作坊式的小型工作室。室内首层为仅能容纳三四张桌子的工作室，二层为私人起居空间，白色水泥勾缝的红砖踏步和狭窄的木楼梯连接各种高低错落的空间，起承转合微妙得像一个城镇。室内各种朴拙造型的家具灯具，窗外绿草茵茵、红叶如火。室外白漆刷涂的墙面能看到粗糙的砖墙肌理，硕大的黑色屋顶下面是小小的原色木门入口，青石板台阶两侧低矮灌木点缀，这栋小小居所已经历了80载风雨，依旧朴素动人。

工作室建于20年后，距离自宅仅5分钟步行路程。徒步走过宁静的红叶夹道，来到工作室。略不规则的L形平面布局夹住一个开放的扇形室外广场，跌落的弧形石块台阶掩映在青草地中，室外空间与室内空间相辅相成，如同一个完整的剧本。

阿尔托的自宅和工作室，如同清新的小诗，没有炫目的外立面，没有昂贵的材料，建于赫尔辛基市郊的居住区里，外表低调得看不出来曾是大师居所。然而一砖一瓦，一个器皿，一处植物都让人舒服妥帖。

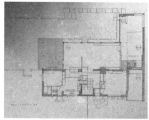

图 2 阿尔托自宅

图 3 阿尔托工作室

在寒冷的清晨冷冽的空气里，透过深深浅浅的白桦林，远远地看见红砖砌筑的珊纳特赛罗市政厅，惊觉风云变幻。半个多世纪就这样过去，我们身处的世界已经天翻地覆，斯人已逝，建筑史也在各种主义里变换旗帜，然而它始终静静地矗立于此地，一如最初的模样。

图 4 珊纳特赛罗市政厅

（三）夏季别墅（Muuratsalo Experimental House）

夏季别墅地处于韦斯屈莱湖区岸边高地，林间松枝摇曳，远处湖光山色，建筑物低调隐忍，如同岩石上的修道院。在绝美的自然风光下，白色的粉刷墙体，简单的平屋面，内院红砖墙面如同马赛克拼图，形成各异的肌理，墙角绿色藤蔓攀爬，居住者伴随松林涛声沉入最温柔的梦境。

建筑本身已经与环境完全融为一体，相辅相成才能成为美好的艺术品。

看阿尔托，如见旧友。朝夕相处只觉平淡，不在眼前时细细回味，日常细枝末节竟会暖上心来。

（二）珊纳特赛罗市政厅 Saynatsalo Town Hall

珊纳特赛罗市政厅建于 1949—1952 年，是阿尔托"红色时期"的代表作。

市政厅原有的员工宿舍如今对外开放，夜宿于此的经历颇为特别，清晨醒来，窗外丰富的色彩给人以视觉冲击，金黄色树林笼罩在熹微晨光中，让人迫不及待地在寒冷的清晨走出室外一探究竟。白桦林的清香在空气里弥散，深吸一口空气，有木头和青草地的香气。

市政厅位于城镇坡地高处，掩映于白桦林里，建筑群体层层涌起。由一个 U 形办公楼和社区图书馆组成类似村庄一样的方形平面，环绕着一个抬高的覆满青草的内庭院，会议室在东南角高高耸立，像哥特式建筑的塔楼。西南角一组自由折线的大台阶穿过庭院再从东南角会议厅一侧的台阶下来，如同仪仗队穿越城镇。因为芬兰第二次世界大战后物资缺乏，阿尔托运用本地材料红砖墙构筑整栋建筑，室内大量运用木材装饰。微妙的窗子排列与砖墙变化都出于阿尔托精心的设计。图书馆至今仍然作为社区活动中心在使用，室外寒气逼人，室内温暖如春。

图 5 夏季别墅

二、南亚 斯里兰卡杰弗里·巴瓦（Geoffrey Bawa，1919—2003）——因地制宜，构筑梦境

这次，我们探访了被马来西亚建筑师杨经文称之为"Our first hero and guru"的斯里兰卡建筑师杰弗里·巴瓦。在这个南亚大陆边缘的印度洋岛国上，他拥有对建筑至高的话语权（这个应该是大多数中国建筑师可望而不可及的）。他可以代替业主因地制宜选址，建构起完全属于他自己的独一无二的隐匿梦境。⑤

（一）工作室与自宅（Studio and House）

科伦坡更具个人色彩的是巴瓦的两个小房子：工作室与自宅。作为城市住宅的典型，它们小巧而内向，自我而封闭，在这个喧嚣城市里默居一隅，适宜于自省和冥想。

工作室当中最为精彩的部分莫过于窄长院落中间的水池长廊，院落与长廊成为这个南亚建筑师作品里最为动人的空间语言。廊下的阴影模糊、光线晦暗，热带阵雨之后，黄昏的空气里飘溢着鸡蛋花和餐厅食物的混合香味。廊下的池水墨绿深沉，池里的黑白鲤鱼悠然摇曳，莲花静默无语，院子里巨大的古藤蔓攀爬上被雨水浸湿的斑剥的砖墙。脚下的水泥砖早就被无数来往的赤脚磨得光滑，冰凉而细腻。廊下，是另一种空间，既不是室内，亦不是室外，是黑漆皮椰木柱子与葡萄牙红砖瓦片下建构的一处暧昧神秘的场所，给人以微妙的感受。

图 6 巴瓦工作室

巴瓦在科伦坡最重要的作品是他的 33 街自宅。

自宅如同母体，是巴瓦灵感的来源和实验场。巴瓦所有的作品几乎都像自宅的某个部分的放大版。没有外墙和门窗的游廊正对着狭小的院子，雨水从天井落下，池塘里石刻的怪兽口里吐出汩汩水流，青苔生长到脚边，廊子里也许是起居室，也许是卧室，随心所欲，不拘一格，不同样式的柜子和椅子按照最舒服的位置摆放，若干的书籍堆放在顺手可取的地方。巴瓦的空间，总是很难去定义功能，大量含混不清、没有实际功能

需求的空间存在，只是为了趣味或享乐。自宅如同秘密洞穴，隐藏包容着巴瓦与世俗保持距离的生活。这里分不清主与次、内与外，没有墙的房间，没有屋顶的花园，没有序列，没有主次，空间如同丝绸般任意流淌。中心最隐蔽的房间是巴瓦的主卧室，只有极窄小的窗与一个专属的露天小花园，仿佛是母体的子宫，包裹着他安然入睡。

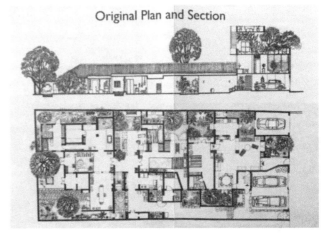

图 7 巴瓦自宅平面和剖面

图 8 巴瓦自宅

（二）宛若神迹的坎达拉马酒店（Kandalama Hotel）

位于斯里兰卡中部山区开布拉的坎达拉马酒店，无疑是巴瓦的巅峰之作，给人们留下的最为动人的作品。

坎达拉马酒店选址距离狮子岩约 15 千米，巴瓦摒弃了业主最初将酒店建于狮子岩下的想法，经过多方考察，在坎达拉马水库上方人迹罕至的悬崖之间选定基地，当时尚无现成道路可达。

我们在山间颠簸了大约半个小时才看见远处星星点点的

灯火，一座建立在黝黑巨大岩石间的酒店出现在眼前。身后巨石嶙峋，野风穿堂入室，清冷沁骨，抬头仰望，漫天星斗伸手可及，恍惚间仿佛置身于《聊斋志异》的故事里。清晨醒来，晨光熹微里湖泊、水鸟、大象、丛林……在金黄色的阳光下如同神迹显现。仅仅是选址的独到眼光与魄力，巴瓦已经立下不世功劳。

从湖边往回走，坎达拉马酒店的真实面貌才逐渐显露。

极度朴素的建筑物在这里只是谦卑地退让着山野、丛林、湖泊、野猴和水鸟，层叠退台的廊子下淡淡的阴影过渡着室内与室外，结构之外只有最基本的粉刷，几乎没有任何装饰与铺贴，建筑师偏爱的黑与白和原木色成了建筑的主色调，除此之外就是满眼的绿色了。在这里几乎没人再注意建筑本身，建筑隐匿在藤蔓之后，与巨石交错共生，如同巨大的洞穴，建筑消失在林木葱茏里。坎达拉马酒店建造的时间，斯里兰卡物质极度匮乏，巴瓦只能就地取材，然而却造就了最好的作品，建筑让位于环境，将环境的优势发挥到极致。

这就是坎达拉马酒店，独到的选址与因地制宜的设计，巴瓦把握住了整个建筑的灵魂。如同旁人评价，"巴瓦是给整个设计吹上那最后一口仙气的人。"[⑥]

图 9 坎达拉马酒店

（三）隐秘的花园 Lunuganga Garden

Lunuganga 与科伦坡自宅存在一种微妙的呼应，二者相辅相成，如同一个整体，呈现了巴瓦生活和思想的不同侧面。

自宅位于科伦坡城市，Lunuganga 位于 Bentota 乡村。

如果说科伦坡的自宅是巴瓦位于喧嚣城市中的避风港，是内向而封闭的，那么 Lunuganga 则是他在乡间为自己倾心建构的隐匿花园，开放而自由。花园以东方式的哲学隐晦地暗示了某种起点与终点，事实上，Lunuganga 也是巴瓦最初的灵感与最终的归宿。从买下 Lunuganga 开始，巴瓦走上了一条对建筑和景园持续终生的热情与探索之路，经历了半个世纪的不懈实践，最终尘归尘、土归土，巴瓦的骨灰就撒在 Lunuganga 的花园里，这里既是开始亦是结束。从花园的入口走了一圈才发现我们不知不觉又回到了起点。这种东方式的隐喻令人感慨。

在 Lunuganga，建筑只是星星点点散落在湖泊沼泽之间的点缀。丰富的自然地貌与景观以及花园里的植物动物们才是这里的主角。晚年的巴瓦会坐在大树秋千下、石头桌椅旁用早餐，远眺湖泊水鸟，整理他的广阔的庭院。

巴瓦一生几乎经历了整个 20 世纪。他出生于 1919 年，当时斯里兰卡仍为英殖民地。1948 年斯里兰卡（旧称锡兰）从英联邦独立之时，正是巴瓦从欧洲游历回国，购置下 Lunuganga 庄园并决心从律师转变为孜孜不倦的景园与建筑的创造者之时。独立之后的斯里兰卡与巴瓦一样需要探索出自己的道路，这位建筑师的作品，注定与国家的成长绑定在了一起。

图 10 Lunuganga 庄园

三、日本现当代建筑（1959—2010）——融合东方，在"和"与"洋"的对立和结合上痛苦又艰难地摸索与思考

我们此行参观的建筑年份从 1450 年的龙安寺到 2010 年的丰岛美术馆，跨越 500 多年。近代建筑从 1959 年柯布西耶设计的国立西洋美术馆开始，标示着日本接受西方的文明，进入了现代化的进程。半个多世纪过去了，日本同样在"和"与"洋"的对立和结合上痛苦又艰难地摸索与思考。[⑦]

（一）真言宗本福寺水御堂和地中美术馆，安藤忠雄

偏居乡间一隅的水御堂以及地中美术馆都是安藤忠雄的作品，一个如同默默隐修的僧侣，另一个则是舞台上光彩四射的明星。

水御堂是一个不太像"寺庙"的寺庙。建筑隐藏于椭圆形莲花池下方，通过狭窄的楼梯下行到水面下，进入室内。水御堂把地表挖开，建筑藏身于地下，用自然复原自然，建筑本身"消失"掉。从这里可以看到后来的地中美术馆的影子。

图11 真言宗本福寺水御堂

地中美术馆完全藏于直岛南部的山下，所有空间与设施建造完成后被重新埋起来，保留了几个不同几何形态的天井，建筑被埋在地下的同时，能够感受到自然光线随着一天中时间的变化而变化。建筑内部倾斜的清水混凝土墙面，中庭巨大的石头，丛生的芦苇，整个建筑就是一个巨大的艺术品。

图12 地中美术馆

（二）丰岛美术馆，西泽立卫、内藤礼

如果说直岛上的安藤忠雄用尽了手法来控制一切，丰岛上的西泽立卫已经完全放弃建筑的手法了。丰岛荒无人烟，美术馆在靠海的一片梯田里，宛如一颗乳白色的泪滴。走过长长的蜿蜒的混凝土步道，在不经意间抵达建筑入口。这是一座巨大的可以进入的雕塑。结构用25厘米厚的混凝土曲面壳体做成，穹顶上方有两个巨大的洞口，可以看到松枝摇曳，听到海涛鸟鸣。

图13 丰岛美术馆

（三）法隆寺宝物馆，谷口吉生

法隆寺宝物馆位于东京上野公园建筑群内，建筑物用轻薄的铝板与柱子包裹着巨大的玻璃盒子，玻璃盒子的幕墙划分采用竖向窗格，如同日本传统建筑的拉窗。门厅若隐若现的半透明悬挂幕墙营造出传统日式木结构建筑的廊下空间，含蓄内敛，波光粼粼的水面反射在铝板与玻璃上，整个建筑轻巧、优雅、精致、细腻，再现了传统的日本美学。

图14 法隆寺宝物馆

（四）神奈川工科大学KAIT工房，石上纯也

整个建筑轻若无物，内部空间全部依靠柱子来划分和引导。建筑师根据人的活动以及行走时的视线，精心设计了每根柱子的位置和形状，细而薄的扁柱，极细的圆柱，一定倾斜角度的片柱，行走其中，步移景异，如同在森林中。室内所有结构与

图15 KAIT工房

图16 神奈川工科大学KAIT工房

桌椅都是纯净的白色,室内外空间浑然一体,毫无阻碍,室外行道边的樱花树如火如荼漫天开放,从巨大玻璃映射进来,建筑仿佛"消失"了。

上述建筑师都有一种"去建筑化"的趋势。他们设计的"建筑"趋近于"消失"。建筑尽可能地减弱其存在感,融合于环境之中。日本杰出的结构工程师们从工程技术上最大限度地提供这种结构越来越轻的可能性;新型材料的使用,也带来人与建筑之间新的感官体验。然而,优雅与精致细腻的表现却是以整个日本传统美学为基础的。古老的欧洲致力于创造独具匠心可以传承上百年的产品。日本在20世纪初期接受了西方的管理、技术、设计思想,推进工业化生产和大规模制造。与此同时,日本也在痛苦中摸索反思如何保留自身民族文化的独特性,而不至于沦为"模仿与复制之国"。

四、中国建筑师的担当

综观上述杰出建筑师的代表作品,他们所表达的建筑思想和理念,是值得我们学习和借鉴的。他们都注重继承和发扬优秀的民族建筑传统;他们都注重把人文精神体现在建筑作品里;他们都注重建筑的地域特色,使建筑与环境和自然有机融合;他们都注重建筑的个性化,拒绝千篇一律;他们都注重建筑从整体到细节的浑然一体,协调完美。

20世纪初期至今,在上百年的人类文明进程里,社会、文化、经济、技术已经发生了巨大的变革。在蔓及全球的商业化进程以及资本的无限扩张下,房地产开发商对利润的最大化追求,已名正言顺地凌驾于公共利益之上。人文与自然被忽略和冷落,资本成为人们口中唯一津津乐道的话题。随着开发建设的规模越来越大,建筑师的话语权愈来愈弱。建筑师无条件地满足业主的利益诉求,与以利益为导向的施工方博弈,与政府部门沟通协调,建筑师在各种力量当中找寻回旋的余地。"如同一个技艺非凡的杂技演员,只有具有高超的协调与平衡能力才不至于从钢丝绳上跌落。"⑧

技术的不断更新迭代促使与建设相关的各个领域都出现了专业的顾问机构。建筑的内外装饰以及机电设备的造价在整个建筑中的比例日益上升,已经远远超过结构主体。建筑师更接近各个专业的协调者,而丧失原有的主导地位。今日的城市里放眼所见的大部分千篇一律的新建筑,包裹着造价昂贵的玻璃与石材的华丽外衣,肆无忌惮地使用空调系统以获得恒温舒适的室内环境。然而,有谁来顾及我们生存的外部环境呢?今日的建筑师,是否只是提供一个功能合理的钢筋混凝土框架,然后将内外包裹上华美的装饰,用能耗巨大的机电系统换来城市里独善其身的一个恒温空间?忽略掉场地的独特性、人文的体

验,用放在任何一个地方都能成立的建筑塑造我们的城市图景,从而在未来50~100年的时间里定义我们的生活?

21世纪,我国的经济与技术突飞猛进。人工智能在各个领域崭露头角。通过互联网,输入地块条件的相关参数,机器人可以利用数据库分析,只需要几秒或者几分钟的时间,就可以生成整套的项目分析以及成品的汇报方案,即时分享给相关单位,号称错误率达到1%以下。⑨

未来已来,今日的建筑师究竟还能扮演什么样的角色?是如海德格尔所说的诗意栖居的构筑者?还是周旋于资本和权力之间的平衡者?或者在繁复琐碎的各种工种之间疲于奔命的协调者?这样一个延续了上千年的传统工匠式行业在这个世纪似乎已经岌岌可危?今日的建筑师该如何保持自身的生命力呢?

建筑师不能成为资本的奴隶,不能成为利益集团赚钱的工具,而应坚守自己的建筑理想,继承和发扬优良的建筑传统,适应时代的需要。为建设与自然协调的宜居住所和美好环境而努力。

我们今日所勾画的每一笔蓝图,即是我们的未来。我们并不祈求永恒,我们只希望事物不失去其拥有的意义。⑩

注释:

① "我们参与未来的方式决定历史对我们的意义,就如同我们的祖先勾画未来的方式决定我们的可能性一样。……我们需要理解历史,不仅因为我们创造了历史,而且因为历史也创造了我们。我们属于历史因为我们继承了它的经验,并且以过去给予我们的条件为基础创造未来。无论我们对历史的理解是否清晰明了,我们的行动都取决于我们的理解。"

——[美]佐治亚·汪克(Georgia Warnke)

② "今天,建筑师面临的是一种价值危机,它与森佩尔在1851年就已经感受到的价值危机有许多相似之处。当时,随着铸造、模具、冲压和电镀等技术的发展,机械化生产方式对不同建筑材料表现方式的冲击和由此引发的文化衰落曾经令森佩尔那一代知识分子忧心忡忡。此后一个半世纪以来,森佩尔担心的文化衰落不仅愈演愈烈,而且已经向'景象社会'的经济层面蔓延。"

——Kenneth Frampton(《建构文化研究:论19世纪和20世纪建筑中的建造诗学》,2007年,391页)

③ "建筑和它的细节在某种程度上都与生物学有联系。也许它们都像大鲑鱼或者鳟鱼,生下来还不够大,出生在几百英里外的家乡,那里的河流还是小溪,是荒野中间清澈的小溪,是最初融化的冰水,同它们日后的生活如此遥远,就像人类的情感和直觉远离日常生活一样。"

——《鳟鱼和溪流》（ALVAR AALTO，《DOMUS》，1947 年）

④ "使建筑富有人情味意味着更好的建筑，同时也意味着一种比单纯技术产品更为广泛的功能主义。这一目标仅仅能够通过建筑手法来实现，即借助创造和组合不同的技术因素，使它们能为人类提供最和谐的生活方式。"

——Kenneth Frampton（《现代建筑：一部批判的历史》，2004 年，220 页）

⑤斯里兰卡著名建筑师杰弗里·巴瓦（Geoffrey Bawa,1919—2003）曾荣获 2001 年阿卡汗建筑奖终身成就大奖。Kenneth Frampton 将他列为 "批判的地域主义"（Critical Regionalism）建筑师，杨经文则称其为 "亚洲建筑同仁心目中最初的英雄和大师"。

⑥ *Genius of The Place: The Buildings And Landscapes of Geoffrey Bawa*，David Robson。

⑦《日本现当代建筑寻踪》，黄居正。

⑧柯布西耶曾经意味深长地将建筑师比拟为走钢丝的杂技演员："他不听命于任何人，也没有人应该对他感恩戴德。他的世界是一种非凡的杂技演员的世界。"

——Kenneth Frampton（《建构文化研究：论 19 世纪和 20 世纪建筑中的建造诗学》，2007 年，396 页）

⑨ "人工智能建筑师小库" 是第一款在实际设计层面应用了人工智能的 AI 设计云平台，赋能城市规划和建筑设计，实现建筑行业智能化升级。小库科技于 2016 年在深圳成立，团队主创有建筑师、Google 背景资深工程师、物理学家等。2018 年 8 月，进入微软加速器。

——北京第 12 期创新企业名单。

⑩法国诗人及 *Le Petit Prince* 作者 Antoine de Saint-Exupery 曾说："我们并不祈求永恒，我们只希望事物不失去所有意义。"

图片来源

图 1，图 11，图 12，图 14，来自网络。

图 7 来自巴瓦基金会。

其余图片均为作者摄影。

参考文献

[1]Kenneth Frampton. 现代建筑：一部批判的历史 [M]. 张钦楠，等，译. 北京：生活·读书·新知 三联书店，2004：354-370.

[2]Kenneth Frampton. 建构文化研究：论十九世纪和 20 世纪建筑中的建造诗学 [M]. 王骏阳，译. 北京：中国建筑工业出版社，2007.

[3]沈克宁. 建筑现象学 (建筑文化思想与文库)[M]. 北京：中国建筑工业出版社，2007 年.

[4]刘先觉. 阿尔瓦·阿尔托（国外著名建筑师丛书）[M]. 北京：中国建筑工业出版社，1998.

[5] BEYOND BAWA. Thames&Hudson, David Robson.

[6]《建筑设计资料集》编委会 . 建筑设计资料集：第八分册 [M]// 第二章，"地域性建筑". 北京：中国建筑工业出版社，2017：49-105.

马里奥·博塔的建筑哲学对当代中国建筑实践的启示

王琦　　合肥工业大学 建筑与艺术学院　硕士研究生

苏剑鸣　合肥工业大学 建筑与艺术学院　教授

摘　要：现代主义的发展，不仅改变了全球的城市形象，也深刻影响了中国的近现代建筑实践。本文通过分析瑞士著名建筑师马里奥·博塔的建筑哲学，包括建筑与历史、建筑与环境的关系，探讨在多元复杂并存的建筑理论与价值环境中，当代中国建筑健康发展的有效途径。

关键词：马里奥·博塔；建筑与环境；现代主义；历史

一、现代主义在中国的发展

20世纪20年代在德国兴起的现代主义思潮和此后的建筑实践是一次具有深远影响的变革。由"房荒"而触发的、以建筑工业化为导向的现代主义革命，在经历了第二次世界大战后的重建后，到20世纪60年代达到了其辉煌的顶峰，并牢牢掌握了在西方世界的话语权。在中国，1930年由梁思成率先宣传并开始实践，如1934年的"北京大学地质馆"和1935年的"北京大学女生宿舍"，都是现代主义建筑在中国的初步尝试。新中国成立初期的中国经济十分落后，现代工业几乎为零，中国政府选择向苏联学习，在政治形势的影响下，建筑界也走上了向苏联学习的道路，并涌现了一大批所谓的"苏式建筑"（图1）。

图1 合肥工业大学屯溪路校区主教学楼

然而，在斯大林时代的苏联，其文艺方针是"社会主义内容、民族的形式"，因此他们拒绝包括西方的现代主义建筑理论在内的一切西方的文艺理论，追求符合当时意识形态需求的现代民族形式。梁思成迫于政治和思想的压力，也停止了对现代主义思想的宣传，现代主义在中国遭遇了严重挫折。直到1978年

中国实行改革开放政策，重新向西方国家学习，西方的建筑理论与思想才开始被接受，才逐渐摆脱了"民族形式"的束缚，一大批现代主义风格的酒店、展览中心、商贸中心等建筑在深圳、广州、北京等地拔地而起，现代主义因其基本原则符合我国工业快速发展的需求而在中国体现出巨大的发展潜力。

然而，现代主义在中西方社会的不同步发展产生了这样的现象：当中国刚刚开始打开国门准备迎接工业化的热潮时，西方社会尤其是以美国为代表的国家却率先进入了"后工业化"时代，此时大规模的建设基本结束，现代主义提倡的理论以及改造世界的理想和在城市规划方面的实践等都遭到社会普遍的质疑。一方面，科学技术的进步推动了人类建造活动的能力的提升，基于"工业化"时代的现代主义与基于"后工业化"时代的其他各科理论与流派同时涌入刚刚改革开放的中国，令我们眼花缭乱、惊愕不已、无所适从。正如关肇业所说，建筑师"在接触外来影响时极易只接受和模仿其争奇斗胜、五花八门的表面，而难以理性地坚持我国国情之所需，更难以抵制社会上的不良倾向了。"[①]如何正确理解现代主义思潮的基本精神，理解其在中国现代建筑实践中的意义，客观评价它所带来的正负两个方面的影响，是中国当代建筑走上健康之路所必须探讨的课题。

二、马里奥·博塔的建筑哲学

在新技术和新的社会关系的压力下，在种种建筑思潮的冲击和建筑界的喧嚣中，马里奥·博塔是少有的能保持冷静头脑的建筑师之一。作为提契诺学派的建筑师之一，博塔吸收了德国理性主义和意大利理性主义的精华，并没有追随"国际式"的潮流，而是始终从地域特色和历史文化的立场出发，去解决本土文化和现代建筑之间的冲突。

（一）历史和记忆——作为集体价值观而见证永存的建筑

表面上看，建筑向人们提供功能空间，需要处理的是物理与技术层面的问题，但从更深层面来看，它还是一种历史的表达形式。建筑是社会的产物，同时也是地域文化的组成部分，代表着和这片土地之间的关联。场地作为整个项目的一部分，也是建筑形式的一部分。建筑不同于雕塑之处在于建筑根植于土地，在它立足的语境中，延续历史，形成记忆。如何保护历史、保存回忆是全人类的问题。在全球化发展的大潮下，我们迫切需要和社会找到联系，找到归属感。把建筑作为建立人与社会联系的手段和现在与历史呼应的载体，是博塔在建筑探索中始终坚持的思路。

图2 罗弗莱托与特兰托的现代艺术博物馆

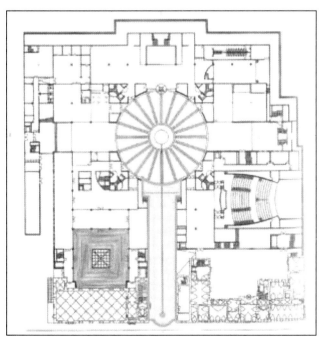

图3 博物馆首层平面图

意大利的罗弗莱托与特兰托的现代艺术博物馆（图2）是一个独特的案例，建筑周边很多都是18世纪的建筑。有意思的是，平面图中间的长条形是一条通道（图3），而通道的两侧是18世纪的宫殿，因此要进入新建筑则必须经过宫殿，进入处于整个建筑的心脏的中间圆形广场。在该建筑中不仅体现了博塔对于历史建筑的充分尊重，更表达出了新与旧、历史与现代在作者眼中是完美的统一的哲学认识。

希腊国家银行（图4）的设计者将底部部分架空，入口设在建筑两侧，一方面出于对遗迹的保护（在原基地发现了雅典遗址），另一方面意图通过观看遗址，寻找到古老的记忆。外立面通过两种颜色的砖相间形成图案，来呼应左侧历史建筑的外立面，其建筑风格也和周边融为一体。

图4 希腊国家银行

（二）对话与对抗——建筑与环境关系的复杂表达

无论是私人住宅还是教堂、博物馆等类型的公共建筑，博塔的作品都向我们表达着他在环境的处理和与自然的关系上所处的立场，那就是对话与对抗。这其中，博塔以光线、墙体、几何、对称等作为具有强烈特征性的语言工具表述了建筑的理性、诗意性和永恒性。

1. 对话天空：神性空间的塑造

博塔用光线塑造空间，光线透过建筑有规律的构件投射在墙面上，并随太阳角度的变化呈现出律动。有时单单一道光线的切割就可以达到罕见的张力。而天窗采光和普通的侧窗相比又带给人截然不同的感受，它不仅为室内提供了均匀的亮度和合适的照明角度，也可通过对局部亮度的调整，使其与周围产生差异，从而塑造出不同的空间氛围。来自顶部的光线仿佛是上天发出的信号，置身其下，可以唤起体验者对自然力量的感应。（图5）

图5 新蒙哥圣诺乔瓦尼巴蒂斯塔教堂内部

2. 对话土地：地点之于建筑的唯一性和不可重复性

从某种方面来说，建筑与植物相类似，它们都从土地中汲取营养，和场地这个不可复制的空间背景进行对话与交流。但建筑又不同于植物，植物可以通过移植继续存活下去，而建筑如果移动则可能完全改变，因为不论是光线、视线、天际线还是人们活动的路线都会发生改变。环境本身有自己的使命，建筑师需要了解如何把建筑更好地介入到环境中，因为周围的环境也是建筑作品不可分割的一部分。

3. 对抗自然：追溯远古的建筑形态

新蒙哥圣诺乔瓦尼巴蒂斯塔教堂(图6)是一个重建的项目，雪崩摧毁了原本的教堂以及周边的村庄。新的教堂用厚重的墙体塑造出稳定的圆柱形的体量，这种力量感暗示了博塔试图与大自然神秘莫测的力量相对抗。采用封闭、厚重的墙体可以起到保护、防御的作用。在技术已经很发达的情况下，博塔依然会坚持采用这样的做法，用砖块把建筑砌筑得很厚重来使建筑更坚固的做法似乎过于传统，因为早在2000年前的金字塔就是采用石砖层层叠加累进以追求平衡稳定。但无论在视觉表观的美学上还是心理上，这种方式使得建筑获得了均衡、稳定的美感，给人安全坚固的感受，呈现出建筑作为人工环境的本质。

图6 新蒙哥圣诺乔瓦尼巴蒂斯塔教堂

4. 对抗重力：几何之美的完美呈现

博塔将几何形状和对称性定义为建筑设计的工具。他认为如何把成千上万吨钢筋混凝土通过计算合理地置于地面上是一个很重要的问题。"建筑总是在追寻一种能够把它所承载的重量传递到地面上的结构形式。"[2]比如人体均衡合理的配比可以保证人们在行走时或者跑步时不会因为不稳而跌倒。在与重力对抗的研究中，几何学为博塔提供了很大帮助。几何学对形式的精密控制和严谨的逻辑特征，使其成为很多建筑师的通用语言。欧洲古典主义所推崇的和谐之美包含了均衡对称、节奏韵律、对立调和、比例完满。博塔选取了几何形体中最有代表性的形体如圆柱体、立方体、锥体，将几何体积和块面切割再重新组合，不仅使建筑获得了现代性的面貌，也因几何图形平衡对称的特性，使其在解决结构的问题时，显得十分简单、坚固和实际。

三、启示

中国可能没有很多发达国家那么充足的设计周期，很多快速建造的建筑难以避免地有很多不成熟的地方，甚至沦为社会负资产。但是重要的是我们的价值观，价值观的差异才是最核心的，其他表面的现象都是由于价值观的不同而衍生出来的。只有经过理性的设计，建筑才能经得住社会、时代、大众甚至自然环境的考验。

（一）整体的环境观

建筑师在建筑与环境的关系上有各自不同的处理手法。博塔使建筑同自然环境融合；扎哈·哈迪德使建筑与环境产生对比，用超时代的建筑形象强调自我；隈研吾尊重环境，使建筑消失。我们允许多元化的存在，世界建筑就会呈现出五彩缤纷的一面。我们应当认识到，建造活动是一种公共行为，因此若不将建筑连同环境、连同整个城市看作一个整体，那必然促使建筑失去文化根基，产生不良的后果。因此，在快速发展的中国，向博塔学习，树立一个整体的环境观是十分重要的。

（二）建筑作为一种文化手段

建筑师不仅需要做一个建筑物，更需要让它同城市的文脉、历史、记忆建立一种联系，并把这种联系表现出来。博塔借助一些客观的概念，如光线、地理、当地环境等来诠释当地的文化习俗，再返回到远古寻找答案。中国此刻正在快速地经历着现代化与全球化的进程，然而全球化对地域文化会产生重大冲击，这使得建筑的地域差异性也会越来越小。现代主义的潮流就是文化冲击中的典型，它是人类文明与发展的成果，它为急需发展工业的国家提供了高效性与实用性，也为现代人们的生活带来了便利。然而，现代建筑的全球同质化表明了地域文化的弱化与丧失。因此，如果要解决这些问题，避免步入西方社会的后尘，就必须创新思路。国内有很多建筑师如王澍、崔愷等致力于把建筑同地域结合，通过对本土文化的研究进行建筑实践，取得了良好的效果。

"虚有其表的审美观所剥夺的，是建筑的基础，即一种抗衡地心引力且寻找结构平衡的艺术，一种根植于土地、怀揣记忆与希望的艺术。"[3]建筑不仅仅需要解决技术和功能层面的需求，还应该成为文化手段。

（三）建筑与时代结合

建筑作为一门艺术，应当同所处的时代息息相关，并需要表达出所处时代的精神，而利用建筑来表现时代特征，我们不能忽视人们的思想和情感。博塔在设计乡村独立住宅时，不仅使建筑获得了现代化的外表形态，也注重同环境相互关系的表达，营造出如山水画般的具有诗意的生活场景。在设计宗教建筑时，以现代人的角度探究人们的精神世界，营造一种宁静、神圣的环境气氛，为人们提供心灵的休息场所。在一些大尺度公共建筑设计中，不仅回应了环境的地理与历史文脉，也积极参与了城市体系的完善与重组，使城市环境更加和谐。这些不同类型的建筑清晰地反映出博塔对于建筑与"时代精神"相结合的深刻解读和探索。

现代主义强调了技术的因素，通过大量科技的运用来展现建筑技术美的方式被认为是体现时代精神和反映时代进步。然而，技术越发达，人与环境似乎越失去平衡，通过纯粹的技术使建筑获得的绚丽时尚的外部形式只会为我们带来一时的惊叹，但却难以产生像博塔的作品一样打动人心的力量。

注释

①关肇邺.拼搏积叠，卒抵于成[J].建筑创作，2006（7）：142-143.

② https://finance.sina.com.cn/roll/2018-02-10/doc-ifyrkzqr1121098.shtml

③清华大学艺术博物馆，马里奥·博塔建筑事务所.理想之境：马里奥·博塔的建筑与设计[M].北京：中国建筑工业出版社，2017.

参考文献

[1] 张洁,千鸟义典,茅晓东.理性思考与创作：株式会社日本设计访谈[J].建筑技艺,2014(10):112-114.

[2] 王宁.马里奥·博塔的建筑造型语言研究[D].北京：清华大学,2012.

[3] 韩晓林.马里奥·博塔的建筑语言解读[D].哈尔滨：哈尔滨工业大学,2007.

[4] 清华大学艺术博物馆，马里奥·博塔建筑事务所.理想之境：马里奥·博塔的建筑与设计[M].北京：中国建筑工业出版社,2017.

[5] 大师系列丛书编辑部.马里奥·博塔的作品与思想[M].北京：中国电力出版社,2005.

[6] 马里奥·博塔.马里奥·博塔建筑设计作品集[M].桂林：广西师范大学出版社,2017.

[7] 吴怡雯.浅析当地文化对建筑设计的影响[J].居舍,2019(23):80，180.

[8] 关肇邺.拼搏积叠，卒抵于成[J].建筑创作,2006(07):142-143.

图片来源：

图 1：http://bbs.zol.com.cn/dcbbs/d184_40802_0.html

图 2：筑龙网，https://bbs.zhulong.com/101010_group_201808/detail10022466/

图 3：来源同上，部分作者自绘

图 4：http://bbs.zol.com.cn/dcbbs/d184_40802_0.html

图 5：博塔谈可持续建筑：建筑是对地形、气候的回应，http://k.sina.com.cn/article_6408329238_17df75816001002gsn.html

图 6：中国建筑中心官网，http://www.chinabuildingcentre.com/show-6-300-1.html

图 7：http://blog.id-china.com.cn/archive/203929.html

地域的人道与自然呼唤及其反省：台湾当代建筑跨界参与地方创生的可能深化之途

摘　要： 当前，台湾建筑呈现出跨界与地方的双重转向。进步建筑师书写了建筑的新定义，并高举地方价值而投入了地方创生的大业！他们期待借由"设计生活"进而参与社会再造，可以说彰显了高度的人道关怀与回归自然的精神。本文即是对此所做的历史研究与论述分析，期待能因此开展出一条深植于地方特殊文脉的永续设计之途。

关键词： 台湾当代建筑史；地域性；地方创生；设计论述分析；空间的文化形式

一、现象观察与历史梳理：台湾当代建筑的跨界与地方转向

台湾当前建筑的发展，虽说百花齐放，充满着往实验性、多样性进发的企图，但明显焕发出跨界以及地方转向的特质。如此倾向，其实有着一定的历史脉源，早在第二次世界大战后，随着西方国家环境行为研究、环境心理学等的盛行，台湾建筑界在建筑学院前导下，已经将视角扩及建筑计划、都市计划等"计划"而展开了与社会科学等学域的跨界联系，从而为建筑论述往人性化发展奠下了根基[1]；稍后，呼应了20世纪60年代西方反文化运动的开展，更在汉宝德《境与象》前卫杂志的推波助澜下，展开了追求"乡土建筑"与"服务社会"的热情[2]，而成为古迹保存等乡土文化与环保运动的先声，从而预示了象集团于20世纪80年代末，以及黄声远田中央工作群等于20世纪90年代在宜兰高张地域实践的兴起。不同于被纳入全球文化工业网络的台北，当时的宜兰，在陈定南县长等高举地方价值以及台大城乡所强调草根参与规划的主导下，成为怀抱人文理想之建筑师突破主流建筑论述的边陲实验之地，其伴随着"社区总体营造"的逐渐蔚为浪潮，借由诸如"宜兰厝"等实践，陆续产生了强调地方价值的作品，从而让宜兰散发出了与台北东区（以及后来的信义计划区）精英美学截然不同的气息。

自此之后，一方面，随着台湾初步市民社会的兴起、社区营造浪潮的蔓延以及诸如闲置空间再利用政策[3]、城乡风貌改造、与九二一大地震（1999年）后新校园运动的推展，宜兰经验所开展的模式，成了台湾建筑跨入21世纪后的重要路线，如何让建筑贴近地方，甚至展现地方特色也成了建筑师设计实践关注的议题。就此，除了黄声远外，谢英俊、邱文杰、廖伟立、刘国沧与陈永兴等也陆续登场，扮演了借由建筑而与社会、地方

对话的活跃角色[4]；值得注意的是，在此同时，随着20世纪90年代台北被纳入全球文化工业体系，台湾以服务城市生活及空间为主的设计专业逐渐兴起，不仅诸如服装设计、商业设计等伴随着工业设计而大力发展，建筑也借由"室内设计"（空间设计）、"数位设计"等而参与了此一大潮，成为许多自欧陆（以英国伦敦AA、Barlett为主）与美国东部（以哥伦比亚大学为代表）归返人才晋身时尚的舞台，并为后续的跨界发展植下了可能的土壤。

正因有此基础，加以执业环境的持续变化，台湾建筑在进入2010年后展开了进一步的跨界发展。当时，许多专业者在公共部门推展文创产业与节庆展览的政策前导下[5]，借由装置艺术与展览筹划而获得了与其他领域设计者合作并参与地方建设的机会，以至于建筑专业者跨界而难以辨认身份的情形愈发明显。加以受到了诸如威尼斯建筑展这类活动的鼓舞[6]，他们纷纷以策展、办展为要务（例如田中央、廖伟立等），高举"地方"价值，引以为进步、时尚的元素而展开了跨界合作，从而突破了建筑原先的定义，而有了不一样的面貌。至为显着的例子，即是黄声远设计并于2018年开园的"壮围旅游园区"，此计划他特别找来了著名导演蔡明亮一起合作，于海边蹲点拍摄艺术影音[7]，让蔡明亮导演细腻的电影叙述成为设计最亮眼的内涵；如此跨界的情形还可以在勤美这类企业所推动的计划中见之。

其于2018年在苗栗山区所推出的号称森林大学的"勤美森大"计划，在邀请ADA新锐建筑师曾志伟操刀进行空间设计的同时，更规划了不同课程，以月为单位邀请种籽节气饮食研究室、CN Flower等专业达人，带领中产学员走进新锐建筑师特意营造的山中秘境发掘森林美学[8]，体验另一种生活的可能。或因有此经验，联合草字头国际等过去的合作伙伴组成跨领域团队，

而以"台湾郊游·原始感觉共同合作场域计划"获得 2020 年威尼斯建筑双年展台湾馆策展代表权的曾志伟宣称自己"不是建筑设计师,而是大自然的编辑"[⑤]。诚如 2018 年 10 月间一场由《未来城市@天下》客座总编辑黄声远邀集曾成德与漆志刚就宜兰经验谈地方创生的座谈所示,建筑,在新的历史阶段现实的要求下,借由与媒体等的结盟,已开始期盼以不同于以往的面貌而参与以"地方创生"等为名的社会、现实改造[⑥]!

二、 设计生活:"地方创生"的人道与自然呼唤及其限制

诚如上述,在 21 世纪行将步入第三个十年之际,台湾当代原属不同路线的建筑精英,已因应着空间性现实的改变,而有了进一步的汇流,并展开了与其他设计专业等的跨界结盟。诸如田中央等进步、新锐建筑师不仅开始打破对建筑自主性(architectural autonomy)的既有认知,也在宣扬地方价值的前提下陆续参与了"地方创生"[⑦]这般希冀改造社会的事业,期待让建筑设计实践能成为施政的助力,有利于翻转地方,而前述的壮围旅游园区正是这般脉络下的产物。

既然提倡建筑要参与地方创生,前卫新锐建筑师对于建筑在地方创生中所能扮演的角色以及采取的设计等实践进路自有一些看法。综观黄声远等的座谈以及相关论述可知,他们已认知到这是一场攸关"政治学"的"社会运动"[⑫],建筑所牵动的整体设计实践将具有创造改变力量的作用,诚如蔡明亮所述,"你来,不是来看懂我的作品,是为了壮围与太平洋"[⑬],是为了地方,而不只是作品本身,而是希望借之带动地方的创生。他们认为,如此设计实践虽与政治学有关且源于"社区营造"[⑭],却不应重蹈过去老路,不应只有制度,而还要有真正懂得设计的人与优秀团队作为第三方去连动地方社群,方才能避免出现一再"复制'高跟鞋教堂'"这类的美学灾难。只有透过优秀的第三方与具有远见之地方(包含政府、代议士等)的合作,方有机会拒绝全球分工硬塞给地方的角色,而走出一条着重特色发展的道路。在座谈中,他们虽没有谈到建筑与地方产业滋生的关系,但显已意识到产业的角色,而这其实也是为何诸如陈宣诚等年轻一代在投入麻豆糖厂地方创生时,会希望结合景观、装置与地方生态调查以探寻转化艺术产业进入地方之可能性的缘由[⑮];而诸如曾志伟等更是直接在勤美企业的前导下进行相关动作[⑯]。黄声远等显然认为,借由建筑所带来的改变,"才能真正使地方生活、心态、生意环环相扣在一起,生生不息"[⑰],认为建筑等实践当借由"官方的力量,反向投入资源研究反制主流的产物,这样所研发出来的新东西反倒会在将来市场上占有先机"[⑱]。

至于执行方式,由于黄声远等主张创生有其生命力,即使

消失也可再重生[⑲],是以不认为应有固定的 SOP 以绑手绑脚。即便如此,他们仍强调了一些原则。基本上,一如曾志伟、陈宣城、陈永兴等所为,他们率多已知道必须要掌握地方,认为"每一个地方就像一个自然生态系"[⑳],有其自身平衡的关系(人造物在其中也会形成具有类似效果的"系统"[㉑]),且犹如一个人,具有"本质"[㉒],因此在地方创生的过程中,必须透过"调查"去理解地方,以作为设计等实践的基础。对他们来说,在此基础上,"建筑师的任务不只是追求建筑工艺设计,更是要设计出人群想要的生活方式"[㉓]。简言之,"设计生活"成了建筑设计在地方创生中最重要的任务,透过生活方式的设计,建筑师有机会为作品提供丰富内涵,为地方注入新的可能,而这其实也回应了近年台湾建筑执业上的转变。

综观近年一些年轻、新锐建筑师具有实验性的实际设计案例,除了高举"实构筑",投入对材料、品质等的考究外,随着旧建筑再利用案子占比的提高,注重生活、结合文创等软体的设计成了新锐建筑师设计的重要进路,他们甚至主张,"做建筑前,先投入实际的在地生活吧!"[㉔]"以建筑,创造生活的想象"[㉕]。

就此,从几届 ADA 新锐建筑师的作品可知,有几种可能的进路,其一,投入"实构筑",甚至引以为居民共同参与营造的手段,例如第三届 ADA 首奖的"青林书屋",即借由"土"而提供小孩等参与协力造屋过程,营造能游戏的溜滑梯等生活空间,形塑对于环境的认同[㉖];其二,则是在了解基地物理等条件基础上,关注记忆与情感,强调回到历史纹理,梳理基地与周边街巷等城镇环境关系,再出以对格局的调整或虚实空间的操弄,期待将城市的生活轨迹拉进基地,形塑适宜生活、具有味道等气息的人味空间[㉗];其三,投入事件、装置等,形塑空间,诉说故事与心情,希望借由"会随身体与城市的演化漂移的'建筑'"的投置,衔接、反省与演绎出城市的生活与日常[㉘]。就此,显示了年轻建筑师对于都市公共空间营造的关注,展现了人道式的关怀;其四,则在回应环保、气候等物理条件的基础上,进一步从自然寻得灵感,甚至追求回归郊野山林等自然,而借此营造出不同生活进行的可能[㉙],经常喜欢旅行观察、具有异文化生活经验的设计师,往往希望"感觉自然"[㉚]"从大自然里,寻找设计的厚度"[㉛],以便带来与都市不同的心灵感受。

总体而言,这些因为普遍面临低造价挑战而必须以"实验性"求取生存的创作[㉜],不仅宣扬了"建筑……不只是一栋房子"[㉝],而且以跨界方式进行了对"设计生活"的重视,展现出高度的人道关怀与回归自然的精神,恰恰呼应了黄声远等借座谈会所提出建筑师在地方创生中"要设计出人群想要的生活方式"的主张,是故,他们的设计虽不一定专为地方创生所做,却提供了若欲

投入所可能采行的设计进路！平心而论，这是一套深富实验性的细腻设计方式。一方面，由于高张了人道立场，因此格外注重对使用者在地方环境中之日常生活经验、城镇历史等生命历程的发掘，建筑与技术被提升了内涵，而且也具有了在空间论上往"经验空间"[34]探索的可能，呼应了西方人文主义的设计与规划源流，令人想起了莱特（Frank Lloyd Wright）一脉"有机建筑"（organic architecture）论述在20世纪70年代透过开文·林区（Kevin Lynch）等而发展成为"感觉形式"（sense form），并落实为具有动手做创造（making）过程，而有助于个人自由成长之规范性都市设计理论的相关人道主义传统[35]；另一方面，由于回归了自然，视其为生活源泉与心灵导师，因此让建筑有了接近传统宇宙观中合自然为道体的可能进路，特别令人想起了克里斯多夫·亚历山大（Christopher Alexander）在《营造之常道》（The Timeless Way of Building）中所欲彰显的"无名的品质"（the quality without a name; nameless quality），充满了借由冥想而驰骋身心的源源动力！如此进路尽管充满了人道热情与自然旨趣，也展现出了不凡的成绩，但诚如夏铸九对林区、查理斯·威拉德·摩尔（Charles Willard Moore）等话语的研究所启示，其简化了社会历史现实而容易滑入唯心论与形式主义的限制却也有必要反省[36]，以便能切入地方创生的真实运作[37]。黄声远等虽已意识到借由调查以深掘地方的重要性，但持本质论将地方等同为"生态系"的看法，却可能蹈入芝加哥学派都市社会学[38]将都市聚落类比为生物自然成长的非历史非社会限制[39]；故而，其虽肯定地方的多元面貌，却不容易从结构性角度去思考社会的复杂度与空间的动态性[40]，以及如何在生活设计的层面去关照这种复杂度（特别是攸关于劳动生产的部分）；注重生活的设计，于是容易成为特定经验空间（特别是被视为具有进步价值之现代生活空间），其现代功能与精英美学的横向移植，而这反而是不利于地方创生的，毕竟对产业与社会的再造，必须植基于地方在长期历史社会运作下所积累的文化基础，建筑专业者有必要透过设计回应地方对于自身文化（具有异质性）如何展现在使用功能与象征形式上的双重要求，并将之转化为得以持续运转的生产力！

三、代结论：营造"地域性"中的"空间文化形式"——深植空间脉络的地方设计之途

台湾当代建筑在进步建筑师带领下，已展开了新页，如欲进一步投入地方创生的大业，有必要就空间、形式与设计等的关系在认识论与方法论上进一步深化，以因应地方复杂的历史社会现实。亦即，有必要掌握晚近人文地理学等跨学域"空间性"研究成果，在"地域性"（locality）观念下重新认识"空

间"其实是一种"伪正文"（pseudo-text），而其作为一种具有异质性的"空间文化形式"，乃是在特殊的历史社会与地理脉络中形塑而成；对其之研究以及规划设计，有必要重新回归此种地域性脉络，方能解析与掌握空间意义、功能及形式间的复杂关系，并借由"空间文化形式"的"营造"以参与社会的改造，从而在历史的进程中凝聚意义，重塑地方具有深义的文化！而这，对台湾将是具有重要意义的大事。毕竟，诚如夏铸九指出，台湾的建筑长期是没有文化的，"台湾，却从来不能按造自己的形象制造自己。……当台湾的城市成为投机城市，都市空间成为交换价值的实现，在空间的文化形式层次，我们的地景遂沦为廉价商品的世界。它既西化，却又土俗；既奇异，却又是浅商品；既欠品质，又乏深意。浅薄无味就是台湾空间的品牌。一直到了最近几年，有了足够实力的资本终于开始有意塑造其自身的形象，以品位占有市场、区分身份，台湾的建筑师才开始有一点练习的机会，但却又得面临全球竞争的新局面。"[41]在这种新局下，诚如郭肇立等所启示，建筑如何透过反省而塑造自己的文化主体性显然是地方创生关键之事，其既攸关文化认同的建立，也涉及地方生产竞争力的根本提升！[42]

注释：

①主要系黄宝瑜等在中原学院、卢毓骏等在文化学院以及青年汉宝德等在东海大学所推动的相关论述。参见萧百兴（1998），《依赖的现代性——台湾建筑学院设计之论述形构（1940—1960末）》，台湾大学土木工程所建筑与城乡组博士论文；萧百兴(1998)，《斯地降临！？：东海神话暨期早期建筑设计论述》，《城市与设计学报》第五／六期，1998年9月，63-104；萧百兴（2000），《"现代都会"的"机能中国"反归：战后初期中原学院的建筑设计论述形构（1950—1970初）》，《城市与设计学报》第十一／十二期，2000年3月，pp.159-206；萧百兴（2004），《"现代都会"的"有机中国"反归：战后初期文化学院的建筑设计论述形构（1950末—1970初）》，《华梵艺术与设计学报》第一期，2004年7月，183-204。

②20世纪60年代中期，在黑人民权运动、反越战游行以及学生运动等冲击下，西方世界纷纷高举社会参与大旗，掀起了反文化运动对乡土与环境关切的热潮。著名的嬉皮士即是此脉络下众多产物之一，代表了第二次世界大战后年轻一代对既有科技及其僵化文明的一种反省。此一运动的相关信息于20世纪60年代末期辗转传入了台湾高校，被视为进步象征。于是，自认前卫的学生开始蓄长发、颓废装扮、聆唱包勃·狄伦等的民歌摇滚；另一些师生则将焦点转向了对周遭环境的关怀。以建筑系师生为例，即接收了林衡道、席德进等乡土关怀的成果，

透过传统建筑调查而将之化为乡土寻根的热情。例如，东海大学建筑系在汉宝德的倡导以及狄瑞德夫妇的带领下，即展开了对传统建筑的勘查，此一传统成为 20 世纪 70 年代汉宝德担任系主任下东海建筑系的重要路线之一；又如，文化学院（文化大学前身）建筑系学生在席德进与林衡道等带领下，亦曾于1971 年组成所谓的"台湾传统建筑勘查团"，租用两部游览车利用四天三夜时间针对全台湾重要古迹进行了一次浪漫的寻访；中原大学、逢甲大学等校学生亦陆续出现了对板桥林家花园、惠济宫等的调查行动；同时，更展现为对各种社会议题探讨的热情。随着大尺度规划受到重视，农村、渔村、国宅、盲哑学校等与"社会服务""社会参与"有关的"环境"议题成了关切重点。一时之间，各校毕业设计纷纷以之作为题目，借由社会服务以解决环境问题成了学生热情宣泄之所在。

③台湾文化机构于 1997 年启动"艺术家传习创作及相关展示场所专案评估"计划（"铁道艺术网络计划"），随后，文化建设委员会更于 2001 年开始推动"闲置空间再利用"政策。于是，台中 20 号仓库、新竹站铁道艺术仓库、嘉义铁道艺术村、枋寮–F3 文艺特区与台东铁道艺术村等铁道系列空间陆续被打造，台北（华山艺文特区）、花莲、台中、嘉义与台南五处文化创意产业园区以及松山文创园区和高雄驳二艺术特区等以旧工厂及眷村进行改造的"创意文化园区"也纷纷出笼，连通了城郊村镇中的老街（如三峡老街、深坑老街等）、工艺村（如新港板头陶艺村、集集添兴窑陶艺村）等成为 21 世纪初台湾城乡显着的风景线。

④参见阮庆岳（2010），《下一个天际线：当代华人建筑考》，台北，田园城市文化事业有限公司。

⑤进入 21 世纪后，台湾经济出现了第二次世界大战后罕见的衰退，各个地方也面临了严苛的永续再发展的挑战，因而不仅文化创意产业获得了大力的扶持，各地也陆续举办了各种文化节庆以推动旅游，从而为建筑专业者提供了可能的空间。

⑥台湾乃是于 2000 年（第七届）开始参加威尼斯建筑展（由文建会专案补助台湾美术馆参与展出工作），一开始，台湾美术馆系公开征求一位建筑师代表台湾展出，先后为李祖原、姚仁喜、吕理煌等；自 2006 年起，台湾美术馆开始征求策展人，借由策展人的整合规划与论述为台湾挑选出更多优秀的建筑团队参展。策展因而成为建筑专业的盛事。

⑦程远茜（2018），《客座总编辑 在地方设计生活｜蔡明亮：你来，不是来看懂我的作品，是为了壮围与太平洋》，《天下杂志》之《未来城市》平台，20180831（20191020 读取，https://futurecity.cw.com.tw/article/287）。

⑧相关达人有自然洋行＆少少–原始感觉研究室、种籽节

气饮食研究室、CN Flower、凤娇催化室、张逸军、肯园、台湾味等单位；为了达到效果，更邀请了先前借由少少实验室习作自然环境有成的曾志伟年轻新锐建筑师，以废弃建筑及轻构架透光棚屋结合山森林、巨石阵和生态池等营造秘境，让学员可以在深刻的体验学习中，打开感官，重新学习新的生活。

⑨提出计划的跨领域设计团队为曾志伟联合草字头国际、勤美森大 The Forest BIG、春池再生玻璃，以及忠泰建筑文化艺术基金会等过去合作伙伴所共同组成，并不为大众所熟悉。王思涵（2019），《威尼斯双年展台湾代表曾志伟：我不是建筑设计师，而是大自然的编辑》，《天下杂志》683 期，20191008。

⑩程远茜（2018），《客座总编辑 在地方设计生活｜黄声远＆漆志刚＆曾成德：落后，是地方抢先创生的自由》，《天下杂志》之《未来城市》平台，20181012。

⑪所谓的"地方创生"（ちほうそうせい，Placemaking）主要源自日本，乃是日本政府在 2014 年年底为了启动地方经济发展活力以及解决人口减少所拟议、提出的国家及地方综合发展战略，希望借由"情报（资讯）支援""人才支援"与"财政支援"三支箭，创造就业机会、吸引年轻人口回流，以建立魅力城镇，便能一方面维持 GDP 成长，并解决城乡不均衡发展问题，厚植国家竞争力。台湾由于面临与日本类似的产业及地方衰败的问题，于焉借助日本经验，于 2018 年召开相关会报引入地方创生观念，并将 2019 年设定为地方创生元年，期待借之解决人口减少、高龄少子化、人口过度集中于台北以及乡村发展失衡诸问题。参见台湾发展委员会第 53 次委员会议 "地方创生政策与推动之拟议 简报"（20180419）；神尾文彦（2018），《日本地方创生政策的展望和培育创造价值据点（地方枢纽）的重要性》，《台湾经济论衡》，16 卷 4 期，2018/12。

⑫程远茜（2018），《客座总编辑 在地方设计生活｜黄声远＆漆志刚＆曾成德：落后，是地方抢先创生的自由》。

⑬程远茜（2018），《客座总编辑 在地方设计生活｜蔡明亮：你来，不是来看懂我的作品，是为了壮围与太平洋》。

⑭文章中提到地方创生的政治学，并指出"社区营造是地方创生的前身"。参见程远茜（2018），《客座总编辑 在地方设计生活｜黄声远＆漆志刚＆曾成德：落后，是地方抢先创生的自由》。

⑮见笔者（萧百兴）透过 Messenger 对蒋雅君的访谈（20191013）。

⑯参阅"勤美学"网站（https://cmpvillage.tw）或攸关活动的报导，后者如 Chia Lin（2018），《走进苗栗山中发掘森林美学！"勤美学 森大"在秘境用五感体验人与森林关系》，

《LaVie 行动家》网站，20180627 贴网。

⑰程远茜（2018），《客座总编辑 在地方设计生活｜黄声远＆漆志刚＆曾成德：落后，是地方抢先创生的自由》。

⑱程远茜（2018），《客座总编辑 在地方设计生活｜黄声远＆漆志刚＆曾成德：落后，是地方抢先创生的自由》。

⑲黄声远说："创生是生生不息，甚至要经历消失再重生都没关系，这就是生命力。"程远茜（2018），《客座总编辑 在地方设计生活｜黄声远＆漆志刚＆曾成德：落后，是地方抢先创生的自由》。

⑳程远茜（2018），《客座总编辑 在地方设计生活｜黄声远＆漆志刚＆曾成德：落后，是地方抢先创生的自由》。

㉑程远茜（2018），《客座总编辑 在地方设计生活｜黄声远＆漆志刚＆曾成德：落后，是地方抢先创生的自由》。

㉒程远茜（2018），《客座总编辑 在地方设计生活｜黄声远＆漆志刚＆曾成德：落后，是地方抢先创生的自由》。

㉓程远茜（2018），《客座总编辑 在地方设计生活｜黄声远＆漆志刚＆曾成德：落后，是地方抢先创生的自由》。

㉔张豪心（2014），《"第二届 ADA 新锐建筑奖"做建筑前，先投入实际的在地生活吧！—刘崇圣＋吴龙杰＋辜达齐专访》，"MOT TIMES 明日志"，20141030。

㉕廖淑凤（2014），《"第二届 ADA 新锐建筑奖"以建筑，创造生活的想象——林柏阳＋黄圣轩＋何岳璟专访》，"MOT TIMES 明日志"，20141202。

㉖编辑部（2017），《"2016 第三届 ADA 新锐建筑奖"建筑不是表现，而是一种邀请—简志颖＋杨绍凯＋李代贤专访》，"MOT TIMES 明日志"，20170212。

㉗参看第二届 ADA 新锐建筑奖首奖作品宽和建筑—刘崇圣、吴龙杰、辜达齐建筑团队的"径盐埕埔"等作品。建筑师在访谈时说道："如何去保留有价值的存在，以及平衡老旧与现代的感觉与小巷的关系"，"我们刻意将线性空间拉到建筑物里，并在建筑物内做垂直延伸，将老盐埕的生活轨迹拉进来"，"运用'天井'作为本案的主要空间手法"，"我们在现场生活时，发现基地旁有许多奇特的虚空间，因此我们透过天井的配置，结合这些虚空间。天井错落的位置和范围，与旁边邻近的空间是有关系的，所以会和邻居发生互动，譬如天井会飘进邻房煮菜的气味。"张豪心（2014），《"第二届 ADA 新锐建筑奖"做建筑前，先投入实际的在地生活吧！—刘崇圣＋吴龙杰＋辜达齐专访》，"MOT TIMES 明日志"，20141030。

㉘例如，第三届 ADA 新锐建筑奖特别奖的"溢游建筑—城市浮洲计划"即标榜为"一个会随身体与城市的演化漂移的'建筑'，吸取城市环境所发生的历史、事件为养分，让它变形成为不同的空间样貌，它可以是聚落、剧场、学堂、市集、地景等，连结城市的生活与日常。浮洲的生成承载着城市发展的痕迹与故事，共同书写出不断演绎与反省的篇章"；另外，"2016 X－site'浮光之间'"则"选择于台北市立美术馆馆前广场建造。作者期待建筑能吸引更多民众驻足，结合风与光的意象，打造一个由 320 颗构成的风筝天棚与曲面岛屿的公共亭。空间凹凸，每个面相皆突显日照与自然元素的碰撞感知，引导人们用新的方式与自然相互作用，让印象中的建筑本体更显柔软，让广场成为让人凝聚、流连忘返、舍不得离开的场域"。对两个作品的叙述皆引自编辑部（2016），《错过还要等两年！"2016 ADA 新锐建筑奖"——青年建筑师展现才华的最佳舞台，第三届初审名单出炉！》，"MOT TIMES 明日志"，20160815。

㉙例如，王伯仁的"风厝"、曾志伟的"少少—原始感觉研究室"等。

㉚张豪心（2014），《"第二届 ADA 新锐建筑奖"设计是从"感觉自然"开始——曾志伟专访》，"MOT TIMES 明日志"，20141125（20191021 读取，http://www.mottimes.com/cht/interview_detail.php?serial=280）。

㉛廖淑凤（2014），《"第二届 ADA 新锐建筑奖"从大自然里，探寻设计的厚度——王柏仁专访》，"MOT TIMES 明日志"，20141117。

㉜佚名（2018），《第四届 ADA 新锐建筑奖特展——"谱写建筑"：一场生存与创作的实验精神！》，"WEHOUSE"网页。

㉝佚名，《建筑，不只是一栋房子！台东青林书屋获颁第三届 ADA 新锐建筑奖首奖》，"准建筑人手札网站 Forgemind ArchiMedia"。

㉞此处的"流动空间"，或说经验主义的"流动空间"（flowing space、Wrightian empirical-flowing space）指的是人文主义、经验主义传统中的具有身体感觉的流动空间，经常具现在诸如莱特的设计当中，并非后来曼威·柯斯特（Manuel Castells）所称的资讯时代与资讯城市联系在一起的去掉地方经验的"流动空间"（space of flows）。

㉟夏铸九在《第二章 查理·摩尔后现代主义空间正文的写作》中指出，20 世纪 70 年代中叶以后，20 世纪 60 年代末的学生运动逐渐退潮，"原来的激进批判倾向被自由派的人道主义所取代。……在空间正文的写作上，我们看到了克里斯钦·诺伯-舒兹（Christian Norberg-Schulz）的存在主义式建筑现象学等的风靡，开文·林区式理论的提出以及克里斯多夫·亚历山大（Christopher Alexander）的模式语言等。……而查理·摩尔正是这样的潮流中的一位主要大将。""他们的共同方向，就是要重建一个以人为中心的坐标体系，发展出一个以人出发的

空间做法，对抗福利国家资本主义社会里去中心的趋势。……许多人道主义的设计师们孜孜于重建空间之中的地方——一个可以将人重新安置于世界的中心的基地，一组'反异化'的福利国家资本主义社会的空间正文。"以上引自夏铸九（1993），《第二章 查理·摩尔后现代主义空间正文的写作》，《空间，历史与社会论文选（1987—1992）》，台湾社会研究丛刊 -03，台北，台湾社会研究，55-57 页；至于林区的论述，参阅夏铸九（1992），《第二章 城市形式与城市设计理论的认识论批判：开文·林区及其知识上之同道》，《理论建筑 - 朝向空间实践的理论建构》，台湾社会研究丛刊 -02，台北，台湾社会研究，21-47 页。

㊱参阅夏铸九（1992），《第二章 城市形式与城市设计理论的认识论批判：开文·林区及其知识上之同道》，《理论建筑 - 朝向空间实践的理论建构》，台湾社会研究丛刊 -02，台北，台湾社会研究，21-47 页。

㊲毕竟，地方若欲创生并非只是实质空间的改造，而是地方作为历史社会运作之空间性基地的整体改造。

㊳都市生态学（urban ecology）是都市社会学中芝加哥学派建构的都市研究典范。乃是受到达尔文学说与社会达尔文主义的影响，认为城市就像一个生态体系，组织与演化依循自然的定律，包括竞争、演化、入侵、均衡等。参阅王佳煌（2005），《都市社会学》，台北，三民书局。黎德星亦指出："芝加哥学派研究都市角度，承袭古典社会学生态论的类比，视社会（社群）的发展犹如动物或植物的演化，生物体因环境适应之需要，产生社会内部的劳动分工。都市发展即反映出社会组织适应其外在环境所产生的空间分布的表现。"参见黎德星（2002），《空间之被动性格？ 芝加哥都市社会学的再诠释》，《2002 年台湾住宅学会第十一届年会论文集》，353 页。

㊴芝加哥学派都市社会学乃是将都市视为"生态改变的'自然'的过程"，而正因如此，都市生态学被批判为是一种"意识形态"，具有非历史、非社会的认识论限制。历来有许多对于芝加哥学派都市社会学之城市论述的批判。可参阅黎德星（2002），《空间之被动性格？ 芝加哥都市社会学的再诠释》，《2002 年台湾住宅学会第十一届年会论文集》，349-363 页。

㊵芝加哥学派都市社会学的社会论是一种忽视了阶级结构及资本主义的特性，并缺乏对政治力量影响都市过程的理解的社会论；其空间论则是一种静态的、同心圆式的空间论。"将空间的角色定位在 '社会因' '空间果'之关系上。空间形式、都市空间只不过反映社会关系与社会建构之结果。"引自黎德星（2002），《空间之被动性格？ 芝加哥都市社会学的再诠释》，353 页。

㊶引自夏铸九（2007），《现代性的移植与转化：论现代建筑在台湾的论述形构与汉宝德的建筑省思》，《城市与设计学报》，第十七期，77-116 页。

㊷参见郭肇立（2010），《东西的困惑：西方仅不过是东方构思中的文化媒介，其实未曾存在》，《建筑师》，第 432 期，108-111 页；夏铸九亦指出，这种反省，显然在汉宝德的大乘建筑观里已达相当高度："大乘建筑观形构的深处，是对断裂（break）的自省与反思，这其实是宣示现代性（modernity）的危机。" 引自夏铸九（2007），《现代性的移植与转化：论现代建筑在台湾的论述形构与汉宝德的建筑省思》。

西安城殇——关于西安当代城市建筑的批评

杨筱平　　西安市建筑设计研究院　副总经理，总建筑师

摘　要： 在"一带一路"倡议的背景下，西安作为古丝绸之路的起点，具有重要的战略地位，这座千年古都被视为中国文化的祖庭，从未曾离开人们的视野。2018年，发生在西安的秦岭违建别墅事件和"西安年·最中国"的大规模城市亮化工程更是把西安推到舆论的前沿，使西安迅速成为全国的"网红"城市。透过这两大事件，以建筑学的视角，透析当代西安的城市和建筑，在发展中收获的不只是城市的复兴，更多的是一声叹息……

关键词： 西安；城市；建筑；复兴；文化

长安，是西安的前生，西安，是长安的后世。

自仰韶文化时期的半坡人在浐河边逐水而居开始，西安便逐渐成为中国时、空、人的中心，3000多年的建城史，1000多年的建都史，沉积着历史的厚度，记录着时代的兴衰。从周的丰镐到秦的咸阳、从汉的长安到唐的长安，关中平原这块风水宝地滋养了西安这座堪称中国文化祖庭的城市，盛极千年。然自唐以降，随着文化中心的东移，西安便兴盛不再，但这块土地所浸染的文化基因与这座城市早已水乳交融，成为永恒的存在。

新中国成立后，随着国家的发展建设，西安这座千年古都已成为西部地区重要的制造业基地和科技创新之都，在国家西部开发和"一带一路"倡议的背景下，西安的发展也走上了追赶超越的快车道。西安的城市建设和城市发展永远无法避开传承和发展、保护与更新的大课题，对文化的自信和对发展的自卑或是每一个西安人心中的矛盾情结，在以GDP为主要考量因素的发展中，西安面临着严峻的考验和痛苦的抉择。2018年，因秦岭违建别墅事件和"西安年·最中国"的城市亮化工程，西安迅速成为"网红"城市，成为媒体的焦点。站在环境、城市、建筑的视角解析这两大事件，看到的主要还是在当代西安城市建设中存在的问题、失误和遗憾，一声叹息之外更多应是反思。本文即是借此摘引西安城市建筑中的一些片断进行批评，或会以偏概全，但作为一个西安本土建筑师的一家之言，可谓用心良苦。

一、云横秦岭家何在——唐，韩愈
西望长安不见家——唐，李白

鸟瞰中国的地理环境，其形势、地貌显现出西进东出的态势，西起昆仑、东入沧海，古人称之为龙脉，其龙脊所在即为处于关中平原以南的秦岭。秦岭与淮河并称为秦淮一线，既是中国南北气候的分界线，也是两大水系黄河、长江的分水岭，被称为国之中轴。西安作为置都兴国之地，北枕渭水，南恃秦岭，藏风聚气。水系贯都，以象天汉，横桥南渡，以法牵牛，合子午一线，表终南为阙，处"明堂"之位，其山水环境成就了周秦汉唐的辉煌。有诗赞曰："都城大国实堪观，八水周流绕四山。多少帝王兴此处，古来天下说长安。"

从汉唐的长安到今日的西安，城市空间格局一脉相承，城市环境风貌体现了山、水、城一体化营建的传统，凝聚着中国文化的精、气、神。随着当代社会经济的发展，西安的城市规划以明、清旧城为中心，采用中疏外扩、北跨南渐、西接东联的策略，以适应城市发展建设需要。从大西安的构想到西咸新区的设区，应因结构调整、产业转移、旧区改造和古城复兴，西安的城市规模迅速扩大，城市常驻人口已突破1000万。城市发展伴随着社会经济的发展，在土地财政推动的造城大跃进中呈现出高速发展的态势，在中国房地产发展的黄金时代，西安的城市发展也无一例外成为经济发展的引擎，成为资本角逐的高地。那些滋养了西安这块风水宝地的山水胜景，那些承载了西安这座城市的文化标地，在开发的名义下被蚕食。

秦岭，这座城市的生态屏障和生态涵养地也未能幸免。沿秦岭—西安一线无论是院子和别墅，还是民宿和村庄，以及那些掩隐在山中的私人会所、名人画室以及以文旅名义再造的乡建和古街等，都使山体环境满目疮痍，生态环境严重破坏，山色美景黯然失色。另一方面，随着城市版图的扩大，长宁新区、航天基地、高新三期和草堂工业园的建设逐步向南延伸，几至秦岭脚下。昔日的樊川胜景不再，草堂古刹隐没，终南山岭黯然，"悠然见南山"的诗意只能留在纸上，秦岭脚下的西安已看不

见山、望不见水、找不到乡愁。云横秦岭家何在？西望长安不见家！

二、城阙辅三秦——唐，王勃
落叶满长安——唐，贾岛

"百千家似围棋局，十二街如种菜畦。遥认微微入朝火，一条星宿五门西。"这是白居易诗中长安城的格局，布局均衡、街坊齐整、朝市民宅、区划分明。历时越千年，"九天阊阖开宫殿，万国衣冠拜冕旒"的大唐盛世早已不复存在，而封尘为历史遗迹。这种发端于《考工记》中匠人营国的城市空间图式作为中国古代城市的范式，成为西安这座城市永恒的文脉。纵横交织、中正平直、轴线分明、模块组合，深刻地影响着西安的城市空间格局。

当代西安叠合在汉唐长安城的历史封土之上，延续着其基本架构。西安厚重的历史文化和丰富的历史遗存使之城市发展总是处在保护与发展、传承与创新、当代与地域的两难与矛盾之中。指导西安城市发展的城市总体规划，在历次修编中都延循这些历史文脉，并制定了《西安历史文化名城保护条例》，且在第四次修编中提出"九宫格局"的发展模式，即所谓"古城中央，轴线伸张；九宫格局，虚实相当；功能整合，各其所长；放眼关中，集群带状；九城之都，大市泱泱"。基于历史遗址、历史建筑和相关历史文物等的保护，对周边建设提出了退距限高，控制密度，减少开发强度，建构视觉通廊等相关规定，城市建设有意避开汉长安城遗址、唐大明宫遗址、汉昆明池遗址，恢复重建了兴庆宫、芙蓉园，保护性开发了曲江池、大雁塔、小雁塔和碑林等文化旅游区，建设了环城公园，保护了明城墙，为传承城市历史文化做出了重要贡献。

西安的城市建设在房地产高速发展的大潮涌动下，无一例外也成为商业逐利的热点，在一些大品牌房地产公司的夹缝中，更多是那些通过采矿、掘井、挖煤而暴富的老板，这些商人只求利益、不计其余，不断冲撞甚至逾越规划的红线，出现了大量规模大、品质低、配套差、密度高、环境低劣且容积率高的住宅小区，齐茬的百米高度建筑或如墙或似桩，竖立城市之中犹如混凝土森林，严重破坏了西安既有的城市空间形态。另一方面，在保护古城风貌的旗帜下，旧城改造一定程度上破坏了老城区原有空间肌理，还对不同年代的建筑在改造中统一实行的加檐戴帽工程，这种简单粗放式的形象工程最终不仅是形象的错接，而且还使城市特色在改造中逐渐消失，城市的活力不再。究其原因，无论是旧城更新改造还是保护古城风貌，在文化旅游的名义下或更多考虑到的是形象、是政绩、是效益，背离了以人为本的初心，与城市的健康发展渐行渐远。高楼林立，

收获的也许只是片片落叶。

三、渭城朝雨浥轻尘——唐，王维
终南山色入城秋——唐，子兰

南对秦岭、北依渭水、藏风显水、地理形胜。西安周边有渭、泾、沣、涝、潏、滈、浐、灞等八条河流环绕，即所谓八水绕长安，境内有源于秦岭七十二峪的多条河流润泽田园，又分布着乐游原、龙首原、少陵塬等台塬地貌，形成了独特的人文地理景观。这些山水环境是西安的风水所佑和城脉所在，其既是西安城市风貌的依托，也是西安城市的生态屏障，更是西安城市的有机组成部分。西安的城市建设在显山理水方面要重点突显山、水、城、宫、苑、寺、市、坊等要素的宏伟布局，逐渐恢复八水绕城的河、渠、池、沼等城市水文体系，大到用地布局、小到景观配置，都要突显西安特色，通过城市、建筑、园林、景观的一体化，彰显中国山水城市的理念，让具有生态美、环境美、人文美的西安城市风貌特色更加丰富多彩。

春风吹渭水，朝雨浥轻尘。这是一个城市的静谧和祥和，美好的城市环境造就了城市舒缓且宜居的生活情境。在大西安的发展战略中，作为国家级西咸新区的设立，无疑将从一个更高层级上扩大西安的城市发展空间，过去的八水绕长安将变成今日的八水穿西安，城市生态环境于城市而言不再是背景或依托，而成为主角相融合。西安的城市生态修复在疏河理水方面持续发力：治理浐灞渭、重构曲江池、疏浚护城河、再造汉城湖、恢复昆明池，如此等等，这些水系的治理和恢复其意义不止于城市生态环境的修复，也同样是城市人文空间的回归，水系网络、历史遗址、传统建筑交相辉映，延续了西安的城市文脉，同时也大大改善了城市的生态和人文环境。

城市是一个由生态环境、城市空间和单体建筑组成的大系统，建筑作为城市的基本单元是城市这篇大文章的关键词。在大的城市空间体系中，西安的城市建筑所能显现的城市特色或正在逐渐淡化，在城市大发展、大建设中越来越多的是对东南沿海城市建筑的复制和摹写，趋同性强而差异性少，即便是曲江、浐灞、高新、西咸这些曾经以文化、生态、科技、创新为主题的城市新区，一大批超高层、大体量、复合性的建筑遍地开花，各自为主，拼高度、拼规模、拼投资，无视既有定位、不循在地文脉，大规模、高速度、粗放式的城市开发使畅想中的田园城市只是留在了规划蓝图中，也使秦汉新城的古遗址和渭河生态在开发中遭到破坏。这些所谓超现代、超时尚的建筑也都只不过是娱乐时代跟风渐进的快餐，会很快成为审美的泡沫，其不仅对城市的环境空间、人文空间造成了损伤，也使城市特色逐渐褪色。乱花渐欲迷人眼，不识故乡是他乡。

四、灯火阑珊处——宋，辛弃疾
长安如梦里——唐，李白

"缛彩遥分地，繁光远缀天。接汉疑星落，依楼似月悬。"
这唐人的夜长安，华烛绚丽、车马骈阗、灯树千照、光映兰轩，
展现出一幅开元盛世的辉煌图景。城市的夜生活是城市生活的
一部分，灯火辉煌的背后是城市活力的体现。在当下，城市的
夜生活比之过去则更加丰富多彩，茶楼酒肆、餐馆歌厅、演艺
秀场、健身休闲都沉浸在城市慢生活的节奏之中，构成了属于
当代的市井生活浮世绘。灯光装点着建筑，灯光点亮了生活，
灯光照引了回家的路，在这律动的城市空间中，有火树银花的
光彩，也有灯光如昼的绚丽，但更多的应有生活的恬静和舒雅，
在城市的十二个时辰里，主角依然是生活于这座城市的人而非
建筑。

从过去的"万家灯火"到现在的"城市亮化"，灯光已演
化为一种造型的手段，美化或是重建了城市的亮丽风景线。在
网络信息、高新技术飞速发展的当下，通过灯光照明技术和影
像艺术设计，或浓墨重彩，或轻妆淡抹，装点着建筑、幻化着
环境、点亮了城市，其内容繁多、方式多样、技术先进，常有
化腐朽为神奇之功。西安的城市亮化重点突出了历史的底蕴和
文化的特色，对于城市的一些标志性建筑物、构筑物和主要城
市节点空间，诸如钟鼓楼、大雁塔、芙蓉园、永宁门等，根据
各自特点进行了艺术照明设计，突显了西安的城市夜景效果，
强化了其作为历史文化名城的视觉形象。城市道路照亮灯具的
选择也充分考虑了西安各区域的特点，对于文化、旅游等重点
区域的道路照明不仅注重其功能性，还在灯具造型中植入了诗
词歌赋，诗为景释，景因诗胜，相得益彰。

2018 年，西安借以"西安年·最中国"的主题活动推动了
全域性城市亮化工程的改造升级，以曲江大唐不夜城为核心，
以大雁塔、钟鼓楼、永宁门、古城墙等为重点，在城市的各个
区域进行了一场规模宏大的亮化造景工程，从城市空间到城市
建筑，从城市环境到景观绿化，一并成为亮化造景的载体，营
造出火树银花、流光溢彩、夜如白昼的城市夜景，其核心区——
曲江大唐不夜城实现了梦回大唐的历史穿越，用灯光秀再造了
一个"长安夜色乱双眸，幻彩霓虹绘层楼。露重更深人不寐，
千家灯火寄蜉蝣"的诗意之境，将梦想变为现实。其他区域也
是尽其能事，建筑光鲜亮丽，街道红灯高悬，夜西安沉浸在灯
的海洋之中，迅速成为全国的"网红"城市。西安的城市亮化
提升改造工程规模之巨、范围之大、内容之丰、花样之多，可
以说是空前绝后。这种用灯光幻化出的盛世之象，有一种虚无
缥缈的感觉，游客看光鲜，市民看热闹，灯火阑珊处，长安如
梦里，这难道不值得我们反思么？

皇灵帝气瑞弥空，片片祥云处处宫。
朗月寒星披汉瓦，疏风密雨裹唐风。
巍然城堡姿如旧，卓尔新区靓似虹。
胜水名山千载傍，匠师岂敌自然工。

回望长安，审视西安，再读唐人卢照邻的《咏长安》，心
潮澎湃、思绪万千。从诗人的绝句中，我看到的除了一幅幅唐
长安的辉煌画卷之外，还有诗人的感慨，"匠师岂敌自然工？"
发人深省。城市作为环境的一部分，作为人生活的载体，应融
入自然、融入历史、融入文化、融入生活，而不应是商人渔利
创收的金池，不应是环境惨遭污染的源头，而应是创业的梦工厂、
市民的新家园，从这个意义上，我们或能真正体会"绿水青山
就是金山银山"的深刻含义。

秦岭之伤，伤及西安，曲江夜光，影落西安。光亮的背后
投射的是阴影，这不能不说是西安的城市之殇。古往今来，安
居乐业是人们对美好生活的向往，无论是陶渊明的桃花源，还
是霍华德的田园城市，一个与自然和谐生长的城市、一个有历
史沉淀的城市、一个有文化底蕴的城市无疑是一个宜居的美好
城市，也一定能承载着乡愁和梦想，承载着诗意栖居、幸福生
活的愿景，这不正是当下我们中国梦的一部分么？长安长安，
长治久安，对国家而言是长治，对百姓来说是久安，安居乐业！

参考文献

[1] 杨筱平 . 西安城市文脉 [J]. 规划师，1996（2）：4-6.

[2] 杨筱平 . 文化的自信与文化的自卑：西安城市与建筑被文化现象解析 [C]. 全国第
十三次建筑与文化学术论坛会 . 合肥：2012.11.

[3] 杨筱平 . 历史文化语境下当代西安城市建筑的失度表现 [C]. 首届国际建筑师论坛 . 宁
波：2012.12.

[4] 梁锦奎 . 城墙守护人之韩骥：匠人营国，西安城市的"规划之道" [Z]. 西安古城
墙 .2019.9.16.

作为媒介的建筑——从麦克卢汉媒介理论的角度审视

赵子越　　重庆大学建筑城规学院　硕士研究生

摘　要： 坚固、实用、美观三原则自维特鲁威时代起即成为我们对建筑展开一般性评价的共同切入点，同时三原则也定义了建筑的意义所在。但在信息传播效率极大提高的当代，建筑的意义是否已经拓展？信息传播效率的提高又是如何影响甚至改变建筑的意义？本文不揣浅陋，尝试将建筑作为一种媒介物，从建筑的形式语言、场所及影响等三个层面探讨麦克卢汉媒介理论同传统建筑理论的关联和拓展，重新审视建筑如何作为一种媒介物而存在。

关键词： 建筑媒介；麦克卢汉；媒介理论

一、引言——建筑的意义：从实用物到媒介物

自维特鲁威所生活的时代至今，由他所确立的坚固、实用、美观三原则已经成为我们对建筑展开一般性评价的共同切入点。这一评价体系一方面定义了建筑的意义，另一方面也为我们建立了审视建筑、裁量是非曲直的一般性原则。作为价值塑造的一环，它会对建筑师在具体创作过程中如何进行取舍发挥潜在的影响。

不过，维特鲁威确立的坚固、实用、美观三原则实质是建立在将建筑视作实用物的基础上展开的。在信息传播效率极大提高的当代，建筑似乎已经不再仅仅停留于实用物的层面，建筑在更多时候还承担了某种媒介物的意义。

本文无意对建筑在实用物层面的价值塑造进行否定，而是作为对当下某种既成事实的探讨——如若转而将建筑视作一种媒介物，从媒介理论的视角，作为媒介物的建筑，又将如何不同于我们从实用物角度对其展开的评价与审视。

二、媒介的定义

（一）麦克卢汉的广义化媒介

可以说，当今我们在广义层面所理解的媒介这一概念正是由马歇尔·麦克卢汉1964年在其著作《理解媒介》中所提出的。"媒介即是讯息"[1]是麦克卢汉在其著作中所作的论断。麦克卢汉写下《理解媒介》的时代正是电视机普及美国千家万户的年代。正如麦克卢汉在其书中所述，尽管在电视中播出的文字或图画等具体传播内容很容易被常人理解为某种媒介，但当时无论学术界还是社会大众，都没有意识到承担传播内容作用的电视本身便是一种新媒介。

在麦克卢汉看来，每一次媒介革命发生，旧媒介不是被替换，而是被包容。旧媒介成为新媒介所传播的讯息——在文字与印刷术发明，纸张成为新媒介以后，语言成为文字及印刷品所传播的信息；而在电子技术运用，电视、电脑、智能手机等电子产品进入日常生活后，文字又成为电子屏幕所传播的讯息。媒介既表达了讯息，同时又承载了讯息。被传播的讯息是媒介，而承载这一讯息的事物同样也是一种媒介。

（二）麦克卢汉定义的媒介属性

一般传统层面的看法是：媒介是一种价值观的传播输出工具。而麦克卢汉却认为，媒介即媒介本身，它会对我们产生影响，但本身并不输出任何是非曲直。

萨特说，人的存在先于本质。麦克卢汉或许也秉承这样的观点——因为在他看来，媒介正是人的延伸。所以，媒介首先在于它存在，而不在于它发挥的作用是否符合我们的预期。而这也阐明了麦克卢汉所定义的媒介属性：媒介的塑造力正是媒介自身[2]，与使用者的主观倾向和使用方式无关。媒介是客观存在的，它的塑造力在于影响与传播。它有价值（Value），但却不生产价值判断（Judge）。

（三）作为媒介的建筑

在某种程度上，麦克卢汉对媒介的定义与解释拓展了传统意义下媒介的范围。我们无法否认，建筑师的创作总是会有意无意地表达创作者的某种讯息。而无论创作者在主观上是否愿意，这一讯息都会通过建筑最终的建成成果表达并传播。在这样的情况下，建筑便成为承载讯息的某种客观存在的载体。而按麦克卢汉对媒介的定义，毫无疑问，承载这一讯息的客观载体——建筑，此时已然成为一种媒介而存在了。

我们可以认为柯布西耶即是把建筑作为媒介的先行者，尽管他在早期留下了诸多偏向功能主义的论述，看起来似乎他更

愿意强调建筑在实用物层面的价值，而不是将其视作某种媒介。但正如前文所述，若循着麦克卢汉对于媒介属性的定义，不管创作者自身主观上是否愿意，媒介的作用与影响都是客观存在的。柯布西耶的建筑作品俨然已成为一种表达并传播他在《走向新建筑》中所提及讯息的客观载体，在这一系列的作品中，仅满足功能的需要不再是它们唯一的意义，他的建筑作品已经成为传播他新建筑概念的媒介。

也正如范斯沃斯住宅，对密斯而言，范斯沃斯夫人在其中居住得是否满意对他而言或许不是最紧要的，最紧要的是用玻璃和钢表达出一个全新的、符合当时那个时代材料与施工手段的建构逻辑。而范斯沃斯夫人需要的也是某种自我的标榜——当然是通过她的住宅来呈现。或许在范斯沃斯夫人看来，同麦克卢汉在《理解媒介》中所述一致：住宅同衣服一样，是皮肤的延伸③。作为业主的她和作为建筑师的密斯，都有意或无意地将建筑视作某种传递讯息的媒介。

实际上，纵观距离我们最近的整部现代主义建筑的发展史，从柯布西耶的《走向新建筑》宣言到其他众多现代主义建筑师在实践中所实际建成的作品，几乎就是一部自证建筑作为媒介而存在的历史。而现代主义，也正是建筑由实用物迈向媒介物的里程碑。

三、建筑的媒介属性

若我们接受将建筑视作一种媒介物的观点，那么建筑作为媒介物的属性大致可划分为三个层次。

（一）旧媒介与新媒介——建筑在形式语言层面的媒介属性

第一个层次是建筑在形式语言上所体现出的媒介属性。实际上，关于对这一点属性的认知，追根溯源正是查尔斯·詹克斯将索绪尔的符号学理论体系用于解释建筑形式及形式的意义所引出的。詹克斯认为，我们对建筑的研究应该扩展到建筑"机能"的向度之外，即向历史、文化及叙事的向度延伸。这在当时为我们开启了一个新的审视建筑的视角。它使得我们注意到建筑的形式不仅仅是在完成它的围护功能、力学作用或审美需求，形式作为一种语义的符号同样起到较大甚至决定性的影响作用。

在这样的视角下，建筑的形式便成为某种符号。索绪尔认为，符号既包含了其直观的形象，又包含了其直观形象背后所意图传递的意义。从这个角度出发，正如麦克卢汉所言，"媒介即是讯息"——作为符号的建筑形式语言在此即成为传递某种讯息的媒介。

更进一步地说，不仅是以历史形式作为符号拼贴的后现代建筑，即使对于强调功能的现代主义建筑而言，尽管被詹克斯所批判，现代主义建筑师们更不愿意承认，但现在回过头来审视，现代主义建筑在形式层面，作为当时、当下历史情境下某种建构逻辑的恰当表达方式，同历史中众多风格化的建构符号一样，也成为代表当时、当下历史情境的具体建构符号。在这里，现代主义建筑的形式就如同麦克卢汉所言媒介革命中的旧媒介。它们同其他时期的建构符号一样，也将以符号所体现的形式作为内容，并在后来更新的媒介中所呈现。

（二）冷媒介与热媒介——建筑在场所层面的媒介属性

布鲁诺·赛维在其著作《现代建筑语言》一书中曾提出过一个观点，即建筑师必须研究人的行为机能，而不必急于将其装入盒子④。这样就为我们提供了一个脱离纯粹形式的视角。循着这一视角，如前文所述，现代主义建筑其实在形式层面上也同样成为一种建构符号。当然，这样的视角并不是对现代主义建筑的矮化，而是从功能角度出发，剥离其纯粹形式语言后的再审视。

如果说上述视角实际是一种建筑形式与人行为机能在空间层面的相互剥离，那么他们的统一点则正是场所。众所周知，场所理论是诺伯·舒尔茨对建筑（人工空间）及大地空间展开的现象学分析。而胡塞尔现象学最重要的一点在于其结束了唯物和唯心的二元对立，通过纯粹现象分析将物质和意识相统一。而物质和意识的统一在建筑学层面就意味着场所不仅统一了形式与人行为机能两者之间的关系，同时还更进一步地赋予了形式本身以意识——后者正如路易斯·康所言："砖说，他喜欢成为拱。"⑤

于是，建筑在这里成为场所表达的载体，而场所则成为建筑所承载的讯息。所以，在这一前提下，建筑成为场所同我们展开对话、表达自我的某种媒介。

冷媒介与热媒介，则是麦克卢汉媒介理论中的另一个重要概念。如果我们将建筑视作一种表达场所讯息的媒介，那么便可以从冷媒介与热媒介的角度进一步讨论其性格。

麦克卢汉认为，热媒介是一种高清晰度的媒介，提供的信息丰富，需补充的信息少，互动者的参与程度低，而冷媒介则相反，它是一种低清晰度的媒介，提供的信息匮乏，需补充的信息多，互动者的参与程度高。热媒介的效果是催眠，而冷媒介的效果是产生幻觉。

若作为媒介的建筑是场所表达的载体，那么上述热媒介与冷媒介的性质即反映了它想要传递给我们的具体性格语言——明确的或混合的；一目了然的或充满隐喻的；严肃的或有烟火气的……从媒介理论的角度出发，这既成为我们了解场所性质的某种途径，也成为场所同我们展开对话的某种方式。

（三）建筑作为媒介的影响——里克沃德笔下的罗马城市起源

在前文我们讨论了形式与场所，却没有讨论形式与场所形成的内在动因。从劳吉艾、路易·迪郎一直到阿尔多·罗西、克里尔，从纯粹形式的图论到建筑类型学。实际上，他们的研究一直在尝试探索空间中的原型，这实质便是一种对形式与场所形成的内在动因的探索。

而约瑟夫·里克沃德在《城之理念》中对罗马城市起源的考证则给我们提供了回答上述问题的某个答案。在里克沃德看来，城市与建筑是一门人的学问，而不仅仅是物的学问。城市是由人的聚集而成的，而人的聚集是基于共同价值观而形成的共同体，不同的共同体则由习惯与仪式的不同而划分。而建筑与城市所形成的结构则正是习惯与仪式的直接反映。

在里克沃德的考证下，古罗马人从城市的选址、私人土地的分配方式到城墙、城门及柱廊等公共建筑物，总之一切公与私的城市形态，都是古罗马人一系列习惯与仪式所产生的结果。

而这也是建筑媒介属性所展现的第三个层面——建筑作为一种历史人类学意义的媒介，作为承载习惯与仪式的载体。建筑是由人工构筑塑造建立起来的建成环境，我们根据习惯与仪式创造了建筑，而建筑作为媒介对我们又形成了影响，反过来塑造了我们的仪式与习惯。正如麦克卢汉所述："我们塑造了工具，而工具又反过来塑造了我们。"[6]

四、后记——媒介的价值与建筑的价值判断

麦克卢汉向我们证明了媒介对我们的影响确实存在，从传播的角度，他的大部分观点及预言在今天也都已经得到了验证。他反复强调了媒介对我们的影响，但似乎也就到此为止，并未对这一影响做出他的价值判断。

同所有的技术决定论者相同，作为一个技术决定论者，麦克卢汉的观点在最初不乏批评者。批评者的抨击点或许也正是源自麦克卢汉观点中价值判断部分的缺失。而建筑评论的实质则正是生产价值判断。价值判断的缺失将是一个危险的信号，因为这将使得我们无法定义好与坏、美与丑，一切有意义的相对概念在这样的前提下都会成为无意义的相对概念。

价值判断是一个连续性的过程，而不是只言片语式的批判，它是对历史的拓展，而非叛逆。在尝试探索并理解新事物的同时，我们也无法割裂其同历史的关系。尽管将建筑视作媒介的新视角或许会影响并塑造出新的价值判断逻辑。但这并非意味着我

们宣判了过去旧有的价值判断逻辑的死刑。

哈里·弗朗西斯·茅尔格里夫曾经在其书《建筑理论导读——从 1968 年到现在》中提到了建筑学思潮在 1968 年的一个重要转变，这样的转变其实在 20 世纪 60 年代初即已完成了预演。如果我们将 20 世纪前半叶的现代主义建筑运动视作建筑展现其媒介传播价值的鼎盛点，那么"1968 年"的转变发生之后，建筑师的关注点即由形式及对形式的批判重新转移到了建筑的使用者——人。由此，媒介的传播价值也不再是建筑唯一的价值，而是同建筑在实用物层面的价值并存。在一定程度上，这一转变也正是建筑由媒介物向实用物价值的某种回归。

注释

① 马歇尔·麦克卢汉，著，何道宽，译，《理解媒介——论人的延伸》，商务印书馆，1999：34.

② 马歇尔·麦克卢汉，著，何道宽，译，《理解媒介——论人的延伸》，商务印书馆，1999：p49

③ 马歇尔·麦克卢，汉著，何道宽，译，《理解媒介——论人的延伸》，商务印书馆，1999：p80,p163

④ 布鲁诺·赛维，著，席云平、王虹，译，《现代建筑语言》，中国建筑工业出版社，1986：52.

⑤ Kahn Louis I,Robert C. Twombly (ed.) Louis Kahn: Essential Texts[M].W. W. Norton & Company,2003：158.

⑥ 马歇尔·麦克卢，汉著，何道宽，译，《理解媒介——论人的延伸》，商务印书馆，1999，04.

参考文献

[1] 马歇尔·麦克卢汉.理解媒介——论人的延伸[M].何道宽,译.北京: 商务印书馆,1999.

[2] 维特鲁威. 建筑十书 [M]. 高履泰，译. 北京: 中国建筑工业出版社,1986.

[3] 布鲁诺·赛维.现代建筑语言[M].席云平、王虹,译.北京: 中国建筑工业出版社,1986.

[4] 克里斯蒂安-诺伯-舒尔茨. 场所精神: 迈向建筑现象学[M]. 施植明，译. 武汉: 华中科技大学出版社,2012.

[5] 约瑟夫·里克沃德.城之理念: 有关罗马、意大利及古代世界的城市形态人类学[M].刘东洋,译.北京: 中国建筑工业出版社,2006.

[6] 支文军. 媒介空间: 传播视野下的城市与建筑 [J]. 时代建筑,2019(02):1.

[7] 斯考特·麦夸尔，潘霁. 媒介与城市 城市作为媒介 [J]. 时代建筑,2019(02):6-9.

[8] 岳阳. 媒介理论视野下现代建筑作品的生产与传播初探 [D]. 重庆: 重庆大学，2018.

[9] 哈里·弗朗西斯·茅尔格里夫，戴维·戈德曼.建筑理论导读: 从1968年到现在[M].赵前,周卓艳,高颖,译.北京: 中国建筑工业出版社，2006.

[10] Kahn Louis I,Robert C. Twombly (ed.) Louis Kahn: Essential Texts[M].W. W. Norton & Company,2003.

入选论文

蓝天碧海听涛声　第三届全国建筑评论研讨会（海口）论文集

乡村人居的活化传承之路
——山西祁县晋商故居董宅保护记

敖仕恒　　中国中建设计集团有限公司园林院文化研究中心　主任

摘　要：院落建筑形式是表征中国建筑印象的显著特征。中华大地上的院落式民居，记载着一个个家庭成百上千年的发展历史，她们是记住美丽乡愁的物质基础，也是助力乡村振兴的保证。如何实现广大乡村自发性地投入到民居历史保护和复兴文化的行列中来，正是山西祁县董氏后人思考和实践的。通过专家考察论证、小院故事撰写、建筑遗产数字化保护、小院个案专题研究、房建筑修复、小院活化利用等十余项工作的渐次展开，董家为后代子孙重新找回了文化根脉，增加了家族的凝聚力和生命力，并为社会同仁提供了良好的示范意义。

关键词：乡村人居；历史保护；文化传承；晋商董宅

一、引言

不必说已被破坏的大量传统民居，就算是近年来越来越普遍的空心村现象，许多老房子朽坏、坍塌、荒草丛生，也是让人十分痛心的。社会普遍感受到传统民居的生命之花正在逐步凋谢着。可喜的是，在记住美丽乡愁和乡村振兴的号角下，更多的民居价值正在得到广泛和深入的认识和重视。近年来，出现了从不同的价值取向来保护或经营这些老房子的新势头。比如说，由乡村民居改建的民宿、酒吧、茶社、书院、非遗或文创场地等，随着文化旅游的带动，如雨后春笋般层出不穷，逐步在改变着乡村的传统结构、肌理和风景线。

与这些案例比起来，本文所述的山西祁县晋商故居董宅的保护传承，似有相同之处，然而仔细品味后发现，此保护项目发起至今的种种思考、策划、实施及效果，处处彰显着业主的心情、智慧和格调，投射出与时下主流历史保护思想和技术路线"和而不同"[①]的基本内涵，体现了业主对"自然·人·社会"和谐共融的乡村人居价值取向[②]。此保护传承模式的探索，对于广大中国乡村来说，无疑是有借鉴意义的。历史民居是传统文化的产物，对于保护体制框架之外的项目，业主如何自发或借助专业技术力量，合理地、科学地对此做出价值判断，实施抉择保护和活化传承，成为基层社会的一种特殊需求。

具有一定历史风貌的民居建筑，不管是否已被认定为文物保护单位，对与此人居环境相关的人群来说，它的总体形态、一房一室、一砖一瓦、一花一木，乃至场景中的亲友眷属、过往人事，都是生命中难以磨灭的记忆，这就是对此群体具有独特意义的文化（culture），也是需要传承和保护的人居生命。这其中就有家道家风的传统，就有美丽乡愁的呼唤。孔子说："里仁为美"[③]，如何发现其中宝贵的建筑之美，并温文地（in

a gentle way）延续下去，却不是一件容易之事。

董宅位于山西祁县贾令镇塔寺村内，是一座有150多年历史的典型晋中民居。董宅最初主人为村中一户刘姓人家，1935年晋商董之鍼（zhēn）返乡后购为住房，在其后的70多年中均为董家住宅。董之鍼二女董承莲为让学建筑学的儿子（即张学栋先生）研究，晚年特将董宅买下。董宅是一座一进三合院民居，占地面积200平方米，此类建筑广泛分布于山西乡村地区，规模上远小于乔家大院、渠家大院等大型晋商宅院，故往往得不

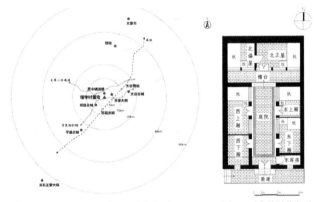

图1　晋商故居董宅区位与交通（邱爽绘图）

图3　晋商故居董宅平面（来源：文献[3]）

图2　董宅鸟瞰（来源：浙江大学文化遗产研究院数字化团队）

图4　晋商故居董宅正面（来源：浙江大学文化遗产研究院数字化团队）

到足够的重视，而董之铖后人颇有先见之明（图1至图4）。

2017年年初，张学栋先生启动晋商故居董宅的恢复保护项目，会同专家学者对董宅进行保护恢复，至今已近3年，董宅因之走入公众视野。本人蒙学界前辈鼓励，忝为保护工作之列，故有幸为之一记。

二、定位

（一）董宅是晋商院落集群中的一座普通小院

2017年8月20日，张学栋先生在"三跨网"（www.3kua.com）上发表《董宅是什么？怎么用？》④，对董宅的修缮保护定位作了明确的说明。董宅是晋中地区普通民居中的一员，因为它具备以下特征：①普通晋商都可以买得起；②为标准化的晋中三合院基本单元；③均承载山西晋商人居文化的内涵；④同为晋商漂泊四方的精神归宿和心灵港湾。张先生认为：每个当时经过努力的普通晋商就可以买得起、盖得起（据说董宅是20世纪初外公董之铖花500大洋从刘姓家买入）的普通宅院，其结构标准化、建筑程式化、空间序列化、功能规范化，犹如馆阁体书法，美亦美，但内敛端正、敦实厚重，藏风聚气、挡沙防寒，温暖恬静，对出生入死、闯荡江湖、漂泊无定的青年晋商，宜居小院就是其精神归宿、心灵港湾，就是其挚爱所系、牵念所在。因此，晋商闯荡天下的"动"与小院修身养性的"静"，就是其心灵和谐的太极，念根敬祖的恒道。如此，动静有常，相互依存，构成了刚柔相济、阴阳互补的生生、生长、生活、生产、生态、生命晋商"六生"世界。⑤

换言之，代代相传的家，是一个人以血缘为纽带的依凭根本，属于静态的一面；家庭成员在外的事业发展，则属于动态的一面；动静结合，则衍生出极具本土文化韵味的"六生"世界。《礼记》说："反本修古，不忘其初者也"⑥；"君子反古复始，不忘其所由生也"⑦。家与社会是树根与树干、枝叶、花果的关系，对家的眷恋和爱护，即所谓绿叶对根的情意，即是"忠孝"的内容。动静相互涵养，使我们的人生有了基础和动力。我们知道，空间是六面体的，"生生、生长、生活、生产、生态、生命"犹如人居环境的六个面，中间是"家"。从六个方面出发，则不难找到人居的内涵、价值和意义，同时也找到传承创新的突破之处⑧。不同宅院之间可能有规模大小的区别，但是空间的本质意义却是一致的（图5）。

图5 人居六生图（自绘）

（二）董宅小院是一个时间流变的信息容器

董宅的三合院，正房、厢房为单坡内落水，加上门楼的组合，庭院仍然是"四水归堂"的形式，在意象上是典型的"外藏八风、内秘五行，天光下临、地德上载"⑨的建筑应用。董宅保护启动的初期，张学栋先生发布了《庭院时间流变图》（图6），图中以董宅为着眼点，随着四方空间不断扩展，随之带入的是时间层次上的文化信息——似乎小小的董宅和远古的尧舜禹时代甚至更为广阔的世界都是息息相关的，要用大数据才能量化。这是一种庭院文化的解读和定位。

图6 庭院时间流变图（张学栋绘）

实际上，由"庭"和"院"组成中国庭院，早期的雏形可见于西安半坡遗址当中，在中国新石器时期，人从穴居到半穴居，以南北方向为主轴线，就已用房屋围成院落的布局（图7）。陕西岐山凤雏村的早周建筑遗址展现了更为丰富和制度化的院落布局（图8）。唐代的院落则变得形式规整和气势磅礴（图9），明清时期的院落则完全定型化、模式化（图10），全国各地的民居类型，亦均有此特点。尽管各个时代建筑布局、形象在不断演变，许多早期的建筑实例也不复存在，但是在不断修复、改建、新建等建筑更新（architectural renewal）活动中，中国庭院的核心思想却一直传承了下来，这可称得上是庭院建筑的

图7 陕西西安半坡仰韶文化聚落遗址平面（局部）（来源：文献[11]）

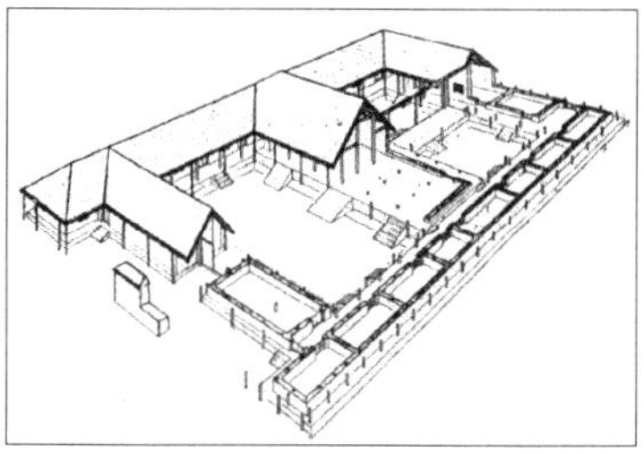

图8 陕西岐山凤雏村西周建筑设想复原图（来源：文献[11]）

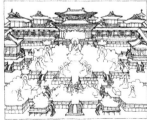

图9 敦煌盛唐第148窟东壁药师经变佛寺庭院（来源：文献[12]）

图10 北京清代典型四合院（来源：文献[13]）

文化灵魂。围合的庭院空间犹如一面虚拟的镜子，时常与天光云影共相徘徊，随着时代的演进，自然而然在其中沉积下时间的印记。

小院是一个相对静止的信息容器，收纳着、呈现着，无论过去、现在和未来。如此看来，保护传承就是努力擦拭这面"镜子"，让它更为光亮；把残损修补起来，让它的形象和功能更为完整；把配套装置做好，让它摆放得更为久远。

（三）耕读传家的董宅体现文化混一的书院气质

我们的族群具有深厚的自然崇拜和祖先崇拜的基础，主张天人合一，随着佛教等外来宗教的传入，中华大地上增加了许多新的祈求崇拜的对象，但基本上都可以归结到"天"的范畴中去。天人合一，就是外在的存在或现象，从根本上和人是和谐一体的，因而在人居环境中存在多元混一、特色鲜明的现象，就不足为怪了。

从张学栋先生董宅恢复和保护定位《四像格局研究图》中可以看出（图 11），历史上的董宅可以分析出祭祀、书院和家庭三个基本功能。"祭祀"包括祖先崇拜等信仰成分，代表家庭精神境界的提升和思想的升华，与"山""水""灵"的要素对应；"书院"包括家庭成员的学习和锻炼，注重对现世的优化提升，与"山""水""人"的要素对应；庭院融摄家庭，既是建筑与自然沟通的要道，又是家庭伦理和社会活动场景，与"自然""聚落""农耕"等要素对应。对照宋明以来的古代书院规制，作为耕读传家的家庭来说，其居所无疑就是一座书院。

这是一种生活场景的再现认知，是对保护对象的客观分析和文化尊重。通过这种认知，可让保护的文化内涵变得更加丰富，也更有利于历史空间活化和特色呈现。

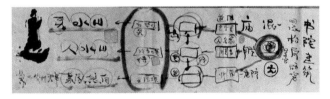

图 11 四像格局研究图（来源：张学栋绘）

（四）保护过程培育族群对家的认知和情感

培育家族的认同感和凝聚力是传承家风的重要环节，也是这个时代培育乡村内生动力的重要内容，更是增强民族自信心、自豪感，乃至增强爱国主义的重要基础。张学栋先生基于对董宅的观察，将"家"的层次表达为"院、县、省、国、地球"五个层次（图 12）。

图 12 "家"的层次图（来源：张学栋绘）

人生就是在这五个层次中来回穿梭。内层若是家（即人居）；外层则是环境。当越过环境时，所历又是家。家是相对的坐标，家是过往的记忆，家是识别的符号，家是认同的安宁。任何一个家庭都具备这五个层次的属性，这是对家的解读。宅院是家的载体，对它进行保护，保护工作本身就是活化传承的一部分，有关资源会得到唤醒和整合，因此这五个层次的设定就有了意义。

在保护启动之初，董宅就非常注重其时空特征和人文特性的梳理和呈现，逐步引导董家族群参与到这项工作中来，以达到应有的知识交流和文化认同，增进亲情和凝聚力，共同提高幸福感和获得感。这是一种对历史建筑的社会属性进行活态传承的模式。

三、策划与实践

（一）开展多样研究

1. 研究的四个维度

业主策划董宅研究从"实物董宅""人文董宅""图像董宅""可持续董宅"四个维度展开。

"实物董宅"维度包括：①追溯沿革；②实地测量；③建筑考析；④环境研究；⑤人文研究；⑥历史研究；⑦主人研究；⑧保护研究；⑨恢复研究；⑩利用研究。

"人文董宅"维度包括：①我眼中的；②主人眼中的；③学者眼中的；④外国人眼中的；⑤艺术家眼中的；⑥商家眼中的；⑦邻居眼中的；⑧政府眼中的；⑨晚辈眼中的；⑩文学家眼中的。

"图像董宅"维度包括：①易罡[10]眼中的；②董宅与易经；③董宅与道德经；④董宅与金刚经；⑤董宅与礼记；⑥董宅与尚书；⑦董宅与金石录[11]；⑧董宅与马世龙[12]；⑨董宅与心学[13]；⑩董宅与图像思维[14]。

"可持续董宅"包括：①实物与精神；②建筑与环境；③建筑与文化；④建筑与晋商；⑤建筑与居者；⑥建筑与生活；⑦建筑与图腾；⑧建筑与文脉；⑨建筑与民俗；⑩建筑与创造力。

以上是在不同研究阶段，以不同观察角度，对董宅的思考与解析，研究慢慢地深入[15]。

2. 回忆录与家谱

董宅的主人——董之铖，祁县塔寺村人，生于 1887 年农历九月廿九日，1965 年农历二月去世，终年 79 岁。早年家境贫寒，十五岁时给一个姓柳的掌柜当伙计，二十岁开始"走西口"，经内蒙古绥远（今呼和浩特市）、河西走廊，最后到达新疆迪化（今乌鲁木齐市），寻求生计。初入商号之时，因商号规定须全员习武，董之铖便和商号的伙友们一起习武，经过十几年的勤学苦练，练就了一身好武艺。由于武功好，董之铖深得老板器重，初升为二掌柜，后升为镖师，负责押运货物。商号日益兴旺，董之铖的驼队由几十峰增至几百峰。1935年，因母亲病重，48岁的董之铖结束外出经商生涯，回乡购置塔寺村房产以安家⑯，即今董宅。

董之铖一生共育有三子三女，三子为董承显、董承烈、董承杰，三女为董承仙、董承莲、董承兰。第二代6人，截至2018年，在世4人；第三代16人，截至2018年，在世14人⑰。2017年董宅保护启动不久，业主就请二舅董承杰、母亲董承莲分别撰写回忆录，向大家讲述小院的种种往事，并做随行记录。

董承杰2017年4月撰写回忆文章《忆我的父亲董之铖》，从"初出口外""学习刻苦、出人头地""习武经商""艺高胆大、惩服匪徒""过杀虎口""遭遇野狼"，写到"抗战时期""为乡亲百姓办好事""严谨的家风家教""喝奶的故事、无私的大爱"，分10个部分展开，全文共5000余字⑱。白描速写，言简意赅，将董之铖一生经历和特点和盘托出，为后面《小院故事》创作充实了基础材料⑲。

董承莲2017年4月20日的回忆文章《回忆老父亲生前的小故事：老父亲——董之铖》，向大家讲述了"年轻时走西口""50岁回家""父亲一辈子练武术——形意拳""给解放军献粮""父亲是个公正人""不占便宜"等6个小故事⑳。语言朴实无华，把父亲在女儿心目中可亲可敬的形象真切地传递给了后人（图13）。此外，家谱资料正在收集汇编中。

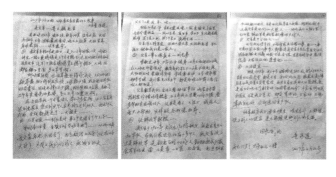

图13 张学栋先生母亲回忆文章

3. 创作《小院故事》

2017年11月至2018年1月，在短短的三个月时间内，张学栋先生以"一天一回（3000字左右）、88天完成"的速度写作，创作了25万字的笔记体《小院故事》，一共80回。小说以晋商故居董宅（董之铖）130年的社会历史变迁为背景，以"我"

（董家外孙）的视角，回溯了小院主人从清末到民国，从抗日战争到解放战争、再到新中国，几十年走西口、千里行镖、回乡养育后代的故事，以及"我"从小院出生成长、到走出去读书工作，不同时期对小院的感悟为主要内容。从外婆和亲朋好友讲外公的故事说起，到"我"和外婆与小院的故事，最后是"我"与小院的故事结束，展现了一个普通晋商家庭130年来的演变历程。

经过《小院故事》的阐述，董宅的历史文化内涵立刻立体起来、饱满起来、形象化起来。2018年1月，美国学者叶祖尧先生确定为《小院故事》作序；同时，全国政协委员文艺评论家茅盾文学奖评委包明德先生也确定作序。《小院故事》目前已经过多次打磨（图14）。

图14《小院故事》书影

4. 各界研究关注

2017年1月，董宅研究工作在北京启动，董宅小院群建立，董宅研究组微群在北京组织起来。

2017年2月，浙江大学文化遗产研究院李志荣教授，商量开展专题研究；南开大学艺术学院薛义教授，准备从空间与艺术创意角度研究，北京大学、中国科学院大学、清华大学、建设部、国家文物局、西南大学、北京理工大学、北京建筑大学、太原理工大学等单位的专家学者给予关注和鼓励。

2017年3月，完成董宅保护与恢复研究工作6年计划，北京、西安、上海、南京、武汉、广州、重庆、青岛等地的学者和好友给予关心和支持。

2017年3月，以董承杰回忆录编辑完成为标志，联合国可持续发展执行局领导关注董宅保护个案研究，国际跨领域高级研究院叶祖尧先生在美国对董宅保护方法与日后国际化利用提出建议。

2017年5月，在北京召开董宅保护与恢复研究专家座谈会，北京马国馨大师，浙江洪铁城教授，北京玉珮珩教授、韩江陵教授，南京东南大学朱光亚教授，新华社丛亚萍主任记者，中国日报林京华主任记者，中央电视台杨国超编导参加座谈讨论。

2017年6月，张学栋完成董宅保护与恢复研究60米长卷。浙江大学李志荣教授的研究生张广黎在北京、祁县调研，董宅调查研究课题顺利开题。

2017年7月，清华大学、南开大学等校专家关注董宅保护与恢复研究，联合国可持续发展执行局领导听取作为中国村落细胞的董宅，进行古民宅可持续建设性保护的具体设想和思路。

浙江大学文化遗产研究院研究团队二次赴山西祁县董宅测绘，建立数字化董宅，促进保护深入研究。董宅成为浙江大学中国民宅数字化保护的起点。

张学栋一行三人赴山西调研董宅。

7月27日下午，冒雨参访祁县老城中国历史文化建筑第一街，参观中国历史文化名村谷恋村（位于塔寺村东北500米），拜谒河湾村罗贯中祠堂和故居，实地考察了谷恋城隍庙保护与恢复情况。就保护、恢复、利用等问题与有关人员进行交流。

7月28日，与祁县建委梁占忠总工程师仔细商量董宅保护与恢复技术细节和保护方案构想。在充分了解祁县地区历史建筑修复情况的前提下，初步确定采取浙江大学李志荣教授建议的"民间传统工艺修复方案"。

7月28日上午，祁县县委吴书记一行在塔寺村调研，亲自考察董宅，介绍了祁县历史文化名城保护与旅游开发情况，对董宅保护与恢复提出建议。同时，看望了工作中的浙江大学文化遗产研究院董宅数字化测绘研究的师生们。

7月28日下午，张学栋一行听取了董承莲（张学栋母亲）关于董宅的故事和她10年前买下董宅供儿子研究的情况，她认为儿子是高级建筑师，应该研究自己出生的宅院。晚上与太原文化建筑专家交流山西历史文化建筑、村落保护情况，深入探讨山西民居的特征与保护经验。

2017年9月，专业摄影师李克章先生为小院拍照。

2017年10月下旬，张学栋带领研究团队赴天津南开大学，与薛义教授团队进行董宅保护与文化创意的学术交流。

2018年2月，张学栋在重庆与西南大学杨玉辉教授商定启动小院文化养生内涵研究，同时商定合作，在董宅每个房间配放45亿年前的陨石，筹备"中华民居细胞·天外陨石陈列馆"。与塔寺村领导、贾令镇杨镇长、县委统战部游部长等领导研究董宅周围历史文化挖掘与协同发展问题。

2018年3月，张学栋与南开大学艺术学院薛义教授启动董宅——晋商小民居展示陈列馆"易像"创意设计研究，安排6月结合山西晋中全域旅游作专题调研，与《团结报》合作。指导专家杨玉辉教授、王国华教授等研究保护董宅新创意。

2018年4月，浙江大学文化遗产研究院李志荣教授指导的硕士研究生张广黎关于董宅的首篇论文完成。成武教授、乔运鸿教授从北京赴董宅，分别绘董宅速写和拍艺术照。

2018年5月，完成董宅门屋命名和修缮工作启动；筹划《团结报》专家组考察事宜。张学栋在第四届全国生态文明建设与区域创新发展战略学术研讨会上介绍董宅，题目为《从古人的共生智慧，看今日的生态文明——通过山西晋商小院（董宅）感悟人·自然·社会的和谐》。

2018年6月，浙江大学文化遗产研究院李志荣教授指导的硕士研究生张广黎研究董宅的论文通过答辩。

2018年8月26日下午，《团结报》社长邵丹峰，民革山西省委会秘书长李润，《团结报》社长助理、发展部主任侯成龙，与中国行政管理学会副秘书长、九三学社中央委员、董宅保护恢复发起人张学栋，环境大数据专家、北京英视睿达科技公司研发总监王建红，《团结报》新媒体内容总监周福志，民革山西省委会组织部干部冯伟等一行，就乔家大院综合开发项目、晋商民宅、中国历史文化名城祁县古城保护开发项目进行调研。晋中市政协副秘书长、民革晋中市委副主委兼秘书长张利平，与祁县政协主席李郁明、战战部部长游海波，晋中市委统战部副处级调研员唐秀平等领导同志陪同调研。

调研组一行赞扬了祁县作为晋商故里的悠久光辉历史和深厚文化底蕴，并指出了尊重历史、保护古建、开发古城，就是要发扬和传承中华历史文化，借鉴古代的文明智慧，创新思维来建设"美丽文明、无煤有为"的新祁县。

2018年9月，张学栋与山西大学历史文化学院张世满教授研究深度持续保护研究董宅和晋商镖师，基本确定董宅为实习基地。

2018年10月，张学栋与南开大学薛义教授研究董宅博士论文选题参考：

（1）明清山西晋中祁县民居的人居环境营造与建筑细节的艺术表现——以山西祁县塔寺村董宅为例；

（2）晚清晋商的院落构成中传统文化元素的人文性、艺术性研究——以山西祁县古城和董宅为例；

（3）晋商的民居院落（村落）生存环境与品格塑造——以晚清晋商镖师董之鋐为例；

（4）非物质文化遗产视野下晋商行镖体系研究——以祁县董之鋐为线索；

（5）晚清社会变革中的晋商人文图景——以祁县董宅为例。

2018年11月，经叶祖尧教授介绍，英国剑桥大学易禅研究中心关注董宅保护和图像·思维研究与易禅的渊源。

2018 年 12 月，在九三学社中央会议上，有专家为小院未来功能定位提出建设性意见。（以上记录截至 2018 年）

（二）策划适宜的新功能

董宅的产权拥有者均在外地工作居住，老宅子已经失去了居住功能，这是董宅命运的重要转折。随着清理和修缮工作的结束，董宅将面临新的发展机遇，如何策划好新的适宜功能，张学栋先生认为：这是一个小院后人当下的心愿，是一次留住乡愁的努力尝试。没有惊天动地的梦想，没有不同凡响的投资，没有事先指标和明确的回报，没有追加画蛇添足的功能[21]。

董宅，

将是一个晋商个案的陈列室；

将是大学生看民居的实验室；

将是易像与建筑的展示空间；

将是公益性青少年学习基地；

将是可持续发展炕头对话坛。[22]

以上将充分利用房屋空间布局，可以相互重叠。

1. 晋商个案的陈列室

此陈列室以董之鍼的生平事迹、重要遗物、历史照片为素材，将其还原到晋商文化圈和时代背景中进行展陈设计，建立晋商镖师个案陈列室，也是祖屋功能的某种延续。（图15、图16）

图 15 董之鍼青年时期的照片

图 16 董宅三件宝图（武、文、业）（来源：张学栋绘）

2. 大学生民居实验室

山西是文物大省，从古代城市到建筑，从寺观、园林到民居，从唐到明、清，古建筑遗存的类型丰富，品质很高，长期以来是大学生和古建爱好者的游学天堂。塔寺村董宅附近 500 米有历史文化名村谷恋村，东距乔家大院 5 千米，西南至祁县古城 6.8 千米，东北至太谷古城 15.7 千米、至晋祠 35 千米、至太原 50 千米，西南至平遥古城 28 千米、至灵石王家大院 72 千米。

在古代，塔寺村所在的贾令镇是川陕通衢的要冲，慈禧太后西走长安曾留宿乔家大院，并从贾令村标志建筑镇河楼经过。塔寺村交通便利，距离太原二环高速出口 8 千米，距离京昆线仅 1.2 千米。附近还有大西高铁祁县东站、太谷西站，直线距离仅为 8~12 千米（图 1），故建立民居实验室是具备基础条件的。

民居实验室可为大学生和古建爱好者提供民居古建学习、田野考察沙龙、中转歇脚访问、研学大本营等服务。

3. 易像与建筑的展示空间

张学栋先生 1962 年出生于董宅，高级建筑师。先后从事建筑设计、房地产开发、政府管理研究与实践等工作。2004 年出版《图·像思维：对自然·人·社会和谐共融观的整体感悟》，提出"图·像思维"理论（易·像学说）。2006 年 6 月，在美国圣地亚哥市召开的设计与流程科学学会"世界创新大会"上，因"图·像思维"突出成就，荣获"乔治·科兹梅茨基奖"。2008 年 6 月，荣获国际设计与流程科学学会（SDPS）院士称号；2012 年 5 月 29 日，被国际跨领域高级研究院（ATLAS）聘请为首批院士。

张先生说："图·像思维或称易·像学说，是从董宅中生长出来的"，因此有必要利用小院五间屋子的墙壁，作"易像与建筑"的展示。初步策划展示的内容如下：

（1）《万里行镖图》（私人收藏品）；

（2）《千里江山图》（据北宋王希孟原画复制）；

（3）《富春山居图》（据元代黄公望原画复制）；

（4）《佛教源流图》（即《大理国梵像卷》，据大理国张胜温原画复制）；

（5）《108 图·像思维图》（据原图复制）。

4. 公益性青少年学习基地

祁县文化底蕴深厚，古代文化名人辈出，如王维（701—761 年）、温庭筠（约 812—866 年）、罗贯中（约 1330—约 1400 年）、傅山（1607—1684 年）等，祁县自古重视教育，崇尚耕读传家。今在小院中开辟一间书室，收集各类藏书，以为周边乡村青少年学习之便。

5. 可持续发展炕头对话坛

晋中民居中设置土炕，以往人们的生活起居大部分时光是在炕头上度过的。目前，董宅中保留有两个土炕，分别位于正房东间和东上厢房内。策划定期或不定期邀请文化友人光临进行炕头对话，逐步形成一个民居炕头对话的机制。

初期计划的炕头对话项目如下：

（1）晋商民居的艺术魅力（首席指导：南开大学艺术系主任薛义教授）；

（2）晋商村落生成与民居生活特色（首席指导：太原理工大学乔运鸿教授）；

（3）晋商养生与小院特色（首席指导：西南大学杨玉辉教授）；

（4）晋商民居建筑与生活美学（首席指导：重庆大学赵有生教授）；

（5）晋商民居的生态思想和绿色传承（首席指导：北京林业大学林震教授）；

（6）晋商小院与诗（文学·建筑）（首席指导：洪铁城教授）。

6. 阶段性落实成果

2018年12月，在九三学社中央会议有关专家建议下，确定山西祁县晋商故居董宅未来应有如下功能：

（1）山西大学历史文化学院共建晋商研究和实习培训基地（山西大学负责指导）；

（2）从董宅（私宅）转变为互联网时代的"农家书屋"（国家图书馆和新闻传播局指导），为周边有需求人士提供公益性服务，并与图书馆联网；

（3）图文并茂陈列董宅主人走西口的历史故事；

（4）陈列展示董家外甥易罂易像艺术和"小院故事"；

（5）举办农耕诗会和炕头学术跨文化对话。

初步名字：昌源书屋（祁县母亲河——昌源河从村边流过），或镖师书屋等。

总之，董宅活化功能定位是：一个学习的场所，一个对话的平台，一个展示晋商个案的窗口，一个感受百年普通中国农村家庭和乡村社会变迁的活细胞。

（三）修缮理念和原则

1. 业主的思考与理念

张学栋先生认为，董宅经历了150载沧桑巨变，今天修复的原则是以真诚心面对，以崇敬心梳理，以平等心论证，以慈悲心修复。不刻意设计，请当地匠人就地取材，以老手艺、老套路、老办法重新局部修缮，不赶时间急就章，在朴实无华中恢复其元气，在修旧如故里修生养息。不带功利去做，就是想修、就是喜修、就是愿修、就是要修[23]。这是董宅保护的初心。

2. 遗产专家建议

根据浙江大学文化遗产研究院李志荣教授研究建议，应聘请当地的民间工匠（好把式、能工巧匠）以手工的方式，一点一点地、用一年的时间精心推敲，精雕细琢慢慢修复；以西厢、东厢、街门、正屋为序列，从屋顶、到窗、到墙体、到地面，以当地传统工艺完成修缮；在充分论证的基础上，最大限度地不伤害建筑原貌。

3. 修缮实施情况

按照上述修缮理念和原则，从环境清理到传统工艺修缮，具体实施过程如下。

2017年1月，开始收拾整理董宅小院、贴春联，逐步唤醒庭院生机（图17）。

图17 2017年小院未修状况

2017年7月，组建董宅保护与恢复工作的太原志愿者小组，组建现场工程管理小组。

2017年9—10月，修复董宅外墙及入口地面，聘请本村工匠，以传统手艺完成西墙保护性修缮。

2018年12月，董宅维修屋檐工作开始，采用当地的修缮做法，尽可能做到修旧如旧（图18）。

2019年9月，修复董宅女儿墙及厢房屋顶、墙面，修缮门窗，至此修缮工作基本完成，小院规制完备（图19）。

a. 门窗修理   b. 屋面修缮
图18 2017—2019年小院在修缮中

c. 女儿墙修缮

图18 2017—2019年小院在修缮中（续图）

a. 西墙

b. 南墙

c. 屋面

d. 庭院

图19 2019年小院修缮后状况

四、结语

董宅并非文物建筑，也不在历史文化名村之内，但它属于历史风貌建筑，其本身的建筑品质和历史文化促使后人投入丰沛的情感来进行保护和活化，社会各界也给予了广泛关注和支

持，数家高水平的专业团队投入高度的热情来研究和指导，这是前所未见的建筑保护事件，反映了社会对乡村人居环境建设的极度尊重。在当今中国文物古迹保护语境中，注重不改变现状、最低限度干预、使用恰当的保护技术、防灾减灾等保护原则，注重保护对象的真实性、完整性和文化传统的保护。可以说，山西祁县晋商故居董宅保护实践，不仅暗合了上述文物建筑的保护准则，更值得学习的是，该项目融合了许多定位、策略、研究、策划、工程、管理方面的中国化智慧和理念，其收获与成果更具有与众不同的文化感、艺术感和人情味。随着董宅修缮的完成，布展、书屋、实验室、炕头对话等活动将在未来三年中次第展开。我们衷心地祝愿此别具一格的董宅之路越走越好！

致谢：文中图片未注明出处者均为业主提供，感谢董宅家人张学栋、董向阳、生杰、学强等，及李志荣教授、薛义教授、张广黎同学、杨国超编导等专家学者们，对本文图文资料的提供和大力支持！

注释

①见《论语·子路》，"子曰：'君子和而不同，小人同而不和。'"

②董宅业主张学栋先生，2004年3月由中国文史出版社出版专著《图·像思维——对自然·人·社会和谐共融观的整体感悟》，其中体现其人居思想。

③见《论语·里仁》。

④见文献[5]。

⑤见文献[5]。

⑥见《礼记·礼器》。

⑦《礼记·祭义》。

⑧ "六生"的参考解读。

生生：亘古延绵的生命力和文脉（context）。

生长：一代代生命的成长。

生活：生存的总相和细节。

生产：经济的可持续。

生态：人居环境的自然与活力。

生命：宇宙人生的认识和自我肯定。

⑨见《葬书》。

⑩张学栋，字易罡。

⑪《金石录》，共三十卷，先由宋代赵明诚撰写大部分，其余由其妻李清照完成。《金石录》一书，著录其所见从上古三代至隋唐五代以来的钟鼎彝器的铭文款识和碑铭墓志等石刻

文字等，是中国最早的金石目录和研究专著之一。

⑫马世龙（1594—1634），明末将领，字苍渊，或苍元，汉族将领，宁夏卫（今宁夏银川）人。由世职武举中试，历任宣府（今河北宣化）游击，永平（今河北卢龙）副总兵，署任都督金事、三屯营（今河北迁西西北）总兵官。当时大学士、兵部尚书孙承宗出镇辽东，推荐马世龙随行，担任山海（今河北山海关）总兵，协助自己镇守辽东，共建大功而加右都督衔。

⑬心学为儒学学派之一。最早可推溯到孟子，自宋程颢开其端，南宋陆九渊与朱熹分庭抗礼。明代陈献章倡导涵养心性、静养"端倪"之说，开始由理学向心学的转变。陈献章之后，湛若水和王守仁是明代中晚期心学的两个代表人物。湛若水提出其心学宗旨"随处体认天理"，而王守仁则提出心学的宗旨在于"致良知"。

⑭即"图·像思维"。

⑮见文献 [8] 。

⑯见文献 [4] 。

⑰据张广黎硕士论文《山西祁县塔寺村晋商故居董宅调查研究》附录数据，见文献 [3] 。

⑱见文献 [7] 。

⑲以董承杰回忆录编辑完成为标志，联合国可持续发展执行局领导关注董宅保护个案研究，国际跨领域高级研究院叶祖尧先生在美国对董宅保护方法与日后国际化利用提出建议。

⑳见文献 [9] 。

㉑见文献 [5] 。

㉒见文献 [6] 。

㉓见文献 [5] 。

参考文献

[1] 吴良镛. 中国人居史 [M]. 北京：中国建筑工业出版社，2014.

[2] 国际古迹遗址理事会中国国家委员会制定，中华人民共和国国家文物局推荐. 中国文物古迹保护准则 (2015 年修订) [S]. 北京：文物出版社，2015.

[3] 张广黎. 山西祁县塔寺村晋商故居董宅调查研究 [D]. 杭州：浙江大学，2018.

[4] 张广黎. 祁县董宅、晋商故居 [J]. 建筑，2019(09): 63-65.

[5] 张学栋. 董宅是什么，怎么用 [EB/OL]. http://www.3kua.com/2017/08/20/344.html, 2017-08-20.

[6] 张学栋. 董宅：未来 [EB/OL]. http://www.3kua.com/2017/08/06/342.html, 2017-08-06.

[7] 董承杰. 忆我的父亲董之鍼 [EB/OL]. http://www.3kua.com/2017/04/19/316.html, 2017-04-19.

[8] 张学栋. 董宅的四个维度 [EB/OL]. http://www.3kua.com/2017/06/28/337.html, 2017-06-28.

[9] 张学栋. 董宅保护与恢复调研组祁县行 1 札记 [EB/OL]. http://www.3kua.com/2017/07/31/341.html, 2017-07-31.

[10] 张学栋. 图·像思维：对自然·人·社会和谐共融观的整体感悟 [M]. 北京：中国文史出版社 2004.

[11] 刘叙杰. 中国古代建筑史·第一卷·原始社会、夏、商、周、秦、汉建筑 [M]. 北京：中国建筑工业出版社，2009: 45, 246 .

[12] 萧默. 敦煌建筑研究 [M]. 北京：文物出版社，1989: 79.

[13] 刘敦桢. 中国古代建筑史 [M]. 北京：中国建筑工业出版社，2008: 319.

南渡江河道采砂对环境影响的探讨

曾博威　海南宏生勘测设计有限公司　助理工程师

摘　要：本文探讨了南渡江河道采砂的现状及采砂规划和管理中存在的不足，详细了解并分析了违规采砂对生态环境的不利影响并总结了问题，最后针对海南省采砂现状及违规现象给予了一些有效建议。
关键词：南渡江；采砂；河道环境影响

随着海南省社会经济与城市建设的不断发展，国际旅游岛以及海南自由贸易区建设的迅速推进，导致了砂石的使用量不断增加，造成了海南当地河砂的开采量不断增加，因此催生了不少违法采砂行为，对环境等方面造成了严重影响。水是人类生命非常重要的组成部分，也是国家生存与发展的命脉，为了控制无序采砂产生的水土流失等环境问题，现阶段海南省制定了采砂规划及建筑用砂保障工作方案，但并没有达到良好的控制效果。本文将重点介绍南渡江采砂对环境的影响及一些可采取的补救措施。

一、南渡江基本概况

南渡江是海南省第一大河，流域面积 7033 平方千米，占海南岛陆地面积的 21%，发源于海南省中部白沙黎族自治县的南峰山，干流全长 334 千米，总落差 703 米。南渡江流经白沙、儋州、琼中、屯昌、澄迈、定安和海口七个县市，并在海口市三联村流入琼州海峡。

南渡江的流域地理坐标为东经 109° 12' ~110° 35'，北纬 18° 56' ~20° 05'，河道在海口市麻余村开始分叉，主要分流河汊有北干流、横沟河及海甸溪。南渡江河道的大规模无序采砂发生于 20 世纪 90 年代中期，由于河砂管理不规范，且南渡江砂质优良、价格低廉，在无规划和无控制的情况下，无序采砂现象严重。大量的采砂活动导致河床不断加深，给河势稳定、防洪、航运以及水生态环境造成了不利的影响。

二、南渡江河道砂量现状

（一）规划用砂量远不满足日益增长的建筑用砂需求

通过《海南省"十三五"期间建筑用砂保障工作方案》[1]可知，

"十三五"期间海南省将加快机场、核电、水利水电、交通运输等基础设施的建设。根据海南省国土资源厅和海南省统计局的资料预测，"十三五"期间海南省建设用砂需求量为 14239 万立方米，年均需砂量为 2848 万立方米。其中，各类重点建设项目以及房地产建设需砂量约为 6414 万立方米。按照重点项目估算的各年度需砂量如表 1 所示。

表 1　"十三五"期间各年度用砂量预测表

年份	2016	2017	2018	2019	2020	总计
需砂量（万立方米）	2729	2886	2803	2917	2904	14239

通过供需平衡分析，"十三五"期间海南省建设项目总需砂量为 14239 万立方米，但是现有河砂供给总量仅约为 7180 万立方米，缺口约为 7059 万立方米。目前，海南省山砂资源储量不明，且矿产资源管理部门尚未开展储量调查和开采许可工作；海南省海砂资源现状正在勘查中，仅得知在文昌西南浅滩海砂资源量约为 2900 万立方米，但海南省尚未开展淡化海砂许可工作；而机制砂在海南省利用较少，仅部分水利工程使用了废弃石料和开挖角料，导致了严重的供需失衡。

（二）河道采砂状况和存在问题

根据相关调查测算的数据显示，在没有其他替代砂的情况下，如果海南省全部使用河砂作为建设用砂，那么海南全省现有河砂资源供应仅能维持两到三年，在未来的两到三年内，海南省的河砂将基本用尽。实现全省砂石的合理布局以及确保重点工程项目的砂石供应保障，优化供给结构和提高替代砂的供应和利用已迫在眉睫。海南省将在"十三五"期间通过加强机制砂利用、疏浚采砂和合理规划河道采砂等方面加强砂石规划、开采、供给管理工作，并全力保障重点项目建设。

1. 采砂现状

《海南省南渡江河道采砂规划（2016—2018）》[2]指出，南渡江河砂资源主要分布在南渡江中下游的澄迈县和定安县。经过实地调查，从卫星图像及航拍照片对比资料发现上述开采区浅滩绝大部分已被开采，河道超量、超界及超深开采现象严重，砂石开采无规律导致河底深切以及突起不规则。此外，建筑用砂供给不足的问题日益严峻。首要原因为过度开采，南渡江下游经过高强度开采，河砂储量在急剧减少。部分可采区存在越界开采、过量开采和超深超控等严峻问题。其次，泥沙补给量也在不断减少，河流中上游地区水土保持，水环境保护措施加大以及水利水电等拦河工程的建设拦蓄使中下游泥沙补给逐渐减少，泥沙储量得不到补充。此外，受生态红线影响，禁止采砂范围增加，可采区萎缩，进一步导致了超采等问题的发生，出现了可采区河砂少，禁采区内存在河砂却不能开采等情况。这些现象造成了河床深切，岸坡千疮百孔。

2. 河道采砂存在的问题

规划河道采砂是非常必要的，也正在经历着从无序到有序，从无章可循到有章可依的过程。南渡江大规模无序采砂现象从20世纪90年代开始，到2006年6月出台的"南渡江海口段采砂规划"，2006年9月实施的《海南省南渡江生态环境保护规定》[3]，2015年12月实行的《海南省河道采砂管理规定》[4]以及2018年实施的《海南省河道采砂现场监督管理暂行规定》都已经对相关河段采砂做出明确规定，南渡江河道采砂活动也在不断走上科学有序的道路。但是现阶段仍然存在不少问题。

(1) 河砂逐渐减少，供需矛盾不断加深。

(2) 南渡江河段可采区开采河沙存在超深、越界和超量现象；禁采区即保留区存在偷采、盗采等情况，时常因采砂引发沿岸村民纠纷。

(3) 河道采砂执法主体衔接较慢，长效机制有待建立完善，监管难度大。

(4) 河道泥沙监测、观测等基础工作条件及设施严重缺乏和落后。

三、河道过度采砂对环境的影响

（一）影响水流活动，导致河道比降下切、刷深

南渡江河口段在上游出水、出砂的作用下，形成了相应的河床比降，将对应的水砂送入大海之中，这是自然调节的结果。但随着采砂量的迅速增大，南渡江河道中的水砂平衡遭到破坏，

过量采砂导致了河床形态的变化并影响了水流活动。根据水利水电科学院的历史数据显示，南渡江河口段河道的比降已从原来的0.35‰降至2018年的0.19‰，这说明了河道正在经历下切、局部比降过缓和流速减小等问题。

（二）改变自我调节的河床形态，影响河势稳定

河砂是地表不溶于水的矿物质，受重力的作用，通过洪水、风浪等输送，经沉降、固结和风化作用缓慢淤积而形成，是自然界长期演变、不断侵蚀和堆积的产物。适度的采砂活动有利于河道的生态环境，可以减少河床堆积，防止河床升高，有利于河道通畅和航运安全，为堤岸稳定和河势稳定提供有利的条件。而非法采砂会改变并恶化河势，在南渡江采砂的历史上，因为市场利益的驱使而导致的非法采砂活动并不少见，由于下游日益严重的非法采砂行为以及超量的滥采河砂已经改变了原来可以自我调节的河床形态、水流流态和水道的分流比，导致南渡江河床不断刷深，局部和整体河道、河床下切，影响河势稳定；给防洪安全及水生态环境安全带来不利的影响。超采不但增加了河床的粗糙率，掏空和冲刷堤角，迫使堤防失稳，还加剧了河岸侵蚀、坍塌等有害因素的产生。这也会对周边环境造成较大的危害，产生一定的生态问题。

（三）产生次生流，导致水土流失

采砂会导致一定的水文问题，主要问题为造成开采水域泥沙的悬移，使水中固体悬浮物含量增加。固体悬浮物虽然不会影响水质，但是悬移的泥沙经过一定时间和距离后会逐渐沉积，形成阶段性的水体浑浊。其次，采砂后的废渣废料遗弃在河道的现象时有发生，致使行洪断面束窄，且水流紊乱，水流不归槽，这会严重影响河道行洪安全。此外，河道由于上游来砂量减少和采砂过量等原因，采砂坑内上层流速与河流主流速保持一致，近坑底流速与主流流速刚好相反，会在坑内产生次生流，次生流产生的切应力会一直冲击上下游采砂坑边壁，影响河岸稳定。采砂活动也使得堤岸上种植的植物受到严重破坏，这些植物对提高堤防工程的抗冲能力十分重要，在降雨时，护岸植被的缺失会导致水土流失，并可能引发滑坡和崩岸等险情。

（四）恶化和诱发水环境及水生态灾害

此外，河道采砂也属于机械作业，非法采砂行为可能恶化和诱发水环境及水生态灾害。作业产生的废弃物会对水体造成污染，同时干扰到水生动植物的生存场所。研究表明，河道采砂会导致水流形态的变化和河道演变的加快，对水生生物的觅食、栖息和繁殖都将产生严重的影响。在采砂密集区，生物多

样性和丰富程度将大幅下降。研究表明，挖砂导致河床变深及加宽，浅滩的消失和急流变缓会破坏鱼类产卵场所，使得一些物种濒临灭绝。采砂还可能造成河床变低，从而使入海口的海水进一步倒灌，南渡江入海口所在城市是海南省省会海口，海水倒灌会导致大量的经济损失。枯水期的咸潮也会不断上移，污水回荡会影响和威胁工农业生产和生活用水。

四、建议和措施

（一）完善河道泥沙监测和观测，制定合理有效的采砂规划

由于南渡江流域采砂存在超深、超界和超量等现象，且河砂存量日益减少，供需矛盾不断增加。笔者建议应完善河道泥沙监测和观测等基础工作设施。南渡江流域现有水文站网总体密度偏低且不够完善，覆盖范围不足导致不能满足经济社会发展对水文信息的严重依赖。水文监测能力不足也说明了部分水文设施对流量、水质、泥沙等水文指标检测覆盖能力偏低。其次，河道采砂执法主体衔接应当加快，并设立有效的长效机制，制定完善的河道采砂规划并有效实施。通过规划可采区的范围划定，充分考虑避让饮用水水源地，自然保护区及风景名胜保护区等区域以及桥梁、涵洞和水利工程等各类构建建筑物保护，还有河流生态恢复等需要，在可采区的范围划定上，对沿岸城镇和村庄安全，河势稳定，水生态环境保护，沿河涉水工程和设施正常运行等地区设立不可采区。对于因河道采砂可能导致的水、气和噪声污染采取相应的防治措施，将对环境的影响降至最低。

（二）加大监管力度

对于水环境的措施应从源头抓起，禁止不达标采砂船只进入河道进行采砂作业，加强采砂作业船只废弃物的监管并督促采砂点按时检修采砂船只，杜绝船只漏油及向江水中排放施工废水。其次，施工现场应设置垃圾站回收点，生活污水不得随排随放，施工垃圾和生活垃圾等应分类并运出采砂场地，防止对河道及周边环境造成进一步的污染。此外，对于采砂车辆，出场前需要清洗车轮以避免裹带泥沙而污染公路，保证运输车辆车斗的密闭性，以减少洒落的砂土对周边大气环境的影响。最后，政府部门还应做好生态保护工作，不允许越界及超深开采，防止河流改道及河岸侵蚀导致的崩塌及水土流失。开采期结束后相关部门应监督对作业场地和砂石转运占用的河岸进行生态修复，避免造成水土流失。

（三）建立补偿机制

针对经济发展与水源保护之间的矛盾较为突出的问题，例如因经济利益驱使而产生非法采砂行为的村民，相关部门应当建立河道生态保护补偿机制，明确补偿范围，合理确定补偿标准，将生态补偿资金列入年度财政预算，加大财政转移支付力度。同时，加强区域合作，规定南渡江流域上下游市、县、自治县人民政府之间可以协商签订河道生态保护补偿协议。此外，还可规定因划定或调整水源保护区及准保护区和采砂规划区，对保护区内单位和个人的合法权益造成损害的，相关人民政府应当依法予以补偿。通过建立健全河道保护生态补偿机制，促进保护区经济与河道保护的协调发展。

五、结语

河砂是缓冲河道水流、涵养水源、保护堤防与河岸的重要屏障，也是非常重要的建筑材料。进入"十三五"规划以来，海南省基础设施建设步伐不断加快，河砂需求量也在剧增，河砂资源开采过程中显现出来的生态环境破坏问题十分严峻，严重影响了河道的生态安全。依法强化南渡江河道管理并规范河道采砂，加强资源保护，维护河道生态安全，是水生态环境保护的重中之重。河道采砂存在一系列的生态环境污染问题，一些发达国家已经立法禁止河道采砂。但完全杜绝河道采砂可能会导致自然资源的浪费，且在我国海砂淡化，山砂和机制砂的开发和利用仍在发展中，基于生态环境影响禁止采砂的难度较大。按照"安全第一，科学利用，以供定需"的原则，从统筹全局的角度考虑，相关部门应通过编制合理的采砂规划和管理对策，并加强许可监管来限定开采范围、开采时间和开采规模以减少环境影响，这有利于将人为对河道生态环境的干扰限定在可承载的范围内，也有利于解决海南省砂量供需失衡严重的问题，为管理好南渡江非法采砂问题带来一定的帮助。

参考文献

[1] 海南省人民政府办公厅.海南省"十三五"期间建筑用砂保障工作方案 [R].2002.

[2] 海南宏生勘测设计有限公司.海南省南渡江河道采砂规划 [R].2018.

[3] 海南省南渡江生态环境保护规定 [R].2006.

[4] 海南省河道采砂管理规定 [R].2015.

乡村振兴下乡土文化保护与传承探索
——以陵水黎族自治县米市港尾片村庄规划为例

陈运山　　海口市城市规划设计研究院　副院长、总规划师

龙丁江　　海口市城市规划设计研究院　规划师

蔡承骧　　海口市城市规划设计研究院　规划师

摘　要： 在乡村振兴战略背景下，乡土文化被视为与城市文化相平等、可以充分发展的独立体，乡土文化传承意义重大。为破解乡土文化面临的保护意识淡薄、割裂历史传承、保护难以持续等难题，本文以米市港尾片村庄规划为例，通过重构文化认同、重塑文化景观和重焕文化活力三个方面，探索乡村振兴下乡土文化传承路径，冀望能为村庄规划中乡土文化保护与传承提供有益参考。

关键词： 文化传承；村庄规划；乡村振兴

19世纪末，霍华德在《田园城市》中提出的城乡统一体思想对现代规划思想具有启蒙作用，但长期以来城市文化与乡土文化一直处在分割状况，乡土文化保护和传承在规划建设时往往容易被忽视。第二次世界大战后，西方乡村较早受现代化和城市化的冲击，乡土文化出现消逝和衰败[1]，保护乡土文化成为西方村庄规划的关注目标之一，如德国巴伐利亚州的村庄更新规划中对古建筑文化的保护。我国真正意义上的村庄规划始于2005年的新农村建设，由于各地在开展新农村规划建设中出现村庄"千村一面"、乡村文化消逝等问题而引起学者讨论，如王富更在浙江村庄规划实践中指出，村庄乡土文化面临的保护和传承困难[2]。随后在美丽乡村建设规划中，不少地方不顾乡土文化，照搬城市规划模式，建设大牌坊、大公园、大广场等现象尤为突出。有学者开始探讨在文化传承视角下的乡村规划建设[3]，并探讨新疆、浙江、湖南[4]等地的乡土文化传承和保护模式，这些研究对乡土文化保护和传承具有一定的积极作用，但在村庄规划中如何系统性地提出乡土文化保护与传承体系仍然是薄弱的一环。在当前乡村振兴背景下，很有必要结合乡村振兴内涵对村庄规划中乡土文化保护和传承问题进行深入探讨。本文以陵水黎族自治县米市港尾片村庄规划为例，探讨乡村振兴背景下村庄规划的乡土文化保护与传承路径。

一、以往村庄规划中乡土文化传承存在的问题

我国的村庄规划建设经历了从新农村建设、美丽乡村再到乡村振兴三个阶段，在新农村和美丽乡村规划建设中，受限于城市规划思维的禁锢，村庄规划总体上存在"重物质，轻内涵"问题，对乡土文化保护与传承缺乏深化认识，乡土文化传承面临以下问题。

（一）保护意识淡薄、缺乏引导和提炼

在运动式的村庄规划建设背景下，村庄规划编制工作往往时间紧、任务重，编制内容仅关注到道路交通、市政和公共服务等设施，如在海南新农村规划编制中，成果仅为"三图一书"和"五图一书"。在这样的背景下，无论是村民主体还是设计人员，对村庄历史文化、乡风民俗均缺乏保护和传承意识。大量较为急功近利的村庄规划工作，忽视了对村庄乡土文化的挖掘和传承，只是机械复制城市规划模式[5]，乡土文化缺乏引导和提炼，导致乡土文化价值流逝，历史文化建筑破败严重，传统特色风貌濒临消失。

（二）美化运动割裂历史传承

以往的新农村规划和美丽乡村规划均重视物质空间，特别是在美丽乡村规划建设中强调以村庄环境整治为导向，在美丽乡村建设中侧重改善乡村人居环境、完善基础设施等目标，更倾向于是一场"美化运动"。在城市规划思维影响下，其"重美化，轻传承"的整治方式，使乡村出现了与乡土文化不符的大广场、大花园和新建筑等景观，这些改造和整治不仅改变了乡土文化传承的空间，更是割裂了乡村文化的历史传承，由于风貌没有得到有效延续，造就了许多没有文化底蕴的"新建"村庄。

（三）保护方式单一，难以持续传承

在以往以物质空间为主导的村庄规划阶段，即便是注意到乡土文化传承的重要性，其保护和传承方式多以空间载体和展示的布置为主，如规划树立保护告示、碑牌，以及修建民俗博物馆等。这些静态的展示空间一方面与民众的生产生活缺少联系，停留在"为保护而保护"层面，缺乏基层民众的自发组织和参与；另一方面缺乏内生发展动力，充分依赖外在政府财政资金投入，一旦缺少外界资金，往往会陷入难以持续的困境，甚至造成建设性破坏。

二、乡村振兴背景下村庄规划文化传承应对策略

乡村振兴背景下的村庄规划围绕着"产业兴旺、生态宜居、乡风文明、治理有效、生活富裕"的总体目标，与美丽乡村建设等以往村庄规划建设相比，乡村振兴的独特内涵体现在以下方面。一是乡村振兴背景下，我国城乡关系真正进入一个平等而独立的发展时期，乡村不仅是农业生产和农民生产的空间载体，还兼具生态、文化、产业和社会等多重功能和价值，乡村振兴转变了以"城市"为主的发展视角，乡村和城市被视为相互独立的发展体，乡村的文化价值和功能得到重新审视[6]。二是乡村振兴的内涵体现于经济、生态、文化、政治、社会的"五位一体"，乡村振兴涉及乡村产业、文化、社会等多维度的综合发展，并不是仅关注环境整治等物质空间层面，乡村文化发展成为乡村振兴的重要内容之一。三是乡村振兴更注重村庄的内生动力，强调村庄产业的培育和发展，以及长效、持续的运行发展，超越了"美丽"层面。基于以上对乡村振兴战略内涵的剖析，研究提出了乡村振兴背景下村庄规划乡土文化传承应对策略。

（一）乡土文化价值重审：由淡薄转为重视，建构文化认同

乡土文化是乡村区别于城市的独有特质[3]，在乡村振兴新背景下，乡土文化应被视为与城市文化相平等、可以充分发展的独立体，在特色塑造、乡风文明和村民归属感等价值方面不断凸显，成为乡村振兴的精神内核和灵魂。村庄规划应将乡土文化视为乡村内在"塑魂"的关键[7]，因此在村庄规划中应该保护和传承乡土文化，重视对乡土文化原真性历史资料的收集和整理，通过解构乡土文化内涵，过滤文化糟粕，遴选文化精华，提炼出文化内核，进而重构乡村主体的乡土文化意识，强化文化自信，引导村民构建乡土文化认同。

（二）乡土文化景观延续：由割裂转向传承，延续集体记忆

"美化运动"下的村庄规划对乡土文化景观通常持全盘摒弃的态度，在景观塑造中缺乏乡土文化展示空间和特色挖掘，割裂乡土文化的历史脉络，传统形态风貌并未得到有效延续[8]。乡村振兴规划在整理乡土历史文化资料的基础上，总结和提取乡土文化元素，挖掘和恢复乡土文化习俗、传统工艺等，以原有历史脉络、传统习俗、人文景观等为切入点，通过用地、风貌、街巷、节点、建筑和景观等体现乡土文化特质，重塑原真性文化景观，延续村庄历史风貌和村民的集体记忆，留住弥足珍贵的乡愁。

（三）乡土文化活力激发：由单一到多样，焕发经济活力

乡土文化的振兴，需要改变以往的单一、静态的保护形式，对本土文化进行"活态化"保护。基于乡土文化的原真性，不仅是增加乡土文化的展示空间，更应摆脱"文化保护靠政府"的思维惯式，积极培育内生动力，从经济效益角度挖掘传承的

亮点，打造自身造血功能，结合市场需求，进行乡土文化保护性开发。一是要将文化融入区域和周边发展，形成与区域旅游的联动发展。二是以产业深入融合为导向，以"文化+"方式与其他产业实现对接，发展"文化+民宿旅游"和"文化+创意"等产业，形成产业融合。三是应引导乡土文化融入村民主体的生产生活中，保障乡上文化的永续传承和发展。

三、米市港尾片村庄规划实践

港尾、米市分别是陵水黎族自治县光坡镇坡尾行政村下辖的两个自然村（合称为"米市港尾片"），处在香水湾景区内，并毗邻5A级海岛型旅游景区分界洲岛景区，片区内及周边有3处高速公路对外联系，区位条件优越，是全国少有的海景公路段，聚集山、海、花、田、林等景观要素。港尾村全村450人，共110户，2010年9月通过土地置换，由原址整体搬迁，重新规划新建，村内规划104套黎族风情别墅，村庄公共设施齐全，并建有民俗博物馆。米市村全村179人，共49户，村落以传统瓦房为主，布局错落有致。港尾、米市均为陵水沿海型少数民族集聚的村落，是海南本土较具特色的黎族村庄，虽然毗邻著名旅游景区，但米市和港尾的发展较为缓慢，村落乡土文化逐渐衰败，具体表现为受现代文明的冲击，村民的文化保护意识淡薄，文化传承后继无人，黎族文化保护和传承形式单一，价值和效益无法显现，文化传承难以持续。

（一）乡村振兴背景下文化传承路径建构

规划从重构文化认同、重塑文化景观、重焕文化活力三个方面构建了港尾、米市村的文化传承路径。其中，重构文化认同的重点在于充分认识乡土文化的重要意义，收集、梳理、总结、提炼乡土文化内涵，引导村民建立本土文化认同；重塑文化景观的重点在于通过挖掘特色文化资源，重塑符合村落历史的文化景观，延续历史脉络和集体回忆，重焕文化活力的重点在于以"文化+"，对乡土文化进行"活态化"保护，形成文化自身内生发展动力。

图1 乡村振兴背景下文化传承路径示意图

（二）重构文化认同

1.文化资源普查

规划注重挖掘村庄特色，强调乡土文化价值，将文化资源普查作为前期调研的重要内容，侧重摸清文化家底。采用村干部座谈会、村民访谈和问卷调查的方式深入自然村、村民小组和农户家庭，开展野外普查，全面收集乡土文化资料，运用文字、录音、录像等多媒体手段，对本区域的乡土文化进行确认、立档以及梳理等工作，为下一步的乡土文化研究提供佐证和依据。

图2 米市村民居建筑

图3 港尾村民居建筑

2.文化价值遴选

在普查和抢救保护的基础上，认真分析各项乡土文化资源的内在价值，对农耕文明、衣食住行、婚丧嫁娶、图腾信仰等方面进行梳理总结。米市、港尾村依山傍海，地理区位特殊，既是传统的黎族村落，又具有悠久的捕鱼和传统商贸文化，经过梳理将其乡土文化特征归纳为以黎族文化为主，渔民文化、商贸文化为辅，并对其乡土文化价值内涵进行解析，消除陈规陋习，遴选村民情感上普遍认同的乡土习俗、家风和民风，倡导勤劳致富、孝老爱亲、邻里互助、与自然和谐相处等乡土文化价值内涵。

图4 乡土文化体系梳理图

3.凝聚文化认同

建构乡土文化认同是乡村治理、产业振兴的基础，规划在遴选乡土文化价值和提炼文化内核基础上，通过村规民约、村民会议、文化宣传和乡贤引领等自下而上的方式，改变村民以往对黎族文化、渔民文化等乡土文化的落后观念，增强主体对乡土文化的保护和传承意识，强化村民的乡土文化价值认同。将村民富有浓郁风情、民族特色和传统技艺的乡土文化，转化为乡村振兴的持续动力。

（三）重塑文化景观

文化景观反映地域特色文化内涵，具有实物载体和精神文化等表现形式。"重塑"是基于乡土文化的内涵，对消亡或衰退的乡土文化元素进行恢复性重建，规划根据港尾、米市村的文化特征，通过重要历史景观重塑、传统节庆活动以及传统技艺与生产方式重塑，充分挖掘乡村文化特色，延续乡村文化脉络，留住村民的集体记忆。

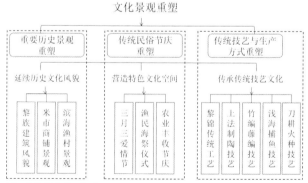

图5 文化景观重塑体系

1.重要历史景观重塑

规划通过提取黎族信仰图腾、原始捕鱼工具、米市商贸符号等乡土文化元素，将乡土文化元素融入建筑民居、公共空间节点、村庄道路景观等建设中；对已毁损的、有集体记忆的文化景观，在精心设计、充分尊重历史的基础上进行复建。推动部分民居建筑进行保护性改造和修缮，主要凸显黎族传统建设风貌、米市商铺历史景观、滨海渔村景观等，对村庄原始的自然景观、空间肌理、传统建筑等实体文化景观进行原真性保留和传承。

2. 传统民俗节庆重塑

针对当前村庄乡土文化气息不浓、传统习俗衰退等现象，规划通过传统民俗节庆重塑来增强乡土文化氛围，为了恢复和营造富有浓郁乡土文化气息的文化空间，规划策划了黎族三月三爱情节、渔民原始祭海仪式、农业丰收节和圣女果采摘节等民俗节庆，以对歌、跳舞、吹奏乐器等传统方式来欢庆民俗节庆，营造浓厚的乡土文化氛围。

3. 传统技艺与生产方式重塑

规划通过收集和整理本土传统手工艺，设法对已失传的原始制陶等传统技艺进行恢复，对正面临传承困难的竹编、藤编和黎锦传统手工艺进行传承和推广，恢复传统手工技艺；组织能工巧匠传承传统技艺，并对传统手工艺进行研究创新；引导村民适度恢复传统生产方式，如浅海捕鱼、传统稻田耕作等生产方式，并适时开发大众喜爱的旅游项目。

（四）重焕文化活力

为改变以往单一、静态的传承模式，通过区域旅游融入、"乡土文化 +"产业融合、自发性生产生活融入来激活乡土文化活力，培育和形成内生发展动力。

1. 区域融入——旅游联动

旅游开发是传承乡土文化的重要形式，规划借助米市港尾片毗邻分界洲岛、香水湾旅游景区的优势，推动乡土文化与旅游产业的融合，打造传统工艺体验、传统节庆、歌舞表演、特色餐饮、土特产、风情民宿等旅游产品和项目，通过组织策划四季花廊、经典珍珠海岸、乡村休闲农庄观光、小镇风情度假、滨海山地徒步和海上游览等旅游线路，将乡土文化与区域旅游进行联动开发，融入区域发展。

2. 产业融合——"乡土文化 +"

与以往单靠政府"输血式"扶持方式不同，规划侧重培育乡土文化传承的内生动力，在遵循原真性的基础上，通过"乡土文化 +"产业，促进乡土文化传承与乡村产业发展相融合，依托乡村现状资源禀赋，结合乡土文化内涵，规划形成"文化 + 农业""文化 + 手工业""文化 + 民宿""文化 + 创意"等产业融合形式，实现村庄传统产业的升级和乡土文化传承的可持续发展。

3. 生活融入——调动基层参与

乡土文化只有根植并存活于乡土社会的生活方式和生产方式中才能真正焕发出活力，乡土文化的保护与传承主体是村民群体，规划以旅游融入为切入点，调动基层参与，以传统技艺、民俗表演等方式引导村民将乡土文化与日常生产生活结合，实现乡土文化与村民日常生活的融合，保障乡土文化的永续传承和发展。

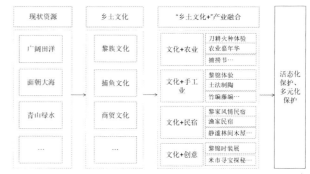

图 6 产业融合示意图

四、结论

在乡村振兴的新背景下，乡村的价值得到重新审视，乡土文化是与城市文化相平等、可以充分发展的独立体，其保护和传承具有重要意义。为破解村庄规划中乡土文化面临的保护意识淡薄、割裂历史传承、保护难以持续等问题，米市港尾片村庄规划通过重构文化认同、重塑文化景观和重焕文化活力三个方面，探索乡村振兴战略背景下乡土文化传承路径，以达到凝聚文化认同、延续集体记忆和形成内生动力的目标。

图片来源

图 1、图 4 至图 7 为作者自绘，图 2 和图 3 为现场拍摄。

参考文献

[1] Zabik M, Prytherch D. Challenges to planning for rural character: a case study from exurban southern New England. 2012, 04, 09.

[2] 王富更. 村庄规划若干问题探讨 [J]. 城市规划学刊 ,2006(03):106-109.

[3] 王金瑾 , 原煜涵 , 张晓巍 . 文化传承视角下的自然村落美丽乡村建设实践 : 以新疆东地村为例 [J]. 小城镇建设 ,2018,36(07):26-34.

[4] 李庆 . 花瑶民族文化传承与保护规划 : 隆回县花瑶民俗村村庄建设规划几点思考 [J]. 中外建筑 ,2009(03):91-93.

[5] 孟繁之 . 新型农村社区建设精细化设计 : 以苏北地区村庄规划为例 [J]. 规划师 , 2014(3): 17-21.

[6] 朱建达 . 基于乡土文化生态保护视角的保留村庄规划策略研究 : 以张家港市"沙上地区"为例 [J]. 城市发展研究 ,2016,23(09):15-19.

[7] 蒋方 . 要"塑形"更要"铸魂" : 文化、产业双导向下的乡村振兴规划重点浅析 [J]. 福建建材 ,2018(10):51-52.

[8] 赵毅 , 张飞 , 李瑞勤 . 快速城镇化地区乡村振兴路径探析 : 以江苏苏南地区为例 [J]. 城市规划学刊 ,2018(02):98-105.

关切建筑评论中的"灰色地带"

韩森　　　自由撰稿人

摘　要： 欲提高全民族的建筑觉悟，必须关切建筑评论中的"灰色地带"，才能促使整体的生态环境得以良性地可持续发展。

关键词： 灰色地带；建筑觉悟；创造力

改革开放 40 多年来，随着各行业突飞猛进地发展，尽管推进滞后，建筑评论亦有长足进展。好在我们赖以生存的城乡环境是一个物质的时空，大家为"沉浸式"体验，对它的认知与感受真切、平直、易于表达。于是，各种看法、说词、意见甚至批评到嬉笑怒骂，起诨号、嚷俚语的地步，真是花色多样，好不热闹。当今网络世界信息飞传，留言簿上更是密集叠加。尽管粗俗与高雅、好与坏皆现，但无意中亦促发建筑评论的活跃，尽管它是"灰色地带"。

因为建筑评论中的"灰色地带"文化水平有限，表达方式随便，所以良莠不齐，需要疏导、引领。更为重要的是，随着社会的进步，提高全民族的建筑觉悟已经责无旁贷地落在了我们专业人士身上。尤其是建筑评论行当，大家要关切建筑评论中的"灰色地带"，让建筑文化之花在中华民族的沃土上遍地开放。

为了改善这方面的差异，必须加大宣传、沟通的力度。尽管几十年里，各种传媒已做了大量的工作，但如何深入、细致地展开，仍有诸多事项可做。如中央与地方各电视台、广播等能否专设"城乡建设"频道？全天候播放有关建筑、环境信息，定时段开设"建筑评论"诸栏目的深入报道。让专家走近受众，与人民对话，转播专家们在规划、设计、施工各方面的意见、理念或想法，让各种声音碰撞，在潜移默化中得到建筑方面的教育与滋润，二者相辅相成，何乐而不为？

扩大旅游范围，让大家在游玩中深入各类建筑里，在体验中真切地增长对建筑的基本认识。近年来，上海旅游局联合六个城区的旅游部门推出 87 条各具特色的建筑微旅行线路，颇受游客欢迎。如精选外滩建筑线路、"邬达克之旅"及"名人故居"等，预计到今年年底开放建筑达 1174 处。此外，上海方面采用科技手段，用手机扫一扫建筑外墙或周围设置的二维码，便可阅读该建筑的介绍文字、收听音频、观看实景图和视频，甚至 VR 全景导览以了解其基本状况、历史典故及文化内涵，此做法值得学习、推广。

我们需要自信。欲自信必学习，向古人学、向外人学、向民间学。古人曰："超以象外，得其环中。"它告诫我们，面对变化多端的万象万物，要有创造性的转化和发展。务必重视专业之外，研究生活、深入其中、探索瓶颈、领会技艺、跳出套路、生发于心。

对于"灰色地带"的七嘴八舌或大众的建筑实践，要窥其"合理的内核"，在广阔的"灰色地带"，历时历地历代皆有金子在闪光，从吾土数千年创造的灿烂的建筑文化可见一斑，不必赘述。单就在恶劣的极端条件下所产生的"创造性"就值得传承。

20 世纪 60 年代，法兰克福学派马库斯（Herbert Marcuse）先生描述欧洲的"否定思想"，在其《单向度的人》一书中指出：根本否定既有秩序的个体经验，更能演化成集体的共同感觉。也就是说，一旦环境威胁到自己的生存与尊严，在感到恐惧之后，同时会展现出变幻莫测的创造力，不断地排除陈规陋习，让自己感到有能力掌控自身，并激起群体共鸣一起发挥意想不到的威力。这种"变幻莫测的创造力"在改造人们赖以生存的时空环境中，"灰色地带"亦多有体现。如对环境的理解与把握；对时空的认知与利用；对材质的体察与建造的过程等诸方面，其创造力有目共睹。我们在田野考查中要善于砂里淘金；在沟通、评介、推广中亦会促进建筑创作水平的提升。

今天的创作条件与手段亦喜又善，更要发挥多方面的创造才能。忽地忆起 20 世纪末日本美秀美术馆创办人小山美秀子请已过八旬的贝聿铭老先生主理此馆的事来。贝老自觉年事已高欲拒绝，而小山美秀子还是请大师来现场看看，并强调"钱不重要，预算无上限"。贝老一进山便脱口而出："这就是桃花源啊！"随后，贝老在山里自费住了三个月后才开始画第一笔。

当然，对于贝老来说钱亦"不重要"，但是他无法拒绝要给这个世界留下一个真实的桃花源。这是人类的本能——表现欲。尤其那些具有创造力的人，他们总想给世界留下一些有意义甚至划时代的东西和思想。大家皆知贝老的名言："别人选择项目，我选择客户。选择一个好客户比选择一个好项目来得更重要。"而对于处在极端困难境地的"灰色地带"的人来说，在他们从事的某项实践中去选择谁呢？别无选择，只有自己（或亲朋）。在种种极端条件下，他们心无旁骛，直取心象与本体，而不会为"灰色的理论"所窒息。

"灰色的理论到处皆有，我的朋友。生命之树常青，郁郁葱葱"，歌德的名言绕续耳边。为了整体的生态环境得以良性地可持续发展，每个环节都不可或缺。

思念皮拉内西先生

韩森　　　　自由撰稿人

摘　要：41 年前的一次邂逅引来了长久的思念。2020 年是皮拉内西先生诞辰 300 周年，奉以此文表达一位中国建筑师对先生的敬意与怀念。
关键词：铜版画；新古典主义；前卫鸟；概念建筑

一、41 年前的邂逅

1978 年 5 月，首都北海公园披上了新绿，在和煦的阳光里我又一次漫步在湖光山色中，偶见一座四合院内正在举办意大利皮拉内西铜版画展览。随着游人我鱼贯而入，一幅幅用无框有机玻璃装帧的铜版画让人眼前一亮。顿时令我从浮躁的喧闹中脱身，而沉沐在古罗马的历史建筑中。

由中国人民对外友好协会举办的这次展览是意大利政府为了纪念这位卓越的艺术大师逝世 200 周年举办的活动之一。这次展出先生的作品 177 幅（另有若干块先生铜版画细部肌理表现放大后的画面）。这些珍贵的铜版画原版本来由意大利政府的专门机构负责保管，不允许重印。这次为了举办纪念展览，意大利政府特别批准每块铜版可以复印一份，并专门送来我国展出，这样才使我们能够全面地领略到先生的艺术全貌。

乔凡尼·巴蒂斯塔·皮拉内西（Giovanni Battista Piranesi，1720—1778）先生（以下简称"先生"）是意大利 18 世纪著名的版画家、建筑师和考古学家（图 1）。出于同行和幅幅皆是异国风光，我反复观赏。第一感觉是它不同于一般画家的风景作品，也不突出那种消失中的诗情画意。透过他的画面感觉到了更多的历史因素与建筑技术方面的内容。年轻的史学家陈平先生评价先生的铜版画"表现出他对古代建筑及其内在价值的严肃关注，这是同类绘画所不具备的"[①]。此说法非常确切。

这次邂逅令我分外地关注先生的作品及介绍先生的文章与画图。随着国内译著与专著的增多，

图 1 皮拉内西先生塑像（诺莱肯斯作）

我对先生的认识不断加深。适逢第三届全国建筑评论研讨会的召开，今草成此篇奉上，表达一位中国建筑师对先生的敬意与怀念。

二、先生与铜版画

铜版画在欧洲有着悠久的历史。16 世纪便有精美的书籍插图运用铜版画制作。著名的德国画家丢勒与荷尔拜因的作品鲜明、突出。到 17 世纪，铜版画便成了欧洲诸多画家喜爱的艺术形式。更负盛名的铜版画家有法国的卡洛、洛林，佛兰德斯的凡·戴克以及众人皆知的荷兰大画家伦勃朗。到了 18 世纪，欧洲的铜版画家首先应该推出的便是意大利的提埃波罗、瓦西与皮拉内西。

先生出生在威尼斯一个石匠家庭，早年学过建筑学及透视学，还受过舞台美术设计方面的训练。20 岁时被任命为威尼斯驻教皇宫廷使节的员工。此职使他有机会在罗马亲身体悟古代的世界。21 岁后进入瓦西的工作室，这位仅比先生大 10 岁的老师是一位卓有成就的版画家。他先后出版了十卷本的《罗马古今建筑图集》（内有 250 幅铜版画，按建筑类型分类编辑），后来又出版了更大的铜版画集《罗马教育旅行指南》（内有 437 幅铜版画）。皮拉内西是他最优秀的学生。

从职业的尊严出发，先生的铜版画具有建筑学家的特点。他擅长表现的建筑风景画，所描绘的景物并非一般的城市风景而是历史上著名的建筑（群），尤其是古罗马的建筑最能引起先生的兴趣。先生 23 岁时便出版了第一本铜版画集《建筑与透视第一部》（内有 12 幅图版），呈现出现实与想象相结合的建筑废墟景观。从这些画上我们可以感觉到先生的建筑师语言，他将自己搜集的大量古代建筑与装饰方面的资料呈现在画中。

图 2 先生的铜版画《古代陵庙》

图 3 先生的铜版画《罗马寒维鲁凯旋门景象》

图 4 先生的《罗马景观》之一《罗马斯佩奇·里佩塔港》

闻名的《古代陵庙》（图 2 ）是先生"将罗马帝国时期的陵庙建筑样式和博罗米尼、菲舍尔·冯·埃拉赫的设计综合起来，加上自己的想象，对公元 4 世纪小亚细亚王陵进行了复原"②，实在难能可贵。

先生去南方那不勒斯的旅行及赫库兰尼姆的考古发掘对他后来的版画创作产生了决定性的影响。在他生命的最后 30 年，先生出版了一套大型图集《罗马景观》（内有 137 幅铜版画），全面地表现了古罗马建筑的多种景象（图 3、图 4 ）。

从举世闻名的大水道到拉齐奥山顶上雄伟的科拉城墙，从巴尔博剧场遗址到菲利契古城堡风光，从一些著名广场上的教堂到古代陵墓内的各种摆设与装饰纹样。先生倾注了极大的爱国之情，他不仅从美学的角度以炉火纯青的写实技巧来表现种类繁杂的古建遗构；也在画面的"配景"中尽力地表现这些古建在 18 世纪当时社会生活中的情景。因此，我们可以看到官员、市民、武夫、劳者、乞丐、盗墓贼及车、船、犬等的活动，似有一种"风俗画"的意境。从这些作品中，我们可以领略到灿烂的古罗马文化，看到古代建筑家、艺术家的伟大创造与辉煌，同时也感受到昔日罗马上层霸权兴衰存亡的历史必然。

先生从建筑家的角度把建筑物当作研究的主体，细心地分析建筑物上每一个细部结构与构造，研究每一根柱式、每一段柱廊、穿隆、门、窗以及砌体或屋顶和檐口处的装饰雕花。先生的观察与笔尖已经触摸到这些建筑物上最细致、最关键的部位；而且又是那么准确无误地描绘在画面上。因而使这些作品不仅具有高度的审美意义，更具有丰富的足够考证研究的文献价值。

作为一位考古学家，先生同时把铜版画作为搜集、记录考古资料的重要手段。他将古代遗址考证过程中获得的资料，用铜版画的方式一一记录下来，作为进行研究的标本。这次展览中，有数十幅作品属于这一类。为了准确、可靠，先生完全以科学家的态度来运用铜版艺术。他描绘的对象，如古代大理石烛台、铜鼎、壁炉、陶罐、桌、椅、衣樆、骨灰盒与墓穴里的一块有价值的碎砖，以及发掘时使用的各种工具，甚至绳索如何打结、连结等，皆汇集起来，形成一套很有价值的文物资料铜版画图解。另外，还有那些古代遗址的平面图，先生也用铜版画来制成。有的大幅图解、工程图受铜版画面积所限，不得不用好几块版面拼起来印刷，足见先生严肃认真的治学态度与顽强的工匠精神。

透过以上画幅我们可以看到先生出色的艺术手腕与精湛的铜版画专业技巧。先生将各种复杂的物品有条不紊地组织在他那严谨的构图中，先生巧妙地运用黑白对比和丰富的中间色域构成统一和谐的画面；先生充分运用铜版画的独特性能，深入细致地刻画物体的细部结构，并用变化多端的线条组成深浅不同的色调，表现出不同层次的光影效果，以及高大建筑物强烈的体积感与质地。整体看去，画面上的实物真实得似乎可用手去触摸一下。这一切足以值得我们学习、鉴赏、借鉴。

三、《狂想曲》诸画的背后

先生为后人留下的如此宝贵的文化遗产却是在他的巨大痛苦和极度失望中产生的。我们从展览中的两组作品《任性》（也称《狂想曲》）与《监狱》中可以体察到先生内心的深刻冲突。

《任性》是曾经被不少画家运用过的画题。17世纪西班牙著名画家戈雅便以此画题创作了一套富有想象和讽喻意义的铜版画。先生的《任性》也是以幻想的形式表达自己对于建筑空间上的大胆想象与讽喻。《监狱》可以说是《任性》的姐妹篇。两组画幅中一反先生精致、严谨的作风，而采用自由流畅、豪放有力的笔触，形成怪诞、晦涩、难解，犹如恶梦般的作品。在恰似今日的巨大"共享空间"内，扭曲的构架与任性伸展的回廊、乖张的楼梯上下沟通，凡有立足之处皆见各色人等在那儿纵情享乐或无可名状，真是"末法时代"的景象。先生的内心世界是与时代相呼应的。

这是一个怎样的时代呢？当时的西欧正处在启蒙运动之中。从建筑史学的角度去体察，这是一个新旧转折的关键时期。充满贵族气的洛可可风格遭到了尖锐的批评。启蒙运动的理性主义观念"主张文学艺术要返回到理性、自然与道德的本原状态，其实就是要回到古典时代"[③]。随着考古发现、教育旅行、古物收藏及先生铜版画艺术的实践和温克尔曼等理论家的宣传鼓动以及罗马法兰西学院建筑师的活动，一场有声有色的国际新古典主义运动（美术史称之为"真实风格"）掀动起来了。

先生正值青春年华，是一位有着远大理想的建筑师，又参与考古发掘，表现时代的狂热在激励着他。先生明白，必须将古典的珍贵遗构表现出来，才能激发来者。于是，先生做出了一批又一批精美绝伦的铜版画，它们不仅保存了珍贵的古建资料，同时对新古典主义的传播起到了直观的作用。"智者多忧"，

在这些画幅的背后隐藏着先生的另一种忧虑。一方面，昔日的辉煌随着社会变迁必将走向倾圮。另一方面，在观念上人们开始日益重视古希腊建筑，众多学者皆在追本溯源，鼓吹古希腊文化的重要性。先生感到更大的"观念上的威胁"。他在41岁时写出《辉煌壮丽的罗马》一书歌颂古罗马文明，45岁时又写出《关于建筑的看法》一书。后者也是一本论战书，先生欲证明罗马建筑高于希腊建筑。先生极具挑战性的，又是民族主义感情的言论引发了一大批考古学家、建筑师的热烈争论，连新古典主义的精神领袖、现代考古学的奠基人温克尔曼先生都参与其中，这是一桩很有趣的学术争鸣。

我们知道，欧洲建筑史可以概括为拱的历史。希腊人与其他先于古罗马的文化已把拱券结构用于各项建筑项目，而罗马人将其发展到登峰造极的境地；至中世纪德国哥特族人又创造出哥特式；在东方古国至元大都城门才开始推广拱券的建筑技术。18世纪中叶后的这次争鸣令我想起20世纪初苏俄十月革命后构成派与纯粹派的论争，以及在改革开放后我国建筑界对建筑形式的大讨论。窃以为他们皆似"前卫鸟"的两翼在空中的舞动，令建筑学科奔向前程。至于先生的希–意之辩，还是用一句名言了断："神圣属于希腊，光荣属于罗马"。

四、先生及其影响

先生是一位强烈的爱国主义者，走在时代前面的弄潮儿；对事业的忠诚，对专业的精益求精，令后生震惊；先生善于做事又善于做人，他的罗马圈子不停地扩大，其留学罗马的年轻的英法两国的朋友们受到先生的教益，回国后对于新古典主义风格的推广产生了深远的影响。

英国朋友亚当、钱伯斯、怀亚特、丹斯、索恩等人回国后极力将在意大利学到的新古典主义风格融于设计之中，为伦敦等地建起了一批又一批新古典主义特色的公建、

图5 钱伯斯设计的基尤花园

宅邸或园林，他们有的被任命为类似于国王首席建筑师之职，有的成为伦敦市的建筑总管。其中的钱伯斯爵士曾跟随东印度公司造访印度、中国。他在伦敦附近设计的如画式的花园，建有东西方各式传统的建筑。其中一座中国式宝塔并非纯粹的中国传统式古塔，而是一座似中欧混合的新古典主义风格的景观塔（图5）。

当时的法国竟在罗马设立"法兰西学院"以培养自己优秀的年轻建筑师与室内设计师，可见当时欧洲诸国对古罗马的崇拜与向往。优秀的青年佩尔、瓦伊等人皆被送去罗马留学，并与先生深交，回国后皆对法国新古典主义风格的形成有着重大的影响。再年少一些的建筑师如布雷、勒杜等虽从未去过意大利，但十分熟悉18世纪40年代成熟于罗马的新古典主义运动。他们通过先生等老一辈艺术家的铜版画来学习传统的精髓，再走自己的路。布雷于晚年做了一系列的大型公建的方案设计，显示他驾驭基本几何形体的能力。其中，圆球体的牛顿纪念碑（又称"牛顿衣冠冢"）方案，力图开拓纯净几何体的表现途径，影响深远（图6）。我以为此方案可用温克尔曼先生的一句名言

图7 先生设计的罗马圣马利亚修道院教堂

图6 布雷设计的"牛顿纪念碑"方案

来概括："高贵的单纯，静穆的伟大。"

先生仅寿58岁。作为老年人职业的建筑师行当，先生设计建成的建筑仅有一幢。这座圣马利亚修道院教堂的建筑面积并不大，却非常庄重，古典元素运用得恰当，体现出鲜明的新古典主义风格（图7）。由于先生的铜版画集大量发行，他的思想性创作《狂想曲》《监狱》诸作品影响着一代代的人。上文已言，布雷的纯粹纪念建筑方案图的面世；第一次世界大战前夕似昙花一现般的意大利未来主义作品的突现；一战后苏俄的构成派与纯粹派的纷争，到今天"概念建筑"终于确立了自己的地位，并且强烈地影响着我们的建筑思想及创作实践，先生确是开端者。

大师的伟大究竟在哪里？大师应令人尊崇、佩服的作品。

其作品可以是实物，也可以呈平面状的文字、图面等。他们深深地影响着时代的潮流，甚至在若干年后，这些作品还值得后人深深地迷恋。若如此，先生应属于建筑大师，先生令我们久久思念。

注释

①～③引自陈平，《外国建筑史——从远古至19世纪》，东南大学出版社，430页，429页。

图1、图2，图4至7也引自此书。

基于国内社区更新实践的再思考

泓灏   华中科技大学　硕士研究生

摘　要：我国自改革开放以来新城不断兴起，旧城问题也逐渐显露，近年来社区更新也成为热点研究课题和地方城市发展新趋势。本文由社区更新的美日经验切入，回顾我国社区更新的发展进程，结合自身的三次社区更新实践经历，浅谈我国社区更新面临的困境、挑战与未来的发展方向。
关键词：社区更新；美日经验；发展进程；实践经历

一、社区更新的国际发展趋势

放眼世界，发达国家社区更新不再由政府主导，越来越多地运用规划方法，逐步地将社区纳入决策与实施主体，实现旧城更新由物质更新向社区发展的转变。以最早进行旧城更新实践的美国"社会建筑"以及日本的"造街活动"为例①。

美国"社会建筑"旧城更新在美国包含社区规划、邻里保护、社区设计、社区发展及技术协助等内容，主旨是通过改进资源使用方式，促使社区内所有居民参与自身居住环境的再塑造与管理。"社会建筑"的发展从1949年联邦政府颁布的一系列大拆大建的政策开始，这些忽视社会、漠视经济与文化的政策受到了居民、社会组织及城市规划师的集体抗议，在近30年的对抗中政府逐渐意识到结合公众参与可以成为缓解社会矛盾的有效途径，"自上而下"的物质更新规划逐步被"自下而上"的社区发展规划所替代。20世纪90年代结合以人为本的理念，"社会建筑"的理论与方法进一步趋向多样化。

日本"造街活动"旧城更新广义上可以解释为从软、硬两方面解决一个地区或街道的更新问题。根据目的不同，可以分为艺术造街、景观造街、历史造街等，大多以居民为主体，或以政府和居民合作的方式。其发展历程源于第二次世界大战后日本政府希望通过拆除重建住宅的方式解决居住空间不足的问题，该决策导致了地价高涨、城市蔓延等一系列问题，同样也引起了抗争活动。20世纪70年代日本借鉴欧美经验适应性地发展出"造街活动"。20世纪80年代开始旧城更新工作逐步落到社区层面，赋权地方政府，鼓励社区居民由被动参与转为主动行动，成为更新主体。

二、我国社区更新的发展进程

近20年来，我国开始探索社会力量参与社区更新的方式，但总体上来看我国社区更新仍然处于以政府为主体、缺乏成熟政策和组织平台、社区参与鲜有实质性及有效性进展的阶段。

我国民政部于1986年首次在城市管理中引入"社区"概念。1991年至2017年间国家关于社区发展政策的核心词由"社区服务"到"社区建设"再到"社区治理"，在此长期缓慢的演进历程中，"人"的重要性不断凸显，居民在社区建设中的能动性不断得到提高，并开始享受社区建设的成果。近十年间，"社区规划"的关注度持续攀升，围绕其延伸出的一系列诸如"旧城更新""公众参与""社区改造""社区营造"等均成为热点研究课题。

在市场经济不断发展和人们生活、行为方式及社会需求趋向多元化的时代背景下，我国社区更新实践逐渐聚焦社区生活品质、承担社会事务的能力、实现不同的社会价值的发展。北京、上海、成渝及广东等地区均在社区更新实践的探索中做出了不错的成绩。以上四个省市的社区更新实践探索在国家政策框架下结合地方实际展开，从物质空间规划开始转向基于物质空间的社会规划，更加关注多元主体共建、共治、共享的行动模式。

我国社区更新不论是理论或是方法总体而言仍处在摸索期，当下主流的趋势更像是一种综合了重视社会多方协作的"社会建筑"与倚重非营利性组织的"造街活动"的盲目尝试。由于国家权力/利益分配、意识形态的不同，加以我国当前社区内部原有社会结构改变、社区生活内容转变、建筑使用的生命周期临近、资源供给方式转变以及新的社区议题出现等一系列复杂的社区新形势②共同生成了巨大的压力与挑战，而这些均亟须社区做出积极的回应。

三、三种社区更新途径的实践

笔者于2018年至2019年间先后参与了三次国内不同途径的社区更新实践——高校研究主导协同区规划院进行的武汉市汉阳区知音西社区微更新、在地艺术机构自发展开的广州市竹丝岗社区营造工作坊、政府作为直接推动力的武汉市武昌区"三微"改造项目。

武汉市汉阳区知音西社区微更新由汉阳区规划院牵头，以华中科技大学建筑与城市规划学院教授和学生团队为主导，选取位于汉阳区中心具有武汉典型老旧社区特征的知音西社区作为基地，进行城市调研方法探索与实践、重在公众参与的社区规划可行性与方法研究、结合社区活动策划与物理空间微改造的社区营造方案设计，旨在以此作为典型案例，为武汉市旧城改造工作奠定基础、储备经验。为期六个月的进程中，高校团队进行了大量实质性研究并先后开展了三次有区政府领导、社区领导、高校学者及社区居民代表共同议事的讨论会，基于此制定了一系列社区活动策划与社区公共空间微改造设计方案。从研究到成果相对完整全面，但最终该项目因政府意愿不明确无疾而终。

广州市竹丝岗社区营造工作坊由在地私人艺术机构——扉艺廊发起组织，面向全国招募不限年龄、专业与背景的参与人员，通过媒体与"网红"嘉宾扩大社会关注度与影响力，旨在探讨艺术介入城市社区更新的方法，推动广州乃至全国旧城改造与社区更新的进程。工作坊为期一周时间，历经走访调研、方法初探、艺术介入、成果展示几个步骤。过程中与社区居民相处融洽，甚至有了很好的共同协商与团队合作。无论在最终的情感反馈或是社会回应上来看，该项目都不失为一次宝贵的实践经验与不错的宣传造势。

武汉市武昌区"三微"改造项目由市政府牵头、区政府推动并协同非营利性社会组织、社会志愿者、专业设计师与规划师、社区工作者、社区热心居民及社会各界热心人士共同构建众创组，以社区"微规划、微改造、微治理"为核心目标制定长期更新计划，2019年3月底已正式展开"赋能培训—众创规划—汇报展示—改造实施"的流程，计划年底第一批更新项目将正式启动。该项目旨在武昌区全面铺开试点社区，结合以往经验，直面社区治理痛点，对城市"静区"、存量空间进行探索与改造，迈出武汉市全面展开旧城改造工作的第一步。由于该项目处于长期进程中的开端，因此无从评判其效果的好与坏，单就切身参与的历程与现阶段工作的开展情况来说，由于有政府作推手，虽存在诸如前期研究周期短、公众参与的范围与力度不够大等不尽如人意的方面，但作为具有先驱意义的实践，仍然可以给予该项目一个肯定的评价。

三次实践性质不同、目的不同、切入点不同、组织方式不同、更新方式不同、人员构成不同，最终达到的效果也不同，更在不同的层面上反映出我国现阶段旧城改造与社区更新仍存在的困难与挑战。

1. 上层与基层之间出现断层

以武汉市武昌区"三微"改造项目的实践为例，虽说市政府、区政府均有明确意向并予以支持，作为最小社会基本空间单元的社区也表示出很高的积极性，然而一旦展开具体的各项工作就会受阻，社区亦表示为难。原因是在上层与基层之间还卡了街道这一中坚力量。在建构众创组以及赋能培训的时候并没有让街道参与进来，因此街道对项目本身以及需要展开的工作没有充分的了解和认识，然而社区在举办稍大范围的活动或是做决策之前都需上报街道，需要得到街道的批准方可采取行动。众创组构建时反复强调最理想的情况是有社区中能拍板决策的方面加入，能够大大提升各项方案的落地性，却疏漏了最直接、最关键的拍板者。这并非一个特例，现如今社会各层面之中都存在着大量此类断层情况，致使许多看似光鲜亮丽的"美差"均以流产夭折而告终。

2. 社会与高校之间固有分歧

社会本真又切实的诉求与高校的学术追求和逻辑固执之间始终是有分歧的，这是众所周知的。武汉现有不多的关于社区规划、治理与营造的相关研究与实践多数都是以高校为主体开展的，这是日本早在"造街活动"中就提出过的经验："大学与地区联合推动的城市再生"——通过地区与所在高校的联合协作，高校为地区造街提供技术、志愿服务，地区造街则为高校提供理论教学和实践的基地，实现地区与高校共同发展的良性循环。在武汉市汉阳区知音西社区微更新的实践中，事实上高校已经拥有超越一般的主导权与能动性，因为当时政府还没有将社区更新工作提上日程，对社区更新效果也没有预期，所以高校是完全有空间进行"自下而上"的探索与求证。但作为高校的研究课题却是有时限约束的，在有限的精力与时间里达到一定的研究深度并输出设计成果已实属不易，最终成果在空间改造的视觉效果上或是后续工作的计划与展望层面上无法满足政府业绩的需求，亦没有足够力度激发政府深入推进有别于单纯环境提档升级的研究先行式社区更新的兴趣与动力。

3. "施者"与受众之间存有距离

这里的"施者"指的是设计师、规划师们，在过往"自上而下"的城市设计中，设计师、规划师们在很大程度上可以凭借主观意志、设计理想及宏观秩序与逻辑展开工作，历史已经证明了其中的问题。因此，"自下而上"的城市设计理念成了新趋势，然而这种方式落到实处时其实并没有真正拉近设计师、规划师们与居民的距离，"精英论"仍普遍流传。以广州竹丝岗社区营造工作坊为例，强调社区调研要有"同理心"而非"同情心"，尽可能地排除感性干扰，才能更好地理解居民诉求。然而，一旦开始做"设计"就开始思索的是"引导""激发"等上帝视角的关键词，所谓艺术介入，仍是由外向内的形式化"施舍"，而非由内向外的"流露"和"觉醒"。这或许是设计工作自带属性决定无法逾越的鸿沟，因此清晰地认知角色职能和工作性质，界定更为明确的分工关系，各方面各司其职，通力合作，理性结合感性双管齐下，多元多维度协同的工作模式应该更适合当下社区更新的节拍。

四、结语：仰望星空与脚踏实地

笔者对社区更新三次实践的切身体悟是：社区更新首先必须结合我国的国情、整体城乡经济发展阶段、社会制度与文化传统的差异性，不盲目套用发达国家的模式。我国 20 世纪 80 年代开始实行中央向地方分权，但以经济增长为主要目标的政策促使地方政府盲目追求 GDP，并且财税及分权政策尚未完善，各级政府对规划责权模糊，角色错位现象不断发生。城市规划成为地方政府追求经济利益的工具，导致旧城更新常常出现低成本决策、高成本实施和纠错的现象，这也是现实工作中地方政府总将时效性不断前置的根本原因。希望在最短的时间周期内获得更高肉眼可见的物理效果，生搬硬套、照葫芦画瓢无疑是最好的办法。

社区更新除了为物，更多应是为人，而人又恰是社区更新之所以难的部分。不同地区，其经济、社会、文化与物质空间的特点大相径庭，人对于社区更新及自身权益的认知水平亦差距悬殊，这决定了社区更新无法一蹴而就，要想做好社区更新，首要做好意识更新。当下作为国内优秀案例被频繁点名的北京史家胡同、广州竹丝岗社区或是成都玉林社区，其实均有其成功的特殊性：史家胡同属历史保护街区，甚至定位为旅游景点，因此在进行社区更新之时受到政府的支持与社会的关注非一般社区所能匹敌，加之社区居民普遍具有较高受教育水平，不论对生活品质还是精神文化都有一定诉求；广州竹丝岗社区位处广州老城区，周边分布重点高中、重点大学及知名医院，居民多数为学区房住户、教职工及家属或为治病租房的患者及亲属，因此其普遍素质高或有参与社区活动的精神需求，加之主导社区营造的艺术机构根植社区，常年累月举办各种艺术活动，已有一定口碑，居民的认可度与参与度已有较好基础；成都玉林社区虽然更具国内老旧社区的普遍特点——流动人口基数大、人口结构复杂、基础设施相对完善、社区活动单一且局限、公共空间基数小且空间品质较低，从前期探索到取得如今令人满意的社区更新结果，玉林社区历经了长达 10 年之久的努力。当这些经验落到武汉的社区更新实践之中，结果却是无力又让人泄气的。因为政府选取的试点社区有着甚至不及玉林社区的现实，又没有拥有玉林社区更新的周期或是史家胡同的资源，更没有竹丝岗社区的社会意识和群众基础。我国向来有报喜不报忧的传统，但相较于更具宣传指导作用的成功案例，失败的经验对于摸索期的社区更新工作更为有益。

以"仰望星空，脚踏实地"来期许我国社区更新的发展道路再好不过。仰望前者成就的璀璨案例——如今的社会发展趋势与节奏要求我们学会站在巨人的肩膀上方能看得更远，同时也要将美好的社区愿景看作一种崇高的城市信仰在夜空领航（在社区更新过往的实践中，取其精华去其糟粕，探索有效适应自身的发展道路；选取具有资源、底蕴优越的社区作为昭示性试点工程，在群众心中播下希望种子的同时，亦能让政府、社会更快地找到方向与推进的动力）。踏实政府"高地"，关乎社区更新的相关政策条例需要不断完善与细化，必须建构符合我国发展情况的规划编制办法与实施细则，较为统一的规范标准与符合地方特色的专项研究需要两手抓，另政府机关层层分级之下需要有清晰的权责划分与工作规划；踏实社区"宝地"，社区意识需要不断被强化，社区文化需要不断被发掘，社区能人需要不断被培养，社区团体需要不断被支持；踏实居民"心地"，越是复杂的人口结构与组成越要妥善利用，切实地理解认识居民诉求，增强社区认同感与归属感；踏实社会"胜地"，不断增强多元化社会主体参与进社区更新工作，真正落实公众参与和多方共创，借力非营利性社会组织、相关企业与主流媒体，减轻政府负担的同时，强化社区更新的价值。以如此姿态，向着"社区自理、自治"的终极目标一步一个脚印地走下去。

美国和日本花了半个世纪去琢磨清楚社区更新这件事，中国也还有很长的路要走。

注释：

①洪亮平与赵茜在《走向社区发展的旧城更新规划——美日旧城更新政策及其对中国的启示》一文中详述了美国"社会建筑"与日本"造街活动"的发展概况与内涵，并对其进行了评价，最后阐述了美日经验对我国旧城更新的启示。

②杨贵庆等在《改革开放 40 年社区规划的兴起和发展》一文中总结归纳出我国大城市社区建设面临的 5 大新形势。

参考文献

[1] 洪亮平, 赵茜. 走向社区发展的旧城更新规划：美日旧城更新政策及其对中国的启示 [A]. 城市规划与管理 ,2013(3):21-28.

[2] 杨贵庆, 房佳琳, 何江夏. 改革开放 40 年社区规划的兴起和发展 [J]. 城市规划学刊 ,2018(6):29-36.

[3] 尚青艳, 杨培峰. 新类型公共艺术介入下的城市社区更新启示 [A]. 城市发展与规划论文集 ,2019.

[4] 吴一洲, 杨佳成, 王帅. "政产学研"框架下社区规划师与公众参与模式研究：以城市社区微更新为例 [A]. 城市发展与规划论文集 ,2019.

[5] 李伟, 李悦, 耿文涵, 等. "多元共处, 和而不同"的社区规划方案探索：以成都市玉林社区和曹家巷社区为例 [J]. 西部人居环境学刊 ,2015(4):61-66.

构建宜人的空间与环境

黄惟　海南华磊建筑设计咨询有限公司　副总经理

摘　要： 发扬我们的传统文化，继往开来，面对日新月异的社会发展，探寻追求新的人居和谐。

关键词： 天人合一；传承与吸纳；创新中的和谐统一

建筑是人类文明的物质载体，随着人类生产力的不断发展，人和建筑与环境的三者关系也由简到繁，不断演化，呈现百花齐放、百舸争流的盛况，产生出风格迥异、各有千秋的和谐审美观。中华民族是具有独立文化与古老传统的民族，"万物兼育而不相害，道并行而不相悖"，一直是我们和谐发展的主轴，"天人合一""师法自然"的思想纵贯其中。面对新时代、新经济、新技术，发扬尊重传统是我们创新发展的基石，是我们探寻新思路的文化源泉。"有之以为利，无之以为用"，这是老子对实虚空间的精妙论述，也是传统空间与环境关系的朴素法则，空间与实体是构成环境的主体，人类时刻生活在环境空间里，满足人们生理需求和心理需求，适宜于人的生存，有益于人的活动，是谓宜人的空间和环境。

建筑理论家布鲁诺·赛维说过："建筑像一座巨大的空心雕刻品，人可以进入其中并在进行中来感受它的效果。"人是空间的创造者或需求者。设计师通过对自然环境的关注与思考，寻求建筑与自然的和谐之道，通过对人文社会、文化历史的了解，探寻人与建筑的深度交流。它需要设计师把更多的建筑要素和影响建筑的方式纳入思考范围，将技术、工艺、美学、人文融为一体，才能创造一个宜人和谐的空间与环境。

一、广西程阳风雨桥，传统民族技艺与文化的结晶

（一）广西程阳风雨桥

风雨桥是侗族文化的符号，程阳风雨桥是当地的标志性建筑，有着深厚的文化和历史沉淀。

风雨桥全长 77.76 米，桥宽 3.75 米，桥面高 11.52 米，2 台 3 墩 4 孔，横跨于林溪河上，5 座塔式桥亭为五层重檐六角形桥亭，两侧为五层重檐四角亭阁，桥廊、亭廊相连，浑然一体。全桥以榫衔接，斜穿直套，纵横交错，不废一钉一铆，为石墩木面翘式桥型，充分展现了侗族工匠们高超非凡的建筑工艺水平。

（二）程阳风雨桥的建筑风格

风雨桥是典型的古代百越民族干栏式的风格，又将汉族宫殿式的表现手法与侗寨鼓楼的独有方式有机融合在一起，五座塔式桥亭，鱼贯而列，巍然挺立，气概雄伟，不愧为民族建筑的瑰宝。

图 1 程阳风雨桥的建筑风格　　　**图 2 风雨桥的怡人环境**

（三）程阳风雨桥的文化内涵

侗族人相信轮回，阴阳交界处是阴阳河，阴阳两端的人就是以桥为媒介，生死转换，所以在侗族公益性地修桥是为自己和家人祈福，为家族后代祈福，是对美好生活的渴望。

风雨桥建在侗寨下游的河溪上，不仅解决交通之用，更有风水方面的重要考量，它象征着飞龙绕寨，保护寨子的风水，庇佑族人年年风调雨顺、五谷丰登。所以，风雨桥又称回龙桥、永济桥、赐福桥。在侗族每座风雨桥的落成，都要举行独特、神秘、隆重的祭桥、踩桥仪式。逢年过节还有"敬桥"的祈福活动。在侗族的赶坡会，它又是男女青年聚会对歌的歌场。风雨桥被侗族人视为吉祥美好的象征！

（四）程阳风雨桥的宜人环境

风雨桥选址于林溪河相对平缓的河谷地带立于山腰，"长桥卧波，未云何龙？"近观"檐牙高啄，各抱地势，勾心斗角"，"重瓴联阁怡神巧，列砥横流入望遥"。拾级而入，桥外烈日当空，桥内凉风习习；仰望壁柱、瓦檐、雕花刻画，富丽堂皇，精妙巧绝；凭栏远眺，苍山青翠；俯看流水潺潺，农田、菜地棋布错峙，构成一幅优美的田园山水长卷。寨民和游客在此或坐、或立、或卧，小憩于此，怡然自得，荣耻皆忘。风雨桥作为全寨民参与的大工程，历时11年建成，它是人们集体感与归属感的象征，更是人与自然、人与人、人与神沟通的一个特殊空间和特殊纽带。

静立于此，"天人合一"的境界油然而生，更深刻体会到"好的建筑都是自然生长出来"的断论。历史的沉淀让它历久弥新、卓尔不凡，这充分说明了"中国古代的建筑理论不仅注重建筑物设计、布局的审美特征，注重结构、材料，而且更注重建筑物与环境的联系，力求建筑物与所处环境的和谐或协调"。"万物兼育而不相害，道并行而不相悖"，程阳风雨桥对时间、空间、建筑、环境、人文做了完美的诠释。

二、遵循自然之道的匠心

这是一个"网红"作品，越南建筑师Long为屋主Tin一家五口，在岘港设计了一座红砖住宅，280平方米几乎全毛坯，住宅内有一个大花园，五个露台花园。岘港是越南中部的海港城市，气候炎热潮湿，属热带季风气候。400年前，中国商人在这里开埠，同乡会馆林立，四处可见的牌匾、对联，恍若来到了江南古镇，中华文化在这里留下深深的烙印。

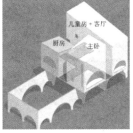

图3 岘港布谷鸟钟住宅　　　图4 三个"盒子"

（一）因地制宜、就地取材的建筑特色

岘港黏土资源丰富，红砖成本低，设计师本人就有使用红砖设计的特长，业主Tin先生慕名而至，与设计师一拍即合，就地取材，创造了这一"网红"作品，炙热的天气里，人们总是在公园、海滩、住宅间的巷道寻找阴凉和微风，设计师巧妙地将这一避暑习惯融入到住宅的设计中。

一层是家庭大花园和可对外营业的咖啡馆。二、三层是三个功能独立的巨形红砖盒。北边的砖盒为客厅和儿童房，朝西南的小盒是厨房，东边的方盒是主卧，位于第三层。

三个功能盒之间的通道成为名副其实的通风管道，"即使在40℃高温下，依旧凉风习习"（网友所述），"街"和"巷"的概念在此形成丰富的空间层次，造就了全屋五个空中露台花园，深得屋主与孩子们的喜爱，充满童趣的布谷钟形象也成为一道街景。朝东的墙面红砖砌成砖花，有效地阻挡早晨的太阳光，透光不传热；西侧是大面积的厚实砖墙，仅开小范围的窗洞，以隔绝强烈的西晒。

（二）构建宜人宜居之家

设计师在当前低碳环保的倡导下，因地制宜，充分尊重当地的人文环境，用3个方盒构造出宜人宜居的空间与环境。是低碳建筑的一个典范。"天人合一""师法自然"的古老中国智慧在异国得到了充分展示，可谓"大道至简，殊途同归"。"一个美好形式的探索，还需要设计者的意匠独造和卓越技巧，其实设计者高明之处正是透过严酷的限制，从种种的矛盾性与复杂性中提炼出不同一般的创造"。这是中国传统建筑思维在异国的绽放。得益于越南的土地私有化政策，设计师的专业性、原创性、艺术性能得到私人业主的充分尊重与肯定。业主的喜好也更易融入建筑，创作出充满个性的作品。这种业态环境值得我们参考与借鉴。

三、因地制宜构建宜人宜居之住区的院落空间

海口长信上东城住宅小区是笔者近期主持设计的房地产项目，项目位于海口市西海岸片区，是目前我们设计师最常见的项目。住宅建筑是人与人活动的场所，但在目前地产商业模式下，人与人之间的关系没得到重视。想要做好这样的项目，就要平衡一系列的各个方面要求。

（一）曲指心思、扬长避短

设计在这里不再细说，该户型设计的最大优点是在两梯四户的平面塔楼设计中，最大程度地组织穿堂风，充分利用海口的夏季主导风向东南风，使餐厅和客厅做到真正意义的南北通透，厨房操作室门窗关闭，东南向的风可以穿堂而过，这样的户型设计可以使客厅、餐厅在炎热的夏季基本不用开空调。生活阳台位于公共区域餐厅的位置，而不是通常放在次卧位置的处置方式，这样使洗晾衣可以在公共区域的阳台进行，不干扰平时的生活起居。主卧衣帽间和卫生间的设计，不同于以往需要穿越衣帽间才能进入卫生间的模式，这样会使衣帽间潮湿。而将衣帽间独立出来，放在卧室的南端，卫生间也独立出来，卫生间的门不对着床头，主卧室可以南北通风，主卧室和衣帽间也会干爽惬意。

图 5 布谷鸟钟住宅户型图

（二）怡人和谐的外部空间

我们重点介绍的是户外空间设计。

在建筑总体布局中，所有高层均采用塔楼设计，塔楼的面宽较小，塔楼东西向间距 16~20 米，尽可能将夏季主导风引入小区内，小区户外空间的设计是该项目考虑的重点，为住户打造一个怡人优雅的居住环境是我们的追求。

在中国传统建筑文化中，院落一直是一份民族情结。

敞亮的院子，承载着百姓千年的生活，散发着经久不衰的文化魅力，"动摇风景丽，盖覆庭院深。"笔者尝试将"院"的概念引入本项目的室外空间设计中。计成在《园冶》中说："园林巧于因借，精在体宜。"本院落空间南北向建筑间距最宽 89 米，东西向建筑间距最长 270 米。四周林立的塔楼合围成巨大的院落空间，为了打破这种空旷感，通过第一入口的景观中轴线将院落空间自然分成东西两院。东西两院通过第二入口的景观轴线相联系。

西院是以"水"为主体的院落空间，布置观景水池、泳池。四角分列 4 个小园空间。泳池西面为椰园，这里椰树成片，椰姿百态，"椰摇风处色，微风传曙漏"。院落的景观界面以低矮的景墙为背景。虚实相间、或露或藏、以小见大、错落有致、

别有韵味、趣味横生。

东院是以"绿"为主体的院落空间，结合海南的气候特点，布置地形起伏的大草坪，草坪面积达到 3000 平方米，强调的是通透明快、恬淡旷达。设有四个小园。草坪左上角的小庭院以凤凰木为主题，是大草坪的背景空间，"叶如飞凰之羽，花若丹凤之冠"，是寓意吉祥如意的院落。草坪的右上角是老年、儿童活动的场地，体现自然野趣和探索乐趣。形成大院套小园，小园见大院的特色景观。东西八个小园景空间通过迂回盘绕的慢步跑道，既相互衔接又相互映衬、相互依托，达到步移景异、曲径通幽的效果。足不出户而享山林之美，丰富的院落将会给小区居民提供安定、宁静、和睦、舒展的生活环境和生活记忆，提供休养生息的精神家园，让奔波不息的灵魂得到诗意的栖居。

（三）针对院落空间设计采取相应的技术设计

由于项目的地下水位较高，地下室底板的标高已定，相应的总图完成面的最小标高已定。为了营造第二入口的怡人空间，将入口坡度由第一版设计 8% 调整到 3.5%，由此只能将地下室的顶板做降板处理，并局部做出斜板设计。整个降板区域顶板标高为 20.80 米（降板 800 毫米），降板区域层高 2.8 米，红色降板区域梁下净高 2.5 米（梁上翻 300 毫米），其他降板区域净高 2.8 米（梁全部上翻）。上面两块降板区域边缘处至少覆土 0.6~1.1 米。斜板区域边缘覆土处 600 毫米。

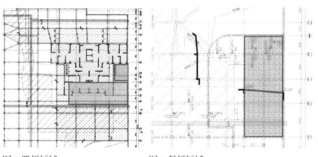

图 7 降板区域　　　　**图 8 斜板区域**

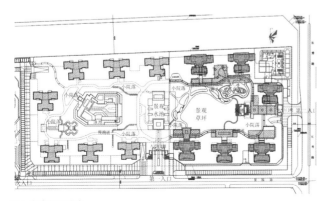

图 6 户外空间设计

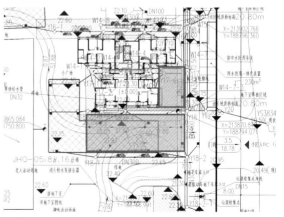

图 9 室外排水和管线综合考虑了降板区域的影响

四、人工与天工的自然统一

（一）整体建筑与周围环境的融合

这是笔者于 1998—2000 年参与设计的海航会馆项目的一期和二期设计，项目位于海口西海岸，北临大海，南临城市主干道庆龄大道。我们在设计上的宗旨是：人造的东西应与自然环境和谐统一。

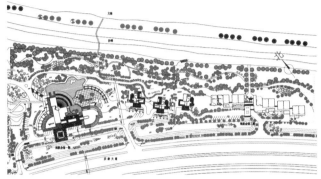

图 10 海航会馆设计平面图

（二）室内外空间流畅自然

在海航会馆的一期和二期设计中，我们对花园的布置、起伏的地形、室内外的台阶踏步、假山堆石头、道路两旁植物的选择以及海边已有植物的保留都有综合考虑，以使建筑融合于周围景致。对建筑材料的材质及色彩选择也特别注意与自然环境协调，采用海南特色火山岩和石材。

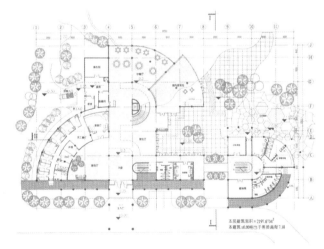

图 11 海航会馆对室内外空间的设计

（三）室外环境与自然环境相互映衬

我们在视觉和流通上采用开放式的概念，最大程度地让人们在公共场所、走廊、餐厅、套房等位置都可以看到大海和花园，伸展的坡屋檐下的玻璃门可以将室内外环境融为一体。交通公共空间注重空间的开敞性。在二期设计时，考虑到主体建筑是一期，二期作为配套建筑，一期的大堂是整个项目的交通功能

核心位置，服务一、二期；二期的大堂则采用开敞的绿色大堂，小巧精致，充满趣味。餐厅是半地下的，从绿色大堂拾级而下进入餐厅，视线豁然开朗，椰影、沙滩、大海一览无余。

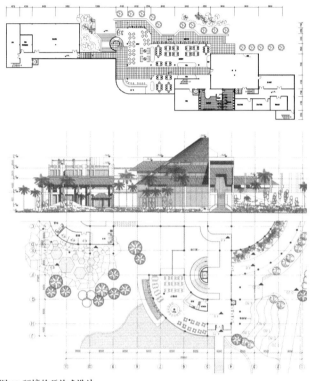

图 12 环境的开放式设计

五、结束语

党的十九大上，习近平总书记明确提出："坚持房子是用来住的，不是用来炒的定位。"以笔者对此的理解是，除了让民众居者有其屋之外，更重要的是长效机制和可持续发展的方式的转变。结合习总书记在多个公开场合强调中华传统文化、传统民俗的重要性，倡导我们重拾对历史、文化的尊重。

"群籁虽参差，适我无非新"，王羲之的《兰亭诗》开启了一个文化上的创新，值得我们借鉴。如何构建宜人的空间与环境，这将是一个不断深入、不断进化、不断创新的课题，也必然是传承吸纳中国优良传统下的创新，是集成西方优秀成果下的创新。

参考文献

[1] 吴良镛. 中国建筑与城市文化 [M]. 北京：昆仑出版社，2009.

[2] 一丁，雨露，洪涌. 中国古代风水与建筑选址 [M]. 石家庄：河北科学技术出版社，1996.

乡村振兴背景下地域传统文化的弘扬
——以海南省儋州市为例

贾成义　　儋州市城市更新局　高级规划师、局长

摘　要： 乡村振兴是当前经济社会发展的重大战略，在此背景下加强地域传统文化的挖掘整理和保护传承尤为重要。儋州市传统文化底蕴丰厚、类型多样，包括儋州文化、军屯文化、客家文化和黎苗文化等多种类型，这些文化特征鲜明、地域明确、系统性强，尤其是民居文化，更是特色独具、各成体系。为了弘扬地域传统文化，促进乡村振兴，文中提出了五个方面的建议。

关键词： 乡村振兴；地域传统文化；民居；挖掘整理；保护传承

在乡村振兴的背景下，加强地域传统文化的挖掘整理和保护传承具有十分重要的意义。本文以海南省儋州市为例，阐述了地域传统文化的系统特征，以及在乡村振兴背景下保护和传承地域传统文化的建议。权作抛砖，以期批评指正。

一、乡村振兴与地域传统文化

乡村振兴与地域传统文化是不同时代的内涵，当今两者在空间上交汇，必将发挥各自的优势，并进一步融合，产生新的效应和新的影响。

（一）乡村振兴战略

乡村振兴战略是党的十九大提出的重要战略，十九大报告指出："农业农村农民问题是关系国计民生的根本性问题，必须始终把解决好'三农'问题作为全党工作重中之重。"[1] 乡村振兴战略与文化密切相关，它是传承中国优秀传统文化的有效途径，实施该战略必须传承发展提升农耕文明，走乡村文化兴盛之路[2]。

（二）地域传统文化

文化是人类知识、信仰与行为的综合形态，包括语言、信仰、习俗、技术、符号等[3]。余秋雨认为，文化是一种成为习惯的精神价值和生活方式，它的最终成果是集体人格[4]。地域传统文化则是指某一特定地域内，历史沿袭而成的特定文化，它具有系统性和特殊性，包含语言、文字、服饰、建筑、群体性格、饮食等。

（三）乡村振兴与地域传统文化的关系

地域传统文化往往对应于以乡村为主的某一特定区域，而乡村振兴必将受制于并将影响依附于这一区域的特定文化。具体表现在两个方面。

第一，乡村振兴可促进地域传统文化的挖掘整理和保护传承。从本质上讲，乡村振兴是对乡村经济社会发展制度的变革、动力机制的转换、城乡关系的调整和发展环境的提升。就对地域文化的影响而言，乡村振兴可能是一把"双刃剑"，一方面，科学理性的乡村振兴可以促进地域文化的传承保护；另一方面，如理念偏差或缺失，以及操作不当，也可能带来地域传统文化的破坏，甚至灭失。因此，我们应兴利避害，使之朝保护与传承的方向发展。中央城镇化工作会议强调，要注意保留村庄原始风貌，慎砍树、不填湖、少拆房，要传承文化，发展有历史记忆、地域特色、民族特点的美丽城镇，要望得见山、看得见水、记得住乡愁。

第二，地域传统文化的彰显，可使乡村振兴底蕴深厚、别具特色。传统乡村承载着民族的历史记忆、生产生活智慧、文化艺术结晶和民族地域特色，维系着中华文明的根，寄托着中华儿女的乡愁，是承启传统文化和时代精神的重要桥梁[5]。乡村的特色外在表现为建筑特色、环境特色、产业特色等方面，但其本质则是差异化的地域传统文化。在乡村振兴中，如能抓住地域传统文化的内核，并以此作为灵魂，统筹各项建设，则会赋予乡村以独特的魅力，则会使其独具特色、卓尔不群。

二、地域传统文化的挖掘与整理（以儋州市为例）

（一）儋州市概况与文化总体特征

儋州市地处海南岛西北部，陆地面积3398平方千米，从西北向东南依次呈现沿海、平原和丘陵三大类型地貌。全市总人口约95万人[6]。儋州历来就是岛外迁徙人口的主要目的地，特别是明代以来实行的大规模军屯制度[7]、南宋末年及太平天国时期的客家人大规模南迁[8]，使儋州成为海南岛"军屯人"和"客家人"的主要聚集地。儋州独特的区位条件和人文历史决定了儋州的文化特征，儋州是多民族、多文化共生共荣的地区，地域传统文化种类多样、表现突出、特色鲜明。

（二）儋州地域传统文化的种类、分布与特色

公元1097年至1100年，苏东坡被贬到儋州，给这里带来了中原文化，产生较大影响，但其影响主要体现在人们的思想观念及习俗上，从文化系统性的角度看，尚不及其他文化种类。儋州市域内系统性较强的地域传统文化，如儋州文化、军屯文化、客家文化、黎苗文化，文化系统性强、特征明显、地域明确、因子多元，主要表现在方言、民居、饮食、群体性格[①]等方面，其中以民居的特征尤为突出。下面分别介绍各类型地域传统文化的分布和系统性以及民居文化特点。

1. 儋州文化

（1）地域传统文化的分布和系统性。主要分布于北门江以北的滨海地区，包括洋浦、三都、峨蔓、木棠和光村等乡镇（区），属于火山灰土壤和火山岩分布地区；传统民居以火山岩建筑为代表，分布较广；方言为儋州话；饮食上得渔海之利，清淡饮食（以白水清煮为特征）；群体性格上热情、粗犷、彪悍。

（2）民居文化特点。可概括为："半四合，少规则；高门楼，地位奢；火山岩，精细多；冷摊瓦，精木格；内柱构，细木作；堂屋重，核心所。[②]"具体如下。

① 半四合，少规则。儋州民居的布局通常以院落为中心，院落空间比较小，一般介于天井和院落之间，并且以三合为多。这种院落相对于传统的北方四合院（如北京四合院），规则较少，相对简单（图1）。

② 高门楼，地位奢。儋州民居比较注重门面和形象，一般人家均在主出入口处修建相对体面的门楼，门楼往往高于其他建筑，并且还突出做一些装饰，以显示该户人家在邻里中的特点与地位（图2）。

③ 火山岩，精细多。以火山岩为建筑材料是儋州民居的显著特征，基本上各类房屋均采用火山岩砌筑，并且根据建筑的等级和地位，精细程度不一。如门楼、堂屋等重要的建筑，精雕细琢，构巧筑奇，美观坚固，其他建筑则作一般化处理（图3）。

④ 冷摊瓦，精木格。冷摊瓦是南方民居共有的特征，儋州民居的冷摊瓦则与火山岩墙体结合，更加精细，并且具有采光、通风设施。支撑冷摊瓦的木构一般也比较讲究、精巧，通常具有雕饰、漆饰，比较美观（图4）。

⑤ 内柱构，细木作。绝大多数的儋州民居采用木结构（辅助用房除外），墙体只起维护作用，并且木结构处于墙体的室内一侧，是典型的"内柱构"。这些内柱构不仅是结构构件，而且还具有装饰作用，做工细致，精巧美观，丰富了室内空间（图5）。

⑥ 堂屋重，核心所。堂屋是居民日常生活的主要场所，也是祭拜祖先的房间，并且祭拜空间居于堂屋的主要部位，通常位于堂屋的入口处。儋州民居是由一系列分工明确的房间组成

图1 典型儋州民居平面整理图（儋州市木棠镇二图村）

图2 典型儋州民居门楼图（儋州市木棠镇二图村） **图3 儋州火山岩民居精细工艺（儋州市木棠镇）**

图4 儋州民居的冷摊瓦（儋州市木棠镇）

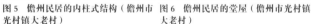

图5 儋州民居的内柱式结构（儋州市光村镇大老村） **图6 儋州民居的堂屋（儋州市光村镇大老村）**

的秩序性比较强的院落，在这些房间中，堂屋具有非常重要的地位，是决定院落布局的重要因素，是院落的核心所在（图6）。

2. 军屯文化

（1）地域传统文化的分布和系统性。主要分布于历史上曾经较大规模军屯的中和、王五、长坡和那大四镇；传统民居以具有中原（桂北湘南一带）建筑遗韵的四合院为代表，目前民居仅存王五老城区一片；方言为军话（那大话、王五话、中和话）；饮食受中原文化的影响，重味道，讲工序；群体性格上存在一定的文气和傲气。

（2）民居文化特点。可概括为："重协调，讲村落；四合院，

不规则；讲门面，文化多；宗礼显，秩序说；思中原，面北坐；呈折中，显特色。"具体如下。

① 重协调，讲村落。军屯人是从中原迁徙而来的军人及其家眷，为了战事和管理需要他们集中居住，沿袭了中原的居住方式和生活习惯，甚至思维方法都和本土的儋州人不同，因此和本地人融合起来比较困难，甚至现在人们在观念上也有军屯人与儋州人的分别。从居住环境上看，则表现出集体主义至上的观念，个人服从集体，院落服从村落（比较而言，儋州民居则更强调建筑个体及院落的自由）。具体体现在村落整体布局至上，村落整体组织有序，院落间则强调协调（图7）。

② 四合院，不规则。四合院的布局则来源于中原民居，是军屯人从家乡带来的舶来品。但军屯人的四合院受军人使命而集中紧凑居住的影响，与中原的四合院不尽相同，表现为院落空间较小，村落格局至上，则四合院形式上出现很多不规则设计，很少有四方规整的院落，圆角、斜边、凹进、凸出现象常见（图8）。

③ 讲门面，文化多。军屯人在民居大门上非常讲究，这一点和儋州人相似，但不同的是他们在门面上增加了文化内涵，更具远方迁徙而来群体的文化特征，集中表现在"灯号"上。灯号是大门上方的固定文字标示，表明居家从那个地方而来，隐示是什么姓氏，往往和宗族祠堂相对应，可能是一个姓氏一个灯号（祠堂），也可能是两个姓氏一个灯号（祠堂）。灯号往往具有文彩，一般为四个字，如"汝南世泽""颍川世泽"等（图9）。

④ 宗礼显，秩序说。军屯民居与儋州民居相比更具有宗礼文化特征，首先，院落的核心房间一定是堂屋（祖屋），并且以此为中心形成整个院落的空间秩序；其次，堂屋的显著位置（一般是居于中间的整整一间房）要供奉祖先（图10）。

⑤ 思中原，面北坐。军屯民居有一个独特的现象是堂屋（祖屋）一定面北，这一做法在气候、地理、规划、建筑布局等方面均不能得到合理解释。但从迁徙群体的文化心理上我们可以形成归纳性的看法。如：云南省东南部的石屏县的郑营村是一个军屯村庄，民居呈坐南朝北布局（祖屋面向祖地）[9]；贵州省从江县的岜沙人是从江浙一带被迫迁徙到贵州的少数民族，他们每年都举办祭祖活动，祭祀的大门必须面向东方（江浙一带的方向）[10]；日本侵华时期，大量日本移民来到我国东北，修建了很多神社，神社前面的鸟居大部分面向东方（日本本土的方向）[11]。从这些事例可以看出，迁徙群体的祭祀性建筑基本都朝向迁徙来源地，这是族群心理归属的反映（图11）。

⑥ 呈折中，显特色。进入近代社会，随着水泥的广泛使用

和建筑技术的快速发展，以及南洋建筑风格成为时尚的主流，军屯建筑（特别是临街商业设施）则表现出军屯特征与南洋特征相结合的风格，具有折中主义的色彩（图12）。

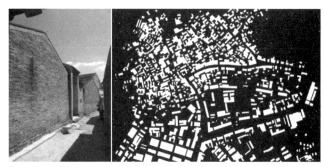

图7 军屯民居的村落图（儋州市王五镇）

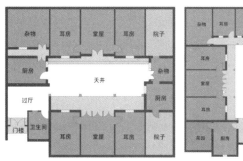

图8 军屯民居的院落平面图（儋州市王五镇）

图9 军屯民居的门面图（儋州市王五镇）

图10 军屯民居的祖屋图（儋州市王五镇）

图 11　军屯民居的祖屋朝向图及日本神社鸟居

图 13　居于独立地段上的客家民居图（儋州市南丰镇桃江村）

图 14　客家民居简易骑楼图（儋州市和庆镇和祥村）

图 12　军屯民居临街建筑图

图 15　闽南与儋州客家民居墙体对比图

3. 客家文化

（1）地域传统文化的分布和系统性。主要分布于儋州南部山地和丘陵地区的那大、和庆、南丰、兰洋等乡镇；传统民居以闽南大厝式建筑为主要形制，目前仅存 8 处；讲客家方言；沿袭闽南饮食特点，相对繁复，注重工艺性和文化品位；群体性格相对儒雅，讲究文化品味。

（2）民居文化特点。可概括为："源闽南，山水间；南洋风，有体现；石作少，建材变；颜色改，工艺迁；功能分，布局繁；重文脉，念祖先。"具体如下。

① 源闽南，山水间。儋州的客家人大部分来自粤东和闽南，因此这些地区客家民居的形制也被带入。儋州客家民居在建筑形制上基本与闽南的大厝式民居相似，但在建筑群体布局上却有所不同，在闽南基本上是集中式布局，形成村落或城镇，在儋州则是分散式布局，每一处大厝式院落均选择在风水讲究、风景优美的独立地段（图 13）。

② 南洋风，有体现。客家民居从其形成的影响因素上看，是多元文化交融的产物，闽南客家民居本身就受中原文化、海洋文化、闽越文化和闽南本土文化等的综合影响，具有以传统南洋风格为主的折中属性。闽南客家民居"移植"儋州后，则更是受到当时流行的近代南洋建筑风格的影响，产生了相应的变化，"南洋风"表现突出，在建筑立面、骑楼形式、建筑材料等方面均有所体现（图 14）。

③ 石作少，建材变。闽南的大厝式民居中，石材占有较大比重，最为典型的是"出砖入石"式的墙体，把石材的实用与美观发挥到极致。儋州的客家民居中则很少见石材的踪迹，取

而代之的则是砖或者土坯，档次降低了很多（图 15）。

④ 颜色改，工艺迁。闽南的大厝式民居普遍采用醒目的红色，这一违反传统民居建筑礼制的做法在当地有一段美丽的传说③。儋州的客家民居则不见红色的踪迹，而以青砖的淡雅色为主色调。同时，局限于儋州本地的条件，建筑工艺也大为简化，如原来线条优美的双坡曲，动感欲飞的燕尾脊，装饰精美的雕梁画栋，各类砖雕、石雕和木雕，基本不见踪影，或者简而化之（图 16）。

⑤ 功能分，布局繁。客家民居对比其他民居，一般规模较大，房间较多，比较讲究房间功能的划分。同时，注重空间布局，不同的院落间常设连廊，走道近端常有影壁，使空间开合有序、扬抑得体，具有灰空间的属性和空间的流动感，以及对景、框景、障景的效果（图 17）。

⑥ 重文脉，念祖先。客家人重视文化的传袭和人文的养成，推崇耕读传家的传统，向往学而优则仕，在建筑上往往标示"加官晋爵""耕读传家"等。同时，作为迁徙族群，更重视宗族、人脉的渊源和延续，往往在入口后的主厅供奉祖先，陈列子孙业绩等（图 18）。

图 16　闽南民居与儋州客家民居的颜色对比图

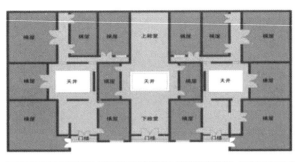

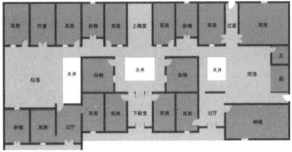

图 17 客家民居的典型平面图

图 18 客家民居的大门及祖屋图（儋州市南丰镇桃江村）

4.黎苗文化

（1）地域传统文化的分布和系统性。主要分布在儋州南部的兰洋、南丰、雅星以及大成的部分地区；传统民居目前已基本消失，有待挖掘；方言为黎话或苗话；饮食上得山川之利，清淡而富有民族特色；群体性格上热情、好客。

（2）民居文化特点。市域内已没有典型的黎苗民居，但传统黎村仍保留一些有特色的民族建筑符号，有待研究利用。

（三）小结

通过上述四个类型文化特征的对比可以发现，军屯文化和客家文化的因子特征与人口迁出地有关，儋州文化和黎苗文化的因子特征与民族特点和居住区位有关。通过民居文化对比可以看出，不同民居各具特点，泾渭分明，是不同地域传统文化的主要载体。同时也发现一个规律性的现象，就是饮食特点的

变化与群体性格的变化具有相关性，若饮食越粗放，制作越原始，则其人群的性格越粗犷、越豪放；反之，若饮食越讲究，越有文化性，则其人群的性格越文明、越儒雅。（见表1）

表 1 不同地域传统文化的规律性影响表

	客家文化	军屯文化	儋州文化
		越来越有文化性 ←	
饮食特点	讲究	适中	粗放、原始
群体性格	文明、儒雅	适中	粗犷、豪放
		越来越豪放 →	

三、当前地域传统文化保护与传承的建议

通过上述的介绍与分析，可以看出儋州市的地域传统文化，特别是民居文化具有非常鲜明的特征、界限清晰的地域、多因素共同支持的文脉系统，并且不同类别文化间以及文化系统内的不同因子间具有相关变化的规律性。为了促进乡村振兴，必须发挥好地域传统文化的优势，做好保护与传承。具体建议如下。

（一）完善地域传统文化的保护制度

地域传统文化要想传承，首先要保护。地域传统文化的载体多种多样，量大面广，而通过立法保护的仅为文物保护单位，通过规划实施予以保护的仅为个别的古城和历史性街区，其他的载体如大量的传统民居、传统街区和传统村落则处于保护的空白状态，基本无制度予以保护性约束。因此，在乡村振兴中首要进行制度建设，一是应发挥地方立法的作用，加强地域文化保护的法制建设；二是针对量大面广的有待保护的设施，充分发挥地方政府的行政职能，因地制宜地出台具有保护属性的规范性文件；三是发挥规划的重要作用，加强保护性规划的编制与实施。只有这样通过多层面制度的建设，才能完善保护制度体系，使更多的文化载体得以保护和存留。

（二）编制具有地域传统文化特色的乡村振兴规划

规划是战略实施的指导，乡村振兴战略实施的第一步即是乡村振兴规划的编制。而目前这一类规划的编制往往采取"运动"的方式，以按时完成任务为目的，务实不务虚，重物不重魂，缺少文化性，缺乏独特性。因此，应重树乡村振兴规划的理念，找回传统文化之魂，延续地域的文脉，彰显乡村振兴的特色。儋州市乡村振兴规划的最大亮点就是四大板块地域传统文化的再生性表达，如果规划实现这一目标，既将使规划具有针对性、独特性，又将使乡村振兴接地气、显特色，同时也将是规划工

作的一项创新。

（三）把控好地域传统文化的特质

规划构想的实现有赖于规划科学实施，特别是在具体项目的规划、设计和实施中，要依据规划要求，把控好地域传统文化的品质和品位，确保整体规划目标的实现。把控地域传统文化的特质，应处理好"师古"与"泥古"的关系。首先，要避免"泥古"现象，要防止机械地"唯古"，制造假古董、假文物、假文化。其次，倡导"师古"思维与方法，"师古"是文化保护与创新相结合的创作，是我们追求的目标，是规划科学实施的要求。同时，要避免文化上的"乱发挥"，而使传统文化变味走形。

（四）焕发地域传统文化的活力

保护和传承地域传统文化，并不是把这些文化载体视为文物，视为博物馆藏品、展览品，而是在彰显其特色的同时，恢复其原生的实用属性，并与现代功能相结合，焕发其生机与活力，使其成为居民生产生活的重要组成部分，成为市场经济运行的重要因素和载体。文化载体活力的焕发一定要坚持文化品味至上的原则，在文化属性内科学操作，避免因追求活力而改变文化特质，降低文化品味，甚至破坏文化本身。基于文化活力振兴的理想境界是：人们生活在地域传统文化里，地域传统文化展现在日常生活中。

（五）加大地域传统文化工作的投入

乡村振兴战略的实施需要大量的投入，而目前的一般做法是将这些投入用于物质性的、空间性的、有实体功能的设施，缺乏对文化的投入，特别是地域传统文化的投入。这一现象的核心原因是认识的偏差，表现在"重物质、轻灵魂，重功能、轻文化"，其结果往往导致投入的质量不高，甚至失败。应改变这一落后思维模式，在投入上物质与精神并重，而且往往精神投入还要优于物质投入，只有这样，最终的乡村振兴才是富有魅力的、具有较高品味的，才是我们追求的目标。

注释

① 这里的群体性格尚上升不到文化最终成果的集体人格，只是集体人格的一部分。人格是指一个人的生命格调和行为规范。

② 儋州民居的文化特点以作者概括的"三字歌"表述。以下其他民居文化特点的表述同此。

③ 传说五代时，闽王王审之的皇后黄惠姑是泉州人，每到连绵阴雨天气便伤心落泪，闽王问她为什么？皇后说她想起了娘家房屋破漏，不能阻挡风雨。闽王即说："赐你一府皇宫起。"圣旨传到泉州，民众误以为泉州都可以建皇宫式建筑，于是大兴土木。后来，王审之发现自己下旨有误，连忙下旨停建，可是很多房屋都已建好，只能作罢。

参考文献

[1] 党的十九大报告辅导读本编写组 . 党的十九大报告辅导读本 [M]. 北京：人民出版社 ,2017:31.

[2] 董峻等 . 谱写新时代乡村全面振兴新篇章：2017 年中央农村工作会议传送六大新信号 .[EB/OL].2017-12-30/2019-09-20.http://www.xinhuanet.com/politics/2017-12/30/c_1122188309.htm

[3] 美国不列颠百科全书公司 . 不列颠简明百科全书（3）[M]. 北京：中国大百科全书出版社 ,2011:1728.

[4] 余秋雨 . 中国文化课 [M]. 北京：中国青年出版社 ,2019:23.

[5] 吕巍 . 拯救传统村落 留存文明记忆 [N]. 人民政协报 ,2014-12-13.

[6] 儋州市地方志办公室 . 儋州市年鉴（2018）[M]. 海口：海南出版社 ,2018:41.

[7] 叶文益 . 明代海南岛的军屯 [J]. 岭南文史 ,1992（4）:14.

[8] 古小彬 . 海南客家 [M]. 南宁：广西师范大学出版社 ,2008:103.

[9] 周文华 . 郑营村：一个古军屯地上发展起来的村庄 [J]. 寻根 ,2013(2):138-142.

[10] 吴海燕 . 芭沙苗寨宗教信仰与社会生活 [D]. 广州：中山大学 ,2016:72.

[11] 张健、李竞翔 . 昙花一现的近代中国东北神社园林 [J]. 华中建筑 ,2017（10）:61-65.

图片来源：海南华都城市设计有限公司提供了大部分图片。

海南黎族船型屋保护与发展研究

贾绿媛　北京林业大学　硕士研究生

买一慧　北京林业大学　硕士研究生

摘　要：海南岛特殊的地理及气候条件，演化出了具有防潮、防涝、通风、避虫等特性的地方性建筑。以竹木为架、茅草为盖、稻草黏土为墙、黄泥为地[1]的船型屋在选址、取材、建造、维护等方面无不体现着黎族顺应自然的建造之美。而这一传统民居却存在着寿命短、居住条件差等问题。因而，本文通过分析船型屋在建造、使用、维护等方面的优劣性，结合当今时代发展需求，探讨船型屋这一特色建筑及其民族技艺的保护与传承策略。

关键词：船型屋；黎族；特色民居；保护与传承

引言

海南岛黎族聚落因受琼州海峡的地理阻隔且深居海岛内陆山区，从早先定居海南岛至今形成了独具特色的民族性格。当地传统民居船型屋，作为人们生存生活的载体，在造型、建筑形式、建造材料等方面均展现了浓郁的地域风情与黎族人居的生态理念。同时，船型屋取材于自然、便捷搭建的营建技艺更是黎族先民与自然和谐共生的智慧体现。有关船型屋的记载最早可溯源到我国宋代时期，范成大的《诸蕃志》中便有"屋宇以竹为棚，下居牧畜，人处其上"的描述。而后，不断有专家学者对船型屋进行测绘研究，在其建筑起源及演变、村落形态与住居形式、尺度规模、结构特征、形态类型等方面均有研究解读。而随着汉文化及当今城镇化的影响，相较于现代砖瓦房，这一古老民居建筑逐渐暴露出易损坏、居住条件差等问题，原有船型屋逐渐演变为现代风貌的住宅样式，当地居民在追求舒适生活的同时却无意中忽视了乡土建筑的宝贵价值，这一建造技艺也因建筑实体的转型而濒临失传。2018年，"黎族船型屋营造技艺"被成功列入第二批《国家级非物质文化遗产名录》，但仅扣以"国家级非物质文化遗产"的名号而不加以保护与传承，这一营建技艺及其物质载体只能单薄地存在于古籍、文献、博物馆中，而民族文化的真实写照会随着时间的推移而风化残缺，直至消失。

因此，本文以海南黎族船型屋为研究对象，通过古籍史料、地方志、现代专著等文献研究，结合实地调研与访谈，从其发展起源、选址布局、建筑营建等方面分析船型屋的地域特征，解读黎族传统民居的营建智慧，并根据其特有的优劣属性，寻求适应当今发展形式的保护策略。

一、船型屋的由来

船型屋是海南黎族的传统民居，黎语中称其为"布隆亭竿"，意为"竹架棚屋"[2]。相传在原始社会，最早的一批土著居民乘独木舟来到海南岛，因生存所需，黎族祖先便将船只倒扣，并辅以竹架支撑，搭建起了具有地方风情的船型屋。而后，随着聚落的发展，生产力不断提高，再加上受中原地区汉族文化的影响，船型屋顶盖逐渐向地面倾斜延伸，由原先的高架型船型屋（干栏式）逐渐过渡为低架型船型屋（落地式）[3]。

二、选址布局

（一）村寨选址

黎寨分布于五指山附近，多选址于平缓坡地、山谷平原及河谷台地，根据地形地势差异，船型屋分为高架型船型屋与低架型船型屋两种[4]（图1）。高架型船型屋多选址于平缓坡地，建筑垂直等高线布置，离地1.6~2.0米，上住人，下养禽畜；而低架型船型屋通常选址于地形起伏变化小的平地地区，只供住人，离地0.3~0.5米。

a. 高架型船型屋　　　　b. 低架型船型屋

图1 船型屋

（二）布局特色

黎寨顺应自然地形及植被水源等条件，没有固定的布局形式，在最小干预的条件下建房修路，呈现出组团式、成片式、成条式、成串式、附生式、群集式[4]等群组布局形式。而建筑单体也受地域环境因子的影响，形成体量小、外观自然、顺应地形的灵活样式。

三、建筑营建

（一）材料选择

船型屋在搭建时就地取材，选取竹、木、茅草、野麻、红白藤、椰子等天然材料搭建而成，使得整体建筑与地域环境相得益彰。此外，当遇极端气候或使用过久造成建筑损坏时，当地居民可及时进行损伤修复[5]。

（二）传统营建工序及结构特征

1. 下挖地基

根据当地传习俗，选址于松软土地，并将黄姜与露兜叶埋设于房屋中部预埋中柱的位置，以求家庭平安、多子多福[6]。而后下挖地基、埋设中柱。

2. 搭建承重框架

船型屋中部立有三根大柱称"戈额"，象征男人，是支撑房屋的主要结构；在"戈额"外围为6根矮柱，黎语称其为"戈定"，象征女人[3]。"戈额"与"戈定"共同搭建起船型屋，这一建筑结构形式也寓意着一个完整的家庭由男人和女人组成，并且需要男女协同努力才能支撑起整个家庭。

3. 构建基座及地面

为防止室内雨水倒灌，通常用石头堆砌出约30厘米高的基座[7]，再在石块基座上排布竹竿木条，纵横交错，铺织出弹性地板。有些船型屋内地面由黏土制成，铺制地面时，村民首先将野外挖取的黏土平铺在室内地面上，而后往黏土上浇水，再用双脚在上面进行踩踏，使其平整后让地面进行自然晾晒，如此反复进行多次，便可形成平整坚硬的室内地面。

4. 修筑墙体

船型屋的墙体为建筑的非承重结构，由竹片、椰叶、混有茅草的泥土等乡土材料筑成。依据墙面维护结构不同，船型屋墙体通常分为编竹抹泥墙（稻草泥巴墙）、竹条墙、竹笪墙、椰叶墙[8]等（表1）。

5. 加盖屋顶

船型屋屋顶结构分为半圆拱形（船蓬形）与金字形两种。半圆拱形屋顶造型呈倒扣船型，是最接近原始船型屋的一种，在建造时黎族人先将采集来的芭草、葵叶晒干，再结合红白藤进行编织[7]。在编织时，根据"戈额"的搭建位置，确定出房屋中心最

表1 墙体维护结构及其材料做法

墙体	材料	做法
编竹抹泥墙	竹（直径2~4cm）、细树枝、木条、混有茅草的泥土	先将竹子或树枝扎架出方格网形（边长约为20cm）结构，每隔1.5~2.0m增加立柱进行固定，而后用混有茅草的泥土糊墙（厚约8~10cm），再在自然风与阳光的作用下炙烤晾晒
竹条墙	竹条、木条	将直径在2~4cm的竹条竖直排布叠压，当水平距离达到60cm左右时，利用竹子或木条进行固定，以此为原型围合墙体
椰叶墙	椰子树叶、竹条、木条	用当地椰叶为材料，编制出30cm×200cm左右的席子，而后用竹条或木条进行横向压紧固定

高点，而后从这一制高点开始覆盖芭草，并以"条"为单位由中心向外紧密压制，以实现密实、平滑的屋面效果，倾斜的平滑屋顶加快了雨水下流速度，在最大程度上降低了雨水在屋顶上的停留时间。当芭草覆盖由"戈额"承重转向"戈定"时，芭草的放置量逐渐减少，以减轻屋顶自重，降低下方立柱的承受力度。

原始的半圆拱形屋顶存在耗材多、构造复杂、施工烦琐等缺陷。随着生产力的进步，半圆拱形屋顶逐渐向金字形屋顶过渡，同时，还发展出了茅房和砖瓦房顶的金字形屋顶。半圆拱形屋顶以粗大树干为跨间正中的中柱，起承重作用，并配以木柱支撑，门廊最外端的屋顶由三根横梁木柱承托。整体搭建完成后再在拱圈木上铺设方格网状檩条椽子，最后铺设芭草为盖。砖瓦房的金字形屋顶与汉族建筑类似，为硬山搁檩形式，采用山墙承重，个别采用豪式木屋架，顶部铺设辘筒瓦或阴阳瓦[9]。

四、建筑空间形态

（一）整体结构

为适应外部环境及民俗特征，船型屋通常屋形狭长、屋檐低矮，分前后两节（图2）。高架型船型屋多选址于坡度在5°~10°的缓坡坡地，垂直于等高线搭建而成，由"庭"（晒台）、厅堂、卧房、杂用房等部分组成。房屋最前方的"庭"，由木质阶梯与外界相连，作为从外界进入室内的过渡平台，白天用于晾晒谷物，夜间多为居民的乘凉之所[4]。而低架型船型屋通常由前廊、居室和后部的杂用房组成，在正面山墙入口处设前檐廊，与高架型船型屋中"庭"的功能类似，建筑最后方配以杂用房，

a. 竹木搭建的构架　　b. 黄泥糊制的墙体　　c. 茅草覆盖的屋面

图2 船型屋的结构

做储存粮食及杂物使用。

（二）室内空间

船型屋室内空间较为灵活，几乎没有明确的空间划分，但涵盖了起居、烹饪、储物等多种生活功能使用空间，如以床为主体的起居空间配以起居物品，以三角灶为核心的烹饪空间，以屋架悬挂与简易储物箱为主的储物空间等。因船型屋结构造型等影响，建筑中部较四周略高，这一区域通常作为家庭日常活动等的公共休闲区。

（1）光照。为防止建筑内部受强烈紫外线照射，船型屋墙面几乎不设开窗，但这样的房屋结构也使得建筑室内几乎不受太阳光的照射而长期处于阴暗状态。另外，出入房门上方加盖有超出墙面60~70厘米的屋顶挑檐，为建筑外部遮阴避雨。

（2）通风。因船型屋"组装式"的搭建形制，使得立面墙体与屋顶间可形成一定的缝隙分隔，这一缝隙保证了室内外气流交换，防止强劲的台风将建筑掀翻或吹倒。

五、船型屋的特征

（一）价值属性

（1）民族价值。船型屋似船的造型及其巧妙的搭建形式，不仅有着黎族人对祖先的崇拜与敬仰，更蕴含着黎族人民古老的美学审美与生态智慧。

（2）生态价值。顺应自然的结构样式，取自自然的建筑材料，很好地顺应了当地潮湿、多雨、炎热的不良气候条件，保障室内冬暖夏凉，并为村寨修缮、搭建新房提供便捷。另外，建筑腐蚀、受损而形成的建筑废弃物可自然降解，不对环境造成破坏。

（3）功能价值。船型屋的形态来源于船只，有着自然优美的曲线，这一外形特征简约朴实，很好地与当地自然环境相融合，同时曲线造型与竹木结构能够有效地抵抗台风侵袭。此外，高架型船型屋为建筑室内营造了良好的采光、通风、避湿、防虫等居住环境，底层的架空空间还可饲养牲畜，实现空间环境的合理利用。另外，船型屋通体从上至下由粗变细的材料搭建手法，在小小的民居中呈现出变化有致的外部形态，满足了房屋的整体受力，并迎合了室内空间的使用特性。外延的屋顶一方面起到了装饰与区分的作用，另一方面很好地适应了当地日照时日长、日照充足的气候条件，为建筑室内提供了舒适的遮阴环境。建筑正立面与背立面顶部与屋顶覆盖交界处呈弧形，这一结构形态巧妙地处理了建筑交接转角，增强了建筑耐久、抗风抗暴雨等特性。

（二）建筑本体缺陷

因船型屋多由传统材料搭建而成，其房屋的耐火、防潮、防蛀等特性相比于现代的砖瓦房有所欠缺，遇强风、暴雨等极端天气易受损，存在定期管理养护等问题。另外，船型屋不设开窗，室内阴暗潮湿，加上狭窄的居住空间，使得生活不便，黎族人多在房屋前后连廊进行劳作、休闲等活动。

六、保护与传承策略

海南省为我国重要的旅游大省，旅游开发多集中于东部沿海地区，而内陆的苗族、黎族等少数民族风情区的旅游业发展较弱。黎族村寨作为具有民族与地域特征的传统村落，有着独特的肌理及人文气息，难以模仿重建。虽船型屋作为住宅有着诸多不便，但整体建筑形制与搭建技法仍是值得保护与传承的重要民族文化载体。因而，借助旅游开发，留住原著居民的同时，还能给村寨注入新的活力，并带动黎锦、黎陶等相关文化的推广，丰富海南旅游产业的多样性，并提升当地人的文化自信与民族价值认同。旅游开发中可增设参与体验项目，引入传统民居体验、船型屋建造文化节等活动，让游客亲身体验当地风情，促进这一传统民居形式及建造技艺的推广，实现技艺与实物相结合[10]的活化保护。

船型屋作为黎族的代表之一，结合其取材于自然、搭建便捷等特性，作为临时展览建筑布置于海南城市空间中，无疑是一种直接地展示黎族文化和海南风情的有力方式。同时，船型屋作为居民住宅建筑，虽然有易风化受损、建筑寿命短等劣势，但能够很好地实现其作为临时展馆的使用功能，在展期作为临时展馆，在展后可自然风化消亡，省去了拆除的经费，且荒废的建筑材料可重新回归自然，不会造成环境污染。

参考文献

[1] 赵影 . 海南黎族船型屋保护研究 [J]. 中国外资 ,2013(16):342，344.

[2] 张潮 . 海南黎族传统建筑与黎族的审美观 [J]. 贵州民族学院学报 (哲学社会科学版),2012(03):77-79.

[3] 肖姗姗 . 略论海南黎族船型屋在旅游景观设计中的运用：以槟榔谷黎苗文化旅游区为例 [J]. 艺术教育 ,2018(11):216-217.

[4] 邱海东 . 黎族传统建筑文化探析 [J]. 大众文艺 ,2011(02):182-184.

[5] 张齐，刘畅，杨烜，等 . 海南船屋艺术的现代化应用分析 [J]. 门窗 ,2015(11):158,160.

[6] 王江涛 . 三道镇什进村黎族风情小镇景观设计研究 [D]. 海口：海南大学 ,2015.

[7] 张引 . 海南黎族民居 "船型屋" 结构特征 [J]. 装饰 ,2014(11):83-85.

[8] 陈小慈 . 黎族传统村落形态与住居形式研究 [D]. 南京：南京农业大学 ,2011.

[9] 刘耀荃 . 海南岛黎族的住宅建筑 [M]. 广州：广东省民族研究所 ,1982.

[10] 潘琦 . 黎族船型屋：活化传承 "非遗" 之难 [J]. 农村 · 农业 · 农民 (A 版),2014(02):44-46.

图表来源

图 1a：《三亚文艺》总第 29 期黎族专刊。

图 1b：古建中国。

图 2：保亭旅游官方网。

表 1：作者自绘。

厦门大学校园建筑符号的应用

雷贵帅　　海南热带海洋学院　教师

摘　要： 校园建筑被看作校园文化的缩影，清晰地记录了不同地域的高校在不同年代建筑扩建中的时代文化烙印。它承载着一个区域、一个空间的文化脉络，是能体现该地区独特环境风貌的重要载体。该文以厦门大学校园内嘉庚建筑群不同年代的建筑为主要研究对象，结合符号学的相关理论，探索其在传承地域文脉的价值意义。

关键词： 校园建筑；符号载体；应用

一. 符号学基本理论简要阐述

符号是人们共同约定用来指称一定对象的标志物，它可以包括以任何形式通过感觉来显示意义的全部现象。在这些现象中某种可以感觉的东西就是对象及其意义的体现者。正如著名符号学家 F. 索绪尔从语言学的角度来阐述，"语言符号取决于能指与所指的结合"的观点，是目前学术界认可的符号学的主要观点。根据索绪尔的解释，能指是"声音形象"，就是符号形式（符号形体），所指是"声音形象所表达的概念"就是符号内容（符号意义）。能指与所指是符号的两个方面，亦即形式和内容所构成的二元关系。

对索绪尔理论中的"能指"和"所指"的理解，以生活中十字路口的指示灯为例：红灯或绿（黄）灯是"能指"，"禁止通行"或"允许通行"是"所指"。其中，红灯或绿（黄）灯就是"符号的形式"，即"可以物化的载体"；"禁止通行"或"允许通行"就是"符号的内容"，即"能够被感知的内在形式"。但家中通常所用的白炽灯则既不会有"能指"又不会有"所指"的含义，它只拥有单一的照明功能，故不能作为符号来解释。索绪尔理论中的"能指"和"所指"的二元关系是指两个事物之间的关系，其实也就是形式和内容的关系。

将其基本理论应用在建筑上，构成建筑的梁、柱、墙、窗户、门等构件和建筑外形为实体部分，即是"可以物化的载体"，而其外形和构件所隐含的意义，即是"能够被感知的内在形式"。

为此，引用此理论来对厦门大学嘉庚建筑群中的建筑符号进行研究，以探究其背后蕴含的深厚文化意义。则厦门大学嘉庚建筑即建筑的实体是能指，建筑实体所代表的抽象意义是所指。

二、厦门大学嘉庚建筑群中的符号及其应用

本文以厦门大学的建筑为研究的出发点，究其原因有三：

其一，由于笔者在环境艺术领域学习多年，对造型艺术及建筑设计有一定的了解；其二，又由于在厦门大学学习多年，对厦门大学的"嘉庚风格"建筑有着较多年的体验，故以嘉庚风格建筑作为研究的对象；其三，大学校园空间相对于现代都市空间而言，有相对独立或封闭的特点，表现在建筑设计方面，其建设过程中有一个较为清晰变化的脉络。这种"清晰变化的脉络"对于"符号"的研究有着积极、准确的作用和意义。

（一）嘉庚风格建筑及符号

厦门大学是著名爱国人士陈嘉庚先生出资创办的，他对厦门大学的建筑设计有着自己独特的思想。建于 20 世纪 20 年代和 50 年代的厦门大学早期建筑，均是按照他的想法进行设计和建造的。主要包括：建于 20 世纪 20 年代，由映雪楼、集美楼、群贤楼、同安楼、囊萤楼五座楼组成的群贤楼群和 50 年代由成义楼、南安楼、建南大会堂、南光楼、成智楼五座楼组成的建南楼群。它们采用白岩、红砖、琉璃瓦的材料；骑楼式走廊、绿栏杆的结构；建筑外形采取中式大屋顶（指闽式重檐"三川脊"歇山顶）和西式柱子、西式拱券门、西式窗户等设计元素来设计。正是这些设计元素构成了具有传统民族特色的琼楼玉宇、雕梁画栋，形成了古今、中西合璧风格的建筑风格。而这些建筑被人们尊称为"嘉庚风格"建筑，也是陈嘉庚先生爱国教育思想及"中为主，西为辅"建筑思想的体现。

如果运用符号学相关的理论来论述厦门大学校园中的建筑与嘉庚先生的建筑理念之间的传承关系，可以说厦门大学建筑即是"符号"。就索绪尔的二元关系理论而言，"厦门大学嘉庚建筑这一实体"即是"能指"；其代表"陈嘉庚这一爱国教育思想及'中为主，西为辅'的建筑思想"即是"所指"。

本节以建于 20 世纪 20 年代的群贤主楼和 50 年代的建南

大会堂这两栋建筑及其建筑的主要设计元素作为对符号进行论述的对象。

建于20世纪50年代的建南大会堂是嘉庚风格建筑中最具代表性的建筑之一。从组成建筑主立面的设计元素而言，上部采用典型的中式大屋顶作为设计元素，寓意中式建筑；下部采用西式罗马柱作为设计元素，寓意西式建筑。一方面体现出中国传统 "上大下小"的思想，另一方面，中式大屋顶在上，西式罗马柱在下，寓意"东方压倒西方"（图1）。当然，无论这种思想是陈嘉庚先生本人的初衷，还是民间对其建筑思想的一种形象的注解，但从中体现出的陈嘉庚先生的爱国教育思想及"中为主，西为辅"的建筑思想是毋庸置疑的。

图1 建南大会堂

此外，建筑主立面下半部分除西式罗马柱这一设计元素之外，还有西式拱券门、西式窗户等设计元素。

西式拱券门，造型上采用了西方拱券的式样，材料运用了闽南当地的花岗岩，既降低了成本，又体现了材料的地域性及质朴之美（图2）。

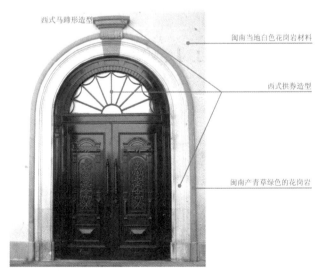

西式马蹄形造型

闽南当地白色花岗岩材料

西式拱券造型

闽南产青草绿色的花岗岩

图2 建南大会堂的拱券门

西式窗户，造型采用了十字加圆式样，外框是西方"十字架"，

内部是圆形，寓意"中西结合"。材料就地取材，使用闽南花岗岩（图3）。窗户体量小，在建筑的整体外立面仅起到点缀的作用。从其外框复杂的工艺雕花可看出陈嘉庚先生精心雕琢的设计动机，即希望能起到画龙点睛的作用。

从符号的能指和所指的定义来看，中式大屋顶、西式柱子、拱券门、西式窗户是能指，它们所体现的"中为主，西为辅"思想是所指。换言之，组成群贤主楼中的设计元素，同样也可以被视为嘉庚风格建筑的符号。

群贤主楼建筑格局是"一主二次"，由主体三层、东西两边副房各两层构成。它是楼台亭阁，飞檐交接；红墙绿瓦互衬，青椽紫桁相间；窗棱户方，异彩纷呈的建筑组合，这种建筑群组合气势宏伟，华美俊秀（图4）。

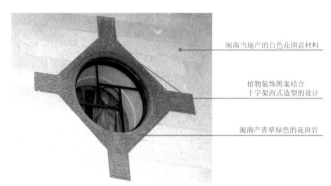

闽南当地产的白色花岗岩材料

植物装饰图案结合十字架西式造型的设计

闽南产青草绿色的花岗岩

图3 建南大会堂的西式窗户

图4 群贤主楼

综上所述，无论是建南大会堂还是群贤主楼建筑外立面，都含有中式大屋顶、西式柱子、西式拱券门、西式窗户等组成部分。这些外观设计都是上文中提及的嘉庚风格建筑的符号。这些符号均体现了陈嘉庚先生爱国教育的思想。此外，成义楼、成智楼、南安楼、南光楼、映雪楼等建筑都有异曲同工之妙。

（二）嘉庚风格建筑元素与符号学的关系

由前面的论述可知，中式大屋顶、西式柱子、西式拱券门、西式窗户是组成并表现嘉庚风格建筑设计元素的主要内容。对这些建筑设计元素的研究或解读如果运用符号学中索绪尔的二

元关系理论来论述,那么"中式大屋顶、西式柱子、西式拱券门、西式窗户等实体"可称其为"能指",其体现出的"陈嘉庚先生爱国教育思想及'中为主,西为辅'建筑思想"可称为"所指"。这种符号为厦门大学后期建筑中的应用及延伸研究提供了有益的帮助。

(三)嘉庚风格建筑的符号应用

经过对上文嘉庚风格前期建筑符号的讨论与分析,对该建筑符号及其体现出的陈嘉庚先生爱国教育思想及"中为主,西为辅"建筑思想有了初步的认识。由此,下面将对这些建筑符号在厦门大学嘉庚风格后期建筑中的应用展开进一步的分析与探讨,以期能够继续解读厦门大学建筑中体现出的陈嘉庚先生爱国教育思想及"中为主,西为辅"的建筑思想。

正是由于对以建南大会堂为首的嘉庚风格建筑符号的传承和应用,所以嘉庚风格的后期建筑才能够传承厦门大学历史文脉并融入厦门大学校园整体环境中。也就是说,厦门大学的后期建筑设计,由于运用了符号学的理论,才使得校园内新旧建筑在时代的发展中能够成功地实现交替。但是,这些符号的应用,并不是照搬照抄原有的嘉庚风格建筑符号,而是以符号的"变体"形式存在于建筑设计中。这种变体形式主要体现在与其原有造型、色彩、材料、结构等方面共同性的基础上,但又产生了差异性,即造型上由复杂不规则的图形到简洁的几何图形;色彩上由色彩较多到以几种主要颜色为主;结构上由砖砌到钢架玻璃幕墙;材料上由木头、闽南红砖到花岗岩和石材等材料。这些符号变体形式的运用,使厦门大学后期建筑群体呈现出了一种新的精神风貌。如颂恩楼、科学艺术中心馆、图书总馆等是新时期嘉庚风格后期建筑的代表。

1. 颂恩楼

建于2001年的颂恩楼是体现嘉庚风格建筑符号在厦门大学

后期建筑设计应用中较为成功的代表案例之一。颂恩楼集行政、办公、教学为一体,是厦门大学新世纪的标志性建筑。就建筑的主立面而言,其顶部设计是对传统嘉庚风格建筑中的中式大屋顶这一符号形式的应用,腰身设计采用的也是西式拱券门这一符号形式,且入口还由一个大的西式拱券门和两个小的西式拱券门构成;此外,还有作为建筑细节的窗户的设计,采用的也是西式窗户这一符号形式(图5)。上述符号通过增加、变异等设计手法,最终形成新的嘉庚风格建筑符号的变体形式。这种变体形式主要表现在由"闽式重檐'三川脊'歇山顶"到"形似大屋顶,兼有庑殿、歇山之韵的四坡锥顶(即'卷杀'出檐,屋脊是高耸向上的弧形'翘脊')"的变化。这种变化同样是陈嘉庚先生"中为主,西为辅"的建筑思想的继续体现。

这种变体形式符号的运用,一方面由于强调形式的简洁、高度的理性化、系统的模块化,并以钢筋混凝土预制构件和玻璃幕墙为支撑结构的"国际主义"风格的模式;另一方面由于嘉庚风格建筑符号在后期建筑中的应用,使得颂恩楼这一建筑的外形显得简洁、大气,充满了现代气息,并具有新时代嘉庚风格建筑的精神风貌。这种以变体形式呈现于嘉庚风格后期建筑中的符号,虽然是随着时间的变化而产生的在造型、色彩、结构、材料等方面的变化,但是符号的变体形式的应用所体现出的"陈嘉庚先生爱国教育思想及'中为主,西为辅'建筑思想"是一脉相承的。

2. 科学艺术中心馆

建于2010年的科学艺术中心馆,也是嘉庚风格建筑符号应用的代表性建筑之一。就建筑形式而言,顶部是中式大屋顶这一符号形式的应用,下部是西式柱子这一符号形式的应用,而这种设计形式的应用就是符号理论对嘉庚风格建筑的延续。从建筑总体外形来看,屋顶的设计相对于中式大屋顶这一符号形式而言,在造型上显示出由前期建筑的复杂到后期建筑的简洁

图5 颂恩楼

图6 科学艺术中心馆

的变化，在色彩上显示了由朴素到鲜艳的演变；柱子的设计相对于前期西式柱子这一符号形式而言，前期的西式柱子是上部柱身修长，上下比例变化不显著，采用古典罗马爱奥尼克式的柱身，下部是中式柱础，整个造型较为复杂；而后期的柱子吸收了古罗马爱奥尼克柱式和陶立克柱式的优点，不采用柱础，圆柱直接置于阶座上，柱头造型简洁，柱身中间刻有凹圆槽，槽背呈带状，造型更加挺拔、简洁（图6）。由于上述这些符号的变体形式在科学艺术中心馆的应用，其外观显得更加鲜艳，充满了现代气息；同时，也通过这种符号与时俱进式的应用，延续了嘉庚风格建筑的特色。嘉庚风格建筑符号在科学艺术中心馆中的应用，让新建筑更好地融入了厦门大学原有的整体的建筑群中，既是对厦门大学历史文脉的传承，又是陈嘉庚先生爱国教育思想及"中为主，西为辅"的建筑思想进一步的体现。

3. 图书总馆

图书总馆与颂恩楼、科学艺术中心馆这两栋建筑有所不同，它是2001年在原建筑的基础上进行改扩建的，也是嘉庚风格建筑符号应用的代表性建筑之一。

从建筑主立面来看，西式拱券门和西式柱子等嘉庚风格建筑符号是其符号的变体形式。在嘉庚风格建筑符号的应用方面，上部采用中式大屋顶这一符号形式的简化变体；腰身采用六根

图7 原图书总馆

图8 改扩建后的图书总馆

西式柱子作为对符号形式诠释的变体；下部采用西式拱券门作为符号形式。整体显得既简洁、大气，又具有浓郁的嘉庚风格（图7、图8）。

总之，上述的颂恩楼、科学艺术中心馆、图书总馆这三栋后期建筑是经过对符号及其相关理论的研究后，再将其结合嘉庚风格建筑思想，应用在建筑设计中的。笔者认为这种设计具有如下优点：一方面，尊重了当地文化特色，设计出具有本土特性的建筑；另一方面，后期嘉庚楼群的设计与校园中前期的嘉庚风格建筑群是一脉相传的，体现出了它既继承又有所创新，并与周边建筑协调统一，成为具有嘉庚风格和时代特色的现代建筑。这种符号的应用不仅能传承厦门大学的历史文脉，而且还能提高环境的艺术质量和人们对建筑的审美水平，这些方面的研究也就是需要我们从事环境艺术设计专业的学生应该认真思考和探索的。

综上所述，厦门大学的嘉庚风格建筑均采用中式大屋顶和西式柱子、西式拱券门、西式窗户等设计元素来设计；材料上运用白色花岗岩、红砖、琉璃瓦；结构上采用骑楼走廊、绿栏杆，形成了既具有传统民族特色的琼楼玉宇、雕梁画栋的风格，又不乏开轩面圃、简洁明快的南洋亚热带风格的前期嘉庚风格建筑。后期建筑从塔楼红瓦坡顶、重檐错落、楼栏悬空、气势宏伟的厦门大学新时期的标志性建筑颂恩楼；到异彩纷呈、绚丽夺目的科学艺术中心馆的建筑设计，无不体现符号在嘉庚风格建筑设计中的应用以及一脉相承的理念。其建筑中的设计元素无论是它蕴涵的建筑理念，还是平立面形式，抑或是呈现在建筑设计中的组合形式，其本质均是符号的不同空间、不同地点的存在形式，都可以为现代建筑创作提供借鉴和素材，成为现代建筑设计的范例。

三、符号研究对于校园建筑设计的意义

（一）尊重建筑环境的理念

本文所阐述的建筑环境不仅包含建筑地理环境、城市环境、地形地貌等环境，而且包括建筑所在的文化环境、社会环境中的社会人文环境，即特定的地域文脉。由于"国际主义"风格传入中国，这种强调简洁的形式、反装饰性、高度理性化、系统模块化和以钢筋混凝土预制构件和玻璃幕墙为形式结构的单一建筑快速代替了许多地方具有文化特色的传统建筑，使得能够代表本民族文化特色的建筑渐渐地从中国的土地上消失。这是忽略对于地域文化的研究而造成的结果。由此可见，地域文脉在建筑设计中的重要性。厦门大学嘉庚建筑将闽南文化这一地域文脉完美地延续、应用在校园建筑中。其以中式建筑风格为主，西式建筑风格为辅这一思想为设计理念，单体建筑均采用中式大屋顶和西式柱子、西式拱券门、西式窗户等设计元素

来设计，体现了"中为主，西为辅"的建筑思想；就地取材采用闽南当地的红砖、绿瓦、花岗岩，体现了在建筑设计中尊重当地的地域文化。正是基于这样的原则，才有了样式新奇，不中、不西、不古、不新，却一直有着强烈的"场所感"且享誉中外的厦门大学嘉庚建筑群。

（二）建筑设计理念的传承

一栋好的建筑不仅要承载当地的历史文脉，而且还应研究、传承地域文化的设计理念。就一栋建筑而言，如果没有设计理念，就没有了"灵魂"。然而，理念不是信手拈来就能附加于建筑之上的。嘉庚风格建筑是在深入挖掘当地历史文脉的前提下，运用了中式大屋顶和西式柱子、西式拱券门、西式窗户等设计元素作为传达嘉庚先生思想信息的符号进行设计，并形成了样式新奇独特的建筑群，陈嘉庚先生又称其为"穿西装，戴斗笠"的建筑风格。嘉庚先生之所以有这种思想，究其原因，一方面是嘉庚先生对于当地文化和东西方文化有着独特的见解；另一方面他无形中其实是运用了符号学相关的理论，进而形成了今天独特的嘉庚风格建筑符号。这些符号虽然随季节的更替、时代的变迁、技术的发展，会产生在造型、色彩、结构、材料等方面的变化，但从中体现出的陈嘉庚先生的爱国教育思想及"中为主，西为辅"的建筑思想是始终不渝的。这正是人们今天应该学习和提倡的一种文化精神。有鉴于此，闽南文化也罢，地域文化也好，对于建筑符号手法或形式的应用研究均是其表象，隐藏在其背后对于建筑设计的、独特的思想或见解，才是一个设计师应该花大力气去研究的。

综上所述，嘉庚风格建筑运用符号作为后续建筑中延续和传承设计的元素，既体现了该设计尊重当地的历史文化环境、传承嘉庚风格设计理念，又是陈嘉庚先生爱国教育思想及"中为主，西为辅"建筑思想的体现。这些案例是现代建筑创作对传统文化借鉴的一种有益探索，也为现代校园建筑在继续表达、传承文化方面提供了一定的参考价值。笔者对厦门大学嘉庚建筑群符号的研究仅仅是一个点，进而延伸出建筑符号研究的一条线，从而达到在尊重历史文化基础上再进行建筑设计的"面"，并希望这种以点、线、面推进的研究形式能为今后从事建筑设计的人们起到一个抛砖引玉的作用；同时，期望能为地域建筑文脉的传承起到积极的作用。

注释

①西式柱子有两种组成方式，一种是上部是古罗马爱奥尼克式柱身和下部是中式柱础与古罗马陶立克式组成的中西结合的综合柱子；另一种是古罗马陶立克柱式。本文将其定义为西式柱子。

②嘉庚风格后期建筑主要指建于 2000 年以后的保欣丽英楼（嘉庚一）、成枫楼（嘉庚二）、颂恩楼（嘉庚三）、祖营楼（嘉庚四）、钟铭选楼（嘉庚五），称为"嘉庚五幢楼"，以及 2001 年进行改扩建的厦门大学图书总馆和建于 2010 年的科学艺术中心馆等建筑。

③古罗马爱奥尼克式：其柱身比例修长，上下比例变化不显著，柱子高度为底径的 9~10 倍，柱身刻有凹圆槽，槽背呈带状，有多层的柱基，檐部高度与柱高的比例为 1：5，柱间距为柱径的 2 倍。

④古罗马陶立克式：一种没有柱础的圆柱，直接置于阶座上，由一系列鼓形石料一个挨一个垒起来的，较粗壮宏伟，圆柱身表面从上到下都刻有连续的沟槽，沟槽数目的变化范围在 16~24 条之间。

参考文献

[1] 陈宗明，黄华新.符号学导论 [M].郑州：河南人民出版社，2004：5.

[2] 缪远.传历史文脉 承嘉庚风格：厦门大学嘉庚楼群建筑赏析.华中建筑，2008，26（3），192-193.

图片说明：图 7 引自陈天明编撰《厦门大学小时资料（第八辑）厦大建筑概述》，厦门大学出版社，1991 年 1 月；其他图片均为笔者拍摄。

重塑消失的市井——探究本土语境下建筑集群空间的生活场景营造

李雪飞　　合肥工业大学建筑与艺术学院　硕士研究生

苏剑鸣　　合肥工业大学建筑与艺术学院　教授

摘　要： 中国当代城市在发展的同时带来了文化断层、归属感缺失、地方精神萎靡等一系列负面影响。对此，建筑师有必要重新思考现代建筑的本质含义，探讨基于生活与文化回归的本土建筑的发展方式。本文从市井生活塑造的新视角重新解读刘家琨设计的西村大院，通过对其场所语汇、造型语汇、技术语汇的探究，分析市井生活空间重塑的手法，以此启发中国本土现代建筑集群空间营造的新方向和中国现代建筑发展的新思路。

关键词： 地方精神；市井生活；本土建筑；集群空间

一、城市丢失的生活

改革开放 40 年来，中国当代建筑文化逐渐走向开放、多元。经济的发展使中国涌现出大批新建筑，但建筑质量良莠不齐的现象加剧了对当代中国城市建筑发展的消极影响，也带来了一系列社会问题。

（一）对城市发展的消极影响

进入 21 世纪之后，我国城市迅速发展扩张，历史遗留问题在城市规划、建筑、人文方面逐渐凸显，特别是在一些发展迅速的二、三线城市尤为显著。

1. 历史文化记忆断层

在城市更新过程中，承载市民日常活动的公共空间逐渐被新建筑蚕食，熟悉的生活场景也逐渐被林立的高楼抹去，人们的生活记忆中存在着一段历史发展的断层；在新老城区的交界处，"纪念碑"式和"普通民居"式建筑两极分化的空间状态也形成了建筑文脉的新旧断层，阻隔着城市、建筑地域性元素的文化传承（图 1）。

图 1　"纪念碑"和"普通民居"的分化

2. 城市居民归属感的缺失

如今，快节奏的城市生活极易使人们产生疲惫和精神压力；城市的精英化使个体长期脱离群体，生活行为由集体性向个体性转变，这些都成为引起当代人们归属感缺失的原因。然而，作为社会性生物的人类依旧需要在群体中寻找保护、认同和归属。

3. 地方精神的萎靡

传统生活方式的改变、城市空间等级划分的愈发清晰，使对延续地方精神至关重要的日常生活空间地位降低，生活的活力和城市记忆变得薄弱；独特的地域文化和风土人情活力不再，市井生活的创造力减弱，地方精神也随之萎靡。

（二）现代中国本土建筑的历史责任

中国本土建筑实践发展至今，已经成为国内重要倾向之一，其建筑思想代表着中国新一代主力建筑师的独立思考。面对当今社会一系列的现实问题，本土建筑实践更贴近中国城市、地域、民情，具有能带领中国现代建筑走上新台阶的潜力。中国本土建筑师或许可以通过对建筑本质意义的解读来转移关注焦点，并探索传承新时代本土精神的新途径。

二、现代主义之后诗意的栖居

（一）海德格尔建筑思想

德国哲学家海德格尔曾提出这样一个思想："诗意地栖居在大地上。""诗意地栖居"即诗意地生活，而诗意则是源自对生活的理解与把握，对安稳的日常生活的向往与追寻。

现代人们"栖居"的困境并不是缺少房屋，而是缺乏对真正的"栖居"的认识。现代主义建筑是为了调和社会矛盾，解决人类需要的"栖息之地"而产生的，而其随后的发展多局限于物质形式与空间，以至于对现代建筑本质意义的探寻停滞不前。

"诗意地栖居"的思想旨在通过改变生活的心态来应对现代主义建筑带来的弊端，而建筑师需要通过为人们创造积极的生活方式来应对建筑发展带来的各种问题。

（二）建筑本质意义的探寻

虽然现代建筑给人类社会带来经济的发展、城市的发展、建筑技术的成熟，但城市之间可辨识度降低，丧失了熟悉的生活印迹，"心"越来越找不到"栖息地"。建筑的本质是为人类提供"栖居"的空间和场所，是容纳生活的容器，所以建筑应源于生活并归于生活，包含人的情感和精神，为人类创造美好。

（三）刘家琨本土建筑实践

作为中国本土建筑师代表之一，刘家琨以其文人底蕴和"低技"理念，在建筑作品中展现了建筑师对"诗意地栖居"的本意和本土建筑发展可能性的探索。他以积极"入世"的态度承接文脉传承，崇尚建筑空间的"日常性"，并对中国当代社会发展的核心问题做出积极回应。

三、城市集群空间中生活的复苏

（一）西村大院——"日常生活的欢庆"

刘家琨设计的西村大院是一座努力挖掘、营造本土市井生活氛围的综合式建筑，给我们带来了新鲜的市井生活复苏的气息。这个巨构的向心式建筑，整体长 228 米、宽 170 米，建筑进深 25.8 米、高 24 米，中心围合的是一块巨大的公园及社区活动中心，一条巨型跑道延伸至屋顶（图 2）。

建筑外观给人一种庞大原始的未完成感，却很好地将城市"纪念碑"与"普通民居"的形式融合在一起，落成之际带来不小的轰动。有人评价它的形式是对计划经济时代"集体大院"生活的追忆，有人认为它是欧洲"周边街廓"形式的回归，而建筑师自己的描述则是——"日常生活的欢庆"。西村大院给我们展示了在建筑中营造生活空间的独特视角。

（二）大院里的市井潜力

西村大院本质上是集聚人流的文创商业类建筑。建筑中心围合的集群性广场，极大地激发了市井生活的潜力，为市民生

活场景的复苏提供了场所。但是从体量上来说，这个"纪念碑式"的巨构建筑如何如作者所说，能够塑造"普通民居"般的市井生活氛围、使城市居民找寻到归属感，是我们需要讨论的问题。

四、西村大院里市井的重塑

西村大院对集体生活的追忆和市井生活的重塑方式，可以通过场所语汇、造型语汇、技术语汇三方面的分析进行探究。这也是刘家琨独具特色的本土建筑语汇。

（一）场所语汇

场所是人产生归属感的地方，同时从心理学角度来说，产生心理认同是完成归属感的一个重要因素。因此，在建筑设计中营造对人有归属感的公共集群空间，需要深入研究建筑的场所语汇。

1. 场地塑造

西村大院因其特殊的用地性质和对场地原有建筑、场地的保留，直接导致了其周边街廓和中心庭院的建筑形式，大胆且带有情怀的想法颠覆了传统商业综合体模式，也打破了以往社区活用场地的单调（图 3）。当人们穿过建筑体的开口进入内部庭院，由于边界的限定，会产生强烈的区域感和领地感，社区和集体感增强。西村大院对于场地的塑造是重塑市井生活重要的物质要素。

2. 空间还原

西村大院采用的"空间还原"手法，主要分为两大类：传统空间还原和世俗空间还原。传统空间和世俗空间的营造是重塑市井生活重要的空间要素。

1）传统空间的还原

①横向走势：整个建筑长 200 米、高 24 米的比例使立面形成了强烈的横向走势，表现出对基地外部环境和中心庭院的强烈把控力，还原了中国古典宫殿建筑常用的横向取势手法（图 4、图 5）。

②传统合院：建筑在东、西、南三面围合成 U 形布局，通向屋顶的立体跑道限定北面边界，加之中置庭院的布局，还原

图 2 西村大院鸟瞰

图 3 西村大院内景

了中国传统合院建筑形式，同时赋予庭院日常休闲的传统功能。

图 4 太和殿立面横向取势示意

图 5 西村大院立面横向取势示意

2）世俗空间的还原

①庭院的功能性还原：中心庭院分为五个分区，其中以中心的露天运动篮球场作为整个园区的核心区域，外围辅以三个不同主题的竹园，分别是粉单竹园、慈竹园、琴丝竹园，在东南角布置了竹林大间和竹林广场（图6）。打破了很多场地景观设计中惯用的，注重观赏和路径穿行而忽略了场所中人的活动需求的平面构图，既贴近生活又极大地增强了场所归属感和市井繁荣潜力。

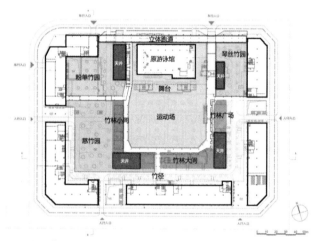
图 6 西村大院中部庭院分区示意

②地域文化还原：在每个不同主题竹园中又分隔出部分"园中园"，即由竹子围合出的"包间"，用于不同功能的聚会使用。这也是参照四川人喜爱喝茶、打麻将这种组团性聚会，对成都茶文化和麻将文化空间的还原，并依据其特定的使用习惯进行设计（图7、图8）。

3. 叙事手法

刘家琨在建筑空间组织中善用叙事性的表达，赋予空间以时间内涵，加强了空间的可读性，同时这些叙事手法的实践也蕴含着刘家琨对中国本土建筑发展中文脉传承的积极思考。

在西村大院的空间组织中，设计师并没有使用他在鹿野苑石刻博物馆和何多苓工作室设计中惯用的线性叙事手法，而是采用向心放射递进的方式（图9），首先从城市环境推近至外围的建筑，再渗透至内圈的竹园景观，最后聚焦于中心的运动场。整

个建筑从城市、基地到细部场所的处理十分重视内外建筑空间的历史衔接；一步步推进，强调中心空间，烘托市井氛围，用真实、当代、地方性的融合来处理城市文化的传承和延续；立体路径的营造打破了二维平面的界线，拓展了纵向空间的"游走路径"，同时也迎合了城市居民闲逛、夜跑锻炼的需求。

图 7 望江公园竹林茶馆

图 8 西村大院竹林包间

4. 时间维度

强调建筑早晚、四季的变化是重塑市井生活重要的时间要素。西村大院建筑的外挑廊与水楼板使立面消退，而看似低调含蓄的建筑随着夜幕的降临逐渐苏醒。人们的生活开始由城市凝聚至大院中，由室内蔓延至室外空间（图10）。如张早对西村大院的描写，"到了傍晚，人们便从四下的入口渐渐涌进来，有遛弯的，场子里踢足球的，架空坡道上奔跑的，楼顶推着婴儿车闲逛的，院落里看电影的……天色暗了，各式霓虹亮起来，球场照明灯也开启，火锅香飘了满院，大院儿这时是充盈的。①"大院这时是属于每个人的。

（二）造型语汇

在"造型语汇"中，刘家琨多采用的"原型借用"创作手法，

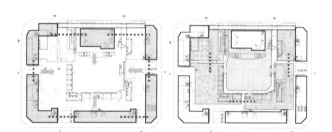
图 9 西村大院集群空间的叙事推进示意

图 10 西村大院夜景

表现为对具有集体记忆的民居的重视。集体生活的元素体现着日常生活的记忆，是重塑市井生活中的重要时代元素。

1.集体建筑原型

很多人都说，西村大院的建筑形式像极了社会主义大院。对比一下西村大院和隆昌公寓的建筑体块和内景，不难发现，集体大院便是西村的建筑原型，甚至楼梯也有异曲同工之妙（图11），两者都通过外部楼梯的点缀来打破建筑横向展开的单调，创造视觉焦点。

2.文化传承

"集体记忆"原型的借用，是刘家琨对前文提到的文化断层的积极回应。文化的传承是塑造市井生活重要的精神要素，建筑师通过自身的本土实践，用建筑表达自己对于文化传承方式的理解和努力，启发中国新一代建筑师的思考。在西村大院中，建筑师将设计重点放在对城市居民市井生活空间场景的重塑上，通过对记忆的挖掘、场景的追溯、生活的重现来缝合中国当代与现代两个时代的文化裂痕，并以"现代转译"的手法在承接当代大众文化的基础上做了一定的"启后"工作。

图11 隆昌公寓、西村大院立面对比

（三）技术语汇

西村大院裸露的结构、原始的肌理都流露着建筑师"处理现实"的一种态度：通过"低技"策略表达建筑思想。与高大华丽的、使人产生距离感的玻璃幕墙相比，这种近乎粗野主义的手法更贴近日常生活。

清水混凝土的未完成感给人一种生活的自由，也给生活蔓延的自由。走廊的水泥栏板使用钢筋条栏杆，原始的手法给人时代感和冲击感；四川盛产的竹材和竹纹理混凝土的使用，将区域性的材料特性和生活元素融入建筑；再生砖屋顶植草的用法与传统瓦肌理相呼应；延伸至屋顶的跑道也解放了建筑的单一功能，为大院注入了生活的日常性。

五、结语

西村大院的成功离不开建筑师对地域化持续的探索和表达，离不开对生活的关注和对市井的塑造，更离不开建筑师对人情化的追求和文人情怀的抒发。刘家琨在建筑设计中将公众的普

遍意识融入物质空间，对建筑集群空间要素进行优化。通过对集体、市井空间的重塑，让建筑回归生活；使城市居民在城市中找回熟悉感、认同感、归属感，在群体中找到属于自我的表达，这是解决当下城市发展、文化断层给城市居民带来的负面影响最直接有效的方式。

城市建筑在发展中忽视了建筑宜居尺度的把握、地域性元素的延续和保护，也忽视了栖居于建筑中的人们心理和情感表达的诉求。西村大院无疑给当下正投身于城市建设的中国建筑师们一些思考，特别是正在发展的二、三线城市，在城市建筑的快速更迭中建筑师追求的是什么，又为人们留下了什么？

刘家琨对西村的市井生活的塑造方式给中国本土建筑发展提供了新思路，也给中国现代建筑设计和集群空间组织提供了新启发。中国人有自己的生活方式，中国建筑也需要有自己的生活态度。只有扎根在真实的生活土壤中的建筑才是我们的日常而精彩的生活所需要的现代建筑。

注释

① 张早.西村大院儿[J].建筑学报,2015(11)：59-63.

图片来源

图1来源于馥流的博客.[EB/OL].

http://blog.sina.com.cn/s/blog_7333c37d0102w9c7.html.

图2来源于家琨建筑.[EB/OL].http://www.jiakun.com/.

图3同图2.

图4作者加工于城市文化范.走进故宫，寻找神秘怪兽在哪里.[EB/OL]. http://dy.163.com/v2/article/detail/DN3GCTSI0525CD92.html.

图5作者加工于家琨建筑.[EB/OL].http://www.jiakun.com/.

图6来源于家琨建筑事务所，华益绘制.[EB/OL].

图7来源于QUANJING全景网站.[EB/OL].

https://www.quanjing.com/category/110056/1045.html.

图8来源于家琨建筑.[EB/OL].http://www.jiakun.com/.

图9作者自绘.

图10来源于家琨建筑.[EB/OL].http://www.jiakun.com/.

图11左来源于爱卡论坛.[EB/OL].

https://a.xcar.com.cn/bbs/thread-19189968-0.html.

图11右来源于建筑学院.[EB/OL].

http://www.archcollege.com/archcollege/2018/03/39637.html.

参考文献

[1] 李晨语.现代主义建筑观探析[D].长春：吉林大学,2014.

[2] 刘家琨.叙事话语与低技策略[J].建筑,1997(10)：46-50.

[3] 刘家琨.记忆与传承[J].建筑师,2012(4)：38.

[4] 吴卉.走在中国当代建筑中的思考[D].天津：天津大学,2008.

[5] 朱涛.新集体：论刘家琨的成都西村大院[J].时代建筑,2016(2)：86-97.

桥梁符号研究

李莹　　同济大学建筑与城规学院　博士后

摘　要： 基于符号学、语言学和建筑符号学的研究成果，对桥梁符号研究从语构学、语意学和语用学三个层面展开分析，从历史文化等多角度分析桥梁的建筑形式的意义，从技术发展的角度研究其结构内涵。

关键词： 桥梁符号；建筑语言；语义诠释

一、概述

19世纪50年代，意大利建筑学界将符号学引入建筑理论研究。他们试图弥补现代建筑语义缺失的不足，将建筑作品融入到丰富的历史和文化背景中。随后西方建筑理论家们开始架构建筑符号学和建筑语言学等新的理论，把建筑看作一种视觉语言和符号系统，并和语言加以类比进行研究。符号是传达意义的载体，符号研究是为了透过现象看内涵、看本质、看深层次的规律。由于符号学的视野开阔、操作性强、应用广泛，其已经成为批评理论的方法论基础。桥梁是一种引发一定通行行为的符号系统，是包含实用功能（主要是交通功能）和丰富内涵的符号系统，是由不同代码组合而成的可识别的和表达明确的构筑物。符号学的思维可以帮助我们在新的层面阅读、理解桥梁的意义和本质，在形式、逻辑、空间设计和内涵表达中有新的构思，也为设计师和使用者之间架起一座沟通的桥梁。

建筑中存在着两种事实：建筑的物理性事实和文化性事实。物理性事实包含了营造科学、环境科学、行为科学等科学知识。文化性事实包含了建筑的象征意义、在历史文脉中的意义、意识形态的涵意等。文化性事实就是建筑的意义[1]。桥梁建筑中也同时存在物理性事实和文化性事实，对应于桥梁的物质功能和精神功能。因此，我们不仅认为桥梁可以看作符号，还可以认为符号学正是一种合乎逻辑、具有规则的研究桥梁建筑所蕴含意义的理论与方法。

二、桥梁符号的语构学分析

桥梁和语言一样是符号系统，桥梁符号的研究可以借鉴语构学的分析方法。桥梁符号可以类比为建筑语言来进行结构的分析研究。在时间和空间的变化中，桥梁的建筑语言表层结构，如材料、形式和装饰的变化比较明显。表层结构涉及的主要是局部的、表面的问题。而建筑的深层结构，如结构体系、整体布局、文化象征等的变化一般要经历比较长的时间，受到社会、历史、文化、科技变革的影响。桥梁建筑语言的深层结构表达桥梁的内在含义，是支配桥梁生成的根本因素。桥梁的设计创作过程是将概念外化为形式的过程，也就是将桥梁的建筑语言由深层结构转化为表层结构的过程，主要可以分为概念构思过程和形式外化过程[2]。

根据乔姆斯基的理论，深层结构是语法的基础部分。桥梁的深层结构体现的是人和外界环境的基本关系，也是桥梁设计建造的基本原则。国外对桥梁的设计强调3E原则，即效率（efficiency）、经济（economy）和优美（elegance）三要素。我国最常用的桥梁设计原则是"安全、适用、经济、美观"。近年来，考虑可施工性、可养护性、保证全寿命使用的耐久性、环保节能的可持续性工程理念也成为重要的设计原则。项海帆院士提出21世纪桥梁概念设计应满足"安全、适用、经济、美观、耐久和环保"的六项原则。桥梁设计的要素和原则决定了它的深层结构，表达了桥梁建筑语言的基本含义。

桥梁的深层结构和建筑的深层结构在原则上基本一致，是一种稳定的、抽象化的概念描述。深层结构要外化为表层结构，还需要考虑各种制约条件的影响，如功能、技术、经济、文化、

图1 桥梁建筑语言的总体架构

环境等。桥梁的表层结构从外观上看是建筑形式和形态，从建筑语言的角度看是形式语言和技术语言的结合。桥梁的构成语言主要有形态的构成语言、结构与材料的构成语言、设备与技术（施工）的构成语言、桥梁与环境的构成语言（图1）。它们是桥梁表层结构的主要构成语言。

三、桥梁符号的语意学分析

（一）桥梁符号的能指（形式）与所指（含义）

按索绪尔的理论，符号是由"能指"（signal）和"所指"（signification）组成的统一体。桥梁符号也是能指和所指的统一。能指包含桥梁的形式、空间、跨径、色彩、质地、韵律等外在形式和特质，这些特质集中在一座桥梁建筑上有时是难以完全分割的。能指还包括桥梁体验的部分，比如舒适感、开敞感等。桥梁符号的所指虽然很难明确具体的范围，但在精确性和复杂性等方面还是无法和语言符号相提并论。所以，桥梁设计中文字说明是必不可少的，借以补充阐明桥梁设计需要表达的信息，减少信息传达中的"噪音"。所指才是桥梁符号真正要表达的内涵，如设计思想、美学观念、使用功能、文化习俗等。但还有一些更深层次的更隐匿的所指，比如历史文脉、心理学和现象学的一些因素等。总的来说，桥梁符号的能指和所指分别指代的是桥梁符号的形式和含义两个层面（表1）。

表1 桥梁符号的能指与所指

	表现形式	表现特质	感觉与体验
能指 （形式层面）	形式、空间、表面、跨径、体量、建筑材料、结构体系等	色彩、质地、比例、韵律等	舒适感、开敞感、愉悦感等
	显性的		隐性的
所指 （含义层面）	建筑思想、美学观念、文化习俗、社会意识、宗教信仰、生活方式、交通需求、商业目的、科技及经济水平等		历史文脉、心理学、现象学、图像学等

桥梁符号具有形式层面的多样性和含义层面的复杂性，从而导致桥梁符号的含义层面和形式层面之间的关系可能是相关的，也可能是分离的。例如，同样的设计要求可以用不同的桥梁方案来实现，同一个桥梁形式也有可能表达多样的建筑内容。

（二）桥梁符号的类型

按照形式层面、含义层面和实际事物之间的关系，桥梁符号可以分为相似符号、指示符号和象征符号三类。

1.桥梁的相似符号

桥梁的相似符号是符号的形式与含义或符号对象之间有相似的特征，最常见的是构形的相似性。桥梁的相似符号主要有

两种类型。一种是图纸、模型、照片等图像符号。这种相似的性质和程度似乎很难界定。无论是简单勾勒的桥梁的轮廓或是精确的设计图纸都可以看作图像符号。这种相似并不是过度强调桥梁的物理性质，而是更多的侧重于结构、空间和布局的内在相似。还有一种是桥梁某些构件的造型模仿了某一种事物，例如形似巨大银色贝壳的穆尔岛桥（图2）和蝴蝶拱桥（图3）。

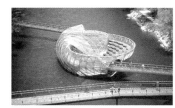

图2 穆尔岛桥　　　　　　　　图3 蝴蝶拱桥

2.桥梁的指示符号

桥梁的指示符号是指桥梁符号的形式和含义之间存在一种合逻辑的因果关系，主要代表了其实用功能，如桥墩代表支撑，桥面代表通行，桥台代表桥梁与道路的衔接等（图4）。在实用性设计当中，最常用到的桥梁符号是表达形式与功能的因果关系的指示符号。随着桥梁形式的丰富，历史悠久的指示符号得到反复的运用也有可能成为象征符号。

3.桥梁的象征符号

桥梁的象征符号的形式层面与含义层面之间是一种约定俗成的象征关系，不再具有构形相似性和功能上的因果关系等强约束关系。桥梁的象征符号具有和语言符号类似的特性，体现了桥梁的建筑意义的丰富性，使得桥梁形式可以代表多样的建筑内容，如文化习俗、社会意识、经济价值、科技水平等。

在不同时期应用于桥梁的古典柱式就是一种象征符号。例如位于巴黎协和广场上的协和桥（图5）在桥墩上增加了立柱，立柱和主拱圈形成了券柱式构图，是典型的古典建筑语言的范式。协和桥的立柱下部没入水中，柱身没有雕刻纹路，柱头只加了几块垫板，承托住桥面突出的部分，既起到了功能的作用也起到了体现古典柱式将人文精神和科学精神集于一身的特点。

图4 空心板梁桥　　　　　　　图5 巴黎协和桥

四、桥梁符号的语用学分析

（一）桥梁符号在设计中的应用

按照深层结构与表层结构的转换规则，可以将设计方法分

为四种类型：实用性的设计、类比性的设计、几何性的设计、类型学的设计[3]。这四种方法的独立或综合运用就可以生成桥梁的表层结构。

1. 实用性的设计

实用性的设计是以实用功能为设计目标，也是人类最早进行设计的方法：寻找各种可用的建筑材料，不断尝试构造满足生活需要的建筑物。以工业革命时期的铸铁拱桥为例，第一座铸铁拱桥煤溪谷桥（图6）采用的是木结构的格构式的主拱圈形式，并没有充分发挥铸铁抗压性能好、抗拉性能差的材料特性。19世纪初建成的克拉雷奇桥（图7）采用的桁架式主拱圈才是适用于铸铁材料的实用设计。由此可见，实用性设计中主要采用的是指示符号，而不是相似符号。

图6 煤溪谷桥　　　　　　　图7 克拉雷奇桥

在现代桥梁设计中，当使用新材料或新桥型的时候，设计师会首先以有效实现功能为目的，采用数值模拟的方法不断优化桥梁的结构形式和构造尺寸，可以在很大程度上避免对已有的桥梁符号的盲目模仿。

2. 类比性的设计

类比性的设计就是通过对类比物的引用来进行设计工作。常见的类比方式主要有对动植物形状的类比或是对某种事物的状态的类比，

图8 新加坡波浪桥

运用的主要是桥梁的相似符号。前文中提到的穆尔岛桥就是对贝壳的模仿。新加坡的波浪桥模仿的是波浪运动的状态，全桥有四个波峰、三个波谷（图8）。

3. 几何性的设计

几何性的设计是用几何原则来设计。随着人类文明的演进，有些具体形象的设计会逐渐精炼出抽象的形式或规则。黄金分割比、维特鲁威人的比例关系，或者是从大师作品里抽象出的比例关系，就是在建筑设计中经久不衰的几何规则。古罗马时期广泛使用于输水道桥的拱券结构是典型的桥梁符号，反复出现在不同时期的高架桥中（图9、图10）。无论是抽象的几何形式还是几何规则都需要具体的载体，因此与几何性设计相关性最大的是桥梁的相似符号。

图9 德国 Göltzschtalbrütske 高架桥　　图10 英格兰格伦菲南高架桥

4. 类型学的设计

类型学的设计是指处于同一文化背景中的人共同认可的一种固定形象，并将这种形象运用到建筑中。这种特定的建筑形态是和某一地域的文化风俗、地理气候、生活习惯相适应的。类型学的设计是以约定俗成的认同作为原则，象征符号的使用是必不可少的。例如我国江南地区的石拱桥已经成为江南文化的象征，是典型的桥梁象征符号。

台湾的淡江大桥（在建中）是一座将地域文化和建筑形态相结合的优秀的现代桥梁设计作品。大桥选用了扎哈·哈迪德建筑事务所的设计方案（图11），主桥全长920米，主跨450米。淡江大桥将设计成"以淡水夕照为背景的瞩目地标"，设计构想来自云门舞集的舞蹈。桥梁纵向的灯杆由桥塔向两侧倾斜，营造出舞蹈的律动感。白色主塔选用了倒Y形结构，造型设计

图11 淡江大桥　　　　　　图12 淡江大桥设计意象

的尽量纤细、修长，宛若一位轻盈的白衣舞者。桥塔、灯杆以及体现优雅壮观的舞蹈意象的整座桥梁都是淡江大桥包含的象征符号。

（二）桥梁符号的诠释与分析

从符号学的角度，人类的精神活动是将思维符号化的过程。桥梁的设计过程就是将人脑中对桥梁的设计外化为桥梁符号组成的建筑形象的过程。每一座桥都包含大量的桥梁符号，桥梁批评的主体对这些符号所释放的信息的认识和解读是一个复杂的工作。

参考 Juan P.Bonta 的研究，将批评主体对桥梁符号的诠释与分析分为三个层次：直觉式、实证式、解析式 [4]。直觉式的诠释是根据批评主体对桥梁的直观感受进行诠释。这些直观感受主要是大众对桥梁外形、平面和空间布局带来的通行体验的主观感觉，缺乏深入客观的判断。实证式的诠释的是根据实证资料对桥梁进行诠释。实证资料主要有对桥梁的口头访问、问卷调查、结构计算书等。解析式的诠释是利用文献资料、研究成果，从社会、历史、文化、环境、结构的安全性、耐久性等多方面对桥梁进行分析和诠释。

以上三种方法当中，直觉式的诠释方法最不严谨，可信度最低。实证式的诠释方法着重于对事实的陈述，但受到时间和地域等限制，诠释的范围比较有限。解析式的诠释方法是对专家学者的涉及多个领域的专业意见的集中与分析，能反映出随着时空变化的内涵于桥梁中的建筑意义。从实际操作层面来说，解析式的诠释方法包含实证式的诠释方法，实证式的诠释方法包含直觉式的诠释方法。因此，三种方法当中解析式的方法最优，实证式的方法次之，直觉式的方法诠释的层次最低。

五、结语

桥梁是包含实用功能和丰富内涵的符号系统，和建筑符号一样具有意义。本文从语构学、语意学和语用学三个层面对桥梁符号展开研究。根据对语构学理论的研究，提出了桥梁建筑语言的总体架构，分析了桥梁的深层结构和表层结构。通过对桥梁符号语意学层面的研究，提出桥梁符号是能指与所指统一的语义系统，分析了桥梁符号能指与所指所代表的内容；按照形式层面、含义层面和实际事物之间的关系，将桥梁符号分为相似符号、指示符号和象征符号，并阐述其含义。通过对桥梁符号语用学层面的研究，分析了桥梁符号在设计中的应用，将对桥梁符号的诠释与分析分为直觉式、实证式、解析式三个层次。

参考文献

[1] 孙全文. 建筑与记号 [M]. 台湾：明文书局，1986

[2] Li Ying, Xiao Rucheng, Sun Bin. Study on conceptual design process of bridges. 19th IABSE Congress Stockholm, 2016

[3]G.勃罗德彭特, 等. 符号·象征与建筑[M]. 乐民成等, 译. 北京：中国建筑工业出版社，1991.

[4]Juan P. Bonta, Architecture and its interpretation[M]. New York: Rizzoli, 1979.

图片来源

图2：http://blog.sina.com.cn/s/blog_648786ee0100qydi.html.

图3、图6至图10：来自维基百科网站.

图5：https://gs.ctrip.com/html5/you/travels/308/2350303.html.

图11：http://www.urcities.com/native/20150814/18380.html.

图12：https://www.7car.tw/articles/read/29377.

心理学视角下养老机构公共空间设计——重庆市渝北区龙山老年养护中心评析

李泽林　　重庆大学建筑城规学院　研究生

摘　要: 本文在心理学视角下，结合老年人的心理特征分析老年建筑公共空间在设计时应采取的措施，并以重庆市渝北区龙山老年养护中心为实例，在现场调研的基础上，整理该实例的公共空间环境因素，分析其对老年人心理产生的影响，并对其公共空间环境的整体使用效果进行评析。

关键词: 公共空间；老年人心理特征；养老机构；不足

一、老年建筑公共空间与老年人心理特征

（一）研究背景

国内人口老龄化的趋势带来老龄产业的蓬勃发展，推动着建筑学科对相关领域的研究和实践。目前，已有的研究实践主要集中于老年人在个人私密空间内的基本生理需求上，如套间内卫生间的空间和器具的专项设计，居室内轮椅回转空间的预留等。根据马斯洛需求理论，生理需求是人最基本的需求，人还存在着更高阶的安全、社交、尊重、自我需求，而这些需求在建筑层面则更多地依靠适宜的公共空间来满足。因此，对老年建筑的公共空间进行研究具有重要的实践意义，而对既有实例进行评析是有效的研究手段之一。

同时，老年人群体在生理和所处社会环境的变化下会体现出独特的心理特征，如何使他们得到积极的心理反馈同样值得关注和研究。因此，本文结合心理学相关理论知识，以老年建筑公共空间为对象，从心理学的视角对其进行分析，并选择实例进行评析。

（二）建筑空间环境对人的心理产生影响的过程解析

环境是客观存在的，所有能引起人的知觉反应的外部物质空间称为环境，现代环境是建筑与人的知觉、心理产生对话和交融的产物。而心理是人脑对客观现实环境的主观反映，作为建筑以及其所形成的环境，必然会对人脑产生感知作用，并导致人的各种心理活动[1]。

心理现象的发生、发展及其规律性是心理学的主要研究内容。心理现象可概括为心理过程、心理状态、心理特征三大方面[2]，这三方面相互制约、相互影响[3]。本文重点关注具有一般性的心理过程和有特殊性的老年人的心理特征。心理过程分为认识过程、情感过程、意志过程三个步骤，在本文所探讨的建

筑学学科范围内可分别对应：人在特定建筑空间环境中通过视觉、嗅觉、听觉、味觉、触觉产生的感觉和知觉，随感觉和知觉产生的主观心理体验（愉快、轻松、严肃、感伤等），随主观心理体验产生的意感、欲望、决心、行动（对建筑空间的探索、停留、逃离的欲望等）。

因此，我们希望老年人在使用建筑时经过认识过程后，使老年人的情感过程感受到支持性和激励性的主观心理体验，给予老年人积极的心理影响，进而促进老年人进行安全和有益于身心健康的意志过程。积极的心理能充分挖掘人固有的、潜在的、具有建设性的力量，促进个人和社会发展，使人类走向幸福。为了在认识过程中得到积极信息，我们需要针对老年人的心理特征"对症下药"。

（三）老年人的主要心理特征及应对方式

不同年龄段的人群对环境的要求和心理特征具有差异性。研究表明，老年人的心理特征主要如下。在生理变化影响下导致：①心理安全感下降，老年人会对不安全因素较为敏感；②适应能力减弱，老年人害怕适应新环境。在社会身份变化影响下导致：①老年人因与社会剥离而对自我存在价值产生怀疑，出现失落感和自卑感；②与人交流机会大大减少，产生孤独感和空虚感[4]。

在老年人的这些心理特征影响下，对老年建筑的公共空间进行设计时应采取以下措施。①将环境的潜在不安全因素降到最低，主要措施为：进行无障碍设计（降低发生磕绊的可能性）；设置应急呼救装置；地面采用防滑材料；强化防火预警措施；满足就近就医需求等。②营造适宜老年人的建筑空间环境，主要措施为：进行无障碍设计（提高空间可达性）；设计简单流畅、方向清晰、识别性高的功能流线和使用空间；合理配置老年人会长时间停留空间的建材、装饰物、色彩、照明等元素。③促

进老年人对自我价值的认可，主要措施为：进行无障碍设计（减少介助依赖）；满足使用介助工具（轮椅、拐杖、助步器等）的老年人对空间尺度的特殊需求；提供学习或体验空间（做手工、上网、写字、下棋等）来充实晚年生活。④减轻老年人孤独感，主要措施为：建立便利、有活力的公共互动空间等。

以上四类主要措施相互间并不各自独立存在，它们具有复合性，如无障碍设计的一举多得；还具有互促性，如公共空间内的各元素搭配合理且可达性高，则能吸引更多老年人的停留，实现人与人之间的交互。因此，以上措施的实现过程应注意统筹兼备，要素具备得越完善，公共空间的最终整体使用效果越好。

二、实例评析——重庆市渝北区龙山老年养护中心

（一）评析实例选择及项目概况

养老机构是老年建筑中的一种典型类型，服务对象主要是自理老人、介助老人和介护老人，为他们提供集体居住服务，具有相对完整的配套服务设施，专业性高，是理想老年建筑公共空间评析对象类型。

重庆市渝北区龙山老年养护中心地处重庆市渝北区松石支路，改建自重庆市江龙武术学校，是在老年照护体系逐步社会化的背景下，从粗放保障贫困弱势群体的基本生存转向更加精细可持续分配的社会资源，对应不同个体特征提供适当照护环境和人工服务趋势的机构养老产物。该项目在同类机构中相对规模较大，建筑面积达15000平方米，总计床位580余张；配套相对完善，设有生活起居、文化娱乐、医疗保健等服务设施，以五星级酒店标准装修；24小时专业服务，实行一站式养老，在养老机构中具有一定代表性。因此，将该项目作为评析对象具有一定代表性。

该养护中心由提供自理、介助服务的颐乐园和颐和园，提供介护服务的颐康园（首层为综合大厅，第2至9层主要为介护单间，其中第3层与颐乐园相接处设多功能娱乐区，第9层为局部9层加室外绿色露台，露台用阶梯连接颐乐园屋顶）三栋楼组成，其中颐乐园与颐康园从第2层至第6层用连廊相连。颐和园首层标高比颐乐园、颐康园的首层标高高约3.6米。三栋楼的中间围合了一处户外露天活动场地

图1 重庆市渝北区龙山老年养护中心总平面图

和瀑布（图1）。由于需要介护服务的老年人长期卧床，其主动行为受限而对公共空间的主观体验感受有限，故颐康园的公共空间环境不在本文讨论范围内。

（二）实例公共空间评析

1.颐乐园公共空间评析

颐乐园平面为"回字形"，第1层同时为三栋楼的老年人提供就近医疗服务的老年门诊大厅；第2层中部为公共食堂开放空间，周围环绕室内娱乐用房和办公室；第3层中部为老年人器械活动中心开放空间，周围环绕办公室和老年人居住套间；第4层中部为天井，天井外围合一圈2米宽内廊，内廊外是老人居住套间；第5至7层与第4层功能布置相同（图2）。

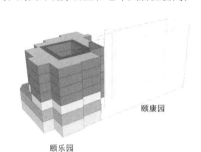

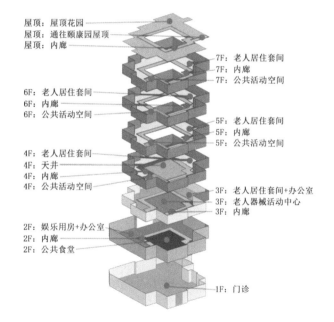

图2 颐乐园基本信息

颐乐园设有无障碍电梯一部，可直达屋顶花园，回形内廊均设扶手（图3），楼中各公共空间的最小宽度均支持使用各类助步工具的老年人使用，且每层楼护士站都进行低位处理（图4）。整体上，公共空间中所涉及的无障碍设计因素均有所考虑。但也存在一定问题：无障碍电梯设置在建筑的西北侧而离颐乐园东侧的主入口较远（图1），不利于老年人的便利使用，应考虑在主入口附近就近设置无障碍电梯；屋顶的环形花园某一转角处的最小宽度小于0.8米，不利于使用轮椅的老年人经过（图5左1）。

颐乐园屋顶花园与颐康园的露台花园用屋顶台阶相连，均可通过电梯直达，电梯门涂有彩绘营造活泼氛围，用木架和凉亭营造有趣的亲近自然空间（图5右3），有利于老年人在"认知过程"后建立起积极的"情感过程"。

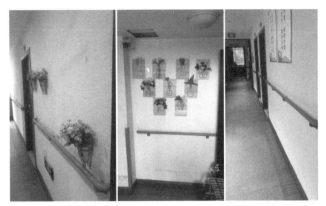

图3 颐乐园公共空间内廊实拍

图4 低位处理的护士站为不同身体状态的老年人服务

图5 颐乐园屋顶花园

老年人时刻担心发生意外，希望在需要的时候能够及时向相关工作人员呼救寻求帮助。而颐乐园中部公共空间和内廊虽设置有消防栓和手动火灾报警装置，却并未设置应急呼救装置，老年人独自在公共空间进行行为活动时会尤其没有心理安全感。因此，应在公共空间内取适宜距离分别布置应急呼救装置并考虑低位处理，以便发生意外时处于不同体位状态的老年人均能在可行动范围内顺利呼救。

给予老年人积极的心理影响，还在于建筑的空间氛围和流

线能否与老年人的心理特征相匹配。常规的"回字形"空间是中心对称的，具有集中与内向的特点，弱化了方向性。而老年人普遍存在眼晶状体弹力下降、睫状肌调节能力减弱的问题，会对相似的形象和颜色的辨识力下降。因此，老年人处在常规"回字形"内廊中，会因其中心对称的特性而难以通过视觉的"认识过程"实现自我定位，这在紧急情况下会引起"恐慌""无助"等不利"情感过程"，进而可能在"意志过程"中做出非正确的决定或行动，比如在原地不动或往非逃生方向疏散。如图6左所示，位于四个红点位置的老年人视野内的环境是相同的，他们不能根据"认识过程"确定自身的具体位置。为消除"回字形"平面对老年人心理造成的不利影响，颐乐园第2至7层的"回字形"平面设计相对于常规"回字形"平面有所变化：将南侧右边内廊局部向南退，形成一个约5米×8米的方形空间节点，设座位和台球桌等作为该层的公共活动交流空间；将东北侧内廊转角向内翻转，额外增加转角，如图6右所示。由此，"回字形"平面的中心对称被打破，公共活动空间和特殊的回廊转角空间的存在使处于四个红点处的不同老年人视野范围内的空间信息都不相同，从而使处在内廊中的老年人可以在"认识过程"中通过辨认出特殊空间节点的相对位置而在"情感过程"中对自身所处位置进行准确定位，从而正确引导自身的"意志过程"。这是颐乐园公共空间内廊流线设计的成功之处。

图6 常规"回字形"平面与颐乐园"回字形"平面

颐乐园公共空间内的灰色木纹地面做了防滑处理，墙体底部为棕色木制踢脚线，其上部到扶手腰线处为淡黄色抹灰，扶手漆黄色，墙面再往上为白色木纹墙纸，有绿植或字画作为装饰。入户门框统一为朱红色，白色吊顶，空间整体色彩基调以黄色为主，以红色点缀（图3、图7）。黄色给人轻快、充满希望和有活力的感觉；红色代表积极乐观，富有感染力[6]，二者均利于减轻老人的压抑感，营造有活力的公共空间氛围，能体现出色系的选择上对老年人的心理特征的考虑。但该色系在整个公共空间里铺得太满，且整体色度偏低。观察物体时需要有该物品的主要颜色的补色作为背景，使眼睛在背景上获得平衡和休息[7]，再加上老年人对颜色的辨识能力下降，低色度的空间环境对老

人的持续刺激效果在实际使用过程中会有所减弱，应考虑使用具有黄色和红色的补色（蓝色和绿色）的物体进行装饰和点缀。

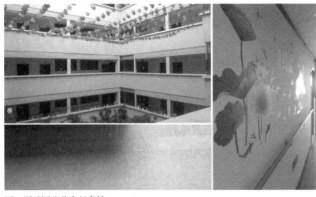

图7 颐乐园公共空间实拍

颐乐园的公共活动空间主要在第3层中部开放空间的集中器械活动区、第4层中部天井、第4至7层中每层约5米×8米的小型空间方形节点和屋顶环形花园，其分布较为合理，能满足各楼层的老年人的公共活动交流的需求。但该设计也存在一定问题：集中器械活动区约13米见方，空间净高仅约3.4米，再加上该空间被办公室和老年人居住套间围合而无法自然采光，虽有照明设施，整体空间仍显压抑封闭，不能给予老年人积极的心理反馈（图8），而颐乐园内的其他公共体验空间的尺度比例和采光条件整体上则较为适宜。

图8 颐乐园集中器械活动区空间低矮而显得压抑封闭

2. 颐和园公共空间评析

颐和园平面呈线性内廊式布局，具有线性延展的特点。第1层为厨房与开放食堂，厨房同时为三园供餐；第2至8层为单间和套间及护理站，未在每层设置室内公共活动空间和应急呼救装置，仅在第2层和第3层的东侧中部的门厅上方设有较小的公共阳台（图9），因此其公共活动空间的分布不能完全满足整栋颐和园老年人的就近使用需求。

颐和园公共空间所具备的无障碍设计因素与颐乐园相同，

且存在类似的问题：颐和园的无障碍电梯设在内廊的尽头，处在离建筑主入口最远的位置，进入建筑的老年人需要穿过整个餐厅才能使用，极不方便。可考虑在无障碍电梯附近另设出入口或在建筑主入口附近另设无障碍电梯。

颐和园的公共空间的尺度把控存在一定问题。颐和园的内廊墙体装饰手法与颐乐园相同，但颐和园的内廊因没有天井，只在山墙面开窗采光，导致内廊十分封闭且狭长，不利于在紧急情况下的疏散。同时，内廊与公共阳台之间被一间房间隔开，该房间的单扇门与老人套房的门相同，会给人以门后是常规老人套间或单间的心理暗示，不能起到吸引老年人加入参与的作用，开门后通道狭窄、空间紧促，给人以普通老人居住套房的印象，更加丧失将人引入的动力（图10）。

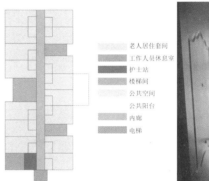

图9 颐和园二层平面示意图

图10 通往公共阳台的房间的入户门单开，在入口处的视野范围内所见空间更像老人居住套间

公共空间应能结合环境元素让老年人在活动过程中受到足够的动态感官刺激来引起可持续的注意力。颐和园中部开敞楼梯间的墙上瓷砖画有色彩鲜艳的风景画，且内容各不相同。风景画反映的自然之美能够唤起老年人的生命活力，并且设置在楼梯间可以清晰地提示老年人楼梯间的位置，在紧急时刻引导老年人疏散，在慌乱情况下增强老年人的心理安全感，是从心理出发的巧妙设计，但这样的设计在三栋楼里仅在此楼梯间里有所体现而未能普及；同时，该楼梯间的扶手是不锈钢材质，银色条状金属的冰冷感和牢笼感与老人的心理需求相矛盾，这也是三园中唯一一处采用不锈钢材质的楼梯间栏杆扶手，推测是原江龙武校时期的室内设计，并未重新设计（图11）。

3. 室外公共空间评析

三栋楼中间围合的户外露天活动场地直接连接颐康园第2层和颐和园第1层，场地周围围绕一圈连廊供老人驻足休憩、聊天，南侧设凉亭，凉亭旁设小型瀑布，动态的自然景观营造亲近自然的氛围，有利于老人的心理体验。但连接瀑布上方和下方的阶梯的每级台阶高度超过20厘米，不利于老人使用，虽

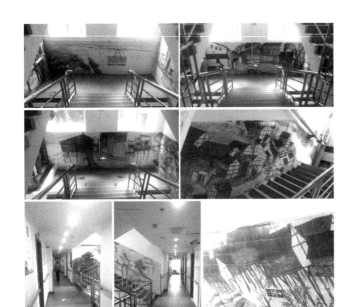

图 11 颐和园中部开敞楼梯间

设有标识提示严禁老人使用，但该台阶是通向颐和园的唯一户外阶梯，禁止老年人使用非常不合理（图 12）。此外，设计预设需要到达颐和园的老年人只能通过颐康园的电梯或楼梯到达颐康园第 2 层后，从颐康园第 2 层经过露天活动场地进入颐和园，流线复杂，与老人的心理和行为需求相违背，是设计上的一大痛点。

图 12 连接户外露天活动场地的唯一户外阶梯

三、结语

经分析，重庆市渝北区龙山老年养护中心的公共空间环境设计在一定程度上主观考虑了老年人的心理需求，体现在"回字形"平面的调整、空间的黄色主打色调、瓷砖上的风景画等方面。但在实际操作的过程中，该实例项目对老年人心理特征带来的需求所采取的措施在一定程度上存在设计不到位的问题，比如黄色调的空间环境铺得太满而缺乏对老年人的持续刺激、颐乐园平面东南角内廊的内翻使内廊的流线变得不自然且不利于使用助步工具的老年人使用，用于老人亲近自然的屋顶花园的通道却难使轮椅通行，颐和园中部楼梯间体现出对老年人心理特征关注的墙面设计未能在所有楼梯间的墙面普及等问题（表1）。像这样的问题未能将老年人生活质量的良好愿望转为实效，造成了建设资源的浪费，且该现象并非个例[8]。

本文仅以该实例项目为案例，从建筑使用者心理需求的角度评析其优点及不足，以期为建筑设计工作者提供相应参考。

参考文献

[1] 董孝论. 建筑环境心理与建筑师心理 [J]. 建筑学报,1993(10):30-32.

[2] 林崇德. 心理学大辞典 (上下) [M]. 上海: 上海教育出版社, 2003.

[3] 陈光贤. 空间·技术·心理因素: 当代室内设计的要领 [J]. 建筑学报,1988(04):39-43.

[4] [美] 卡尔. 积极心理学: 关于人类幸福和力量的科学 [M]. 北京: 中国轻工业出版社, 2008.

[5] 周燕珉. 老年住宅 [M]. 北京: 中国建筑工业出版社,2011.

[6] 何韵旺. 色彩基础 [M]. 北京: 北京理工大学出版社,2009.

[7] 江厥中, 杨公侠. 略论室内建筑色彩 [J]. 建筑学报,1983(7):17-18.

[8] 王勤. 日常生活情感建构理论及在老年建筑循证设计中的应用 [J]. 建筑学报, 2016(10):108-113.

文内图、表均为作者自摄、自制。

表 1 重庆市渝北区龙山老年养护中心公共空间评析表

属性对象	颐乐园		颐和园		户外露天活动场地	
	状态	备注	状态	备注	状态	备注
无障碍设计	○	①电梯位置偏僻 ②部分通道过窄	○	①电梯位置偏僻	○	①阶梯踏步过高
装饰	○	①空间色度偏低 ②空间色彩变化不够	○	①金属材质扶手冰冷	√	
流线/尺度	○	①器械活动空间压抑 ②内廊转角过多	○	①内廊狭长封闭 ②护士站位置偏僻 ③公共活动空间分布不均 ④公共活动空间活力低	○	①流线复杂,不利于颐乐园老年人使用
地面防滑	√		√		√	
防火预警	√		√		—	
就近就医	√		√		√	
应急呼救	×		×		×	

备注："√"代表"有相关服务并效果良好"，"○"代表"有相关服务但效果不佳"，"×"代表"缺失相关服务"，"—"代表"该项服务设置意义不大"。

再论建筑的复杂性与矛盾性——以安藤忠雄作品为例

廖宜莉　　合肥工业大学建筑与艺术学院　硕士研究生

苏剑鸣　　合肥工业大学　教授

摘　要：正值现代主义建筑思潮一百年之际，本文重新审视后现代建筑大师文丘里提出的建筑的复杂性与矛盾性，以安藤忠雄作品为例，从空间处理、材料表达、自然元素选取、平面构图方式等方面分析现代主义建筑的复杂性与矛盾性，并剖析复杂性与矛盾性在其作品中的具体体现。

关键词：复杂性；矛盾性；安藤忠雄；中国当代建筑

一、 研究目的与方法

（一）研究背景

后现代主义建筑大师罗伯特·文丘里首次深刻描绘了建筑的复杂性与矛盾性。从现代主义建筑教育的先驱——包豪斯开始，现代建筑实践中就充斥着复杂性与矛盾性。代表人物之一勒·柯布西耶的作品也体现了复杂性与矛盾性。深受柯布西耶影响的安藤忠雄，在日本传统文化的熏陶下，从空间、构图、材质、自然元素等方面采用复杂与矛盾的方式呈现了别具一格的现代建筑。中国建筑从传统到现代，其复杂与矛盾在整个建筑发展史中均有体现。

（二）研究目的

现代主义建筑思潮已有百年历史，既往研究中对其理论、手法等各方面的研究不胜其数，鲜有对其复杂性与矛盾性的探究。本文立足于建筑批评学的角度，对安藤忠雄的作品进行分析，探究安藤忠雄在建筑创作中所体现的与其自身性格相矛盾的静谧、冷清之感，以及安藤忠雄采用的复杂与矛盾的建筑语汇。再次探讨建筑的复杂性与矛盾性，并以此反映现代建筑被忽略的复杂性与矛盾性及其对中国建筑与文化的启示。

（三）研究方法

本文主要采用建筑批评学中的图式批评模式、形式批评模式和心理批评模式进行研究。

（1）图式批评模式：利用图示的方式对安藤忠雄的建筑设计语汇进行表达，展现安藤忠雄设计中的复杂性与矛盾性。

（2）形式批评模式：注重建筑的图形学和类型学特征的分析，是一种从纯视觉感受方面，根据建筑所属类型的艺术特征进行评价的一种批评模式[1]。本文将利用形式批评模式从形式上对安藤忠雄作品的直观感受、艺术形式进行探讨。

（3）心理批评模式：通过对安藤忠雄的成长经历、专业学习过程、创作历程与性格特点的分析，体现其在建筑创作中展现的与自身性格相矛盾的一面。

二、建筑的复杂性与矛盾性

（一）理论背景

20世纪中期，作为对当时现代主义建筑理论与问题的反思，以及对柯布西耶倡导的建筑、单栋建筑和整个城市建筑体系应体现纯粹主义观点的质疑，文丘里提出了建筑应具备复杂性与矛盾性的理论。他认为现代主义建筑不具备过去传统建筑所具备的精细与复杂，对于传统文化的传承有所缺失，并且建筑与场地也缺乏应有的内在呼应。

（二）文丘里的基本理论

1. 对传统的传承

在文丘里的观念中，正统现代建筑师对复杂性与矛盾性的认识不够充分，也没有达成一致的意见。他们试图采用新的表达方式，力图突破传统，但同时将那些原始且基本的要素理想化、简单化，牺牲了很多具有丰富意义的内容。文丘里并不主张建筑师照搬传统，放弃对新时代的呼应，而是提倡将传统与现代相结合[2]。现代建筑需要走出过去，呼应当今社会，但同时也要传承建筑历史和文化传统。

2. 对场地的呼应

建筑与场地环境要形成和谐统一的整体，就必然是复杂与矛盾的。密斯·凡·德·罗"少即是多"的理论，对复杂性表示不满并加以排斥，文丘里认为这种设计思想缺少了对更高层次精神价值的反映，也缺少对场地的真实响应。

3. 对室内与室外的表现

此外，文丘里还表达了对现代主义建筑师们所倡导的建筑室内外空间应当保持一致的主张以及正统现代建筑关于室内外形成连续的所谓"流动空间"理念的质疑。文丘里认为，建筑室内外空间的不同是建筑矛盾性的一个重要的表现形式。室内的基本功能是形成围护空间，室内与室外空间应当有效相隔，它们是不同的。功能的不同使得室内外的建造手法不同，建造手法的不同就必然造成室内外空间是复杂又矛盾的。

三、安藤忠雄作品的复杂性与矛盾性

安藤忠雄作为现代主义建筑大师，其作品却展现了文丘里所描述的关于建筑的复杂性与矛盾性特征，安藤忠雄采用了自己独特的方式使建筑融于自然，与场地形成有机统一的整体，传承日本传统文化并使建筑的室内与室外空间既相互区分又相互联系，从某种意义上回应了上述文丘里对现代主义的几点质疑。

（一）安藤忠雄自身性格与建筑表达的矛盾性

一个人的性格特征往往会影响并反映在他的处事方式、思想表达与文化作品上。安藤忠雄的作品总是体现出静谧、冷清与幽静之感，但反观安藤本人性格，却是脾气暴躁、性格强硬，与其建筑形成巨大反差。这主要来源于安藤忠雄在成长的过程中深受日本传统禅宗文化与现代西方文化的影响。

1.日本禅宗文化影响

日本自然生存条件恶劣，地震、海啸、台风终年不断，自然灾害频发。安藤忠雄在对日本独特自然环境的应对上，与冷静而理性的日本禅宗思想紧密结合，使得他将自然引入自己的"体验式建筑"，通过人在建筑中的直观感受间接接触自然。日本人一方面生性好斗，具有狂热的精神信仰，另一方面却又极其温和有礼。而安藤忠雄正是具有典型日本民族特征的人。其自身性格与建筑表达的矛盾性正是日本传统文化与典型民族特征的展现。

2.西方文化影响

在西方文化方面，安藤忠雄主要受到现代建筑大师勒·柯布西耶的影响。安藤忠雄认为柯布西耶的建筑并不是机械与呆板的，柯布西耶通过场景的变换来体验不同的建筑空间，例如萨伏伊别墅中室内的二层与三层上升空间的模糊界限处理方式。安藤忠雄继承了柯布西耶的这种矛盾与暧昧的处理方式，空间结构关系与光影交织处理都处在暧昧与理性的边缘。

（二）安藤忠雄建筑设计语汇的复杂性与矛盾性

1.室内与室外

文丘里认为，建筑的室内与室外空间应当有有效的区分但又要相互关联。对于如何妥善地处理这种矛盾的室内外关系，安藤忠雄有着自己的设计语汇。

在处理建筑室内与室外相互关系时，安藤忠雄采用最多的手法就是"灰空间"。"灰空间"使得建筑室内外空间能够进行良好过渡，模糊了内与外的明确界限，又将内与外之间相互关联，形成有机统一的整体。此外，安藤忠雄还采用了文丘里所述的"将室内外的矛盾表现为一层脱开的里层，该里层在里衬和外墙之间创造了一层额外空间"的方式，如光之教堂。

光之教堂平面（图1）原是一个完整的矩形，但被安藤忠雄采用一块15°角斜插的混凝土墙体进行分割，使室内与室外空间（图2）有效分割但又不是完全割裂，而是相互联系的。入口灰空间（图3）的处理既联系了两侧教堂部分又对其进行了分割。

图1 光之教堂平面图

图2 室外空间　　　　　图3 灰空间

2.开放与封闭

安藤忠雄常将自己的建筑进行内向限定处理，围合成自己的空间，使用者活动圈于该围合的空间内。但走进建筑内部之后，会发现安藤忠雄的建筑又是开放性的，他在建筑内部进行了安藤式小宇宙自然空间的营造，这个空间内有着安藤忠雄本身营造的光、水、风等自然与人工环境。

在住吉的长屋中安藤忠雄对基地进行了三等分，中间部分作一个通透的中庭进行设计，让人们与自然界进行接触，留出的室外中庭将四季变化引导至生活空间，设计必须经过中庭才可到达起居室，并由中庭连接四周的空间，使原本单调乏味的住宅生活重新充满乐趣。在外立面上，安藤忠雄进行了全封闭的处理，甚至连窗户都不进行设置，从长街看向长屋，除了进出的门洞，长屋就像盔甲般矗立在街面上。这样的对比与反差，内与外、开放与封闭的矛盾，在安藤忠雄的建筑中体现得十分明显（图4至图7）。

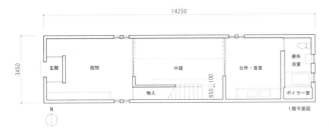

图 4 住吉的长屋平面图

图 4 住吉的长屋外观   图 6 住吉的长屋剖面示意图

图 7 住吉的长屋外观图

3.粗犷与静谧

　　清水混凝土的使用是安藤式建筑的典型标志之一。普通混凝土材质触感较为粗糙、凹凸不平。安藤忠雄用自己独特的比例调配技术将原本粗犷的混凝土墙面营造出一种光滑若丝绸的质感,再加上混凝土本身清冷的灰色调,使得墙体围合出的空间给身处其中的人们清寂、孤冷之感。混凝土原本的粗犷与清水混凝土的静谧形成了巨大的反差,丝质的触感也与冷寂的氛围形成了强烈的对比。这样的组合充斥着复杂与矛盾(图 8 至图 10)。

　　拿光之教堂(图 11)来说,光线射入室内,映上清冷的混凝土墙面,给墙面增添了些许的温度。为了追求室内空间的丰富变化,朝拜者能够在此空间中沉思冥想,并突出日本禅宗文化的冷清、孤寂与淡雅之美。这也是对文丘里提出的现代建筑没有体现对更深层次精神文化追求的解答。灰色冷淡的清水混凝土与橙色热烈的太阳光形成了强烈的反差对比,这种搭配方

图 8 濑户内海酒店

图 9 风之教堂

图 10 兵库县立美术馆

图 11 光之教堂

式给予使用者不一样的视觉享受。粗糙与细腻、粗犷与静谧、冷淡与热烈本是不可协调的几对关系，却被安藤忠雄处理地恰到好处，用种种矛盾关系创造出了具有强烈吸引力与体验感以及精神享受的独具特色的建筑。

4. 人工与自然

自然元素的使用是安藤建筑的一大特色，但是他并不一味地使用基地内所有自然元素，而是取他所需，并经过人化自然的方式来表达。安藤忠雄在引入自然的空间中尽可能地使用简单的方式来表达空间中的可能性。

安藤忠雄没有将所有的光线直直地投入建筑空间之中，而是通过人工的方式在墙面上开凿各种样式，使得光线通过这些样式投射进来，在室内空间中形成独特的光线，光被赋予了形式，形式给予了光深刻的意蕴内涵。人工与自然的矛盾在安藤忠雄的建筑中深刻展现。

5. 简洁与丰富

纵观安藤忠雄的建筑生涯的作品，几乎都是几何构图：矩形、三角形、圆形、椭圆形等各式简单的几何形态。单从外观来看，会误认为内部建筑空间同样简洁直白化，然而走进建筑内部，就会发现他有着精心布置的流线关系，变幻的光影元素，诗意的水域空间，妙趣横生的建筑转折。用简单的几何形体来产生丰富的内部空间，这是安藤忠雄常用的手法。这种简洁与丰富的对立矛盾更是在本福寺水御堂设计中体现得淋漓尽致。

本福寺水御堂（图12、图13）外观上呈椭圆形，与一直一曲的片墙相结合，简单的几何形体来源于与建筑所在场地的呼应关系。椭

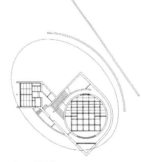

图12 本福寺水御堂平面构图

图13 本福寺水御堂

圆形莲花池旁一直一曲的片墙设计，丰富了原本单调的圆形空间。另一方面，参拜者从片墙拾级而下时，由于曲形墙体弧度的变化，空间逐渐由开阔转向狭窄，再从狭窄变开阔，空间序列极大地丰富了简单墙体构成的空间，满足了参拜者的视觉体验与精神享受。简简单单的几何构图却蕴含了无限丰富的内部空间，这就是安藤建筑的复杂与矛盾[③]。

四、结语

复杂性与矛盾性并不是后现代建筑的特权，现代主义建筑也并不是文丘里所质疑的那般与传统文化不相符、与场地不呼应、室内外空间处理方式不合理等。反观安藤忠雄的作品，无论从自身性格与建筑表达上，还是建筑空间、材料、构图、自然元素的提取等方面，都存在着不同程度的复杂与矛盾。事实上，正如文丘里所言，因为要满足使用者的基本需求，兼顾造型与造价等各种因素，建筑的复杂性与矛盾性就是必然的。只有正确把握建筑复杂性与矛盾性的形成原因与本质特征，才能创作出更满足各方面需求的建筑。

注释

①李景奇.建立当代风景园林批评学[J].中国园林，2008（10）：1

②赵荣.谈罗伯特·文丘里的《建筑的复杂性与矛盾性》[J].居业，2016（5）：153.

③李德海，蒋宇飞.安藤忠雄的建筑思想与设计手法的源流浅析[J]城市建设理论研究，2013（8）.

参考文献

[1] 大师系列丛书编辑部.安藤忠雄的作品与思想[M].北京：中国电力出版社，2005.

[2] 段文婷，曹亮.内与外的复杂性与矛盾性[J].山西建筑，2009，36（36）：37-38.

[3] 李旭佳.矛盾与共生：安藤忠雄作品中折射出的日本文化[J].华中建筑，2010,28（1）：17-18，20.

[4] 刘林军，王园园.探究简单几何形体与建筑空间营造间的联系：针对安藤忠雄建筑空间的思考[J].梧州学院学报，2018，28（3）：57-64.

[5] 罗伯特·文丘里.建筑的复杂性与矛盾性[M].周卜颐，译，南京：江苏凤凰科学技术出版社，2017.

[6] 肖思懿.浅谈中国传统文化与建筑[J].四川建材，2018，44（10）：233-234.

[7] 陈洪滨，张琳.形式、传统与建筑：从《建筑的复杂性与矛盾性》看文丘里的建筑观[J].西北建筑工程学院学报（自然科学版），2003（2）：51-54.

图片来源：

图1在《大师系列——安藤忠雄的作品与思想》基础上自绘

图2至图13来源于百度百科

"绿水青山，宜人宜居"的智慧型海岛景观打造——浅谈新加坡"城市花园"的建设对海南省景观提升的影响

林雅颖　　海南省农垦设计院有限公司

摘　要： 近年来，中央政府对海南省的关注度不断提升，随着"将海南省打造成全球国际自由贸易港"的口号提出，早期的绿化发展理念早已无法满足。新加坡是世界著名的"花园城市"，其在绿化景观上的成就得到全世界的认可。新加坡与海南的自然和地理环境相似，都具备临海优势，都位于国际航道要冲，发展依托的陆地面积和人口基数都不大，在绿道规划及景观设计方面注重寻求休闲娱乐、自然生态保护、公众教育和社会凝聚力等多目标的平衡，这些经验对于我们打造海南省特有的智慧型海岛景观空间具有极大的可借鉴意义。

关键词： 新加坡"花园城市"；多功能公园连接系统；绿色景观品牌打造；智慧型海岛景观

一、海南省景观空间规划亟须提升

"请到天涯海角来，这里四季春常在"，相信这是早期所有人对于海南省的认知——一颗民风纯朴、拥有得天独厚的自然环境以及丰富的热带作物的"南方明珠"。这些年，海南省渐渐得到来自中央政府越来越多的关注。2010年1月4日，国务院发布《国务院关于推进海南国际旅游岛建设发展的若干意见》，至此，海南国际旅游岛建设正式步入正轨。作为国家的重大战略部署，我国将在2020年将海南初步建成为世界一流海岛休闲度假旅游胜地；2018年，习近平总书记在庆祝海南建省办经济特区30周年大会上郑重宣布设立海南自由贸易港，此举意味着海南在绿色、宜居、智慧等方面朝着国际化程度发展。因此，如何打造海南省国际化的特有的景观，是一个亟须讨论的问题。

二、新加坡成熟"城市花园"体系的建立

新加坡是一个岛国，国土面积为646平方千米，人口约320万，和海南省有着相似的气候条件和地理位置。今年我有幸到新加坡进行考察学习，展现在我面前的不仅是一个现代化的花园城市，更是一个深厚的多文化底蕴与现代环境相映成趣、传统与现代、东方与西方对比于一处的"非常新加坡"。我在新加坡城市小道上漫步徜徉的时候，不仅惊叹于热情洋溢的热带风情景观，更对其在景观空间的理念打造上产生了极大的兴趣，而这恰好对于我们海南省未来如何打造独特的智慧型景观有着历史性的借鉴意义。

新加坡从花园城市(Garden City)到城市花园（City in a Garden）的发展已经取得显著的成果。究其成功的原因，以下三点很重要。

（一）简单理念，坚定执行

新加坡的城市景观规划中很少听到多变的口号，我们看到的就是简单而坚定的信念，这么多年定位上总的变化可能就是从"花园城市"变成了"花园中的城市"。新加坡从建国初期就确定该设想，并作为城市建设的总纲领，坚持不懈地执行。为了创造花园城市，新加坡成立专门的政府机构——花园城市行动委员会，全权负责相关事宜，打造多功能公园连接系统。

新加坡均匀分布的城市公园、居住区公园及其正在实施的"公园廊道"计划，使市民能够充分享用这些公园。公园的建设以植物造景为主，体现自然风光，园中完备的儿童的游戏设施和体育健身设施全部免费向市民开放。

我本次主要考察武吉知马花园（Bukit Timah Garden，图1）、新加坡植物园(Botanical Gardens)、阿尔伯特国王公园(King Albert Park) 以及花柏山公园（Mount Faber Park，图2）。新加坡常见的公园分为Park和Garden两大类。Park一般依附于城市外环一级主干道而建，空间规模较大，景观风格以粗犷为主；Garden一般建于城市中心道路两侧，空间规模较小，一般是几个Garden串联，景观风格以小巧而精致为主，即使是外地游客也完全无须担心迷路。然而，新加坡公园给游客最大的体验是能最大化地放松身心，在公园里无论是步履蹒跚的老者，还是蹒跚学步的幼童都是面带笑容。我想这就是大自然的魅力。

（二）生态优先，绿道环绕

新加坡坚持生态优先原则，对于用地类型进行严格管控。规划每个新镇应有一个10公顷的公园，居住区500米范围内应有一个1.5公顷的公园，每千人应有0.8公顷的绿地指标，并要求在住宅前均要有绿地。

在新加坡，所到之处给人最直观的感受就是一个字——

图 1 武吉知马花园（Bukit Timah Garden）小巧精致

图 2 花柏山公园（Mount Faber Park）粗犷的风格适合徒步爱好者

"绿"。绿道相互连接构成环线，小范围的环线服务于本地的居住区，大范围的绿道服务于整个区域甚至全岛（图3）。该绿道网络系统可增进公园、自然保护区等绿色开敞空间的可达性和生物多样性，提升环境宜居品质及热带花园城市形象。我本次步行贯穿东西向的几条城市大道，发现新加坡提出"坚守生态绿线不退让"不是一句空泛的口号，即便是寸土寸金的市中心也都会有穿插的城市景观绿地。举一个简单的例子，福康宁公园设置于福康宁路（Fort Canning Road）内环山，游客从公园一出来就是公交车站，步行5分钟即可到达地铁站或者附近居住区，交通非常便利（图4）。

（三）点线面结合，山水相依

城市景观空间的打造讲究"点线面"结合，我认为新加坡景观空间中"点"指的是街头绿地（Street Greenland），"线"指的是串联城市的绿道网络体系（Greenroad Network），而"面"指的就是公园连接道体系（Park Connector Network）。因此，无论是游客还是当地居民，在新加坡都有强烈的归属感，

图 3 居民能通过绿道直接前往公园或自然保护区或者街道

可能在很大程度上归功于新加坡政府打造出的如此美轮美奂的绿色景观，使得当地居民安居乐业，外地游客流连忘返（图5）。而这些恰好就是我们打造新型海南省景观所需要借鉴之处。

图 4 福康宁公园一出来就是公交车站，公园出入口离地铁站步行5分钟

图 5 克拉码头的街头公园，人们悠闲的午后活动

三. 新加坡景观空间规划对于我省打造海岛景观空间的启示

新加坡的城市风貌的成功建设和城市地位的提升相辅相成，"花园城市"就是新加坡最好的名片。海南省未来景观的打造对于海南省的重要性由此可见一斑。2018年4月提出建设中国（海南）自由贸易区（港）宏伟发展蓝图，特色海岛景观空间应该也是其中的亮点之一。海南省这么丰富的山水自然景观资源，如何合理持续开发利用是一个难点。我从新加坡城市景观的建设中，得到以下两点启发。

（一）坚持生态原则优先，打造绿色景观品牌

"金山银山，不如绿水青山。"世世代代的海南人，离不开山和水，生态的规划建设同样离不开山水。2013年4月8日至10日，习近平在海南考察时指出，希望海南处理好发展和保护的关系，着力在"增绿""护蓝"上下功夫，为全国生态文明建设作表率，为子孙后代留下可持续发展的"绿色银行"。这其中提到的"增绿""护蓝"指的就是我们在生态文明建设中应该可持续合理开发利用山、水两大资源（图6）。

首先，生态文明建设指导着景观空间的打造。这就意味着我们在海南景观提升上必须严格遵守保护生态红线的原则，才有可能合理地打造独特的可持续的绿色景观品牌。比如，早几年关于红树林的开发利用问题引发许多社会舆论，关于海南省红树林的开发必须严格遵守不能逾越生态红线去打造硬质景观，破坏其原有的生态平衡。

其次，我们应该打造拥有海南省特色的绿色景观品牌。这

么多年来海南省景观空间的打造一直停留在营造热带的植物景观层面，并没有结合我们海岛地域文化。因此，我认为海南省景观应该上升到打造品牌的阶段，这就意味着我们的景观营造必须高度融合我们独有的海岛文明建设。"椰风海韵"仅仅代表海南自然资源的特点，那么围绕着习总书记提出的"增绿""护蓝"的生态文明建设要点，什么应该是我们的绿色景观品牌呢？

绿色景观品牌的提出应该遵从"生态融合产业"的原则，从广义上来说即生态文明建设下的旅游业、农业等多种产业的联合打造，从文化体验出发，感受自然风光，体会海岛文明，带动游客消费；狭义上来说即依托美丽乡村建设的国家政策、共享农庄的平台，在展示海岛特有热带农业、林业资源的同时，延续绿水青山的打造理念。融合绿色、宜居、智慧的三大理念，我提议推出的绿色景观品牌为"绿岛家园"（Green Island, Green Home）。

（二）打造智慧型海岛景观，创造宜人宜居家园

"绿岛家园"口号的提出，从城市景观打造层面旨在把海南省打造成舒适宜人的国际旅游岛，从人文关怀层面旨在提升本岛居民的自我认同感以及外地游客的归属感。未来海南省景观空间的打造，不仅凸显热带风情的地域特色，更应该朝着发展性、多功能性和连接性去挖掘其人文内涵、生态内涵，这就是智慧型海岛特色景观的核心理念。

发展性景观打造指的是景观打造应该是"少而精"，而不

是"多而杂"。近年来，随着市场开放，无论是特色文化小镇还是特色主题公园在海南旅游市场一拥而上，一时间旅游业营销额也随之大幅度增长。但是，考虑到生态可承载力的因素，我们不能为了打造而打造，让变相的房地产圈地行为遏制环境的健康，还是应该以生态优先原则来控制和制约所谓的文化品牌。真正的发展性景观应该以生态保护原则为第一原则，例如绿色建筑应以节地为根本，海绵城市的建设应该以改良土壤为核心。

多功能性景观打造指的是景观空间的塑造不仅仅停留在早期的功能性、美观性和实用性上，应结合"生态+田园"的建设模式，将来景观空间的打造应更多的考虑其装配化、循环化和生态化。越来越多的景观不仅具备美观的功能，还应具备生态修复能力，改善小范围景观气候的功能等。

连接性景观打造指的是全岛建立全面的绿道连接系统，相对完善的公园建设体系。目前，我国绿道规划已经全面展开，珠三角地区绿道建设已经逐步完善，海南省这几年也把绿道系统的设立提上日程，下一步应该是完成环岛绿道系统的串联。同时，公园体系的建设就已经初步达到每个城市每个城区都有1~2个大型公园，3~5个中小型公园，大部分城区实现主干道绿化美化以及不同区域不同特色植物景观打造。

四、结语

新加坡花园城市的建设和保护利用了自然和文化资源，大幅度地改善居民环境，提升了居民生活的幸福指数，更重要的是提升了其在国际上的形象，带动了旅游业，促进了经济发展。目前，海南省关于自由贸易港的建设已经全面展开，新加坡花园城市的建设为海南省景观空间的提升提供了极佳的实践样本，对于如何利用景观空间提升国际地位有指导意义。

参考文献
[1] 稻田纯一，福冈将之，徐雪. 城市景观规划设计在创建花园城市中的角色：以新加坡创建花园城市为例 [J]. 园林，2011（12）：29-31, 28.
[2] "花园城市"新加坡：城市规划与建设治理的模板.
[3] 2019年第七届世界生态城市与屋顶绿化大会（生态城市创新与发展论坛），马丽亚老师课题的分享.

图片来源
文中图片为作者自摄

图6 水体改造后，周围植物景观也相应得到升级（海口美舍河公园）

海南省历史文化街区和历史建筑现状与问题探讨

刘瑞婷　　雅克设计有限公司　助理工程师

摘　要： 近年来，随着城市建设步伐加快，海南省历史文化街区与建筑受到较大程度的冲击，如何正确处理它们之间的关系尤为重要。本文探讨了海南省历史文化街区和历史建筑保护现状与暴露问题。

关键词： 历史街区；历史建筑；保护现状

一、保存现状

（一）已划定保护范围街区保存现状

（1）儋州中和镇古城风貌区。核心保护区面积 24.8 公顷，文物保护单位 12 处。传统街巷格局完整，文物古迹和历史环境要素丰富，古道由旧石板铺筑。南洋风格历史建筑集中在复兴街、东风路，传统合院民居较分散且存量不多。风貌区内现代建筑较多，骑楼和传统民居面临坍塌或被拆除重建的困境。

（2）儋州中和镇复兴骑楼老街。核心保护区总面积为 1.69 公顷。2011 年留存民国骑楼 90 处，现存 45 处，其中被列入不可移动文物名录的仅 13 处。现存骑楼灰雕多已脱落，女儿墙断裂，屋面损坏，字迹不清。老街内新建建筑破坏了街区整体性，但街巷格局仍被保持，尺度不变，风貌较好。

（3）文昌孔庙风貌区。核心保护区总面积约 1.33 公顷，内有 7 处文物保护单位，如存林放书斋、宗祠群等。孔庙风貌区内以 1~2 层现代建筑为主，为砖结构和框架结构，文物保护单位地位极不突出。风貌区周围建筑密度大，周边开发建设缺乏管控，与孔庙风貌极不协调。

（4）文昌铺前老街。核心保护区总面积约 2.10 公顷，已整体列入不可移动文物名录，街巷脉络清晰，骑楼民居保存较为完好。建筑风格为南洋式、仿巴洛克式、欧陆无阳台式、仿伊斯兰式和中西合璧式。老街沿街店铺共 130 多间，多为 2~3 层。原有民国骑楼建筑 61 处，2014 年因台风倒塌 2 处，现存 59 处。

（5）定安定城老街保护区。核心保护区总面积约 2.12 公顷，内含民国骑楼群、胡濂故居、胡家大院等文物，街区内骑楼保存较为完好。老街巷道格局仍保留了清朝形制，古城东门街、西门街、中南街骑楼较为集中，房屋大多空置。

（6）三亚崖城古城风貌区。6 个核心保护区总面积约 55.26 公顷，文物保护单位共 20 处。街区内臭油街、仓后街、北门街、遵道街、西门街状况较差，正在进行保护与整治。历史建筑为清末琼南民居，是反映清末时期琼南传统住区的典型代表。拆旧建新情况严重，新建房屋与原风貌格局相冲突。

（7）三亚保港传统风貌区。2 个核心保护区总面积 15.05 公顷，风貌区内传统建筑多已登记为不可移动文物。历史建筑主要为清末琼南民居，拆旧建新情况严重，2011 年有保护建筑 102 处，至 2018 年仅剩 74 处，减少数量占总量近 28%。遗存传统民居保存状况较好。

（8）海口府城格局保护区。核心保护区总面积约 38.77 公顷，虽然在历史发展过程中遭到严重破坏，但仍保留了较为完整的城市格局。鼓楼街、绣衣坊、马鞍街及达士巷、福地巷等历史街巷，在城市建设中，两侧已有相当数量的民居和商铺被改造为现代建筑形式，多为 2~4 层，整体历史风貌覆灭。目前，保存较好的传统建筑有丘氏民居、吴典故居、刑氏祖祠等 37 栋。

（9）海口旧城历史文化街区。核心保护区总面积 26.31 公顷，较完整地保留了明末清初时街道的空间形态、走向和尺度，有大量反映城市发展和历史痕迹的南洋骑楼建筑。得胜沙、中山路、博爱路、新华路和解放路是历史建筑最集中的街区，多为 2~4 层。街区内多进院落式传统民居年久失修、基础设施条件落后，现代建筑不协调。

（二）历史建筑遗存现状

1. 民居建筑

（1）琼北多进合院式民居。琼北各市县村庄存量较多，以文昌、琼海、海口最为集中，以文昌市会文镇十八行村古建筑群最为典型。琼北传统民居面临现代社会生活的挑战，现代建材成本低，混凝土房屋防风抗灾能力强，村民们翻新住宅时，往往放弃琼北传统民居，传统民居数量逐步减少。

（2）琼南崖州合院民居。主要分布于乐东至三亚沿海汉族村落，以乐东老丹村，三亚保平村、保港村等为代表。现已开展原样保护修缮与更新利用，作为开放的公共场所供人参观。由于保护经费不足、居民维护不到位及炎热潮湿和多雨多台风，除已维修的民居外，其余传统建筑都有不同程度的损坏。

（3）火山石民居。主要分布于海口羊山地区、定安南部、澄迈北部、儋州木棠、峨蔓镇。海口羊山地区已进行旅游资源开发；澄迈有丰富的自然资源及产业资源，村民传统保护意识较强，已进行旅游资源开发；定安对火山石建筑保护意识不强，火山石建筑逐步被新建砖混建筑替代；儋州火山石村落所在地区经济相对落后，传统建筑大多破落，且破损严重。

（4）客家围屋民居。主要分布于儋州东南部和庆镇、南丰镇、王五镇，除已列入不可移动名录的7处民居保存较完整外，其余因不能满足现代生活需求和自然灾害倒塌，踪迹难寻。

（5）军屯民居。主要分布于儋州西北部地区，集中于王五老圩，面积达20公顷。数量多、风貌保存较好、集中分布。材料为青砖砌墙，屋顶无装饰，屋脊平直简朴，瓦片通常为灰瓦，不设瓦当和滴水，仅使用黏土等材料加固，颇有中原三合院民居气息。

（6）民国骑楼民居。东部文昌铺前、琼海新民街、定安定城、万宁和乐保存较好；文昌白延圩和万宁万城坍塌损坏严重；琼海乐城岛、陵水中山街拆旧建新严重，现存共计90余处。西部儋州南丰和澄迈金江骑楼拆旧建新严重，南丰老街仅剩23座，澄迈金江中山东路仅剩28座骑楼。儋州王五、新州、新英、东方北黎、港门、墩头，乐东抱旺、乐罗骑楼区域整体保存较好；儋州中和骑楼仅剩45座，坍塌损坏严重；临高新盈、东方新街骑楼多为后期新建骑楼。南部三亚崖州古镇、保港、临高村骑楼保存较好，数量大且集中但仍有部分濒临倒塌。北部海口市旧城区域，规划保护工作启动较早，风貌保存较好。

2. 礼制与祠祀建筑

（1）庙宇、祠堂。分布广，数量多，规模不一，风貌保存较好。始建年代多为明清，近年多有修缮和重建。据统计，海南建成或重建满20年以上，未公布为文物保护单位，也未登记为不可移动文物的洗庙有167座。

（2）建筑形式为传统土木结构，20世纪80年代后重修多为混凝土结构。因年代久远和气候潮湿，台风频繁且多雨，瓦面与墙体抹灰掉落，内部抬梁式木构架承重结构受潮腐烂，原有的灰雕有损坏，屋脊和各墙体顶部的彩绘和殿内悬挂的木质联匾上字体氧化褪色。现大多作为祭拜场所使用，少数闲置或放置杂物。

（3）纪念碑、纪念园建筑。新中国成立前建造的纪念性建筑已全部列入历史文物保护名录，新中国成立后建成的33处革命烈士纪念碑（亭）、纪念园未列入历史文物保护名录。建筑

形式多为钢筋混凝土结构，质量较好，建筑整体风貌保存较为完好，作为教育基地使用。

3. 宗教建筑

（1）教堂。根据《岭南建筑》记载，海南教堂建筑共20处，5处已登记为不可移动文物，其余大多已拆除或重建。现遗存海口圣心堂、海口堂、灵山天主堂；临高惠霖堂、临城南江堂；定安仙沟教堂；文昌东路教堂等。建筑形式多为砖混结构，质量较差，亟待修缮，现仍被作为祭拜场所使用。

（2）清真寺。海南有6座清真寺：南开清真寺、清真南寺、清真古寺、清真北大寺、清真东寺、清真西寺。现有清真寺为新建建筑，历史纪念意义不够突出，建筑形式多为钢筋混凝土结构，建筑质量较好，现仍被作为礼拜场所使用。

4. 公共建筑

优秀近现代公共建筑代表集中在海口、儋州、五指山等地，多为教育建筑、商业建筑，建筑形式多为钢筋混凝土结构且极具岭南风格。建筑质量较好，仅外墙老化，建筑整体风貌保存较为完好，现仍被使用。

5. 工业建筑

海南传统工业建筑数量少、规模小，随着传统工业产业衰落，大多已被拆除，现少量工业建筑遗存于海口、儋州、琼中等市县，如海口潭口电厂、龙塘糖厂等。

6. 与历史事件相关的建筑

（1）驻军历史（1950—1958年）。海口旧州设海南军区司令部、政治部和后勤部，大规模修建部队营房、办公建筑、医院、学校等配套设施，后迁入海口。现政治部已拆除改建为戒毒所；后勤部和军区招待所，建筑主体尚存，为私人承包养殖场；司令部将军楼和办公楼尚存；高炮团营区建筑风貌保存完好，属于闲置状态。

（2）"大跃进"和人民公社化运动（1958—1960年）。屯昌县为运动代表地区，具有象征性的工农兵旅社、人民影剧院已拆除。儋县石屋大队是全国学大寨典型，建筑风貌保存完好，已开发为旅游景点。"大跃进"时期的劳动大学已不复存在，今仅剩临高加来、琼山道美农校等有迹可寻。

（3）"文化大革命"（1966—1976年）。知青点设施简陋多无迹可寻。"文革"开始后，技术干部被下放五七干校或农村劳动，现仅剩旧址，现存五七干校旧址包括临高加来、昌江、儋州红岭、五指山五七干校等，其余有待考证。

（4）三线建设（1964—1978年）。主要分布在中部山区，随着政策转变，三线企业关停并搬迁，遗留的工业遗址同时跨越"文革"时期并伴随"文革"痕迹，如琼中光华厂。

二、问题与原因剖析

（一）主要问题

1.传统街区和历史建筑加速消失

据统计，近年来传统街区内传统风貌建筑数量减少15%~40%，博鳌乐城、儋州南丰等街区传统建筑基本拆除。

2.现存历史建筑大多处于濒危状态

（1）传统民居。现有传统民居主要为民国骑楼和火山石建筑、合院式民居等。年代久远，长期经受日晒和潮湿气候的考验，损毁老化严重，大多已成为危房。

（2）公共建筑和工业建筑。建筑顺应时代而生，同时也随着时代更迭完成使命而退出历史舞台。由于传统公共和工业建筑失去原有使用价值而荒废，又因地处偏远地区而任其自生自灭。

3.传统街区和村落日渐衰落

（1）传统街区衰落。受现代商业线上平台冲击，传统街区失去原有功能，无法满足生活生产需要。如文昌白延老街、万宁朝阳街等，仅剩下贫困户在危房中艰难度日。

（2）村落空心化。村民迁往城镇寻求工作机会，仅剩余老年人或贫困户，出现大量空心村。村中传统建筑处于闲置状态，无人照管的传统建筑在风雨侵蚀中加速损毁坍塌。

4.传统文化和技艺缺乏传承

村落空心导致地域文化无人继承发扬，随着传统建筑需求减少和工匠离世，木雕、灰雕、石雕、彩绘等建筑细部装饰技艺及黎族船型屋、火山石民居等建筑营造技法面临失传，历史建筑修缮技术传承出现断层。

（二）原因剖析

1.社会发展重心转移

（1）时代变迁。驻军及生产建设兵团时期建筑必将随着部队改制、农场改居退出历史舞台。"大跃进"和"文革"期间的劳动大学、五七干校、供销社等随着人口变迁逐渐消失。20世纪70年代"备战"在海南中部建设的工厂和公建，随着发展重心转移和百万大裁军逐渐荒废。

（2）战略转型。新中国成立后海南重点着力发展制糖工业、橡胶制品工业，在农垦地区和乡镇建设糖厂和橡胶厂。由于产业没落和重心转移，后期合并重组、破产改制，厂房大部分已转卖或改造。

2.城镇化进程加快

（1）大范围的改造和重建。在快速城镇化进程中，土地价值攀升，大规模的旧城改造和重建项目直接或间接地造成历史街区、建筑拆除或改建，具有特征的场所、街巷空间逐步消失。

（2）人口和产业迁移。传统街区由于功能退化和产业转移，居民迁出，业态日渐衰落，转变为空心街区，传统建筑老化坍塌。

3.人民生活需求转变

（1）历史建筑与现代生活需求矛盾日益突出。传统民居建筑居住条件和舒适性差，损毁老化严重，维护成本和建造成本高、建造时间周期较长，已不能满足现代人的居住需求，居民拆旧建新意愿强烈。

（2）新消费对传统街区、建筑的冲击。新消费需求模式下电商、商业综合体崛起对传统街区产生冲击，街区为满足现代需求而进行改造和重建。随着海南省旅游业发展升级，三亚鹿回头宾馆、金陵度假村等具有历史时代特征的建筑已拆除。

4.保护观念与方式落后

（1）发展观念落后。城镇建设求大、求新、求洋，未注重传统街区和建筑的实质保护利用。

（2）保护方式落后。文物保护针对建筑单体，传统街区保护仍停留在立面改造上，未针对建筑功能、街区产业进行重构升级，未起到活化作用。简单的立面改造，如中和镇复兴骑楼老街、文昌文南老街改造破坏了街区原有空间格局和建筑肌理。

（3）保护技术落后。历史文化街区和历史建筑的动态信息管理系统未建立，新兴技术尚未普及。三维建模、实时视频显示及控制、场景融合等新技术手段未应用。

5.资金、人员投入不足

（1）机构和人员设置不完善。长期以来未建立专门的保护机构和配置相关人员，缺乏有效的管理手段，破坏历史文化建筑的行为得不到及时有效的制止和处罚。

（2）保护资金短缺。历史文化街区和建筑普查、测绘、信息数据库建立、保护规划设计、传统街区活化、历史建筑修缮、传统工匠培训等是一项长期且耗资巨大的工程，需要持续资金投入。

6.法律法规不完善

（1）国家层面保护法律法规不完善。历史文化街区和历史建筑定义直至2008年《历史文化名城名镇名村保护条例》出台才明确，2014年出台的《历史文化名城名镇名村街区保护规划编制审批办法》未对历史建筑如何保护和利用细则进行明确规定。

（2）海南层面保护法律法规体系尚未建立。省级行政管理法规缺失，无相关管理办法明确部门监管职责、保护资金、保护措施、法律责任和义务等，导致历史文化街区和历史建筑保护管理缺乏法律依据。

参考文献

[1] 中华人民共和国住房和城乡建设部 . 中国传统民居类型全集 [M]. 北京：中国建筑工业出版社，2014.

[2] 国家文物局 . 中华人民共和国《不可移动文物名录（海南卷）》.

[3] 海南史志网 .http://www.hnszw.org.cn/.

乡村振兴战略下苏州掌上村落构建思路研究

刘志宏　　苏州大学建筑学院　副教授

摘　要： 本文通过乡村振兴战略的指引，推动了掌上村落文化体系的开发与实现路径，促进了传统村落绿色发展的地域适应性理论体系的构建，解决了村落保护与发展的关系处理，掌上村落的关键技术开发，绿色科技与生态宜居的美丽乡村实施等关键性科学问题。掌上村落体系的构建，解决了当前传统村落实用技能人才培育与引进、文化信息产业绿色发展和传统文化可持续等关键性科学问题，实现了传统村落生态宜居与绿色科技协同发展。通过对体系构建的指标做科学的认证，选取了历史、遗产、人才、教育、健康五大体系与产业、生活、人物、文化、民居五大核心模块进行关联程度的评价认证，最后得出掌上村落体系构建的最优化指标。阐明了掌上村落体系构建在乡村振兴中的可持续发展意义。

关键词： 乡村振兴；掌上村落；绿色科技；生态宜居；文化特色保护

一、引言

以党的十九大"推进绿色发展，建设美丽乡村的重大历史任务"，《乡村振兴战略规划（2018—2022）》《国家信息化发展战略纲要》《住房城乡建设科技创新"十三五"专项规划》《"十三五"全国农业农村信息化发展规划（2016—2020）》《乡村振兴战略规划（2018—2022）》等文件精神为契机，强调信息化技术将在未来美丽乡村建设中发挥的重要作用，并推动村落的有限资源保护与有效利用，以有限的村落资源来支持和推进乡村振兴规划建设。在中国特色社会主义建设的新时代，必须全面建设和应用"互联网＋"、大数据，继续深化信息化服务村落建设。做实做亮苏州传统村落历史文化传承之核，营造出苏州特色村落、展现掌上村落的科技魅力与历史文化风韵。突破乡村科技落后、人才匮乏和区域文化差异等难题，延续乡村文化血脉、完善乡村科技信息体系的架构。重点发展传统村落绿色科技与特色信息文化产业来促进乡村振兴战略规划的实施。

二、研究内容

（一）传统村落绿色发展的地域理论

绿色发展已逐渐成为各个国家与地区制定可持续发展战略的重要原则，是一项重要的发展趋势，绿色发展是保障地区社会健康发展的重要举措，是经济协调发展的必经途径[1]。我国改革开放四十年来，经济发展迅速，人民生活水平明显提高，但生态环境却出现了严重的问题。如何实现绿色发展，加快生态文明建设成为当代亟须破解的难题[2]。村落绿色发展的理论和观念越来越深入人们的思维，维系着人类自身健康和持续繁衍[3]。"绿色发展观"是具有时代特色的挑战性命题。绿色是可持续发展的前提条件，也是引领人类迈向幸福健康生活的重要体现。

创新发展是村落文化发展的理念基点，协调发展是村落文化健康发展的内在要求，绿色发展是村落文化延续的必要条件，开放发展是村落面向时代的必由之路，共享发展是村落可持续发展的本质要求[4]。

随着乡村振兴战略的实施，传统村落的可持续发展也面临着新的挑战与机遇。苏州位于长江三角东南位置，具有平原地区布局的优势特点[5]。其地域文化具有鲜明的江南水乡特色，水系文化是苏州村落形成与发展的关键要素之一。苏州水网密集，形成了颇为典型的水乡古村落。苏州属于亚热带季风气候，冬季以西北风为主，夏季以东南风为主，年平均气温比较适宜人类居住[6]。苏州依仗优越的地域条件，其村落经济在不断发展。苏州传统村落绿色发展的地域理论具有一定的基础，为苏州掌上村落的实现路径提供理论依据。关于苏州传统村落绿色发展的地域理论，其具体的理论架构（图1）从四个方面来展开，各个理论架构对应五个关键主题，突出关联的程度。

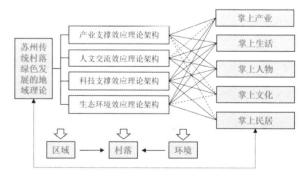

图1 苏州传统村落绿色发展的地域理论体系构建图

（二）苏州掌上村落体系构建的关键技术

从理论结合实际的角度，寻找长三角地区苏州村落建设与信息化技术和产业融合发展模式形成的理论与现实依据，并结合农村信息化建设和乡村掌上产业、掌上生活、掌上人物、掌上文化及掌上民居的信息化创新体系形成这两者各自呈现出的独有特征，探讨其特殊性，研判苏州传统村落绿色发展的创新模式的政策走向及后续影响。具体的苏州掌上村落创新体系构建从以下两方面的路径来实现。

第一方面，掌上村落建设与绿色科技关系的模拟。①从掌上村落建设与绿色科技关系模拟的角度，基于 GIS 的地理模型和 BIM 技术，分别模拟出掌上村落建设与绿色科技发展、乡镇发展和村落发展的关系，强化农业科技支撑力度，提升农业科技创新水平。②从掌上村落建设与村落产业发展关系模拟的角度，构建村落文化产业系统动力学模型，分别模拟出未来掌上村落建设与绿色科技服务业发展、农业发展之间的关系，保护利用传统文化、重塑文化生态、发展乡村特色文化产业。③从掌上村落建设与绿色科技发展路径关系模拟的角度，构建村落媒体系统动力学模型，分别模拟出未来掌上村落建设与民族地区异地村落、就近村落之间的关系，完善城乡融合发展政策体系。

第二方面，苏州掌上村落构建体系的实现路径。①从掌上产业、掌上生活、掌上人物、掌上文化及掌上民居五大结构优化角度实现。②从绿色发展观和乡村振兴战略规划的理论指导角度实现。③从推进健康乡村建设及苏州掌上传统村落构建体系的实现路径角度实现。

苏州掌上村落构建体系具体分为五大模块进行展开：首先制定掌上村落历史体系、遗产体系、教育体系和健康体系架构的应对策略，其次确定苏州掌上村落产业、生活、人物和民居评价的指标模型，最后构建掌上传统村落文化特色性的绿色科技策略。具体的构建关键技术流程如图 2 所示。

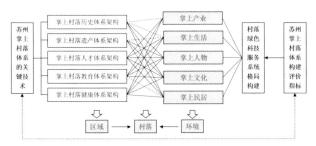

图 2 苏州掌上村落体系的关键技术流程示意图

（三）苏州村落绿色科技服务系统格局构建

传统村落建设中绿色科技的实践面临着村落信息化系统服务供需不平衡的矛盾：总体需求上，村落绿色科技服务系统的需求在具体的村落建设中利用率较小；科学技术上，绿色科技服务系统供需结构不科学[7]。基于绿色科技服务系统格局构建的

现有研究存在以下几方面不足：①强调绿色科技服务系统的构建，而缺少关注传统村落对掌上系统服务的真实需求；②重视绿色科技设备的增加，而忽视了村落自然条件的生态技术提高；③集中在传统村落外表的建设与形式发展的层面上，而对掌上传统村落的关键技术与可持续发展的关系缺乏研究。

苏州掌上村落在绿色科技与地域文化的研究上，体现出关键技术不足与功能不合理两大突出问题。在对具体问题的解决上主要体现在两方面。一方面，解决村落绿色科技落实不到位的问题，以传统村落建设中绿色科技服务系统存在的失衡现象作为研究的切入点，对掌上村落的绿色科技服务系统关键技术进行优化和功能的提升，实现掌上村落绿色科学技术水平的提高。另一方面，针对村落绿色科技服务系统设施比例和结构失衡的主要问题，以传统村落建设中掌上村落的绿色科技信息化技术为切入点，对绿色科技服务系统的构建格局进行优化与完善，并进一步通过绿色科技技术构建出苏州掌上村落的信息化网络格局，使绿色科技服务系统有效地作用于苏州村落建设，实现苏州掌上村落的绿色科技关键技术的优化和提升。构建基于苏州掌上村落的绿色科技服务系统的优化体系概念架构如图 3 所示，体现出传统村落文化与科技创新的结构关系优化结果。

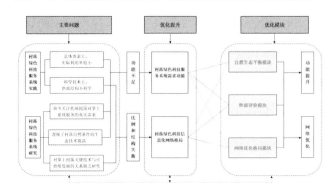

图 3 苏州掌上村落的绿色科技服务系统的优化体系概念框架图

苏州掌上村落绿色科技服务系统优化概念框架，以目前传统村落信息化基础的设施在实践与研究两方面如何结合为主要问题。以苏州村落地域文化与绿色科技相结合的特点为出发点来进行优化方案，从而形成优化实施过程中三个核心功能模块：①掌上村落绿色科技服务系统自然生态平衡模块；②掌上村落绿色科技服务系统性能评价模块；③掌上村落绿色科技服务系统网络优化格局构建模块。

在乡村振兴战略下，为了构建苏州掌上村落绿色科技服务系统优化格局，本研究报告基于上述绿色科技服务系统优化概念框架中的三大核心模块，经过优化提升，初步构建适应乡村振兴战略规划的掌上村落绿色科技服务系统优化的体系实施框架，如图 4 所示。

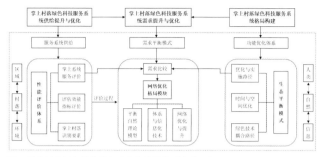

图 4 掌上村落绿色科技服务系统优化的体系实施框架

三、实证研究与对策建议

（一）实证研究

本文调研范围主要是针对被列入中国传统村落名录的苏州村落，根据《住房和城乡建设部等部门关于公布第一批到第五批列入中国传统村落名录的村落名单的通知》，江苏省一共有33处村落入选，其中苏州市有14处传统村落入选，占据全省42%的比例优势。在进入国家保护名录的14个传统村落中，有12个集中在吴中区，有1个在昆山，还有1个在常熟。本次研究仅针对已经进入中国传统村落名录的苏州传统村落，根据住房和城乡建设部官网上公布的数据，苏州传统村落列入中国传统村落名录的具体情况如表1所示。

表 1 列入中国传统村落名录的苏州传统村落名单[8]

批次	数量	村落名称
第一批	2	陆巷古村、明月湾村
第二批	5	三山村、杨湾村、翁巷村、东村村、李市村
第三批	5	衙甪里村、东蔡村、植里村、舟山村、歇马桥村
第四批	2	蒋东村后埠村、堂里村堂里
第五批	0	无

通过现场调研和专家调查问卷的办法对14个被列入中国传统村落名录的苏州村落进行了认证分析，利用苏州掌上村落评价体系进行了案例村落的作用实证。具体的实证研究方法与步骤详见以下几项，专家最终的评价得分情况详见表2。

①进行本文研究所需的文献综述和传统村落调研数据等的构思设计工作。

②从理论论证苏州掌上村落体系构建思路作为一种实证方法体系存在的客观性和价值及推广意义。

③进行比较研究，论证其对传统村落可持续发展缺陷的修正效果。

④积极探索与掌上村落体系进行接轨，在实践中通过专家最终的评价来验证本研究的科学性和实效性，最大限度地进行优化和完善。

表 2 专家问卷调查综合评价分析结果

历史、遗产、人才、教育、健康五大评价体系	产业、生活、人物、文化、民居五大核心模块	各个项目等级平均比率		综合评价认证关联可行性		
		评价等级	评价平均比率(%)	综合等级	频率(名)	评价综合比率(%)
8项评价标准	20项评价指标	A	59.8	A	75	75.0
		B	37.2	B	25	25.0
		C	2.80	C	0	0.00
		D	0.20	D	0	0.00
合计		4级	100.0	4级	100	100.0

（二）对策建议

对乡村振兴背景下苏州掌上村落的构建思路，也要顺应新型城镇化建设的本质内涵，把握目前农村信息化建设的方针政策。需要注重苏州传统村落的地域文化和本土的乡村战略规划，同时也需要注重苏州村落的可持续发展和村民生活改善等一系列关键问题。据此，本研究报告提出以下几点决策建议。

1. 对政府层面的建议

为了快速落实苏州掌上村落的体系构建，必须以改善村落保全制度的方向性为前提，设定其可持续发展的科学性，确定好掌上村落体系构建的合理性。扩大苏州传统村落文化的资源范围及宣传力度，通过政府财政支援及补偿村民政策等措施，来完善传统村落信息化建设和村落文化遗产保全的方向性设定。加大力度开发掌上村落APP技术的投入和推广。

2. 对专业单位的建议

在不同的传统村落类型中，文化价值是传统村落价值的重要因素。同时具备卓越的地域文化特点，同时又具有地域民俗文化特色，从而会形成拥有卓越价值的代表性村落案例。传统村落的经济发展是村落形成特殊文化价值的最重要因素。传统村落的文化价值造就，离不开村落所处的地域商业文化，其独特的村落价值体现了地域文化特色和经济发展现状。

3. 重要观点或理论对策建议

①在乡村振兴战略规划中，伴随着苏州传统村落村民生活方式等的拓展和变更，人与人之间的联系和互动亦日益加深，在村落文化的传承与绿色科技信息化融合的背景下，未来的掌上村落势不可挡。各村落居民之间的文化和生活习惯会越来越相近，相互包容的场景会越来越多，相互交融是和谐社会发展的主流，并由此形成了地域的文化协同优势，构建了苏州掌上村落构建的体系性文化特点。

②发展与民族文化保护，彼此间还存在着矛盾与冲突，这

在目前是不可避免的。但长三角洲在迈向新型城镇化过程中，伴随着村落信息化发展与文化间的关联日益加深，彼此间形成了较为和谐的产业链，以乡村振兴战略为指引，彼此包容、相互依存，营造具有历史文化价值、自然生态平衡和信息化共享的发展新模式[9]。

③在乡村振兴背景下的村落可持续发展过程中，历史文化有效保护与信息共享是掌上村落体系的主要基础。建立起地域文化和传统村落信息化发展的相互关系，为苏州掌上村洛体系的构建提供良好的人文基础和科学借鉴。

4.实施策略建议

（1）实现保护与共享发展的构成化

通过建立村落之间的和谐关系，做到原始文化遗产的共同保护与信息技术共享发展的体系建构，使其一体化发展。

（2）设置保护与共享发展的方法路径

"传统村落的保护与发展模式"是有形文化遗产和无形文化遗产关联共存的发展模式，这是将使用方法与信息化技术相结合的一种办法。因此，为了实现掌上村落体系的构建，必须在村落文化保护好的前提下，进行村落的信息化推进。本研究报告表明，设置保护与共享发展的方法路径是多元化的[10]。

（3）掌上村落体系建构的可行性建议

传统村落是一种特殊性文化遗产，也同时是无形文化遗产。既是一种活态的生产性遗产，也是传承历史文化的一种场所精神。可以利用数字化分级保护的方法对村落资源的价值进行评价，为村落文化遗产申报管理工作等提供最基本的借鉴材料[11]。为了使村落文化遗产的价值得到最大化，彻底落实执行好传统村落保护与价值转化问题，本研究报告提出了利用信息化技术来打造掌上村落的建构路径。

四、研究结论

掌上村落体系的构建是农村信息化建设的必然趋势。苏州掌上村落体系的架构为今后开发掌上村落 APP 提供了前期理论基础和科学依据。本研究报告通过乡村振兴战略规划的指引，采用面向绿色科技服务系统的开发，实现掌上村落体系的各项评价指标和功能模块，从而推动了苏州掌上村落文化体系的开发与实现路径，同时促进了传统村落绿色发展的地域适应性理论体系的构建，并解决了苏州村落保护与发展的关系处理，掌上村落的关键技术开发，绿色科技与生态宜居的美丽乡村实施等关键性科学问题。

此方面的研究突破，将进一步为苏州村落绿色科技发展服务，为村落可持续发展和建设生态宜居的美丽乡村提供具有价值的理论参考和科学依据。同时增加传统村落价值体现的国际通道，促使苏州掌上村落技术研究成果走向应用，为打造苏州掌上文化提供思路，向全球推广和宣传。还优化了传统村落的可持续发展过程，使更多的人可以方便地通过手机等互联网渠道了解苏州美丽乡村。本研究实现了传统村落生态宜居与绿色科技相结合的关键技术。同时掌上村落体系的构建，解决了当前苏州传统村落实用技能人才培育与引进、文化信息产业绿色发展和传统文化可持续发展等一系列关键性科学问题。通过苏州掌上村落，树立起了传统村落的历史文化形象，提高了市民和游客的观光效率，实现了一站式服务平台的建构。

注释

本文根据苏州市软科学研究计划面上项目（SZKJ201908）《乡村振兴战略下苏州掌上村落构建思路研究》报告书进行整理撰写。

参考文献

[1] 苗书迪 . 经济欠发达地区绿色发展路径探讨：以江苏省宿迁市为例 [J]. 知识经济, 2016（14）：10-11.

[2] 孙静茹 . 践行生态文明观 实现绿色发展 [J]. 人民论坛, 2018（16）：150-151.

[3] 刘玉波 . 城市绿色建筑与可持续发展探析 [J]. 环境保护与循环经济, 2013（6）：53-55.

[4] 丁智才 . 五大发展理念下传统村落文化发展探析：以埭美村为例 [J]. 宁夏社会科学, 2017（6）：231-236.

[5] 李欣 . 苏州村庄空间形态研究 [D]. 苏州：苏州科技大学,2011（6）：28.

[6] 沈晖 . 苏州传统村落适应性保护研究 [D]. 苏州：苏州科技大学, 2017（6）：15-17.

[7] 王云才，申佳可，彭震伟，等 . 适应城市增长的绿色基础设施生态系统服务优化 [J]. 中国园林, 2018（10）：45-49.

[8] 中华人民共和国住房和城乡建设部 : 村镇建设司, http://www.mohurd.gov.cn/zcfg/, 检索时间：2019.09.15.

[9] 刘志宏，李钟国 . 新型城镇化中的广西民族古村寨保护与发展对策研究 [J]. 中外建筑, 2015（12）：69-71.

[10] 太田博太郎 . 民居的调查方法 [M]. 东京：第一法规出版社, 1967:98-112.

[11] 周岚 . 新型城镇化的城市规划建设策略 [J]. 建筑学报, 2015（2）：13-17.

图表来源

表1和表2为作者自制，图1至图4为作者自绘。

道法自然——评北大附小体育馆

芮文宣　　中科院建筑设计研究院　副院长

摘　要： 北大附小体育馆名不见经传，设计师团队默默无闻。该体育馆以气泡母题把结构与建筑形式相融合，以联系各层的坡道为小学生提供自由奔跑的垂直交通，以深窗井和玻璃地板等自然光线层层引入方式为地下15米留住阳光，以地下管道通风降温技术等被动设计策略，打造了一个没有空调的体育馆。其对宜人、绿色的环境追求胜于一切晦涩多义的哲学理论。

关键词： 附小体育馆圆形母题；长坡道；阳光；管道风

清华大学西南门外一条阴暗逼仄的斜街中段是北大附小不起眼的东校门。工作日下午四五点钟，附近沿路两侧就成了停车场，驾车通过一条仅余4米多宽的空档，既要集中精力对付乱掉头的霸王车，又要关注乱穿马路急着带娃回家的行人，经常造成拥挤塞车甚至堵到全停。无奈转向旁边而暗对路况叹气，突然发现掩映在绿树高墙后面封闭很久的工地掀掉了防护网，从树丛间露出一角建筑。从好奇心被后车滴声打断才继续挪动的路上联想到旧金山那座著名的科技馆，就一直琢磨这个开着圆形洞窗的盒子是不是一个供小学生进行生物体验的温室。

一、圆形乐章——水中升腾的气泡

那个开满圆形洞窗的"温室"里面，确实盛开着鲜艳美好的"花朵"——一些充满活力的小学生在里面游泳、打球、跳舞、

图1 景窗

图2 入口

图3 圆窗与结构形式一致

唱歌，那是被孩子们昵称为"泡泡馆"的北大附小综合体育馆。

圆形的设计构思源于游泳馆水泡升腾的概念，置身其中，只见大大小小的泡泡在身边绽放，建筑师似乎要从这些圆形母题中提炼出所有可能性：大型圆窗（图1）为室内提供了明亮的光线，小型圆窗设置为开启扇自然通风；实体玻璃成为维护结构的一部分，内饰穿孔板的圆形孔洞又分隔与联系了主副空间；低处偶然设置百叶，是新风管道进风口，高处恰在坡道旁边，成为鸟瞰校园全景的最佳观景窗；从大大小小的圆形凸窗到大半圆的入口（图2）是立面上的二维演绎，排练厅尽头醒目的旋转楼梯用排列整齐的圆柱形细钢柱形成虚实结合的围栏，天花板随处可见的圆形天窗也经常是上一层的地板，这些母题在自然与人工、平面与立体之间自由捕捉着一天之内的光影变化。

值得一提的是立面与地板的圆形玻璃设计（图3），不仅以此形象为媒介，获得了建筑造型与室内使用空间性能特色的连续性，形成了别致新颖的建筑形象，而且设计结合内部空间的采光、通风和视线要求，将结构应力计算中可以减掉的部分设计成最有张力的圆形洞口，通过预制金属圆形模板的形式嵌入混凝土结构墙和结构板中，利用结构与建筑一体化的设计策略，有效实现了内部结构与外部形象之间的统一性[1]。

二、宜人环境——自由奔跑的空间

建筑北面东侧设主入口，门厅最醒目的是右侧一路向上和向下的两条长坡道，整座建筑以坡道（图4）作为辅助垂直交通路线联系各层。孩子们将书包放在坡道两侧，在各层之间活动转换自如，他们不用担心踏步宽度和高度的关系对跨一步还是跨两步的影响，不用担心几个班级雨天同时下课集中疏散发生坠落或踩踏事件，坡道和每层间的联系都在不知不觉中因孩子

图 4 坡道

们的活动完成对建筑内在生命力的催发[2]。孩子们使用坡道的感觉就像跑动时飘起的束带，轻舞飞扬。

偶然看到库哈斯对于机器美学及因信息时代和自动化进程而生成内华达巨大尺度人造平坦土地的推崇[3]，不禁想起那个制造粗糙的蠢萌小机器人WallEee，在捧起垃圾堆里的旧皮靴看到初生幼苗时眼中绽放的是怎样的光辉：不论信息时代如何影响人类社会，建筑抵御风雨雷暴却又关注自然阳光的诞生起源依旧是人类之动物性本能的基本需求，当信息真正发展到我们现在可以预期的最高阶，即机器学习学发展到人工智能完全可以替代人类大脑的时候，连机器人也会像人类一样热爱自然。

人对于建筑空间的适应性变化历经了三个境界，就如从粗粮到细粮到五谷杂粮，从老粗布到的确良到纯棉，从茅草屋到空调房到自然通风采光被动式节能屋，当人性的需求与自然的需求在螺旋式上升过程中发生了碰撞，符合使用需求的宜人建筑形式才真正诞生。孩子们永远不会喜欢像机器一样被建筑分隔在不同的空间，靠电梯这种曾经非常高技的人工产品联系上下；而更愿意像个真正的孩子，可以不受建筑的束缚在其间自由奔跑，与自然舒适对话。或许这时，孩子们确实就是体育馆里最接近自然又最受保护的花朵。

三、自然盛宴——被动设计的策略

（一）阳光逐层引入地下空间

体育馆东、南、西三面用地局促，与三边建筑紧邻。设计师利用这三个边界墙做了几乎通长的深窗井。阳光通过防雨玻璃顶直泻向下，地下一层半的游泳馆边廊（图5）阳光明媚，甚至还专门用穿孔板装饰隔墙做了一定的遮阳处理，以穿孔的疏密、洞窗的多寡、大小来过滤、减弱和扩散光线，起到了调节不同区域光线进入量的作用，给现代简洁的空间增加了一层精致和细腻，并且以此顺便完成了标识设计，浑然一体又易于辨识。挡土墙上用热带雨林风光的装饰布把金色阳光直接反射进馆，似乎建

筑师潜意识里把江南天井采光的建筑语言应用于此，即使是地下十几米深的排练室也能感受到自然界从早到晚的阴晴冷暖。

入口门厅、健身房、报告厅等空间直接在活动区域利用安全玻璃地板做了下层空间的天花板，直接把阳光引入室内，加上偶然出现的竖条玻璃隔断和跳动的圆洞门窗，体育馆内的空间趣味盎然，时有惊喜。

图 5 排练室和游泳馆边廊

（二）地下管道通风降温技术

建筑方正的几何形体、轩敞的运动空间形态本身为自然通风提供了良好的物质居所。为了与校园环境协调，建筑饰面采用了园林砖，对建筑内部整体温度调节也起到一定作用。加上所有的圆形洞窗凸出墙面形成不着痕迹的遮阳，室内运动大空间与围护结构之间以穿孔板构件留出几米宽的过渡廊道，已经将室外炎热的夏季温度直接降低为春天一般。

此外需要说明的是，建筑采用地下管道通风降温系统（图6）对地上空间进行新风补充，具体是：在地下二层结构板以下预留1.2米高管道层，埋设耐久性极好的成品水泥地下通风管，新风从室外合适位置引入管道后，在地下与土壤交换热量，风机将通过地下通风管的新风引入室内，以扁管引入隔墙空腔，装饰层后预留大面积进风口，风压不大，风速低缓，不刻意走近观察几乎感受不到凉风习习。在建筑四角设排风竖井，并通过屋面通风塔利用热压拔风。参观时间是9月的一个午后，京城秋老虎当道，当时室外气温32℃，整个体育馆除西南部玻璃封顶的楼梯间略有热感外，其他地方气温感觉舒适。参观结束时赶上放学时间，遇见一群刚下课的孩子正从前厅沿着坡道飞快冲向楼上的篮球厅，拦住一个正在回头等同伴的孩子问："玻

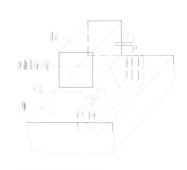

图 6 管道通风原理图

璃封闭那个楼梯间夏天上下楼会不会太晒太热？""不知道，没走过楼梯"，孩子的尾音已经消失在坡道那边，拉着同伴去追坡道前面的队伍了。

四、建筑评论——关注缺憾的艺术

当然，以纯粹建筑批判的角度旁观体育馆，其设计本身还是存在诸多缺憾。比如立面大大小小的凸窗尽管在室内看犹如闪光跳动的水泡般温暖适意，从室外近距离侧角度观看则可能引发密集恐惧，清新到油腻只有一墙之隔；比如结构与建筑材料性能的关系不能完全达到一体化水准，仍残存以形式决定内容的痕迹；比如某些细节手法稍显稚嫩，建筑总体逻辑性、严谨性和连贯性仍值得商榷……但"建筑评论的意义，绝不是仅仅指向某个建筑的，也不是指向某个建筑师的"[4]，我们更应该关注960万平方千米土地上就就业业耕耘且不断改进着城市面貌的所有勤奋努力、思维正面的建筑师群体，而不是仅仅关注那些前卫先锋和建筑大咖，尽管我毫不吝啬对那些先锋和大咖的赞誉之词，但更希望建筑评论的意义不要堕落如某网建筑草根蜂拥点赞的一段话所言："建筑这门学科本来就是披着工科外衣的艺术学科，和唱歌跳舞画画没什么本质上的差别，所以建筑大师变身艺人明星、建筑圈成为娱乐圈子集、建筑杂志向娱乐八卦靠拢，不过是卸妆后露出素颜而已。"[5]

体育馆的设计工作来自一个小型设计团队，几位名不见经传的设计师，耐心而热心地为一座小学的体育建筑辛勤耕作了十年，甚至在建筑落成广受用户好评之后都没想到应该去学术期刊上介绍一下自己的"创见""精品"，没有去附会晦涩多义的哲学理论。他们没有论文，没有名气，甚至没有耀眼的留学经历和高大职位，他们的设计思想也没有形成完整实际的影响体系，或许"中国本土建筑进入了成长中的茫然期，我们还没有找到一套合适的'建筑语汇'使中国传统建筑特质在西式建筑占统治地位的建筑现状中'合理发声'"[6]。而正是这些报刊上很难见到名字的设计师在悄然不断地改变着我们身边的人工环境。或许大多建筑只是在我们没有注意到的时候建成，又在没有注意到的时候拆迁；但总有一些山谷寂寞角落里的野百合不应该被春天辜负，即便只是掩在校园深深的围墙后面，总应该有开放的日子让外界一睹真容，或许这就是建筑评论的真正意义。

感谢设计主创杨洪生先生及工地负责人鲍薇女士为本文提供了相关素材。

注：文中图片为作者拍摄。

参考文献

[1] 郭屹民. 作为结构的建筑表层：结构与建筑一体化的设计策略 [J]. 建筑学报, 2019（6）: 90-98.

[2] 支文军, 段巍. 形与景的交融：上海新江湾城文化中心解读 [J]. 时代建筑, 2006（5）: 104-111.

[3] 库哈斯最近在想什么？蠢萌驯化的年轻人应该去农村撒点儿野, 宋科编辑 https://www.douban.com/note/655520510/2018.01

[4] 周榕. 建筑师的两种言说：北京柿子林会所的建筑与超建筑阅读笔记 [J]. 时代建筑, 2005,（1）: 90-97.

[5] 豆瓣网.

[6] 当代建筑评论：面对中国建筑发展现状的思考, 佚名. https://wenku.baidu.com/view/aad3ebbeb84ae45c3a358c90.html?rec_flag=default

[7] [荷] 赫曼·赫茨伯格. 建筑学教程：设计原理 [M]. 天津: 天津大学出版社, 2017.

[8] 赖德霖. 从现代建筑"画意"话语的发展看王澍建筑 [J]. 建筑学报, 2013（4）: 80-91.

评设计院体制下建筑设计的艺术表现性与技术表演性问题

石建和　　合肥工业大学建艺学院　副教授

摘　要： 我国设计院体制与西方事务所体制在组织上表现出差异，实践证明西方事务所体制在艺术表现性和技术表演性上很出色，在艺术感追求设计创新性里显示出很大的优势。国内的设计院体制总体表现出艺术创新性不足和技术创造性乏力的缺陷。本文通过分析中西设计师在组织上的差异找出我国建筑师在艺术和技术上落后的原因，进而评价我国设计院体制的缺陷。

关键词： 设计院；体制；艺术表现性；技术表演性

一、建筑师职业组织特点

建筑师是西方历史上三大自由职业之一：一是律师，二是医生，三是建筑师。他们以个人执业的匠人身份进行职业活动，个人职业承担全部工程责任，业主在市场自由选择匠人，匠人自由承担建筑工程的同时也享有全权并负有全责。Archi 在拉丁语中就是首领、全权的意思，业主通过市场了解、选择某位建筑师进行自主设计、管理，通过市场自由选择、了解建筑师的技能、性格、信誉，初步建立起信任关系，并进行委托授权和设计监督管理。因为建筑工程在所有交易中持续时间最长，一般都需要几年才能完成一个建筑工程周期，建筑师在业主面前不仅仅是买卖关系，而是全部人格的投入，包括感情、理想、品格、技能，所以建筑师很注重业主对其的评价以及在市场上的信誉。建筑师竭诚为业主服务，我国明朝造园家计成就指出"三分匠人七分主人"，建筑师要设身处地为业主着想，在设计建造中为业主创造出优美的生活环境，展现出高超的建筑技术。在艺术的表现性和技术的表演性上做出卓越的努力，即自由职业的组织形式。建筑师只有更加的努力，不断地加强修炼，锻炼出卓越的建筑技艺，才能在历史上创造出许多宏伟的建筑。

二、我国设计院体制所决定的技艺肌理机制缺失

我国现行的建筑师组织体制是过去计划经济体制遗留下来的。目前，设计院的体制，尽管通过几十年的改革开放，但大型设计院还是国有体制，私人事务所现在批准了一些，合伙人、民营公司也有一批，境外事务所也进入国内市场，但从各地方来看，国资委旗下的大型设计院无论是在承担大型项目的数量上，还是吸引人才效应上，在市场中的垄断地位基本上决定着我国建筑设计的艺术表现性和技术表演性的水平，民营公司、事务所、工作室、境外事务所，无论是承揽项目数量还是吸引人才效应，都还是很弱的，然而国有大型设计院体制本身固存的机制缺陷会导致以下几个致命的问题。

（一）以经济效益为中心

国有设计院领导，在企业发展战略上和定位上，首先把自己定位为企业，突出抓经济效益，丢掉了以前事业单位把设计看作生命追求的特点，给每位建筑师下达创收多少万的经济指标，而忽视了艺术上的追求，不鼓励艺术上的创新，一切以收取设计费为目的。为了能达到这个目的，建筑设计师快速拷贝复制流行的形式和做法。设计院普遍缺乏探讨建筑艺术的氛围，不鼓励建筑师创新试错。年终考核，由经济指标数量一票否决，根本无视建筑的艺术和审美价值。

（二）技术保守性缺乏创新动力

国有设计院凭借体制保障下的垄断地位，在技术上缺乏创新进步动力，技术进步缓慢，技术保守。因为体制保障垄断，所以不愁项目，而且我国投资主体是政府和国有单位，都在体制内，彼此呼应，所以设计院不愁项目，缺乏危机感，技术保守，缺乏创新激励机制，典型案例就是中南设计院院领导去年才开始研讨 BIM 技术。

（三）设计院体制难以建立市场的真正信任关系

建筑师在历史上是自由职业，是与业主一对一的信任，以全部人格投入为机制与主导。信任是建筑师完成职业工作的根本保证。然而，我国建筑师面临的信任危机恰恰是设计院这种体制造成的。国内建筑师普遍抱怨业主对建筑师工作极不信任，肆意干扰，压低费用，拖欠设计费等。业主委托通过市场寻找，往往是找大型的设计公司，这是历史传统造成的。公司接受委托后，把项目分配到二级组织，该项目可能是由一位较年轻的

建筑师接手，该建筑师所有的信息对业主都是屏蔽的，双方信息是不对称的。公司近乎处于垄断地位不注重媒体宣传，就是宣传也是突出领导和经济指标，不注重设计师的声誉和品牌，所以造成了业主对于具体负责项目建筑师极不信任，造成了建筑的被动局面，扭曲了建筑师的职业规律。

（四）经济至上和短周期设计导致艺术上表现性差，技术上表演性差

设计院以经济效益为中心，导致一切向钱看，为了物质利益，不惜一切手段和方法，忽视了精神上的追求。我国目前快速发展，用几十年的时间就走完了西方几百年的发展历程，导致建筑设计粗制滥造，不求质量。建筑师愿意复制抄袭，技术保守缺乏创新，业主违背设计规律，任意规定设计周期、压缩时间。建筑师没有时间静下心来认真构思、反复推敲、深化设计。最后呈现出来的都是按照流行的套路设计的，千篇一律的方盒子。

三、通过中西比较，发现我国建筑设计技艺的局限性

当今社会全球化、信息化，建筑师在全球流动，我国建筑设计领域也开始逐步地对外开放，无论是通过媒体看国外建筑师设计的作品，还是从境外建筑师在国内设计的作品效果来看，在西方个人事务所体制下，国外相当一部分建筑设计的艺术表现性和技术表演性都要优于国内建筑师。根本的原因在于西方的个人事务所体制有艺术表现性和技术表演性上的激励机制，他们没有体制上的保护，全凭个人的技术水平在市场上打拼，没有过硬的技艺水平是竞争不过其他大型设计公司的。我国的建筑设计在艺术表现性和技术表演性上与西方相比还是很落后的，通过几十年的改革，我国陆续出现了一些个人事务所、合伙人事务所、工作室等，这些从设计院分化出来的建筑师的设计作品的艺术表现性和技术表演性要好于大型国有设计院的作品。

四、改革建议

首先政府管理机构在制定政策法规时要遵循建筑师职业的规律和特点，要实事求是，大力改革国有设计院，努力发展促进个人事务所、合伙人制度和工作室制度。在资质认定、审批和法律上要正视个人事务所制度，以一对一个人事务所为基本，辅之以少量大型设计院，鼓励发展合伙人制、工作室制，建立多样化的、各种组织形式的设计体制，这样就会改变市场的极不信任关系和设计周期扭曲的关系，遵循建筑设计的内在规律，激励建筑师在艺术表现性和技术表演性上的进步，以繁荣我国建筑事业，使我国建筑业得以高质量的发展。

参考文献

[1] 郑时龄 . 建筑批评学 [M]. 北京 : 中国建筑工业出版社 ,2001.
[2] 维特鲁威 . 建筑十书 [M]. 北京 : 中国建筑工业出版社 ,1995.
[3] 计成 . 园冶 [M]. 济南 : 山东邮报出版社 ,2004.
[4] 刘先觉 . 现代建筑设计理论 [M]. 北京 : 中国建筑工业出版社 ,1998.
[5] 汪正章 . 建筑美学 [M]. 北京 : 人民出版社 ,1995.

传统文化复兴背景下再谈"建筑文化植入"——以重庆来福士广场为例谈境外建筑师中国实践的社会效应

舒莺　四川美术学院公共艺术学院　副教授

摘　要： 改革开放四十年，中国城市日益成为世界建筑师竞技的焦点区域，公众在不同时期对境外建筑师作品都持有不同立场。随着民族复兴与文化意识觉醒，当前城市建设中对中国传统文化与地域特色的尊重日益强化。近期地处内陆的年轻直辖市重庆以民间强势的反对声音引发了业界内外对境外设计的国内实践空前的争论，再次将外国建筑师作品在中国政治、经济、文化转型的重要历史时期提上了新的讨论层面。

关键词： 文化复兴；建筑文化植入；来福士；中国实践

改革开放以来，中国各地城市先后获得空前的发展机遇，也为国内外的建筑师们持续提供了广阔的竞技舞台。国外建筑师事务所与从业者亲历中国时代洪流，四十多年来参与实施了中国无数建设项目，也产生了巨大的社会、经济与文化效应，形成了各种复杂声音。

"建筑文化植入"无疑是外国建筑师实践作品的一种客观存在，蜂起的"地标建筑"、奥运建筑、央视大楼等系列乃至"千城一面"的形成，显然都和外国建筑师作品持续的文化植入相关。建筑文化植入，其实质就是以建筑为载体，强行实施文化入侵之实。这种"植入"实际经历了一个渐进的过程，最初是我们打开国门主动引入外资，以此为依托的外国设计力量伴随进入，其后是带来国内业界话语权弱势，被动跟风境外设计，关于"文化植入"入侵的讨论在这个阶段争论得最为激烈。随着传统文化觉醒、复苏，国人对外国建筑设计事务所和明星建筑师在国内所享受到的官方认可和推崇产生很大争议，业界抵制西方"拿中国当实验场"的呼吁和民间网络群体针对众多"地标建筑"频频掀起的否定式评价，从不同立场发声，正面交锋"建筑文化植入"。十年多前库哈斯的央视大楼引发东西方同时非议，标志着"建筑文化植入"开始走向转折期，而最近一个内地城市项目又再度掀起民间反"建筑文化植入"的狂潮，一场关于是保护传统，还是支持洋派建筑驱逐历史建筑的对峙，在最年轻的直辖市火爆上演。对峙的焦点便是位于重庆城市文化制高点的朝天门古城旧址上新落成的来福士广场。

一、正确对待多元文化背景下不同的声音

客观评价，经过四十年的磨合，中国人已经越来越能接受境外建筑师们不同方式、深度和广度的竞争与合作，广大民众

在多年来城市面貌的更新过程中不断刷新的建筑理念和层出不穷的作品实践中，逐渐获得了全新的现代建筑审美，持续更新着现代城市建筑文化观。从最初的新奇到中期的反思，再到当下的反对，都有其深刻的社会缘由，"建筑文化植入"在很大程度上取决于人们接纳文化的态度，而"植入"本身也为国内民众在一定程度上逐渐的文化自觉起到了唤醒作用。

异域建筑设计进入中国并非始于今时今日，远自古印度佛教苏锗波（舍利塔）传入中国，近到元代尼泊尔人为北京城设计白塔，清代圆明园建大水法、远瀛观，民国时期墨菲的大量大学校园建筑、开埠港口城市中的洋行商号，以及新中国成立后苏联专家援助建造的20世纪50年代众多工程项目。中国从古至今都在与外来建筑文化交流，并在历史发展进程中进行吸纳融合。

新中国发展初期对改造城市面貌有着很大渴求，迫切希望引进西方现代技术改造城市，国际化的高楼大厦不仅能满足实际使用的需求，也在一定程度上代表着先进的国际文明，所以国门甫开，民众心态是欢迎的，大批实用性强的产业、住宅建筑在这个时期普遍铺开，然而事物都是具有两面性的，各地趋同的现实需求客观上为此后的"千城一面"埋下了伏笔。

进入21世纪后，随着国内经济实力增强，许多城市跻身世界前列，力图以"国际化"的方式展现自我存在感，展现个体历史文化的表达方式成为常态。不少境外建筑师在中国市场从业日久，熟谙国民心态，在他们操刀之下，不少超大尺度、象征隐喻地方叙事风格的"地标建筑"在各地大量涌现，这些熟悉现代大型建筑设计的西方建筑师不乏其人，但对于博大精深的中国东方文化的理解却未必精准深刻，所以作品大多与历史环境割裂，盲目凸显现代化。但奇怪的是，这种倾向却能够成

为很长一段时间城市追风的潮流，国内建筑师生吞活剥学习西方的野蛮生长期也正是于此时开始的。这一时期社会文化背景虽然多元化，人民群众对新生事物有了较高的接受度和包容度，但并不代表对大量生硬嫁接的"建筑文化植入"没有恶感。

近十年来，中国城市建设已经从迫切解决基本生活条件转变为对质量的追求和对宜居品质的看重，城市"双修"与历史文化遗产保护被提上日程，大规模的建设在城市中逐渐减弱，街道与社区修复和更新成为新的时代命题，对于业已不多的文化传统有了更多的重视和保护的意识，也对国外建筑师的实践提出了新要求。在越来越开放、多元的环境下，传统文化在母体本身的复苏中争取夺回发言权，要求当代中国建筑设计进一步本土化、地域化，更贴近国情现实。奥运建筑风之后十年，境外建筑师作品不论是大型公共建筑还是普通商业、科教文卫建筑，都多了向中国文化温和致敬的元素。所谓"建筑文化植入"之说业已淡化，应该说这是历史趋势使然，也是文化复兴和自信重拾的结果。

回顾四十年来高速发展的中国城市建设，国人总体上基本是以开放的心态接纳包容了境外建筑师的作品实践，也在现实中不断摸索适合中国的建筑作品。社会文化的多元化，不管接受与否，都将是普遍存在的现实，建筑受其影响，多样性发展也已经是当前城市中的常态，不仅将长期存在，还会在一定程度上深化。或许这也就是改变"千城一面"的药方，只不过这个治疗过程还稍微有点漫长。"建筑文化植入"在这种历史大趋势面前即将演变为多种符号化形式的一种表现。

至于到底什么样的建筑真正适合中国，或许答案本身就是无解的，因为每个时代都有自身的诉求，但有一点是毋庸置疑的，尊重自然、社会人文环境并在很长一段时间中具备生存活力的建筑才可能拥有更为长久的生命力和广泛的社会接纳度。

二、正确分析建筑对地域文化历史的尊重程度

建筑作为艺术与技术的综合体，在当代社会条件下更加强调技术含量，而进入中国的境外建筑师作品中往往自带科技语言，过去二三十年这种技术性元素在很大程度上比文化和艺术性更具有说服力，这是在资本之外境外建筑势力拥有所谓"文化植入"力的又一重依靠。再加上境外建筑师的明星光环，对迫切需要科技性加持话语权的官方有了更高的接受度，而且境外建筑师队伍较高的职业素养和对设计施工的把控力度、作品的高完成度，与国内一般设计单位形成较强的对比，对国内业界形成了几乎是压倒性的影响，无条件的"崇洋"风行全国。一时之间，过分追求技术表达，对文化的肤浅理解、浮夸的造型、宏大的主题、似是而非的文化联系和高科技、环保炫技大行其

道，对城市本身的文化性造成必然伤害就无可避免，甚至会殃及池鱼，不仅建筑设计本身形象西化，连周边地名也逐渐西化。近期朝天门广场与来福士广场的地名之争暴露出来的实质便是文化复兴背景下对"西风"的强势还击，在一定程度上讲是一场继中国大剧院、央视大楼之后轰轰烈烈的地域建筑文化的民间保卫战。

然而，随着恢复文化自信的呼声越来越强，舶来的建筑文化是否对城市文化母体造成伤害也需要理性判断和换视角审读，不能一棍子打死。毕竟公众本身审美层次有待提升，在时代潮流推进中对具有超前意义的作品要心存包容，因为社会文化并非原地踏步、一成不变的。不过，优秀建筑师引领和改变历史需要勇气和契机，更需要才华，才能以作品"代表一个时代的结束与另一个新的时代的开始"。正如贝聿铭之于卢浮宫金字塔，安德鲁之于中国国家大剧院。至于能够霸气回应"难道现实环境是一堆垃圾，也需要我去适应？"（扎哈）的建筑师，必须是对自己作品的引领作用具有足够的自信。

来福士广场所处地位从地理位置到文化地位都非常微妙，特殊的自然地形本身就令其拥有成为焦点的当然前提，超大的体量无疑又大大加重了分量，偏偏这座极其现代化的建筑以完全西化甚至抄袭经典方案的面孔站在了重庆人文化心理地位的制高点上。将朝天门的悠久历史形象替换为怪异突兀的西化造型，以冲击眼球式的地标造型击溃旧有的文化模式，对重庆传统地域文化而言是沉重的打击，这座巨大的商业航母"朝天扬帆"持续冲击重庆人的历史观与文化观，被批为"建筑文化植入"式张狂之态毕现，但官方的希望除了其对周边杂乱无章的建筑环境改造形成辐射，刷新城市天际线之外，更多的是能实现城市未来引领的责任。这一使命能否达成，将最终决定这座继德国 GMP 设计公司的重庆大剧院坦克之后，落地朝天门的外国建筑师作品真实的价值所在。

优秀的建筑设计作品具有持久的生命力，能以文化内涵影响往来于其中的人们，对地域文化具备足够的尊重与敬畏是一方面，另一方面能承前启后、开启新时代，是走在快速发展道路上的中国城市对国内外建筑师们的要求。今日之中国已经不再是亦步亦趋追随西方的后来者，也不是墨守成规的卫道者，而是重拾自信之后正在用自己的文化树立旗帜的开拓者。唯此，"建筑文化植入"的讨论将逐渐失去土壤，不再有讨论的意义，新一轮的文化平等对话才能开启。

三、文化自信程度决定建筑设计过程中的话语权

建筑作品得以建成往往取决于背后的支持者，项目得以实施的甲方拥有左右建筑的最大话语权。然而，境外建筑师在中

国实践过程中，其话语权似乎大大超过甲方。显然，与其说是境外建筑师本身话语权重，毋宁说是四十年来一直居于领先地位的西方文化的强势影响。境外建筑事务所及其从业者以母国的文化威慑足够自信地在中国城市中自如展开建筑实践，撕裂传统的东方城市基因，将西方一贯以为之的做法、甚至不能实现的构思方案全盘搬到中国，几乎不会有多大阻碍就能得到官方自上而下的支持，造成了中国城市建筑设计中事实上的"文化植入"，并辐射周边，波及大小城镇，造成国内诸多乱象。

头疼医头。就建筑设计行业本身而言，官方对中外设计力量毋庸置疑的偏向是导致现今国内建筑师严重不满的原因所在。官方的文化奴性，国内建筑师自身素质有待提升，在很大程度上导致国内建筑设计界在境外建筑势力面前集体失语，更谈不上拥有自信与话语权，这也是今天重庆来福士广场尴尬出世的一大缘由。

来福士广场作为关键地理位置上理所当然的地标，引起诸多争议在所难免，对来福士的反对声音多来自民间，显然是地方文化的一次强势觉醒，是对建筑审美从庙堂到江湖的再度洗礼。其实，对来福士的争议在很大程度上并不针对境外建筑师，而在于对方案抉择的最终审美把关者。传统文化和地域文化的自信程度需要上升到一定层面，自上而下的文化自信重建，才能对真正符合民族与国情的建筑设计做出最适合的选择。近年巴黎圣母院重建的设计方案公众投票，这是一种在文化审美上具有高度自信之后的平和而理性的坦然态度，其他国家建筑师的方案胜出，法国公众也不会狭隘的解读为文化入侵，而是对等的欣赏与接纳。

境外建筑师四十年来在中国持续的实践，其实质是将欧美科技、艺术审美和生活方式以建筑的形式集中输入中国，国人在过去几十年中被动吸收了很多人类共同的文明成果，严格来讲，"建筑文化植入"之说其实是弱者心态的表达。在逐渐具备了雄厚物质基础之后，国人已经开始不断重新解读中华文明本身对于外来文化的接纳。囫囵吞枣的野蛮生长时代已经过去，文化复兴背景下的中国城市建设不管是境外建筑师的中国实践还是国人的模仿与创新，接下来还将面对中国公众越来越复杂、严苛的评判。今日之世界，文化建筑效应在中国强大的网络公共世界几乎无所遁形，其观点、意见的表达必将影响西方世界的文化与价值评判。

参考文献

[1] 崔愷. 搭建建筑创新平台 [J]. 新建筑，2012（3）：62.

[2] 北京：中国国家大剧院介绍. 中国建筑施工网. 2016-05-28

基于重塑场所精神的工业建筑遗存改造设计策略——以莺歌海盐仓改造为例

王钦　　长安大学建筑学院　本科生

张磊　　长安大学建筑系　主任

李嘉熹　长安大学建筑学院　本科生

王思雄　长安大学建筑学院　本科生

摘　要： 工业建筑遗存改造是我国城市发展过程中面临的需要迫切解决的课题。本文通过评析国内工业建筑遗存改造案例，指出建筑改造要从建筑本身需求出发，结合当地的场所环境精神和场所人文精神，提出建筑不仅要服务于人，同时也要作用于环境的设计理念。从满足当下实际需求出发，形成建筑的功能、结构、景观以及运营模式的可持续发展策略，重塑当地场所精神。

关键词： 场所精神；环境；改造设计策略；莺歌海；工业建筑遗存

引言

我国城市自改革开放以来，经历了四十多年的快速发展，城市的增量扩张已经达到了一定的程度。我国规划从增量扩张转向存量优化。这意味着众多的废弃厂房等工业建筑遗存将迎来第二次生命周期。

一、当下中国的工业建筑遗存改造现状

（一）保留主体结构，注入艺术元素

在对原有的历史文化遗存进行保护的前提下，原有的厂房被重新定义，保留建筑的主体结构，只进行小范围的拆除，充分利用原有的空间格局，将空间中的故事续写，并注入艺术的元素，实现原有建筑的重新定义。如北京798艺术区，艺术在园区中萌芽，并依据园区自身的发展动力，实现了工业园区向艺术园区的成功转型。（图1、图2）

图1 北京798改造保留主体结构　　图2 北京798主体结构内部

（二）利用原有建筑属性特征，注入商业元素

将原有建筑风貌与现代城市功能相结合，利用原有工业厂房的建筑属性特征，融合周围住区属院的时代记忆，加入现代设计元素，既保留特色又存有个性。如"大华·1935"，在原有建筑的基础上，利用原有建筑的空间属性，结合原有厂房的时代记忆，将原有厂房改造成博物馆；同时利用原有建筑的空间，引入咖啡厅、餐厅等商业，打造酒吧餐饮街区，重新激发原有建筑的活力。（图3至图5）

图3 原有厂房改造成博物馆

图4 原有空间改造成咖啡厅　　图5 酒吧餐饮街区一景

（三）存在的问题及不足

1.过度的商业化

"大华·1935"在注入文化元素的同时，融入了购物、餐饮、娱乐等商业，每当周末假日，"大华·1935"中的餐厅、咖啡厅等都人满为患，而博物馆中的人却寥寥无几。过度的商业化在给园区带来可观的经济效益的同时，也造成了对大华纺织文化关注的淡化。

2.对环境的考虑欠缺

挪威著名城市建筑学家诺·伯舒兹在著作《场所精神：迈向建筑现象学》中提出了"场所精神"的概念，伯舒兹指出："人在一个环境中生存，有赖于他与环境之间在灵与肉（心智与身

体）两方面都有良好的契合关系。"这其中的环境有三个部分：
一是人与空间——人与空间之间的互动，人们对空间的使用；
二是人与场所——这是一个相对高的层次，是场所人文精神的
营造，是人们在环境中感知的故事、人文、文化等；三是人与
环境——这是相对于前两者来说更宏观的角度，强调的是自然
环境、生态对人的影响，注重的是对生态自然的保护和尊重（图
6）。

无论是北京798艺术区还是"大华·1935"，在营造场所
精神的时候，均完成了场所人文精神的营造，但是并没有真正
完成场所人文精神和场所环境精神双核心的营造，在场所环境
精神方面的营造仍是不足的。

在"大华·1935"旧厂房园区中，因为其生产的性质，场
地中的自然环境会受到不同程度的破坏，所以在营造园区内场
所环境精神时应该考虑对原有自然环境的修复以及再生。在园
区的环境改造中，"大华·1935"所营造的植物景观更多的是
为商业内容所服务。地面采用硬质铺砖，留给绿化的面积比较小，
原先预留的树池的位置也被铺砖所覆盖。（图7）

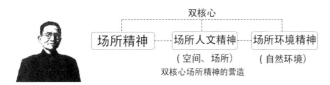

图6 诺·伯舒兹的场所精神理论

图7 "大华·1935"环境改造

在对"大华·1935"旧厂房园区改造中最有必要的是恢复
场地原来的自然环境与生态系统。不仅要保留场地中原有的植
物，还要通过种植当地的特色植物，以及适合修复原有场地的
植物，针对场地的自然生态环境问题，基于场所环境精神，进
行环境设计，以此达到符合双核心的场所精神的营造。

二、工业建筑遗存改造策略

（一）保留主体结构，小范围改动

工业建筑遗存的改造绝对不能是破坏性的改造，那样不仅
仅在经济上造成浪费，更失去了改造的意义。工业建筑遗存的
改造要保留原有建筑的主体结构，只进行小范围的改动，充分
利用原有的空间格局。

（二）结合当地的实际需求

工业建筑遗存的改造应当从当地的实际需求出发，工业建
筑遗存改造的结果是提供公共服务还是作为商业，或是成为一
处艺术园区，均要以当地的情况为主来考虑。

（三）尊重当地的场所精神

场所精神乃是一个地区的精髓所在，尊重当地的场所精神
是改造的根本。一个地区的场所精神具有双核心——场所环境
精神和场所人文精神。改造必须尊重双核心的场所精神，缺一
不可。

（四）注重对自然环境的保护

在尊重双核心的场所精神，对环境不破坏的基础上，我们
在改造中更应该考虑如何通过设计手段去保护环境，甚至是作
用于环境、改善环境。

三、工业建筑遗存改造手段——以莺歌海盐仓为例

（一）莺歌海概况

莺歌海废弃盐仓位于海南省西部的莺歌海边，莺歌名取自
飞鸟繁多时的鹦鹉（英哥）鸣唱。日寇侵华时期，在海南莺歌
海湾建设了莺歌海盐场的雏形，日寇退败后，盐场便被遗弃；
1955—1957年，两广盐务局开始了艰苦的盐场建设工作，最终
在1961年完成了1159万立方米土方的盐田盐仓建设。如今，
几处废弃的盐仓，述说着当年辉煌的开发史。（图8、图9）

图8 废弃盐仓外景　　图9 废弃盐仓内景

1.莺歌海当地的场所人文精神

早上，盐工前往盐场晒盐，开启了一天的劳作；下午，居
民通常在阴凉处享受海南特色的"老爸茶"；晚上，当地居民
都会聚集到广场上散步、带孩子玩、跳广场舞。很长一段时间
以来，人们看似"固定"的生活方式，是当地人文精神的一种"潜
移默化"。这种场所的人文精神是莺歌海当地社会文化的直观
体现。（图10）

2.莺歌海当地的场所环境精神

自古而今，莺歌海就以环境优美闻名于世，自从莺歌海盐
田开发以来，当地居民、盐工和环境就形成一种相辅相成的和
谐关系。从20世纪50年代国家对莺歌海盐场开发开始，近几

十年来，"盐一代""盐二代"们一直秉承着"靠海吃饭，看天干活"的朴素的盐工的习俗。正因如此，人与环境一直处于和谐发展、互利共生的关系。（图11）

图10 莺歌海的场所人文精神

| 1958 | 1989 | 1999 | 2009 | 2019 |

图11 莺歌海的历史演变

（二）处理手段一——功能

从莺歌海当地的场所人文精神出发，基于人与建筑维度进行功能的布置。综合当地居民在办事、购买等一些活动上都要多地辗转，盐工只能将就地在简易棚中用餐的现状，将莺歌海废弃盐仓改造成一处集盐工休息、茶歇、办事、售卖与居民交往的公共服务综合体。（图12、图13）

图12 首层平面图

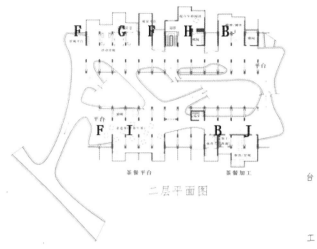

图13 二层平面图

（三）处理手段二——结构

对莺歌海废弃盐仓的改造，保留其主体结构，对盐仓的外墙进行了拆除（图14），保留其特有的空间形制，当人们进入这个空间的时候，熟悉的空间形制能唤醒人们对该处的记忆，可以说该处空间被赋予了独特的记忆。

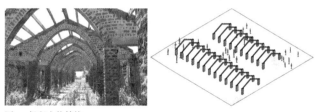

图14 保留主体结构

在保留主体结构的基础上，以主体结构中每榀的间距为单位，架设易于施工的钢结构框架，在框架中布置易于拆卸运输的集装箱，在集装箱中布置具体的功能。（图15）

集装箱易于拆卸、运输、组装，组合灵活，可根据当地的经济状况灵活布置。

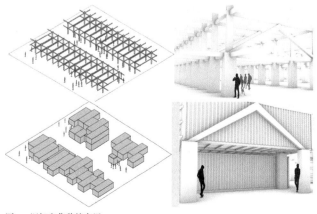

图15 框架和集装箱布置

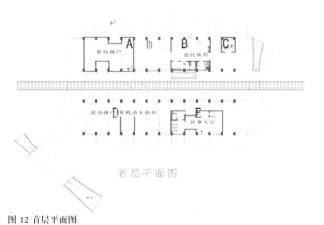

（四）处理手段三——景观

海南作为自然环境极为优越的地方，对工业建筑遗存的改造绝对不能离开对环境景观的考虑。原有废弃盐仓的选址处，杂草丛生，并有低矮的灌木生长。

通过在钢结构框架上铺设低碳混凝土浇筑的景观步道（图16），并在顶层的步道增加了覆土层，以达到将景观引入建筑中，引入建筑屋顶上，形成多层次的景观视觉效果。同时，在框架中种植植物，在视觉上营造由植被覆盖的效果。

在时间的层次上，景观植被经过3个阶段的生长：低矮的灌木开始生长；高大的乔木扎根；到最后整片区域被植被覆盖。（图17）

图16 步道系统

图17 演变前后的建筑

（五）改造后莺歌海废弃盐仓运营模式

整个建筑的运营模式分成三个阶段：第一个阶段，改造后的废弃盐仓为当地居民提供办事、休闲、餐饮等公共服务；第二个阶段，随着当地基础条件的完善，人们生活水平的提升，建筑功能的转变，公共服务建筑的功能不可能会一直满足人们的需求，建筑中的集装箱会被拆卸、运输，最后整座建筑将只剩下框架和步道系统；第三个阶段，建筑提供公共服务的功能被削弱，对环境的服务比重加大，低矮的灌木生长、改善土壤，进而高大的乔木生长，最后建筑被植物覆盖，建筑仅为人们提供散步休闲的场所，更多地为植物、动物提供良好的栖息环境。此时，建筑不仅为人服务，更友好于环境。最终完成基于双核心场所精神的工业建筑遗存改造。

四、总结

对工业建筑遗存改造，建筑不仅要服务于当地人的日常生活，也要友好于该地区的环境。除此之外，还要充分尊重当地的场所精神。

北京798艺术区、西安"大华·1935"等改造实践在商业服务方面取得了一定的成就，但对于环境的考虑仍略有欠缺。本文对海南莺歌海废弃盐仓的改造策略进行了功能、结构、景观方面的探索，在服务当地居民的同时，融入了对环境方面的考虑，赋予了友好于环境的使命。

至此，对于工业建筑遗存改造，我们应当注意以下三点。

（1）工业遗存建筑的改造不能牺牲环境，而要在友好于环境、尊重环境的基础上进行，注重作用于环境。

（2）改造本身是延长建筑的生命周期，应当保留原有建筑的主体建筑结构，在原有的建筑主体结构上进行改造设计。

（3）改造设计应该充分了解当地的文化、生活实际需求，从当地的实际出发，切实为当地提供一定的服务。

以莺歌海废弃盐仓改造为例，对工业建筑遗存改造设计策略进行探索，谨为工业建筑遗存改造提供参考。

图片来源：文中图1至图4、图10中休息的盐工来源于网络，其余图片均为作者拍摄或自绘。

参考文献

[1] 薛岩，朱广帅．浅析当代中国文化创意街区设计：以南京1912街区为例[J]．科技创新与应用，2017(11):65．

[2] 井晓鹏，苑继红．浅谈城市废弃地景观更新设计：以西安大华1935景观更新改造为例[J]．绿色科技，2015(1):67-69．

[3] 田雨．后工业时代文化创意工厂空间发展与启示：以北京798艺术区为例[A]// 中国城市规划学会、杭州市人民政府．共享与品质：2018中国城市规划年会论文集（02城市更新）[C]．中国城市规划学会、杭州市人民政府：中国城市规划学会，2018:11．

[4] 董晓靖，张纯，崔璐辰．创意文化背景下的传统工业园区转型与再生研究：以美国北卡烟草园和北京798园区为例[J]．北京规划建设，2018(01):123-127．

[5] 杨庆庆，金晓雯．浅析城市更新中历史街区场所精神的构建：以南京老门东为例[J]．大众文艺，2019(13):92-93．

[6] 诺·伯舒兹·C.场所精神：迈向建筑现象学[M]．施植明，译．武汉：华中科技大学出版社，2010．

[7] 王群．柯林·罗与"拼贴城市"理论[J]．时代建筑，2005(1)：120-123．

[8] 梁小慧．基于场所精神的政府前广场复合设计探讨：以深圳市盐田区政府前广场为例[A]// 中国城市规划学会、杭州市人民政府．共享与品质：2018中国城市规划年会论文集（07城市设计）[C]．中国城市规划学会、杭州市人民政府：中国城市规划学会，2018:11．

[9] 张嘉丽．基于场所记忆的旧工业区外环境改造设计与研究[D]．西安：西安建筑科技大学，2017．

基于层次分析法的乐安县传统村落保护价值研究

王伟　　哈尔滨工业大学建筑学院　研究生

张灿　　哈尔滨工业大学建筑学院　研究生

摘　要： 2017 年江西省乐安县城乡规划局拟定万坊、水溪等 8 个村落申请第五批国家级历史文化名村。不同村落之间保护等级、村落规模、历史建筑差异较大，而在资金有限的情况下合理分配保护资金尤为重要。本文以传统村落保护价值为主要研究对象，将其分解为村落环境价值、传统建筑价值及历史文化价值，并向下分解为 20 个特征指标，通过层次分析法得出不同指标权重并定量分析不同村落保护价值高低，补充乐安县传统村落保护基础性研究。

关键词： 层次分析法；传统村落；保护价值；乐安县

一、提出问题

2017 年，江西省乐安县城乡规划局拟定万坊、水溪等村落申请第五批国家级历史文化名村。据了解，具有一定保护价值的村落将会得到 300 万元资金，然而总体资金有限，需要对传统村落保护价值进行仔细考量。根据实际考察发现，不同传统村落之间差异较大，体现在保护等级、村落规模、历史建筑等多方面。客观而言，不同的因素对传统村落保护价值的影响程度亦有差异，这为传统村落保护价值的考量带来一定困难。因此，本文通过层次分析法综合评价乐安县最新拟定的传统村落保护价值，为进一步的保护工作做好基础性研究。

二、基础研究

（一）层次分析法

层次分析法（Analytic Hierarchy Process，AHP）是美国著名运筹学家 Saaty 教授提出用于解决复杂问题的综合决策模型，最早运用于市场投资并逐渐传播至建筑规划领域。层次分析法将对目标的影响因素逐层分解，建立多层级综合评价模型，通过将影响因素两两对比最终定量得出不同影响因素的权重[1]。层次分析法将相关专家的定性分析转化为定量计算、主观转化为客观，具有小巧轻便等优点，逐渐被广泛利用。

（二）传统村落保护价值

传统村落保护价值可以认为是由多种因素综合影响的结果。《中国历史文化名镇（村）评选办法》从历史价值及风貌特色、原状保存程度、历史传统建筑规模及保护措施四个方面定义历史文化名村基本条件，相应的评价指标体系则从价值特色及保护措施两个方面展开评价，但总体指标内权重分布相对平均，

而中国幅员辽阔，不同地区传统村落又各具特色，不可一概而论。《传统村落评价认定指标体系（试行）》则从传统建筑、选址格局、非物质文化遗产三个层面评价传统村落符合程度，分别包含 5~8 个分项指标，以定性与定量相结合的方式综合评估，相应指标权重分布差别加大，完善发展了传统村落评价体系，但对于价值的重视程度不足。

在相关专家学者研究方面，赵勇等运用因子分析法结合首批历史文化名村分析证明环境风貌、建筑古迹、民俗文化、街巷空间和价值影响是决定传统村落保护价值的主要因素[2]；杨锋梅采用层次分析法从历史价值、文化价值、艺术价值、科学价值、旅游价值及开发利用价值等方面建立山西传统村落价值综合评价模型[3]；刘奕彤采用层次分析法从村落环境价值、传统生活价值及历史文化价值三个方面建立北京吉家营村价值评价模型[4]；宋凤等以活态保护理论为出发点采用层次分析法从村落自然环境、人工环境及社会环境三个方面构建 19 个价值影响因素及 47 个指标，建立北方泉水村落环境价值评价模型[5]，相关研究较为丰富。总体而言，传统村落保护价值评价指标体系逐渐被归纳到村落环境层面、传统建筑层面及历史文化层面三个层面，运用层次分析法是解决不同地区差异的重要方式，可以弥补相关法规普适性较弱的缺陷。

三、现状调研及价值解析

（一）现状调研

通过实际调研及整理相关信息，笔者将江西省乐安县最新拟定的历史文化名村的保护价值分为村落环境价值、传统建筑价值及社会文化价值三个层面，相关信息整理见表1。

表 1　江西省乐安县拟定历史文化名村信息汇总

村落名称		牛田镇	万崇镇	罗陵乡			南村乡		鳌溪镇
		水南村	万坊村	峡源村	水溪村	古村村	前团村	稠溪村	东坑村
历史文化要素									
形成年代		元以前							
名人名事		较少	较多(≥20)	较少	较多(≥20)	较少	较多(≥10)	较多(≥20)	较多(≥20)
红色文化		有	有	有					
风俗节庆		游菩萨	奉神、游灯笼及拜社塔	庙会、出神	庙会、正月十五夜桥灯	庙会、正月初七上新丁、朝奉上元福神	庙会		出神、庙会、祭祀先祖
手工艺品				马饮水青铜器			仕女扇	竹编纸	兴国鱼丝
特色食品					霉豆腐	霉鱼、薯粉丝	霉鱼		
村落环境要素									
区位条件	距县城（km）	32	28	36	36	36	22	22	近郊
	距流坑古村（km）	1	10	15	15	15	14	18	
保护等级		省级	省级				国家级		
地理风貌		中低丘陵的过渡地带	丘陵与河网交叉地带	山区兼平原地带	丘陵地区	丘陵地区	雩山北端河流冲积成的盆地	丘陵地区	丘陵地区，古树繁多
村域面积（km²）		28	4	2	12	2.5	8.9	7.1	7.98
村庄面积（亩）		886	300	70	680	93	1200	7	8205
户籍人口		3471	1500	700	2841	818	2881	660	748
景观布局		沿岸呈带状分布，商业影响较大	沿河呈"船形"分布	以万氏大祠为起点层层递进，风水格局严整	以古池塘为中心，以古炮台为边界，四周遍布重要建筑		"一纵六横"，明清时期设计规划	城堡式的建筑村落，宛如脱粟形，上宽下窄	运用风水学理论，排水系统优秀
村落肌理		完整	完整	较完整	完整	破坏	完整	较完整	较完整
景观要素	古井	4	2		3	2	8	5	2
	古树	50	18	3	35		268	3	58
	河道		2		1		1	1	1
	池塘		3	1	2	3			7
	古街						1		
	巷道						6		
	码头	3							
	台阶							9	
	古桥								1
传统建筑要素									
规模数量		30	9	6	19	15	11	10	12
建筑类型	门楼	√			√				
	门坊		√					√	√
	祠堂	√	√	√	√	√	√	√	√
	民宅	√	√	√	√		√	√	√
	庙庵	√	√		√				√
	书院	√		√	√				
	书馆							√	
	戏台						√		
	宿第								√

建成年代		清	清	元以前	明	清	明	清	清
文保单位	国家				2				
	省级	1							
	市级	1							6
	县级	1			1		2	1	
工艺技术		部分建筑内墙为石筑，在江西民宅中较为少见	元献书院明间花坊浮雕菊花纹、双龙戏珠，人物花鸟跃然纸上				前团古戏台始建于清代嘉庆早期，是一处舞台、戏亭、看场、神庙四位一体的建筑		
保护现状		良好	一般	良好	良好	较差	良好	一般	良好

注：1亩≈666.67平方米。

村落环境价值是从规划及景观角度评估村落整体价值，包括区位条件、地理风貌、村落规模、风水布局、村落肌理及景观要素。区位条件越好，相应的开发保护价值则越高；地理风貌是指村落所在的生态环境要素；村落规模主要体现在占地面积、人口总量等方面；部分村落布局明显受到风水因素影响；村落肌理主要体现在保存程度层面，如峡源村大量建筑群体得以保留，而古村村仅保留祠堂建筑，整体肌理完全丧失（图1）；景观要素包括古树、古井、古街等（图2），主要体现在规模数量及完好程度上。

① 前田村　② 水溪村　③ 峡源村　④ 罗陂乡　⑤ 古村村

图1 部分村落肌理航拍图

① 古台阶　② 古井　③ 古树　④ 古河道　⑤ 古桥

图2 景观要素

传统建筑价值作为主要物质载体，包括规模比例、类型种类、文保单位、细部美学、工艺技术及保护现状。规模比例是指传统建筑的数目、面积等；除祠堂及民居外，部分村落还具有戏台、门楼、书院等多种传统建筑类型（图3）；建成年代是传统建筑的最远建成时间，分为元及元以前、明、清、民国及民国以后；文保单位是指传统建筑的最高保护级别，有国家级、省级、市级、县级；细部美学综合表征传统建筑的细部构造、剖面层次、立面外观等内容（图4）；工艺技术主要体现在其稀缺度方面；

保护现状也是反映传统建筑价值的重要因素，保护状况越好，相应的价值也越高。

祠堂　民居　书院　门楼　戏台　庙宇

图3 多种传统建筑类型

图4 细部构造及剖面层次（峡源村）

历史文化价值作为非物质载体，包括建成年代、名人名事、红色文化、风俗节庆、手工艺品及传统食品。建成年代是指村落建成年代，与传统建筑建成年代并非同一概念；名人名事主要反映其数目及影响等级层面；相对具有特色的是部分传统村落曾经作为国共对峙时期红军驻扎地，为宣扬革命思想做出了巨大贡献，具有重要的教育意义，需要被单独强调（图5）；风俗节庆主要反映村落节庆的延续性以及规模性；除却米酒，部分村落特色传统食品及手工艺品也是体现文化生活丰富性的重要指标。

图5 红军标语痕迹

综上分析，建立江西省乐安县传统村落保护价值评价体系模型（表2）。

表2 江西省乐安县传统村落保护价值评价体系模型

目标层	准则层	指标层
传统村落保护价值 A	村落环境价值 B_1	区位条件 C_{11}
		保护等级 C_{12}
		地理风貌 C_{13}
		村落规模 C_{14}
		风水布局 C_{15}
		村落肌理 C_{16}
		景观要素 C_{17}
	传统建筑价值 B_2	规模比例 C_{21}
		类型种类 C_{22}
		建成年代 C_{23}
		文保单位 C_{24}
		细部美学 C_{25}
		工艺技术 C_{26}
		保护现状 C_{27}
	历史文化价值 B_3	建成年代 C_{31}
		名人名事 C_{32}
		红色文化 C_{33}
		风俗节庆 C_{34}
		手工艺品 C_{35}
		传统食品 C_{36}

（二）计算分析

结合村民以及专家评议意见建立综合评价模型，在计算分析前需要通过将影响因素两两对比建立评分矩阵（表3）。

表3 重要性判断比值

评分 U_{AB}	含义
1	A 与 B 两个因素同等重要
3	A 与 B 相比稍微重要
5	A 与 B 相比比较重要
7	A 与 B 相比十分重要
9	A 与 B 相比绝对重要
2、4、6、8	位于上述重要性判断的中间值
上述数字的倒数	$U_{AB}=1/U_{BA}$

为了结果更加合理公正，在相关专家意见占75%的基础上增加25%的村民意见，相关专家5名，各村挑选2名权威人士。对于每一对重要性评价比较值，最终结果取其平均值，即

$$\text{重要性评价值} \quad [G]=\left[\frac{\sum_i^n U_i}{n}\times75\%+\frac{\sum_i^m V_i}{m}\times25\%\right]$$

式中　n——专家数量；

　　　m——村民权威人士数量；

　　　U_i——第 i 个专家给出的重要性比较值；

　　　V_i——第 i 个村民权威人士给出的重要性比较值；

　　　$[G]$——不大于 G 的最大整数，且 $G\geq1$。

本文采用 Yaahp 软件对评分矩阵进行计算分析，限于篇幅，本文直接列出专家及村民综合评议结果（表4至表8）。

表4 准则层评价结果

	村落环境价值	传统建筑价值	历史文化价值
村落环境价值	1	1	2
传统建筑价值		1	3
历史文化价值			1

表5 村落环境价值评价结果

	区位条件	保护等级	地理风貌	村落规模	风水布局	村落肌理	景观要素
区位条件	1	1/4	1	1/2	1	1/2	1/3
保护等级		1	5	5	3	2	2
地理风貌			1	1	1/2	1/3	1/2
村落规模				1	1	1/3	1/2
风水布局					1	1/2	1
村落肌理						1	1
景观要素							1

表6 传统建筑价值评价结果

	规模比例	类型种类	建成年代	文保单位	细部美学	工艺技术	保护现状
规模比例	1	3	4	2	2	3	3
类型种类		1	1	1/3	1	2	2
建成年代			1	1/4	1/2	1	1/2
文保单位				1	2	3	3
细部美学					1	2	2
工艺技术						1	1
保护现状							1

表7 历史文化价值评价结果

	建成年代	名人名事	红色文化	风俗节庆	手工艺品	传统食品
建成年代	1	4	2	3	3	5
名人名事		1	1/2	1/2	1	2
红色文化			1	2	2	3
风俗节庆				1	2	2
手工艺品					1	2
传统食品						1

表 8 结果汇总

准则层	指标层	结果
村落环境价值 38.74%	区位条件 7.02%	2.71%
	保护等级 32.67%	12.66%
	地理风貌 6.67%	2.58%
	村落规模 8.37%	3.24%
	风水布局 10.54%	4.08%
	村落肌理 16.87%	6.53%
	景观要素 17.86%	6.91%
传统建筑价值 44.24%	规模比例 29.17%	12.90%
	类型种类 11.04%	4.88%
	建成年代 6.80%	3.01%
	文保单位 23.83%	10.54%
	细部美学 14.15%	6.26%
	工艺技术 6.88%	3.04%
	保护现状 8.15%	3.61%
历史文化价值 16.92%	建成年代 37.22%	6.30%
	名人名事 9.89%	1.67%
	红色文化 21.21%	3.59%
	风俗节庆 14.96%	2.53%
	手工艺品 10.40%	1.76%
	传统食品 6.31%	1.07%

四、结论及不足

根据表 8，可以将指标分为四种类型（表 9）。

表 9 指标权重分类

10% 以上	村落环境价值	保护等级
	传统建筑价值	规模比例、文保单位
5%～10%	村落环境价值	村落肌理、景观要素
	传统建筑价值	细部美学
	历史文化价值	建成年代
3.5%～5%（包括 5%）	村落环境价值	风水布局
	传统建筑价值	类型种类、建成年代、保护现状
	历史文化价值	红色文化
3.5% 以下	其他	

在具体应用中，可以使用全部指标，但过程相对烦琐，还可以使用部分指标，如 3.5% 以上的指标共有 13 个，占据总体的 80% 左右，5% 以上的指标共有 6 个，占据总体的 60% 左右，去除部分权重较小的影响因子，实际操作性大大增加，本文以此方法为例介绍评价细则（表 10）。

表 10 评价细则

	100 分	75 分	50 分	25 分
保护等级	国家级	省级	市县级	无
规模比例	20 个以上	10～20 个	5～10 个	5 个以下
文保单位	国家级	省级	市县级	无
村落肌理	完整	较完整	较少破坏	破坏

景观要素	种类丰富，数量较多，保护完整	种类丰富，数量较少，保护完整	种类较少，数量一般，保护一般	种类较少，数量少，保护一般
细部美学	极高	较高	一般	单调
建成年代	元以前	明	清	民国以后

由此可见，以 6 个主要因素作为指标时水南村及前团村相对具有保护价值，也符合常理的结果（表 11）。水南村与著名的流坑古村相距甚近，具有一定的旅游开发价值；前团村规模宏大，建筑类型丰富，村落肌理保存十分完整。欲从两者之间选择更加符合历史文化名村要求的一个，则需要进一步的研究工作。

表 11 村落保护价值评价结果

	牛田镇	万崇镇	罗陂乡			南村乡		鳌溪镇
	水南村	万坊村	峡源村	水溪村	古村村	前团村	稠溪村	东坑村
保护等级 12.66%	75	75	25	25	25	100	25	25
规模比例 12.90%	100	50	50	75	75	75	50	75
文保单位 10.54%	75	25	25	100	25	50	50	50
村落肌理 6.53%	100	100	75	100	25	100	75	75
景观要素 6.91%	100	75	25	75	25	100	75	100
细部美学 6.26%	100	100	75	75	75	100	50	50
建成年代 6.30%	100	100	100	100	100	100	100	100
总分	95.11	81.66	66.71	82.93	66.67	92.42	69.26	74.21

注释：村落资料全部来源于江西省乐安县城乡规划厅传统村落调查表及实地考查。

参考文献

[1] Saaty T L. Decisong Making with Dependence and Feedback: The Analytic Network Process [M]. Pittsburgh: RWS Publications, 2001：1-8.

[2] 赵勇，张捷，卢松，等. 历史文化村镇评价指标体系的再研究：以第二批中国历史文化名镇（名村）为例 [J]. 建筑学报，2008(3):64-69.

[3] 杨锋梅. 基于保护与利用视角的山西传统村落空间结构及价值评价研究 [D]. 西安：西北大学，2014.

[4] 刘奕彤. 传统村落价值评估研究 [D]. 北京：北京建筑大学，2018.

[5] 宋凤，肖华斌，张建华. 活态保护目标下北方泉水村落环境价值评价研究 [J]. 山东建筑大学学报，2015，30(6):564-571.

图片来源
所有图表均为作者拍摄绘制

杰弗里·巴瓦的建筑创作中的现象学方法实践

王晓飞　合肥工业大学建筑与艺术学院　硕士研究生

苏剑鸣　合肥工业大学建筑与艺术学院　教授

摘　要： 本文在简要梳理了现象学方法的基本内容的基础上，分析了斯里兰卡本土建筑师杰弗里·巴瓦的创作生涯、独特的学习经历以及其建筑作品及创作手法，并总结了杰弗里·巴瓦在其建筑创作过程中所运用的现象学方法的建筑学意义以及其对当下现代建筑创作的有益启示。

关键词： 现象学方法；杰弗里·巴瓦；建筑体验

在欧洲几百年来的殖民历史之后，现代主义在世界范围内取得霸权主义地位，全球逐渐从"欧洲中心论"向"中心—边缘"的结构转变，发展中国家在文化方面逐渐失语。能够完好体现本地区文化、经济、社会和历史背景的现代建筑也逐渐减少，建筑的地域性文化特征日渐削弱，场所精神和历史文脉逐渐遗失。20 世纪后叶，建筑学界百花齐放，从史密斯夫妇到文丘里，以及后来的类型学派、符号学派等，都在反思现代主义的过程中尝试拓展新的建筑思想领域与建筑创作方法。其中，舒尔茨的"场所精神"理论，从胡塞尔的现象学出发，对建筑学非理性和精神特质进行了总结，倡导回归建筑现象本身讨论建筑的本质，对现代建筑的发展产生了重要的影响。

一、现象学方法

由胡塞尔开创的现象学方法与以往的哲学不同，现象学认为应当面向事物本身，所有研究现象学的哲学家共同形成了现象学运动。在《观念》中胡塞尔提出"一切原则之原则"："每一种原初给予的直观都是认识的合法源泉，在直观中原初地（可以说是在其机体的现实中）给予我们的东西，只应按照如其被给予的那样，而且也只在它在此被给予的限度之内被理解。"即我们所能够分析的就是现象本身这个被直接给予的东西。现象学将我们本身能感受到的一切称为"现象"，这一点与以往的哲学相同，都是由经验得到的现象，但是除了经验感知到的事物之外，一切都是超越的，不在现象学的分析范围之内。现象学的领域主要在意识的世界，把现象作为分析的对象也就是说把意识作为分析的对象，这就是现象学。

现象这一词在希腊语中有显现的意思。顾名思义，显现应当是包括显现的过程和显现者本身的。所以，显现和显现者是现象应有之义。而现象学认为显现和显现者是同为一体的，不是相互对立的。在意向活动中，显现者本身在显现的过程之间构造自我。一般，自然科学的思维将显现者和显现分开看待，而现象学则将事物的显现方式和其存在方式视为一体，即物之其所显如物之其所是。

本质还原、先验还原和生活世界理论是现象学的三大主要方法。发现本质、本质的规律和结构是本质还原的作用，其中主要有自由变更法，通过万变求其统一得到本质。本质还原要求悬置部分超越之物，即非直接给予之物。先验还原则是为了解决哲学的最终和最高问题，尤其是意识和存在者、主体和对象的关系问题的方法。先验还原悬隔比前者要求更加完全，悬隔一切非直接给予之物，甚至包括意识。在古希腊怀疑哲学中，"悬隔"认为一切不是直接给予的东西都是可疑的，这一概念被胡塞尔用来表达不是直接给予之物的存在性是无法确定的。近代认识论中，科学精神要求严格的必然性和普遍真理，这也是胡塞尔所追求的。但是没有任何前提的科学是不可能的，而我们所生活的真实世界和无限可能的生活世界包含着科学的最初前提。因此，他的研究从纯粹意识中的科学前提转向了生活世界。生活主体所能体验到的生活世界不只是真实的世界，还包括他所能想象到的所有世界，如动漫世界、科幻世界等都在生活世界内。它们都是相对主观的，主观经验是其客观性的源头，科学也正是起源于此。因此，生活世界是先验的，不只是现有的世界，更加包括无限的可能世界。

二、杰弗里·巴瓦的建筑世界

（一）建筑生涯

杰弗里·巴瓦成长在斯里兰卡的富裕家庭，自小学习成绩优秀，后来毕业于剑桥大学。巴瓦毕业以后本该回家继承父亲的事业——担任一名律师，但是却沉醉于改造其在家乡所购买的几栋庄园，其中就包括他后来常住的卢努甘卡庄园。巴瓦一生的建筑尝试基本都在这个庄园中有所体现。在庄园中的尝试引发了巴瓦对于建筑学的浓烈兴趣，所以巴瓦后来到欧洲进修了建筑学。巴瓦学习建筑学的目的并不是想要成为一个伟大的建筑师或者进行地域现代主义建筑的实践，而仅仅是因为他喜欢做建筑景观，或者是喜欢欣赏自己所做的建筑。巴瓦能够不局限于现代主义建筑的教条，在他看来，现代主义并不比那些传统文化或者殖民文化中的手法更加高明或优秀。

巴瓦在前往欧洲学习建筑学时，已经拥有了成熟的世界观和价值观，并且具有一定的建筑审美和大量的游学经历，就这一点来讲巴瓦与其他大多数建筑师都不同，反而与安藤忠雄有些相似。对于许多建筑师来说，在建筑学院的学习是其建筑师生涯的开始，而对于巴瓦则应该追溯到他 15 岁开始的长期出国旅行。杰弗里·巴瓦在执业之前，除了学习律师职业技能以外，都在世界各地游览。巴瓦人生的第一次游历是在 15 岁，主要是在东南亚地区，包括新加坡、北京、上海、横滨、神户等城市；后来到欧洲旅行并求学，包括意大利、法国、英国等；27 岁那年的秋天，他再次游历东南亚以后，前往美国，在美国的 10 个月中他乘坐汽车领略了各地的风土人情，最后再次回到意大利。他坚持频繁出国旅行，并与各种游客讨论，以验证他理论的正确性。巴瓦的价值观和世界观以及对于建筑的最初体验就来自剑桥大学的四方院、意大利古罗马城、克拉拉宫殿的屋顶。因此，在学习建筑学之前，巴瓦已经是一个拥有丰富建筑素材的建筑鉴赏者，其在游学的过程中所得到是以人为中心的建筑体验和建筑审美，与纯粹建筑学出身的人不同，前者在丰富的体验中构建自己的建筑本质，后者在框架中填充丰富自身。

在整个游历的过程中，巴瓦从一开始就撇开了现代主义，甚至撇开了建筑学，悬隔了这些东西以后，巴瓦进行的是最原始的最本质的建筑学习。从现象学方法来看，巴瓦对建筑做了本质还原，他的意识中充满了所有他所经历到的对象，也充满了他想象中的所有美好的建筑。最终这些会被他寻找到它们所有的共相——建筑本质。正如斯里兰卡的建筑，不论是古代的传统建筑还是后来的殖民建筑，对于巴瓦来说，他都将它们称之为锡兰的建筑。"我更喜欢将锡兰过去所有好的建筑称之为优秀的锡兰建筑，它是什么就是什么，因为这些时期里所有的建筑都是锡兰的。"丰富的阅历让巴瓦在设计中可以信手拈来。巴瓦脑海中那些美丽的建筑、景观的体验让他在做建筑时，对各种风格驾轻就熟，可以使各类建筑形式杂糅在一块儿，却不失美丽和独特的氛

围。巴瓦的这些经历都证明了他是一个不受建筑学限制的纯粹的营造建筑的人。

（二）设计过程与设计图纸

与此对应，巴瓦的设计过程与设计图纸也与其他建筑师有所不同，巴瓦对建筑理论并不信任，设计建筑不局限于任何的风格和形式，他认为建筑是用来体验和使用的。巴瓦在设计过程中写到，人们在建筑中感受的乐趣同他在设计过程中感受到的一样时，这些都无法分析也无法准确地描述其步骤。建筑无法用语言来解释，就像他喜欢看建筑，但并不喜欢看建筑设计说明，建筑必须去体验而无法解释。所以，巴瓦的设计过程要求他时常在工地上指挥和体验，并且会不断修改方案。这种语焉不详的过程无法标准化，也表明了巴瓦并非是一个地域现代主义的建筑师。巴瓦工作室的图纸大部分都不是巴瓦所画，他自己的草图手稿更是和大师联系不上，大部分的图纸都是工作室成员所画，然后由巴瓦进行修改。但是在整个设计过程中，巴瓦一直是一个精神领袖，从方案的最初概念到方案具体实施巴瓦总是扮演着修改者和仲裁者的角色。在建造的过程中会不断地修改，使其处于一个动态的过程。建筑在建造中构造建筑本身，逐渐显现在巴瓦的意识世界里面，而这一切都源于巴瓦最初的概念。他不拘泥于任何的手法或者主义，只是想要营造一种氛围，还原建筑的本质，给人以体验。在不断地尝试与修改的过程中，试图抓住想要的精神世界的本质，将建筑作为一种现象，这就是巴瓦的手法。前半生的阅历为他大大减少了尝试的时间和成本，让他有了充足的、可以汲取养分的土壤。

巴瓦的图纸充满了真实的生活世界与意象，其中包含了许多难以置信的复杂细节[2]。比如建筑的结构、铺装、植物、手工艺品甚至一些主人比较喜欢的东西都在其中，营造出建筑现象。这些图纸的技术意义不言而喻，更重要的是它表达了真正的生活世界，将建筑还原到了生活世界中，建筑就是这样的状态，它没有什么特色，仅仅表示了人们想要的。图纸中充满了现实的、幻想的或者具象的、抽象的表达。德席尔瓦住宅的平面图中（图

图 1 德席尔瓦住宅平面图

1），竟然有主人收集的一些石头、小乌龟，这都是业主的表达与期许。一个美洲豹的雕塑在卢努甘卡庄园中水门边，在图中因为比例过小，巴瓦在旁边画了一个大大的豹子侧身像，提醒看图的人注意这个意象，以期达到给人某种精神上的提示。从这些图纸中可以看出巴瓦是一个更加重视精神体验的人，巴瓦的图纸和建筑中充满了艺术品和手工作品。巴瓦难道只是一个崇尚富裕阶级审美的人？笔者认为这是巴瓦对于现象的回归，对于现有的物的回归。不晦涩难懂，也不牵涉其他，只是想要用直接却又大量丰富的物冲击人的感官，给人以独特的体验。

（三）杰弗里·巴瓦的建筑作品特征

1.对于基地上地貌的保留与顺应

通常建造一个项目，原有地形地势、植物和材料，最能反映该位置的地景特色和表达出来的自然精神。巴瓦的大多数项目，都会保留原有地基的岩石，并将其作为景观，功能空间沿着景观布置。如在努呼努大学规划中庭院保留的岩石，灯塔酒店螺旋楼梯间中间的岩石。表达场地特质，传达建筑与自然的关系，还原建筑本质，顺应环境，修补环境，也是场所精神的需求。在隆塔拉瓦庄园中大量岩石突出地表，对项目的建造造成了很大困难，但是巴瓦顺应地形，选出几个比较大的岩石作为建筑的承重构件，建筑材料也是本地的石材。建造完成以后，整个建筑与地貌融为一体，相互衬托（图2）[3]。建筑突显了地貌的特色，地貌也构造了建筑。它们都在构造自身的同时显现出来。重视人在其中的体验，而非流线或者功能布局使用。

图2　隆塔拉瓦庄园总平面图

2.建筑复杂的构成

巴瓦悬隔建筑学的体系和理论，并且拒绝给自己添加任何的标签或者定式。不拘一格地选择建筑的材料、结构和形式，可以按照他自己的想法来做，也导致了巴瓦的作品十分的复杂。各种复杂组成所带来的文化与历史在这里交相辉映，并不因为复杂而导致烦琐，却形成了一种独特的氛围，不过这种氛围必须亲身体验才可以感受到。

巴瓦在建造努尔努大学时采用了正交网格体系，但是这个网格体系只是为了简化施工过程和难度，对于现代主义则只是不置可否的态度。

复杂的材料和形式也增加了巴瓦建筑的复杂度。巴瓦对于坎达拉玛酒店中的柱子也采用了多种涂色与形式[4]。但是这多种多样的涂色并没有造成审美的疲劳和烦琐，走廊上的柱子或灰或黑或绿，完全隐于青山绿水之中，人漫步走廊中，仿佛逐渐被自然所吞噬，形成一种异样的刺激和惊悚感（图3）。

图3　坎达拉玛酒店

巴瓦对自己常住的卢努甘卡庄园花了几十年去改造，每次当巴瓦有新的想法时首先就在这个庄园进行尝试。他认为建筑就该这样，被人不停地使用和修改，哪怕某一天这个建筑会倒塌。在庄园中随处可见巴瓦复杂的手法、形式、元素、意象等糅合在一起。对于外人来说很难分辨出这是什么风格。庄园中有一个棚屋采用混凝土框架，几个柱子却采用不同的装饰，抹灰、涂料等，家具则是木质的。有一个餐桌却是混凝土的，上面还印了一个棕榈叶的花纹。铁艺护栏灯，水泥墩子，砖铺地面。这些复杂的元素糅合在一起却是那么自然，给人舒适的体验。巴瓦这一做法，把人的体验放在首位，顺应自然，将建筑还原到了建筑现象本身。

三、杰弗里·巴瓦建筑创作中现象学方法实践的启示

崇拜巴瓦的人认为其是地域现代主义的模范，其作品将未来与历史、现代和传统高度融合，他本人更是为斯里兰卡做出了不可磨灭的贡献。贬低巴瓦的人认为巴瓦的理念仅仅是西方

现代主义和当地殖民文化的杂糅，并没有太多的内容。但是巴瓦却对别人给予的标签不置可否。笔者认为无论是哪一种看法，都是在现代主义的标签下给出的。从杰弗里·巴瓦建筑创作中的现象学方法实践，可得到如下几点启示。

（1）全球化以来，西方现代主义建筑理念逐渐扩散至全世界，对于建筑学的讨论，也愈发陈词滥调。建筑学不应该只有现代主义建筑，也不应该限制于某个框架之中，它有着更加丰富的世界，即生活世界。向生活学习，从生活出发，建筑才能更加真实，才有更加广阔的空间。

（2）从现象学出发，巴瓦的工作崇尚建筑空间的体验，注重各种抽象或具体物给人的精神启示，将建筑还原到它本来的现象，给人以丰富的体验，让人在充实的体验中使用建筑。奢侈却并不低俗，繁杂却不失主次。

（3）巴瓦注重人的意向性，即在人的意识中逐渐构造建筑自身并显现出来，而建筑也逐渐充实人的意象，给人以体验，以此将建筑、自然、人捆绑在一起。让建筑处于一个动态的过程中，这种动态既是空间上的，也是时间上的。完美的建筑不会在一开始就出现，而是在时间的蚀刻中逐渐浮现。纵观建筑学的发展，巴瓦的工作绝对不是简单的现代主义和地域主义的结合，而是对于扩大建筑学的边界，跳出现代主义框架和回归建筑本质具有重大意义的实践。

参考文献

[1] 王小东 . 斯里兰卡遗韵：杰弗里 · 巴瓦与地域建筑的实践 [J]. 南方建筑，2008（1）：30-36.

[2] 张祺飞 . 地区现代主义大师杰弗里·巴瓦设计思想及作品研究 [D]. 重庆：重庆大学，2011.

[3] 杨滔 . 当代地方性与斯里兰卡建筑师杰佛里 · 巴瓦: 评杰佛里 · 巴瓦的三件作品 [J]. 世界建筑，2001（12）：74-77.

[4] 大卫 · 罗布森 . 杰弗里·巴瓦作品全集 [M]. 悦洁 , 译 . 上海：同济大学出版社，2016.

[5] 庄慎 , 华霞虹 . 非识别体系的一种高度：杰弗里·巴瓦的建筑世界 [J]. 建筑学报，2014（11）：27-35.

图片来源
图 1 至图 3：来自参考文献 [2]

腾"云"驾雾的校园——对北京大学附属中学海口学校建筑设计的回忆

翁寿清　　海南华磊建筑设计咨询有限公司　建筑师

段若安　　海南华磊建筑设计咨询有限公司　副总经理

摘　要： 通过对北京大学附属中学海口学校的教学理念和建筑设计的回顾，简单阐述了现代学校建筑设计的基本思路，在此基础上分析了综合体在学校建筑设计中的发展方向，旨在为相关设计人员提供方案性的指导，促进学校建筑设计技术领域的发展。

关键词： 综合体；"云"学术中心；教育理念；微空间创新设计

一、设计背景

发达国家的现代化教育经过几百年的发展，已在教学设计和校园建筑设计中具有独到之处。虽然我国经历了四十多年的改革开放，经济不断提升，但纵观我国的中小学校建筑设计发展，学校建筑设计却未得到全面的升级改造。随着新时代的到来，国家更重视教育的改革发展，政府和公众都逐渐意识到改革本国教育制度的重要性和紧迫性。在这个瞬息万变的时代，我们对未来的所知是微乎其微的。为唤醒教育的新知，须从学校建筑设计开始着手，革新学校建筑设计。[1]在新时代的背景下，中小学校综合体更加符合当代学生的需求。展望未来，从现有的传统学校建筑设计视角入手，查阅了相关文献后，我们对学校建筑设计展开研究。

二、由简单的单体趋向于综合体

（一）空间布局，承载教学理念

所谓综合体，并不是把几个建筑物简单地堆放在一起，而是要在功能空间布局上相互融合。北京大学附属中学海口学校在设计布局与功能使用上有别于常规中小学校，建筑主要由宿舍综合楼、学术中心以及体育与艺术中心三个部分组成（图1）。各部分的功能空间布局都承载着学校的教学理念，每栋建筑的设计都注重体现教学功能的专业性、校园生活的便利性，强调学生间团结协作的社交能力。

（二）因地制宜，合理利用场地

每个项目都有不同的场地特点，北京大学附属中学海口学校的用地南北就存在较大的高差。为了因地制宜，合理利用场地，从建模推敲到方案落实，始终贯穿以人为本的设计理念，方案最终形成从东面至西面的总体布局，依次为宿舍综合楼、学术中心、体育与艺术中心。合理的功能布局需要连接的纽带，在宿舍综合楼、学术中心和体育与艺术中心的功能衔接上，将宿舍、技术创客中心、图书馆、艺术中心以及体育中心等功能顺着地形依次排布，形成阴阳平衡的态势，同时将场地划分成一系列具有多样性的微环境空间。整体校园设计以"与自然结合"为主导思想，结合当地特殊的地理气候环境，采取了建筑架空防潮、遮荫屋檐、屋顶和墙面绿化、外窗遮阳导风、水面降温、雨水收集、太阳能与中水利用等各类适宜技术，力图为师生们创造一个舒适、节能、环保、宜人的生活学习环境。

（三）大型庭院，舒适方便的宿舍

大型庭院的校园宿舍（图2）是学生理想的休息之所，北京大学附属中学海口学校宿舍建筑的布局本身并不是一个高度均匀的单体，而是由四栋单体建筑组合而成的宿舍综合楼，组合后的高度逐步增加，这样的层高渐变能够增强整个内部庭院的通风效果。除了内部的四个大型庭院，还有十六个小型庭院均匀分布于宿舍综合楼中，每一个的开口尺寸都是十米净宽，使得在这些小型庭院里也能实现大庭院的自然通风。当然，所有的内部庭院并不是简单的垂直竖向开洞，通过局部宿舍单元

图1 北京大学附属中学海口学校鸟瞰图

的重新布置，部分庭院间会形成水平空间上的再联通，大大增强了整个宿舍综合楼的内部横向通风。整栋建筑的功能布局，也有助于建筑物长期节能减排。经查阅相关文献，常规的宿舍晾衣区大多杂乱不堪，为了改善这种环境，在位于10米内部庭院四周走廊内设置晾衣区，保证衣物晾晒可以在建筑内部解决。这样，整个宿舍综合楼不仅有了一个舒适方便的晾衣区，建筑外观也更加整洁美观。

图2 宿舍综合楼效果图

（四）量身定制，"云"学术中心

学术中心作为北大附中海口学校的教学区，地上共设置了五层，地下一层为设备机房以及储藏空间，东侧为创客中心大厅。首层从西向东一字排布分别为艺术排练区、图书馆以及高中部实验室。图书馆位于场地中央，处在初中及高中部教室的建筑体量覆盖区域（漂浮体量），设有阅读区、图书室、咖啡馆、书店以及小型超市等。在各个室内功能之间设有共享室外平台，这是整个场地的连接点，通过这里可以到达校园的各个区域。除了少量的实验室，二层基本为架空层。

"云"学术中心（图3、图4）涵盖了初中部和高中部各科

图3 学术中心互动平台效果图

教室，其独特的造型设计是专为北大的当代教学理念量身定做。建筑内部主要包含三种不同的空间，标准教室、休闲辅导空间，以及共享交流空间。辅导空间位于正规教室之间的通风空间之中。共享交流空间主要分布在中央庭院的周边，用于午间用餐、休闲等活动。三至四层东、西、北三翼均为初中部书院，而三至五层南侧则为高中部各科教室。整个建筑设计的每个防火分区均有独立和共享的疏散楼梯，各楼梯的疏散宽度均满足建筑设计防火规范的要求。

图4 "云"学术中心效果图

（五）紧密融合，艺体空间综合体

体育与艺术看似两种不同的文化现象，但追根溯源，两者是紧密相融的。起初舞蹈就是体育与艺术相融合的文化现象，所以体育与艺术可以看作综合体，艺术和体育相互结合，才能演奏出美妙的艺体篇章。北大附中现代体育建筑的风格已经为大众所熟悉，作为学校的体育与艺术的活动区域，在北京大学附属中学海口学校，体育与艺术中心的建筑从形体布局上分为东、西两个主要功能区，西侧为体育中心，东侧为艺术中心观演区。从北向南分为三个主要体育活动区，分别为北侧的篮球馆、中部的乒乓球、跆拳道、空手道和瑜伽综合馆，以及最南侧的体操馆。每个区域都配有独立的更衣室、淋浴间以及卫生间等辅助用房。二层从北向南分别是篮球馆、游泳馆以及羽毛球馆。体育馆东侧为阶梯式的观众看台，通过看台可以下至6米标高的室外操场。艺术中心观演区主要功能区均为一层通高，由西向东分别为暗室、1000人标准剧场以及舞蹈排练室，其中剧场部分包含观众厅、舞台以及后台辅助用房。剧场后台设有装卸平台，供主要大型道具以及背景的装卸升降。

三、教育理念与微空间创新设计

（一）教学理念

传统的教学多以被动式的学习为主，老师和学生缺乏交流和互动（图5）。随着教育理念的变化[2]，现代的中小学开始重视对学生社交能力和创新意识的培养，强调学生团结协作，培养学生成为顺应时代趋势和满足未来需求的综合性人才。北京

大学的当代教学理念强调自主学习，重在培养学生的个人责任感。学校也重视培养个性鲜明、充满自信、敢于负责，具有思想力、领导力、创造力的好学生。不管身在何处，都能热忱服务于社会，并在其中表现出对自然的尊重和对他人的关爱。近年来，北大附中积极探索和建设多元自主的校园生态（图6），倡导学生自主学习和自我管理，形成了鲜明的办学特色和生动活泼、丰富多彩的校园文化。所以，在学校建筑设计的每个阶段，应有意识的加入校园文化的内涵，并与学校的教学理念相互结合，使学生在闲暇之余能够得到更多的活动空间。北大附属中学海口学校在设计布局和功能使用上有别于常规的中学设计，这是因为将其国际化的视野和执行力体现在了硬件设施和教学理念上。学校重在培养学生自我的个性，独立思考，并能自主完成学习任务的能力。

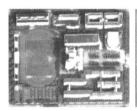 

图 5 海口某传统学校设计布局　图 6 北大附中海口学校设计布局

（二）微空间创新设计

结合教学理念，把教育的灵魂植入学校建筑设计中[3]，在设计的每个阶段、每个环节都要考虑到微空间的合理设计。微空间具有的功能性、主题性、情感性是学校教学理念的再现。北京大学附属中学海口学校在设计中就设有许多微空间。

1. 教室与平台的微空间

在学术中心设计中，既有开放式的学习空间也有封闭式的学习空间。面积各异的大小区域可满足个人及群体的多种空间需求。封闭的教室具有私密性，保证教学活动不受干扰地进行。而开放空间则激发学生与学生、学生与老师之间的沟通与互动。

2. 实验室的微空间

顺时代而生，北大附中海口学校的现代化实验室（图7），具有国际化的教学设施。设计考虑采用了具有防滑防静电的地板砖，实验室的通风采用成品装置。同学们可以通过实验交流与合作，共同探究实验的结果和目的。

3. 乒乓球馆的微空间

乒乓球馆（图8）设有标准比赛专用乒乓球台。场馆内环境优雅、宽敞明亮、通风良好。运动木地板采用缓冲层设计，能够提供极好的运动缓冲保护作用，从而减少运动员的运动伤害。

4. 游泳馆的微空间

游泳馆（图9）的设计要求不仅能够举行重大的国际游泳

比赛，同时也可以作为对市民开放的体育娱乐场所，这是其国际化的视野和执行力在硬件设施和教学理念上的体现。

5. 报告厅的微空间

传统的学校学术报告厅已经不能适应现代化的需求，多功能学术报告厅的产生是现代化教学设施的必然产物。北京大学附属中学海口学校的报告厅（图10）是学术交流、报告、会议、演讲等活动的重要场所。

图 7 实验室　　　　　　　　图 8 乒乓球馆

图 9 游泳馆　　　　　　　　图 10 报告厅

四、结论

在这个变革的时代，教育原本不该原地踏步，学校的建筑设计也应当跟随时代的步伐。一个好的学校综合体，并不是单一的由几个单体堆放而成，而是要从学校的教学理念出发，通过现代化的建筑设计手法，向社会展现出这所学校的存在意义。从北京大学附属中学海口学校的设计过程中可以体会到，设计应从最初的教学理念到功能的布局、场地的合理利用、单体的衔接、微空间的设计进行层层剖析，形成一个学校的综合体。在新时代的背景下，打造新型教育空间，让学校建筑也能育人。

参考文献：

[1] 邵兴江，赵中建. 革新学校建筑设计：建构新的研究视角 [J]. 全球教育展望，2012，41（9）：37-40，36.

[2] 何镜堂. 当代大学校园规划设计的理念与实践 [J]. 城市建筑，2005（9）：4-10.

[3] 邵兴江. 学校建筑设计的新走向 [J]. 人民教育，2016（10）：51-54.

图片来源：作者提供

贵州民族传统村落的可持续发展与束缚

吴琳　　贵州大学建筑与城市规划学院　教师

摘　要： 贵州民族传统村落具有较鲜明的民族个性。针对贵州多民族聚居区的山地聚落特征和文化特殊性，基于当前的时代发展需求，本文在建筑人类学、文化地理学、类型学的视角下就实践中出现的"修旧如旧、原真性、村落特色"几个比较模糊的概念进行探讨，强调村落的活态发展的观念，提出人类活动与空间的耦合互动才是原真性，原真性应具有可持续的特征，贵州的村落特色除民族差异外更重要的是民族融合等几个重要观点。
关键词： 传统村落；文化基因；修旧如旧；原真性；文化主体性；民族融合

引言

中国传统村落是中华民族最宝贵的、最丰厚的财富。2012—2018 年五批"中国传统村落名录"共评选出 6819 个传统村落，贵州共 724 个，居全国首位。贵州的现实任务是既要保护这笔文化资源，又要让这些村落与时俱进得以发展。而实际情况是贵州现存 16747 个行政村，70000 多个自然村寨，入选中国传统村落名录的村落只占 1% 而已。贵州传统村落基数很大，还需要通过这些入选的村落在发展中总结出较好的经验，从而带动整个贵州村落的发展。从现实的情况来看，对于数量多，从好的一方面来说确实是文化的整体性保护得较好，但从另外一方面来看也说明波及面较广，基于传统的农耕模式，既往的经济条件较差，基础建设比较薄弱甚至匮乏。贵州的现实问题不是村落质量的提高，而是要实实在在地完成脱贫任务。2014 年处于贫困山区的贵州进入了高铁时代，迎来了发展的转折，突破了交通瓶颈，成为中国西南交通枢纽，往北打通了中国西北地区向南方的入海渠道，往东南可延伸到创新性较强的珠三角经济圈，往西南可迅速融入东亚经济圈，是川渝南下、云南东出北上的必经之地，也是西南地区出海的铁路咽喉要道，并可联结"一带一路"内陆流线线，其经济模式开始向区域经济整合发展。作为枢纽城市，机遇和挑战并行，现代化、工业化、信息化下的异质文化会随着高速的列车冲进那些以传统农耕模式为生存基础的宁静山村，如何保护、继承和发展这些村落成为贵州亟待解决的问题。

针对贵州现实的状况，政府和专家进行了大量研究和探索。贵州很重视保护传统村落，但在发展层面成效不大，经过对现状的调研发现，贵州的村落特别是一旦戴上"中国传统村落名录""中国少数民族特色村寨""全国特色景观旅游名镇名村""国家级（省级）历史文化名村"的帽子以后，村寨几乎都是不能动、不敢动的状态，有些有条件可以进入"中国传统村落名录"的村子为了能相对自由地修建，干脆不参加评选，以免被束缚手脚。而戴上帽子的村寨，那些老旧的房子因不适应当下生活依然继续破败，为了保持传统空间格局，某些不合适的地方也不敢改造，基础设施也不能顺利搭建，卫生条件不好，且空心村的情况依然很严重。通过对政府职能部门的访谈，对村民的调查，并参与各级专家会议，以及研究建筑教育部门的教学理念，我们发现主要问题集中在对一些具体概念纠缠不清，大家没有明确的实施方法，更谈不上通过实践来改进理论。本文就"修旧如旧""原真性""村落特色与贵州文化主体性"等几个重要概念，结合实际调研中观察和了解到的情况以及具体的工程实践，谈一己之见供大家讨论。

一、修旧如旧

（一）分析

"修旧如旧"在村落保护的实践中是一个非常重要的概念，它的运用主要与贵州的传统村落保护和发展历程有关。贵州的村落保护主要是以立法的方式进行的，走在国内前列。因我国没有传统村落保护和发展的专门立法，贵州的村落保护第一阶段是依据文物保护标准来进行的，1985 年 9 月颁布《贵州省文物保护管理办法》、2002 年 7 月颁布《贵州省民族民间文化保护条例》、2005 年 11 月颁布《贵州省文物保护条例》、2012 年 3 月颁布《贵州省非物质文化遗产保护条例》，这些规定强调对文物保护单位进行修缮、保养、迁移时，必须遵守不改变文物原状的原则，严禁滥拆乱改和任意增加新的建筑物。文化生态保护区内与非物质文化遗产相关的建（构）筑物、场所、遗迹等不得擅自修缮、改造；确需修缮、改造的，其风格、色彩及形式应当与相邻传统建筑的风貌相一致，并接受文化、住房和城乡建设等相关部门的指导和管理。第二阶段是2015—2016年贵州针对传统村落的特殊性，单独制定了相关法规。2015年由贵州省政府印发《关于加强传统村落保护发展的指导意见》（黔府发〔2015〕14号），明确了传统村落保护和发展的总体要求、重点任务、政策措施。2016年根据《中华人民共和国城乡规划法》《中华人民共和国文物保护法》《中华人民共和国非物质文化遗产法》，结合贵州省实际，颁布了《贵州省传统村落保护和发展条例》（以下简称《发展条例》），系统建构了村落保护和发展的理论框架，强调村落的活态保护，对于村落的修缮灵活转变为整治修缮，部分民居内部可以按现代化要求装修，满足村民现代生活方式的需求。特别指出"传统村落保护范围内的传统建筑、古路桥涵垣、古井古塘等建（构）筑物的维护修缮，应当遵循修旧如旧的原则，鼓励采用传统建造技术、传统建筑材料进行维护修缮"。同时，在保护措施中提出保护传统村落应当保持村落空间、历史和价值的完整性，维护文化遗产的存在、形态、内涵和村民生产生活的真实性，注重传统文化和生态环境的延续性，应当整体保护传统村落，保持其传统格局、历史风貌和空间尺度，不得改变与其相互依存的自然景观和环境，不得搭建与传统风貌不相符的建筑。

严格的法规让大家小心谨慎地对待村落保护工作。但在落实概念的时候，大家并不能很好地把握尺度。没有把新法规中的"修旧如旧，鼓励采用传统建造技术、传统建筑材料进行维护修缮"这句话看完、理解透，只注意到这句话前半句中的"修旧如旧"这个词汇。我们知道，修旧如旧是主要针对文保建筑的，但村落是活态的，不是停留在过去的文化符号，它不是古董，不应该用对待文物的方法来处理它。修旧如旧的概念运用在实际工程项目中就会出现问题。第一，修旧如旧的"旧"到底是要恢复到什么时期的"旧"？贵州超过600年历史的村落就有1800多个。往前推600年我们已经经历了明、清、民国、新中国几个历史阶段，我们该以哪个朝代或时期为标准呢？这实在是经不起推敲，在实际修缮时也比较矛盾。第二，因为法规要求风貌统一，新修的木房子要和整体建筑风格协调，最简单粗暴的做法就是把新建的房子像做假古董一样做旧，刷颜色，但刷漆的时候我们该把木头的颜色刷成150年风化后的深黑色，还是80年后的黑棕色呢，图1是木门刷漆做旧的效果，到底该刷木色漆到什么程度大家并不清楚，只是外观看到是古建风格就可以了，一个严肃的历史文化呈现问题变成了好不好看的配色搭配问题。麻烦的是，这个情况在贵州新建房中非常普遍。另外，就算我们要做旧，但哪一个时期的"旧"更显得有古

韵，古韵又是什么呢？即使是选中时期，是以科学量化的方式比着色卡定色，还是随便调色，依旧经不起日久年深的考验。图2是调研时看到的刷色施工现状，颜色并不是严格的按年份考量来定，而是师傅大概、差不多调出来的颜色，走近了以后看，非常粗糙。而且，这种刷漆做成木色的新房子有些不是木结构，是钢筋混泥土结构，外装饰刷出来的木色就更失真了，新建筑成片做，由于外墙漆的生硬，整体死气沉沉的，没有活力，对村落的整体风貌影响较大（图3）。第三，当我们强调传统时，功能尺度方面也遭遇到较大的抵触。由于经济条件很差，以前少数民族的建筑低矮、逼仄、通风采光较差，特别是木结构房还有火灾隐患，再按以前的尺度来建新房，几乎不可能。在这一点上政府倒是比较宽松，按《发展条例》"民居内部可以按现代化要求装修，满足村民现代生活方式的需求"，允许大家对室内部分进行修改。但是一旦室内功能与尺度变化以后，传统的立面形式也就变了，修旧如旧其实继承的就已经不是完整的传统形式了，它必须以新的、改良后的形式出现。这里最重要的一个原因是"室内家具"的改变。室内布局开间与层高主要和使用功能有关，以前村民家中没有沙发、茶几、靠椅等大型家具，也没有电视机、冰箱一类的大型家电，灯具也只是小油灯，或者就没有灯，没有室内顶棚吊灯的需求。现在这些家电一搬进家，室内空间环境立刻就得拓宽和加大来放置这些家电。这还是针对一般的人家出现的问题。现在贵州大力发展乡村旅游，一旦面对游客，为了满足游客的人流量，室内空间尺度变化就更大。这些新房修建起来以后，也是一片一片的，和以前的传统建筑的尺度很不一样，村落整体风貌特色已不是传统中的小巧宜人的氛围了，修旧如旧成了半吊子的"旧"。

对比日本的修旧如旧，我们才发现自己走入了误区。2019年10月第24届中国民居建筑学会年会暨民居建筑国际学术研讨会召开，参会的日本筑波大学藤川昌树教授带来讲座——"日本街道空间的保护：以重要传统建筑群的保护为中心"，为大家展示了日本修旧如旧的建筑，整体风貌保持得很好，建筑很新，崭新的建筑和调整后的使用功能符合居民现代的生活，新老建筑

图1 不同木色漆　　图2 做旧处理的木墙　　图3 刷木色的钢混结构建筑

図 4 藤川昌樹讲座中修旧如旧的案例图片

和谐共存，呈现出一派生机（图 4）。他们的修旧如旧的概念不是强调外观像古董，而是强调用"传统建造技术、传统建筑材料进行维护修缮和建设"。这恰恰是我们发展条例中的后半句。我们把修旧如旧理解成了古建修建，传统风格变成了"仿古"风格，但其实应该是用传统的技术手段处理材料，延续传统的结构形式、构造细节和审美特征，建筑可以保持它的新材料、新形式。

（二）小结

修旧如旧的目的是为了保护传统，但是不要认为"古"才是传统，传统是活的，是可持续的，是发展的！更新美的意识，创造美、表现美，才是对传统最好的继承。中国传统文化强调的是"真、善"，强调的是材料的真实、建造的真实、结构与构造表达的真实，物尽其用，擅于运用材料的建构文化。我们要继承的是古代的营造智慧、传统建造技术中优秀的技巧和传统建筑材料最优化的利用方式，同时我们还要保护整体的空间氛围和文化意境。基于村落的活态发展本质，村落的建设和修建实在不必拘泥于古代某一时期的具体尺寸或色彩、形式和功能。从历史人学的角度来说，我们每天都在创造历史，每天都在承上启下，历史应该在可持续的发展中继续，跳出相关文物保护法规中的修旧如旧的条条框框，积极面对村落不是文物这样一个事实，要理解专家们在村落中提到的修旧如旧的"旧"其实指的是"文化基因"，我们该做的推敲是研究文化基因到底是什么，在当代物质文化和精神文化需求不断提高的今天，我们传统中的文化基因如何演变、重构，有哪些生命力及活力可以适应发展中的自然、社会、人文。从广义类型学和文化地理学来看，建筑外形不过是地域文化的物质表现形式，文化的内核有了，万变不离其宗，传统即得继承。

二、原真性

（一）分析

原真性是评价一个村落是否具有传统文化特征的一个重要指标。2012 年住房城乡建设部、文化部、国家文物局、财政部印发的《关于开展传统村落调查的通知》（建村〔2012〕58 号），为评价传统村落的保护价值，认定传统村落的保护等级，编制了《传统村落评价认定指标体系（试行）》，其中原真性的评价指标主要体现在以下几个方面。①村落传统建筑评价指标体系中的久远度、整体性、工艺美术价值、传统营造工艺传承。②村落选址和格局评价指标体系中的久远度、丰富度、格局完整性、科学文化价值、协调性。③村落承载的非物质文化遗产评价指标体系中的连续性、活态性、依存性。贵州少数民族传统村落的原真性具体表现在"村寨和民居基本沿袭着祖辈一脉相承的传统格局、传统风貌、传统形制、传统材料、传统技艺、传统空间尺度和原生态的依存环境，保持着传统起居生活形态和农耕文化，具有鲜明的民族文化和地域文化特色"。保护贵州传统村落的原真性是在美丽乡村建设中如何进行保护与发展，如何在坚守与创新过程中有所为有所不为必须面对的重要问题。在实际的工作中，我们遇到的问题主要是原真性与可持续发展的矛盾，有几个较疑惑的问题想提出来讨论，问题如下。

1. 发展中的村子就不是原真性的吗？

贵州凯里市雷山县"西江千户苗寨"成为旅游经济发展中的一个文化亮点和品牌，成功实现从农业共同体社会到旅游共同体社会的转变，是靠民族文化产业化后真正脱贫致富的村子。2017 年时村民人均收入超过了 2 万元，2018 年西江苗寨游客量超过了 700 万，旅游综合收入为 70 多亿元。西江苗寨总体上产业兴旺、生态宜居、生活富裕、乡风文明、治理有效，是民族地区乡村振兴的先行示范。但是，很遗憾，西江千户苗寨在评选中没有进入"中国传统村落名录"。其原因一方面是寨子中新建的建筑太多，不是原生态的格局，外来人口多，新建筑多，生活方式不再以务农为主；另一方面千户苗寨是旅游试点项目，一旦通过审批反而不能大胆尝试，不如不参评。但从失去原生态的格局等原因不能参评来看，目前原真性只是指以农耕文化为基础的形式，但农耕文化不是简单的形式问题，其形成必须以农耕活动为基础，在农耕活动中形成社会关系、自然的依存状态、生存哲学、价值观和审美观、信仰相互整合的一个系统。原真性不是可以和农耕活动脱离开的炊烟袅袅的形式，炊烟再诗意也是能源缺乏和能源利用技术低下时烧的柴火。时代在进步，科技在发展，交通高速快捷，互联网信息传播和物流便捷，这是时代发展的脚步，我们不可能还继续拿着农耕生活的方式和落后的条件形成的文化标准来要求新时代的苗寨。原真性不应该指过去的时代，也应该包含当代的原真性！

西江千户苗寨是传统苗寨往前发展的样子，它的状态就是一个传统村落在具体的环境条件下进化的状态，虽然因为旅游开发引进了外来人口，但寨中仍然有大量的原住民，并且保持着较好的苗族民俗活动。而人们已经改变了生活方式，农民不再务农，变为依托自然资源、文化资源的商人，这有何不可呢？原真性就不能有发展和改良吗？原来的苗民现在的生活不是真实的吗？原真性到底指什么？

2. 保持原真性就不顾当下吗？

贵州凯里市雷山县"朗德上寨"入选中国传统村落名录第一批名单，并且朗德上寨的古建筑群被列为我国第五批重点文物保护单位，作为民风民俗保存得较完整的村落，朗德成为村寨旅游胜地。既然是旅游胜地，游客必然也较多，游客也比较喜欢在村民家用餐，希望体验苗民生活。由于游客较多，村民们需要扩建厨房，但因为朗德有重点文物保护单位和中国传统村落名录的帽子，不让扩建厨房。剑河县一高坡苗寨多年吃水困难，要去较远的地方挑水，村里要建蓄水池，铺设水管到每家每户，政府因为要保持传统生活方式的原真性，不让敷设水管管网，要保持挑水喝的文化景观，而贵州多雨路滑，大多留守村落中的又多是老人，这一规定让村民们根本不能接受。

保持原真性不是作秀给任何人看，而是以可持续发展观，既保留历史文化的影响，又保障当代人的优质生活，还要考虑到后代人发展时可能有哪些需要。所以，无论何种原真性，要保持它都不应影响当代人的生活，不管理由有多么的冠冕堂皇。

3. 原真性应该保护什么？

"乡村性"是原真性真正要保护的东西，而不是表面的传统形式。其实国家把"古村落"改为"传统村落"就强调了村落是活态的生命体这一概念。乡村与城市最大的不同就是符合乡村的生活方式。当我们要保持整体村落格局、保持建筑形式、保持文化空间的功能、保持装饰的文化意义时，我们要知道，所有的物质形式不过是人类活动的载体而已，人的活动才是传统的核心部分，我们要保护的是田园牧歌式的生活方式。原真性其实触及了人们的生存、生产、生活、精神活动的状态，是否保持原真性要看这些必要的活动内容有没有改变。从建筑学而言，这些活动是在具体的空间中展开的，保持村落的原真性即保持空间的原真状态，此空间的形式和意义都和人们的具体生活相匹配。这里，有一点一定要明确——"物质空间构成的物质文化和非物质文化系统在一定的时间段是同步形成和发展的"，也就是说，什么样的空间和什么样的文化系列活动同步，它们是一个整体相互影响。以往的研究容易分而治之地讨论，缺乏二者整合在一起的研究，由于没有在具体的时间段中对应地讨论物质空间和非物质文化的关联，就很难理解非物质文化和空间如何匹配，在实践中我们会把传统文化当成符号，一是肤浅运用，二是张冠李戴，原真性的形式和内容不符合。或者

只保护了原真性的形而忽略了原真性的活动本身。

（二）小结

传统村落的原真性是活态的，不是要求当代人延续落后的原真状态，应该与时俱进，关注当下的人与生活，不要造假，给出真实的生活状态，当下的生活也是原真性的。原真性还应保持开放的、可持续发展的观念，顾及当下的生活质量，不能教条地去保持传统形态。最后，原真性是空间与人类活动二者匹配的关系，保持人类活动的真实所需，才是发展中的原真性。

三、村落特色与贵州文化主体性

（一）分析

村落特色与贵州文化主体性的讨论，涉及民族差异与融合。

在贵州世居少数民族就有 18 个，加上族群支系复杂，各民族的物质与非物质文化各有特色，非常丰富。正是由于贵州文化的多样性、丰富性、复杂性，所以贵州得有美誉"多彩贵州"。我们在村落的发展中很期待它们是和而不同的，也一直是这样来要求各族村落按照自己的民族特色来塑造村落形象。这确实形成了某些民族差异，但出现了另一种情形，大家有趋同性，于是出现了争夺既有民族文化产品作为自己的族群文化品牌的状况。其实，这里有个现象是大家一直忽略的，贵州是一个多民族融合的地方，各民族融合共生更是贵州特性。以往人们讨论到贵州，凸显其特殊性时容易只谈苗或只谈侗等单个少数民族，只看到吊脚楼，着眼于贵州文化的构成元素，缺乏把贵州作为文化融合体的整体性视域。虽然每一支少数民族固然是贵州村落特色，但各民族融合才更是贵州特性，以偏概不了全。

从文化自信而言，目前贵州发展中最大的问题是虽然能积极向周边发达省市学习，但却没有一种独特的视角向大众提供深入阅读贵州文化的方式，都较难找到传统民族文化进行创造性转化、创新性发展的方法，这点特别体现在文化产业化以后呈现出来的肤浅的文化符号化再现或文化同质化现象，在整体的文化产品的推敲中不能形成差异性，失去了深厚的民族文化底蕴，丢失了西南的精神气。这个问题的严重性在于文化无法达到美学上和艺术上精益求精的、至上的高级状态，让人们对贵州民族文化的潜力和价值产生怀疑。目前，市场上波及面较广的旅游小镇等建设项目或旅游产品的山寨货都不能很好地诠释贵州地域文化。这个原因一方面确实是人才不够，创作者对文化的理解力不够，提不出文化高度方面的要求，视野和角度拓展不足，哲学观和价值观有待加强。但更实质的原因是对贵州多民族共融共生的多元文化特质及其文化资源特色缺乏认识的逻辑起点，不能准确而有精度地找到内在的文化基因。同时，关于贵州文化研究的范畴没有形成整体的、系统性的认识思维，

各行业只在各自专业领域展开相关研究，各民族支系也在强调自己本民族的文化，缺乏对不同文化共融后的1+1>2的集聚效应的观察，更缺乏有广度和高度的眼界来看待文化融合的生长和发育。研究自身当然是必须的，但容易停留在老旧的、历史的窠臼中无法向前迈进。而且，也容易形成小团体，忽略和淡化了其他族群文化对自我文化的影响，无视所谓的创新其实是吸纳不同文化后的改变。这很容易造成以下几个现象。①民族文化固步自封，形式落伍，创新性不够。②贵州整体性的文化效应丢失，在发展规划中难以形成严密的整体性联动发展框架，忽视基数较大的汉族对少数民族文化的影响和贡献。③外来移民到贵州的，视自己为外来人，虽然为贵州发展努力奋斗了，却没有本土认同感。④族群有强烈的排他性，画地为牢地形成民族文化保守状态，一是形成原住民与移民的二元对立，二是对现代文化的侵入没有抵抗力，不知道如何消解和转换为己所用，或者主动与之融合为新形式。

我们尝试提出"和→合→化→生"的概念来说明贵州多元文化的关系。如图5所示，文化有强大的进化能力和适应性，不同的文化交汇后，它们会进行自我内部调整，消解其中矛盾，积极的选择、补充、演化，最后演变出各种适应性的形式。贵州自古以来是多元文化汇集的地方，不同族群文化交织相融后，它们会在生存的需求下和不断提高的美好生活的要求下，相互影响、相互适应或相互妥协，面对不同的自然条件、社会状况、经济体制、科技发展程度自我演变为各种形态来适应不同的生活。而它的精彩之处就是来自文化适应后产生出的各种新形式，这些形式与时俱进，充满生命力，不拘一格。贵州的多民族文化整合特性以及文化演变多年来一直是各方思考和关注的对象，直至2012年，贵州大学人类学教授杨志强提出"苗疆走廊"的概念，其非常重要的意义和价值就在于提供了一个整体性的思维和视角来观察贵州，把发生在苗疆走廊上的各民族融合在一起，为汉族、苗族、侗族、布依族等各民族提供了一个共同的

舞台展开讨论，而不是分而治之地谈论某一个特殊民族。它关注每一个民族的特殊性，也关注民族融合下的生存状态，追求的是和而不同的多民族融合，突出其包容性和多民族融合后的共生产物。从系统论的角度，贵州文化现象其实就是系统中的集聚效应，即多元文化集聚系统，文化集聚后整体之和大于局部，且整体形成独立的、立体的"多元文化融合体"，这如同各种器官整合构成了完整的人体。而这个多元文化融合体既有多样性，又有复杂性，但更多的是整体性在发生作用。

（二）小结

贵州是多民族文化聚居区，既有各民族特色，也有作为"多元文化融合体"的整体特色，贵州文化的主体性就是多元文化共生。它确实就是一颗高原明珠，远观时，它熠熠闪烁，五彩斑斓；近看时，才发现此明珠是由千百颗小珠子汇集而成，五彩的光芒来自每一颗小珠子极纯至真的颜色。所以，贵州的村落特色除民族差异形成的特色以外，更重要的是民族整合以后的融合体具有的整体特色。

四、结论

贵州传统村落实践中遇到的"修旧如旧、原真性、村落特色与贵州文化主体性"几个问题主要论及贵州如何保持传统民族文化，保护怎样的文化，同时如何让文化可持续发展。文中提到的困惑也是在各级层面的访谈中总结出来的一些现象，在没有统一的认识时，确实比较容易出现理解上的偏差，导致工作上的难度。谨以此文把问题呈现出来，供各位专家批评指正，以探讨贵州传统村落保护和发展的适宜模式。

参考文献

[1] 贵州省住房和城乡建设厅.贵州传统村落（第一册）[M].北京：中国建筑工业出版社，2016.

[2] 张恒.传承村落文脉助力乡村振兴[J].当代贵州，2019（33）：54-55.

[3] 吴平.贵州黔东南传统村落原真性保护与营造：基于美丽乡村建设目标的思考[J].贵州社会科学，2018（11）：92-97.

[4] 李天翼.西江模式：西江千户苗寨景区十年发展报告（2008—2018）[M].北京：社会科学文献出版社，2018：166.

[5] 杨志强，赵旭东，曹端波.重返"古苗疆走廊"：西南地区、民族研究与文化产业发展新视阈[J].中国边疆史地研究，2012，22（2）：1-13，147.

[6] 杨志强."苗疆"："国家化"进程中的中国西南少数民族社会[N].中国民族报，2018-01-05（8）.

[7] 徐杰舜，杨志强."古苗疆走廊"的提出及意义：人类学学者访谈录之七十[J].广西民族大学学报（哲学社会科学版），2014，36（3）：41-46.

文内图、表均为作者自摄、自绘

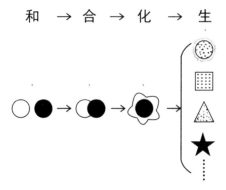

和 → 合 → 化 → 生

图5 "和→合→化→生"图示

建筑文化的八大理念——读张祖刚《建筑文化感悟与图说》（国外卷）一书心得

中国建筑出版传媒有限公司　首席策划、编审

一部凝集中国建筑学会顾问张祖刚先生 30 年来遍访世界 20 多个国家数十座城市的建筑文化感悟与精品案例展示的学术专著在中国建筑工业出版社正式出版了，本人怀着无比崇敬的心情仔细地研读了大家的著作，深切地领悟到这是一部思想深邃、意境隽永、提纲挈领的建筑文化读本。全书图文并茂，对 170 个国外精品案例进行分析，内容涉及城市、建筑和风景园林的方方面面。作者在汲取国外关于"现代主义"（Modernism）、"现代主义之后"（Post-Modernism）、"新城市主义"（New Urbanism）、"批判性的地方建筑"（Critical Regionalism）等理论的合理观点之后，创造性地提出了"中国文脉下、走向大自然、为大众服务、可持续发展"的大建筑文化理念，即"发展""环境""历史""文化""自然""艺术""人行""公正"八大建筑理念。

一、发展的理念

城市发展的历程表明，产业经济的发展总是带动着城市、建筑和风景园林事业的发展。产业经济包括第一产业经济、第二产业经济和第三产业经济。凡发达的国家与地区，其第三产业经济都占到了最大的比例，这是产业经济发展变化的规律与趋势。而每个城市的发展又都要依据自身的特点，积极开拓具有自己特色的产业经济。

美国的西雅图市，作为美国西北部的最大港口城市，是美国重要的飞机和船舶制造中心，其产业经济的发展，带动了该市的建筑文化建设。美国的东部城市波士顿是美国新英格兰地区最大的港口城市，文化历史悠久，20 世纪发展了机械工业、电子工业和金融业等，还建立起国家航空与航天研究中心，其产业经济的迅速发展，同样带动了这座老城的文化建设。又如

欧洲城市，瑞士首都伯尔尼以表都闻名于世；法国首都巴黎是法国制造业中心，全国 1/5 的工业生产能力都集聚在大巴黎地区；比利时的安特卫普是欧洲第二大港口城市，也是比利时钻石加工和贸易中心，其钻石加工量占到了全世界总量的一半；意大利的佛罗伦萨市，以旅游业名闻遐迩，其工业、手工业展示了艺术品的美，并涵盖了皮革、珠宝、纺织、陶器、银器等诸多行业。埃及首都开罗市，拥有全国 1/3 的工业量；埃及亚历山大市是埃及的最大港口城市，同时也是世界著名的棉花市场和避暑胜地。日本古都京都市，作为宗教和国际文化中心，它以旅游业和文化产业的发达而著称。

发展的理念，同样离不开建筑的创新。只有不断地创新，才能促进建筑文化的发展。建筑创新不单纯是指艺术形式的创新，它还包括新建筑材料、新技术、新结构、新设备的广泛应用，并要求达到"节能减排"的环境效应，这样的建筑创新必然会促进建筑文化的进一步发展。

众所周知，1929 年由世界建筑大师密斯·凡·德·罗设计的巴塞罗那国际博览会德国馆，就是采用了新材料与新结构，将建筑新技术和建筑艺术有机地融合在一起，从而创造出行云流水般的、有自由导向的、室内外富于变化的"流动空间"，这种建筑创新对现代建筑文化的发展起到了极其深远的影响和良好的促进作用。

又如 20 世纪 60 年代建起的芝加哥汉考克大厦、20 世纪 70 年代建成的芝加哥西尔斯塔楼、20 世纪 80 年代建造的芝加哥伊利诺伊州政府大楼，这三幢芝加哥新建筑，在结构、材料、工艺、内容、形式等方面都有独到的创新，而且这些面貌全新的建筑，都考虑到了同其周围环境的协调，它们分别代表着不同年代的新进展、新成就。此外，1995 年建成的巴黎法国国家

蓝天碧海昕涛声　第三届全国建筑评论研讨会（海口）论文集

图书馆、21 世纪初拟建的美国纽约世界贸易中心复建工程等，其建筑创新的内涵就在于努力创造出符合人类社会进化要求的"低耗高效"且与自然共生的新建筑，以此促进建筑文化的可持续发展。

二、环境的理念

大凡适宜生活居住的先进城市，历来都十分重视城市的污水、有害气体、垃圾和交通等方面的环境治理。

美国西雅图市在半个多世纪以前，城市环境污染十分严重，城市拥堵不堪，居民生活也不安定。为改变这种状况，西雅图市规划委员会进行了认真的反思，他们首先治理了位于市中心城区东北面的华盛顿湖，进而对全地区的污水排放进行监控，并治理全市水系，严格处理下水管道，同时改善城市交通，发展步行和大众运输的道路系统，提供免费的城市公共交通，恢复原有的自然风貌等，使得西雅图市的城市环境质量焕然一新，成为世界公认的"宜居城市"。

适度控制城市空间容量，并根据城市土地、水等资源的负荷量适度发展城市规模，这是搞好城市环境的又一举措。目前，我国的城市建筑容积率过高、城市人口过密，这是造成中国城市环境质量恶化的一个重要原因。它不仅给城市带来了拥挤和混乱，同时也降低了城市与建筑的社会、经济和环境效益。节约用地要从城市可持续发展、城市防灾、城市卫生等要求考虑，找出适宜城市空间容量的合理尺度与规律。

在历史文化旧城中心区，因人口密度较高，可采取适当的减法措施，以降低建筑容积率。美国西海岸的洛杉矶市作为美国第二大城市，其城市呈分散式布局，中心城区最大，集中修建了一批高层建筑，而其他城市地区的建筑容积率则不高，住宅多为 1~2 层木构房，空间容量也低，这有利于城市防灾与城市卫生。再如意大利佛罗伦萨市，作为世界历史文化古城和欧洲文艺复兴的发祥地，其城市规模与空间容量同样适度，环境优美宜人，生活舒适惬意，不失为宜居城市的典范。

三、历史的理念

对于历史文化名城，一定要有整体保护的思想理念，即使该城市的历史文化遭到部分破坏，也要从整体保护的观念来考虑并加以补救。只有历史文化名城的整体轮廓还在，它的局部也才会更加地弥足珍贵。

城市整体保护做得好的要数意大利首都罗马城，该城已有2000 多年的历史，从公元前建起的古罗马中心广场遗迹一直到20 世纪初为意大利开国国王建成的埃马努埃尔二世纪念碑，都完整地保留着，这座历史文化名城已变成一座巨型的历史博物馆，一点损坏都没有。新首都城市在其南 7km 外另建。这种新城与旧城分开的做法，使得这座历史文化名城得到了整体保护。在新中国成立初期，梁思成先生与陈占祥先生提出了整体保护北京历史文化古都的方案，但未被采纳，以致北京古城失去了整体风貌保存的特色。

另一个实例是法国首都巴黎。巴黎未将行政中心迁出，另辟新城，而是在旧市区采取"成片保护、分级处理"的措施。其整体保护的原则有以下三方面内容：一是保护老的住宅区，加强居住功能，提高舒适度；二是保存各种功能，改善文化、娱乐、商业等公共活动设施；三是保持 19 世纪建筑面貌的统一。巴黎旧城规划的实施，保住了其古城历史文化风貌的特色。整体保护的范例，还有西班牙的巴塞罗那、比利时的布鲁日、西班牙首都马德里、瑞士首都伯尔尼、意大利的佛罗伦萨和威尼斯等，这在欧洲城市比比皆是、屡见不鲜。

在整体保护旧城街区与建筑物的同时，还应使其更富活力。意大利威尼斯圣马可广场，在市政大厦底层和广场北边的小街内，设置了各类商店、餐馆，又在广场东面安置了室外咖啡座，方便游客生活，使其成为一个"漂亮的生活客厅"。日本东京都浅草寺，在其被保护的历史建筑周边，逐步建起了商场、游戏机等设施，并扩大了花市，形成了遗留着旧东京历史风俗的繁华商业游览区，现已成为外国游客憧憬的观光处。其他如西班牙马德里的市长广场、美国芝加哥密歇根大街南段和西雅图城市中心滨海区、德国法兰克福罗马人广场、日本东京都上野公园、美国洛杉矶亨廷顿文化园、比利时安特卫普的鲁宾斯博物馆、日本奈良的东大寺与鹿苑和京都的金阁寺和清水寺等，都是在被保护的历史建筑群及其周边添置各种生活设施与绿地花园等，使其充满生机与魅力。

四、文化的理念

对于历史建筑要尊重，新的现代建筑要处理好与旧的历史建筑的关联，不能片面强调某一方面，"非此即彼"，而是要重视双方面的互补，相得益彰、"和合"发展。

新建筑在重要的历史建筑范围内怎样和合地发展呢？爱尔兰都柏林"三一学院"就是一个很好的典范。该学院位于都柏林市中心区，创建于 17 世纪，是爱尔兰最著名的高等学府，由两个庭院组成，中间立一高耸钟楼，将议会广场与图书馆广场分开，新建筑坐落在图书馆广场的侧面，这里开辟了一个学友广场，广场的一面为老图书馆，紧挨老图书馆建一新图书馆，对面是新艺术馆，这些新馆的建筑高度、体量、色彩、材料等都十分尊重老馆，同老馆协调一致，只是墙面门窗的分割与装饰更加简洁罢了，广场中心铺以草坪并树立了一座新雕塑，形成了一个完美而又和谐的大院落，学生们在此席地而坐，书声朗朗，生机盎然。还有像路易斯·康设计的耶鲁英国艺术中心、耶鲁大学图书馆新馆、法国里尔美术馆、法国杜关市弗雷斯诺国立当代艺术学校、华盛顿国家艺术馆东馆、波士顿公共图书馆新馆等，都是尊重原有历史建筑的范例。

此外，新建筑的创作还要考虑优秀传统文化的传承，以此来发展地域的建筑文化。如巴基斯坦首都伊斯兰堡的费萨尔清真寺、美国洛杉矶南郊的加登格罗夫社区教堂、美国波士顿市政府办公楼、美国华盛顿纪念碑、加拿大蒙特利尔的加拿大建筑中心等，都与原有建筑和传统文化精神有着千丝万缕的关联，从而创造出适宜所在地区的新建筑，同时发展了这个地域的建筑文化。

五、自然的理念

自然风景区、公园和街道、住区以及公共建筑的园林绿地是城市的重要组成部分，也是保证人与自然共生、创造美好生活环境的基本要素。

巴基斯坦首都伊斯兰堡，北依玛格拉山，东临拉瓦尔湖，南有夏克帕利山，林木簇生，城市就在这自然绿色中呈东西向长条状、棋盘式布局蔓延着。东部为行政办公区和公共事业区，西部为住宅社区，西南部为轻工业区和大专院校区，这些区内的建筑，都没有高层，居住社区为1~2层住宅，建筑容积率在1以下，各区内的建筑都融入绿化中，绿地覆盖率在50%以上，路网绿带将各区内的绿地、花园、公园同城市周围的山地、湖畔绿地贯通在一起，建成区范围内的绿地覆盖率达到70%，俨然是一座花园城市。

西班牙滨海城市巴塞罗那，背山面海，北面扁长的山体上连续的丛林构成天然绿色屏障，海滨浓郁的林木连绵不断，沿海西南部矗立着Montjuïc山丘，它的东面紧邻旧城，经过几百年的建设，这里有着名的城堡、博物馆、展览馆、植物园以及1992年举办奥林匹克运动会的主体育场等，这些新老建筑隐没在苍翠的茫茫绿海之中，城市的绿色覆盖率达到50%。

美国首都华盛顿、美国波士顿市中心区、法国巴黎市中心区等，都保存着相当大的绿地面积，同样创造出美轮美奂、人与自然和谐共生的宜居城市。

建筑创作更加重视利用自然采光、自然通风和地热等因素，这是节约不可再生资源、环境保护、创造舒适环境的又一个重要内容。世界着名建筑大师赖特设计的住宅，包括为自己设计的芝加哥住宅和工作室，都是"自然的建筑"，它们自然采光、自然通风，与室外环境融为一体，其平面布局也体现出自然、灵活的特点；着名美籍日裔建筑师雅马萨奇，崇尚自然的光和天然的水，他设计的西雅图北部展览馆建筑和其他一些低层建筑，体现出光亮、洁白和反影的天然效果。此外，瑞士北部的巴塞尔、中部的伯尔尼、南部的博瑞格，其住宅、体育馆、室内游泳池等建筑物，都是充分利用自然采光与自然通风，从而达到节能环保与舒适安逸的佳例。

六、艺术的理念

每个城市都有自己的特点，需要创造出具有自己特色的标志性建筑，在城市的中心地段形成优美的建筑立体轮廓线，让人一眼就知道这是哪座城市，这种标志性建筑将起到统领城市空间的作用。

美国西雅图市中心区的海滨建筑群，从北到南共分三段：北段是低层建筑群，但矗立着185m高的西雅图最高标志性建筑——"太空针塔"；中段沿湖滨保存着原有的低层公共建筑，其后为新建的高层建筑群，包括金融区、商贸中心、通信和市政厅等；南段又是低层区，有开拓者广场和历史保留区，还新建了一幢低平的供娱乐运动使用的圆形穹顶建筑——Kingdome，其后为国际区。这北、中、南三段富有韵律，有层次、有节奏地织成了西雅图中心区滨海建筑立体轮廓线。

在历史文化旧城，把握其尺度与体量的和谐也是一个关键。新建建筑物，体量不宜过大，容积率也不能过高，各方面必须同原有历史建筑和谐统一。

20世纪80年代，法国总统密特朗在巴黎的卢佛尔宫扩建工程中，决定把法国财政部从卢佛尔宫迁出，选定美籍华裔着名建筑师贝聿铭先生做扩建设计方案。卢佛尔宫的扩充部分完全被移植到了地下空间，地面入口的金字塔建筑物在尺度、体量等方面则与原有建筑物遥相呼应，保持了城市的文脉和肌理。类似的做法，还有美国华盛顿史密松非洲、近东及亚洲文化中心工程，法国巴黎新歌剧院等，它们都延续了原有城市建筑的历史风貌。

七、人行的理念

在一个城市的中心区或其他重要文化生活区，特别是旧城市中心区，都要逐步构建人行街道系统，使它们不受汽车交通的干扰，真正成为符合城市市民生活需求的繁华街道。这是促进城市居民消费增长，保证社会经济繁荣发展的重要举措，它体现着城市现代化的水平和对城市居民关怀的程度。随着城市汽车的发展，特别是私人小汽车拥有量的快速增长，城市交通被小汽车所主宰，城市道路交通拥堵不堪。现发达国家的城市已开始扭转这种被动局面，严格控制城市中心区汽车保有量，构建人性化的步行道路系统，并同公共汽车网站和地下铁路交通网站联成一体，从而丰富了这一地区的市民生活，提升了城市空间环境的艺术水准。

日本名古屋市中心大街是南北向主轴线，拥有宽100m的绿化带，在绿化带中布置着名贵花木、喷泉雕塑和180m高的电视塔等，其环境清新、视野开敞。这是一条完整的步行花园街，其交叉口都与地下通道连通，不受汽车干扰；中心大街地下为商业街，地下建筑通过地道与步行花园街连接，地下铁路网设在地下层内，使这一中心大街人行系统与市内其他各区公共交通网巧妙衔接起来，市民与游客来去非常方便。此外，法国巴黎市中心主轴线、日本东京都银座、西班牙巴塞罗那旧城中心Rambles步行街、英国伦敦中心区著名的特拉法尔加（Trafalgar）广场、加拿大蒙特利尔市中心区、加拿大多伦多伊顿中心等都是交通便捷、城市人气旺盛的最佳范例。

八、公正的理念

社会公正反映在建筑文化中，就是要关怀城市广大的居民及其弱势群体，公正地缩小他们在城市生活与工作环境中的贫富差距。政府管理部门要从居住、公共建筑、道路交通、绿地等方面给予弱势群体以更多的关照和优惠，而不应为了经济利益，过多地发展高档住宅、高档娱乐与商业建筑以及私人小汽车等，从而造成富人和弱势群体差距的进一步扩大。

在城市发展中，旧城区还应留住老居民，如法国巴黎旧城区、比利时布鲁日水乡老城区、西班牙巴塞罗那旧城区、美国西雅图老城区等，它们都保存并改善了原有居住建筑，使其大部分老居民都还生活在旧城区中，而不是拆旧建新，把弱势群体迁至郊区，使老城区沦为有钱人的居住地。他们改造旧城区住房、保留老居民的做法，很值得我们学习与借鉴。这不仅仅是经济问题，而且还存在着诸多的社会问题。城市历史文化街区，正因为有老居民在，其社会文化生活的特点也就得到了保存，只有社会公正，才能保证并促进社会的和谐、稳定与发展。

社会公正，还体现在公共服务设施的妥善安排上。为方便大众生活，宜多开辟一些城市室外公共活动的小空间、小广场，如美国纽约洛克菲勒中心下沉式广场、西雅图中心区中部高层建筑间的休闲广场、芝加哥市民中心广场、美国布赖顿住区中生活广场等，这些小空间、小广场点缀着咖啡馆、花木、雕塑、冰场、舞场等，成为市民茶余饭后休闲、娱乐、游玩的好去处。

在文化生活方面，还体现在市区各类博物馆的免费开放、市区各类公园的免费开放。开放城市空间，还包括各地市政府办公楼、州政府大楼对公众的开放。如波士顿市政府办公楼，市民平时可随时进出，这种做法拉近了市政府与市民的距离。又如芝加哥伊利诺伊州政府大楼，其布局体现出公众性，中间

为公众活动的中庭，围绕中庭的底层部分是商店，供大家使用，政府办公楼均敞向中庭，为开放式办公室，每日来此观光的游客络绎不绝，给人以平易近人之感。

古人云："读万卷书，行万里路。"综观全书，这本《建筑文化感悟与图说》（国外卷）正是作者一生理论与实践相结合的真实写照。在这里，笔者再一次对作者渊博的学识、严谨的治学态度和独到睿智的见地表示由衷的钦佩和敬意。同时，我们也确信本书是广大的城市规划师、建筑师、风景园林师以及建筑文化爱好者们学习与了解西方建筑文化的有益参考读物。

湖岛景观、地景艺术与空间类型的整合——巨人总部办公楼建筑、景观设计及其设计思想研究

玄峰　　上海交通大学设计学院　建筑系副教授

周武忠　上海交通大学设计学院　建筑系教授、博士生导师

摘　要： 解构主义建筑大师汤姆·梅恩(Thom Mayne)在中国的第一个作品巨人集团总部办公楼项目集中展示了墨菲西斯（Morphosis）30多年来的设计成果。本文通过分析巨人项目中湖岛景观的设计理念、地景艺术的运用与空间类型的构成，就墨菲西斯的设计思想进行研究，并得出其在景观、地景艺术、建筑与设计四个方面的设计思想观念。

关键词： 景观；地景；融合；语言；形式组合

"汤姆·梅恩（Thom Mayne）创办的 Morphosis 事务所超越了传统形式与材料的界限，在致力于突破现代主义和后现代主义的局限后开拓出了新的建筑领域，现在被评选为 2005 年普利兹克建筑奖（Pritzker Architecture Prize）获得者。普利兹克基金会向汤姆·梅恩30多年职业生涯所获得的54个AIA奖项，25个建筑进步奖项，以及大量世界其他奖项脱帽致敬。这位61岁的建筑师也是14年来的第一位获此殊荣的美国建筑师。"

——普利兹克基金会官网公告[1]

前言

巨人总部项目是一家以网络游戏研发运营为主业的网络科技有限公司办公楼的设计项目。20世纪初，巨人集团抓住网络游戏突飞猛进的历史时期，首创了免费模式。公司原有办公空间不敷使用，急需自建办公楼。机缘巧合，在汤姆·梅恩刚刚获得普利兹克建筑奖的档口，巨人董事长史玉柱在为上市融资巡演期间于洛杉矶巧遇汤姆·梅恩[2]。基于对建筑艺术相似的设想与展望，二人经过初步交流一拍即合，项目遂定。

项目基地位于上海松江沪松公路与广富林路交界处东北方向一个小村落的南面出入口区域。这是一块围合于村口运河网络中的人工湖及其湖心岛地块。基地东西宽 980m，南北长 508m，占地约 50hm²，总部即位于湖心岛上。小岛东西宽，南北窄，占地 3.2m²。园区中央有一条纵贯南北，跨越人工湖及湖心岛的道路。路北接小村口的"卖花桥"，路南为园区主要出入口。就是说，村子及整个园区均通过项目基地南面出入（图1），这是设计的一大挑战。巨人总部建筑面积 24000m²，于2005年末开始设计，2006—2010年施工建成。"激发研发人员创造力的空间"是史总对设计的唯一要求。应当说这是一个非常理想的设计命题。

图 1　基地状况

一. 增强景观概念[3]："岛"的生态原型

"Morphosis(形态构成)词义为'To be in formation'，指有机体或者部分按照（外因＋内在）结构变化特征而带来的新的发展。"[4]具体到 Morphosis 事务所，提供事务所这个"有机体"（Organism）新的设计发展原点并持续探索了几十年的即是基地景观肌理特征及所选用相应材质的特点。至此梅恩提出了"增强景观"（Augmented Landscape）的概念。

在梅恩看来，岛作为一种独特的地理地质构成，岛的原型不仅是形态上的，更是生态上的。岛的生成环境决定了岛的周界面是水与土交互的连续交界线。这里的陆生环境与水体环境交织融合并随时变幻促出更为丰富的环境景观及环境交接形式。事实上，生命正是由此而来并且至今为止仍然是最密集的生命聚居地——浅滩湿地。受此激发，岛的生态模式提供了实现"增强景观"概念的基础构成要素：水与土、光与影、多样性景观层次以及水土的互动等。作为 Morphosis 非常看重的概念原型，实践中"岛—水土边界融合"概念的发展也经历了一个嬗变的过程。1995年维也纳世博（Vienna Expo）项目城市溪地的基

地特殊性开启了"以土地为首要驱动力"（primal element）的思路；1996年巴黎塞纳河乌托邦（Utopie）则催生了"水土边界融合"⑤的思路。增强景观的思想逐渐形成，其核心在于设计是基于项目主体与土地之间的关系，土地是推动设计的原创力；而水土边界融合概念则致力于实现自然景观与人工构成物景观的拟合。1995年后Morphosis有大量设计是以岛—水土边界景观的解读和重构为概念的（图2）。这些发展在巨人总部项目设计当中得到了充分的展现。

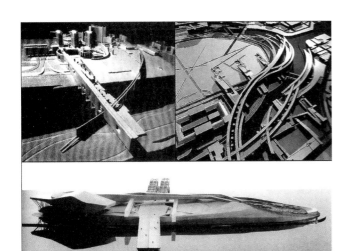

图2 1995维也纳世博会和1996塞纳河乌托邦108汉城艺术中心

（一）光与影的取舍与利用

巨人总部项目设计当中，光与影成为设计发展的首要考虑因素。光不仅包括太阳直射光，也包括湖面反射的波光；影则是建筑形体及小岛坡在地面、湖面上形成的阴影。小岛位于园区中心，湖面东北部。湖面的主体水景景观向西南方向打开。在日光、波光的双重投射下，小岛的南北部被赋予了截然不同的景观价值：岛南部山光水色，芦苇菖蒲直扑脸面，景观积极层次丰富；岛北部背光荫蔽，光线缺乏方向感，景观消极层次单一，而更多体现肃穆的空间感。梅恩将办公楼主体整体后移，紧紧挤压在小岛北部。南部留出来尽可能多的场地布置景观步道、栈桥、小型室外展场、亲水台阶等；而在北部除一条倾斜通往负一层的办公人流步行道外不设其他。南侧不设办公入口而北侧步道以隐入地面的方式消解了办公人流出入的嘈杂感（图3）。

图3 场地布局示意图

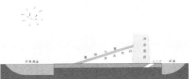

图4 建筑形体示意图

建筑形体上，多层办公体量紧贴北岸慢慢弯曲向东南——留出西南的观景视线，而一层的公共交流空间屋顶——处理成大面积倾斜折板——由北向南慢慢切入地面。不知不觉中，公共空间屋顶（草坡顶）成为南部景观的一部分，湖岛景观本身被巧妙地强化了（图4）。

（二）地表景观的扩张⑥

描述增强景观概念时，除去最常用的Augmented Landscape外，梅恩经常用Augmented Ground⑦来置换及辅助理解。字面上讲，Augmented Ground作"扩张地面"解。这个词突出了地面在景观设计中的作用。这一点无疑在巨人项目中得到了突出展现：梅恩将总部办公楼功能分解为办公、展览、会议、阅览、茶饮、健身、游泳、吧台与客服接待、客房九个部分。除需要私密安静的办公功能向空中发展为多层体量外，其余偏公共喧闹的功能则全部归置到一层的倾斜折板屋顶下。这样建筑体量分解为两个部分：一个是向地面发展并融入地面的草坡顶（公共部分）；另一个是向空中延伸的观景"阳台"——屋顶扩张为第二个地面，景观层次增加了（图5、图6）。

特别值得一提的是，草坡顶的屋顶绿化是中国园林工程总公司作为横向课题研究的成果。17种不同时节依次开花的草本植物保证了屋顶绿化始终青葱翠绿、姹紫嫣红。

图5 扩张地面示意图

图6 扩张地面模型示意图

（三）纵向空间的强化对比

除去对"岛原型"做景观水平面的处理，纵向空间上也有微妙的处理。增强景观不仅指景观层次的增加，同时意味着质量的加强。通过强化空间态势对比营造视觉张力，从而产生戏剧性效果无疑是实现的好办法。"（增强景观）实际上没有建造什么，而是场地本身成为可生成的材料及设计流程的发起者，通过刻画、发掘场地的潜力而实现真正的场地拥有。"⑧场地拥有（earth occupiable）在这里指建筑主体与景观客体之间相互融合，而非单纯建筑空间对场地的占有。

项目场地的景观构成元素有四个：湖水、湖岸、小岛、建筑，水流方向自西向东，湖边地坪标高西高东低。梅恩对建筑形体高度作了对比处理，即建筑高度东高西低，高度对比强烈。为了进一步增加视觉张力，东边办公楼形体在距离湖水水面高度

12 米的地方直接冲入湖面上方，独柱悬挑长度达到惊人的 26 米。夸张的高度对比形成极其强烈的视觉冲击，让人印象深刻。（图7、图8）

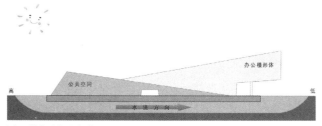

图 7 纵向对比示意图

图 8 纵向对比实景

在总平面处理上，"草坡顶"被塑造成一个底边坐在岛西边，尖角跨过中央道路深深插入办公体量下面的三角形，且"草坡顶"西北高东南低。与此同时承担办公功能的狭长板状体量由小岛北边慢慢升起，向东南方向弯成一个越来越高的弧形曲板，最终直接冲入湖面上空戛然而止。北端低东南端高——一个宽扁低伏，一个狭窄高耸，这样两个主体体量形成为东西拉开、两两相对而又同时向南面视线打开的姿态。毫无疑问，在自然景观的基础上，通过增加建筑形体自身的表现力，景观内涵及层次均丰富了。

最终，"（在巨人项目当中体现出的）增强景观（Augmented Landscape）的概念开启了新的思路，可以积极地发展为一系列程序化的设计素材。"[9]梅恩在对基地尤其是"岛"生态模型的解读的基础上发展出了一整套设计策略。（图9）

图 9 空间对比实景

二、地景艺术的建筑表达——水土／内外无边界融合

"地景艺术（Land Art）又称大地艺术（Earth Art），从环境艺术（Environment Art）演化而来，广义地说亦是环境艺术的一种。地景艺术的主体、题材、材料、构造均取自大自然的天然物及其相应的构成方式。艺术理念是通过对天然物的巧妙编排与营造新的观察方式凸显大自然自身的本质特征，让大地景观活化与最大化。"[10]

地景艺术的艺术理念是 Morphosis 设计当中相当重要的设计源泉。在大量访谈、演讲、文章中，梅恩多次提及地景艺术家、建筑师迈克尔·黑瑟（Michael Heiser）的强化山脉构造及地质肌理的"山间组合体"（Complex Ⅰ & Ⅲ）（图10）、沃尔特·皮希勒（Walter Pichler）的揭示"新观察创造新景观"的"场地之间"（Place Between）（图11）和雷蒙德·亚伯拉罕（Raimund Abraham）的巧妙利用城市法规及场地分区法则塑造建筑体量的"奥地利文化中心"（Austrian Culture Centre）（图12）等作品对其设计思想产生过相当大的影响。地景艺术以充分利用环境景观以及原生材料为出发点；通过提供多样性的观与被观的多维视角与空间体验，让自然景观产生新的意象与解读的方向；通过提供无缝联接的主客体互动模式，让景观与观众在保持独立的前提下产生对话的手法等，在梅恩的设计当中都得到了展现。在巨人总部项目中，地景艺术的建筑表达即是对于山与水的构造与表现。

图 10 山间组合体

图 11 场地之间

图 12 Austrian Cultural Centre

（一）水景的观与被观

水土交界面处的景观激发潜力是完全可以被期待的。对于建筑设计则是水景与建筑的触接方式的不同：水之于建筑的景观主动性体现在水与建筑界面的交接方式；而建筑之于水的主动性则在于不同视觉角度观赏平台的设置。梅恩在巨人项目中提供了 6 种不同的观赏水景体验方式，分别是远眺、俯观、平视、阶台、内察与外观。前四者是角度距离的不同；后两者是观众

与水景的内外关系的不同。外观是建筑作为主体看向室外水景；内察则是反过来，即让水景伸入室内空间成为室内之内，建筑成为景观之外。让鱼类成为主体，室内工作人员成为被观察的客体，主客体的关系颠倒了。这种独特的水景设计体验非常精彩。（图13、图14）

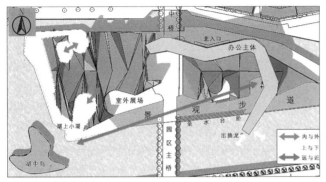

图13 水景关系示意图

图14 水景实景

（二）山景的构建与表达

这里的山是建筑体量构造的"山"。从岸边景观步道一侧慢慢离开地表斜升进入空中的倾斜折板屋顶所形成的建筑形体，经铺设循环生态草皮而形成的"自然的山坡"随季节变换会依时序开放不同的花。梅恩为了突出"山"的意象，在山景的观赏步道上作了精心组织：办公走廊突兀地悬挂在办公曲板内圈的二层外墙外面。相对于由青灰色陶瓷遮阳板封闭的办公外墙面，外廊采用全透玻璃墙面，进而成为一处绝佳的观景平台。随着办公墙体的弯转以及倾斜"山坡"向西逐渐升高，二层观景外廊相对于"山景"的视线也逐渐有了俯瞰、近观、平视、钻入山体以及跨越山谷的丰富体验。这里，山景成为观赏平台的中景；远景则是波光粼粼的湖面。在梅恩的设计下，功能性建筑的意象发生了转变：悬挂外廊成为山间景观步道；办公体量成为悬崖绝壁；公共体量成为高低起伏的山峦。建筑本身成为象征性的景观载体，成为山水景观的一部分并融入湖光山色。

地景艺术在这里真正实现了无边界融合，地景艺术被生活化了（图15）。

"将水土边界作为融合结缔组织的想法作为设计的起点……水土景观概念激发了我们对于模糊互联、打破边界以及水土无缝联接方面的兴趣。"[11]在针对水土／山的景观的精心组织下，巨人岛周边的地理地质肌理被凸显出来成为一处出色的地景标志，与此同时数万平方米的建筑体量却神奇地消失了。建筑自身成为地景艺术的载体与作品。

图15 山景

三、形态构成的语言——重在"关系"而非"词汇"

"梅恩把建筑视作身体接触运动——通过群体行为表达出物理的（时间与空间）限制，并以此构成形式。从早期复杂的、多层次的绘图到最近落成的建筑，他始终运用最新的（绘图及空间构造）技术作为设计的工具以及主题，创造了让人希望持续探究、感官冒险与依靠本能去体验的建筑。"[12]普利兹克建筑奖评委、费顿出版社主编凯伦·斯坦（Karen Stein）这样说过。

"从巨人项目开始发展出了一个系列性的想法，即由模块与子系统组成的形式组合的概念。这里强调的不是客体的概念，而是客体之间关系的概念[13]。"

在现代建筑语言中，经典现代主义与后现代主义语境当中空间形式通常被默认为与功能类型的一一对位的表达形式。其中空间类型被能指为词汇符号；功能类型被所指为表达目的。意指作用一旦形成语言系统即告形成并程式化。随之国际式、密斯式、典雅主义、野兽主义、高技派、白色派等新的修饰体系相继而来。在现代主义发展后期，后现代主义建筑语言与其说是一种突破与创新，倒不如说是扎根在现代主义土壤当中的一种反讽与对照体系，是"镜中像"式的图形反转与新的修饰体系，其根源仍然是现代主义。

与之对照，Morphosis对"经典现代主义"语言的突破（surpass）体现在各个方面：词汇、词语、言语、语法等。在Morphosis这里，单纯的一类结构体系、一种构造方式，甚至一系列构件、一类景观元素均可以构成一个"单词词汇"（word）。词汇显然不再能跟功能类型形成对接关系。而词汇之间的组织方式也不再是传统现代主义常见的"串联式"连接方式，"并联、铆接、叠加、键接"等方式均可以形成语法。这些词汇本质上是不同的空间/结构构造类型以搭接、并置、穿插、重叠、链接等不同的连接方式建立联系时产生了新的建筑语义（新的空间类型），形成了新的语言表达体系，并最终创造了新的景观[14]（图16、图17）。

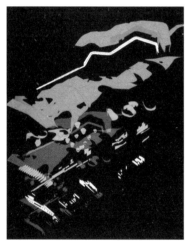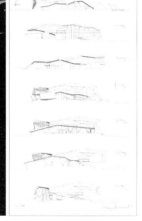

图16 巨人总部空间类型组合　　　图17 巨人总部剖面演变

一般说来，Morphosis通常被视为同在加州工作的、另一位著名建筑大师弗兰克·盖里（Frank Gehry）的门徒。盖里本人并不避讳这一点。在担任梅恩的获奖评委的评审辞中，盖里这样表述："我震惊于新获奖者来自（hail from）我的建筑世界的方式。我认识他很久了，看着他成长为一个成熟的，我乐意称之为'真正的'建筑师。他持续地摸索寻求让建筑更加可用（usable）并振奋人心的新的途径。"[15]但是，二者又有所不同。盖里以癫狂激烈而又兴奋昂扬的解构主义建筑表现语言闻名于世，而Morphosis则收敛理性得多。盖里解构主义的表达形式富有空间感与表现力，形态大胆生动；而Morphosis则自始至终注重结构体系以及构造的表达与表现力。在Morphosis语言体系中模块（component）、元素（element）、系列（series）、

构成（compose）、组合形式（combinatory form）是高频度出现的单词。无疑，这些都是语言学中侧重结构体系与构造方式的部分，侧重点的不同导致Morphosis的设计更加系统、更加符合逻辑、可操作性更强，或者进一步说，更加符合现代工艺的效率原则。Morphosis的本义正是"形态构成"。事实上，Morphosis的不少建成作品是在完全符合工程预算的前提下实现艺术效果的。考虑到这一点，梅恩的建筑成就显得更加让人惊叹。而这显然与Morphosis的设计言语系统有关。所以，就解构主义建筑语言来说，盖里的语言侧重于表现主义，而梅恩的语言更加偏向理性主义。

"在上海，我们阐释了一系列元素创造大量可变空间的潜力与可能，空间的性质反过来激发并响应了人类的行为，……我感兴趣于开启可能性与潜力并激发人类行为的建筑，因为它预示了新的洞察力……我们看到（巨人项目）建筑剖面无一重复，它在不停地潜入别体成为新体，不停地进化成别的东西。"[16]毫无疑问，Morphosis的空间类型构成式建筑语言大大突破了传统的"古典现代主义"语言系统，产生了新的话语体系。Morphosis的空间组合形式目的是创造新的景观、新的空间形态及新的建筑意义与价值。

四、三景整合——Morphosis 设计思想研究

巨人项目启动时间在2006年。其时梅恩刚刚在2005年以加州交通局第七总部办公项目获得普利兹克建筑奖。设计的策略及手法体系业已成熟。巨人项目就在这样一个恰当的时间如约而来，甚至功能都是同样的总部办公，一切就这样水到渠成。业主精简到极致的设计干预与创意要求，甲乙方梯队的大力配合，为项目的运行提供了几乎最理想的设计条件。"巨人项目将多年来的系列研究结合起来。……真正来到上海后，（之前研究的）一系列相互关联的要素开始成为整体。……巨人项目产生了许多特殊的建筑时刻，它们是一系列因素同步后导致的……"[⑨]在多年以后针对巨人项目的一次访谈中，梅恩依然非常感慨。在主客观因素的配合下，恰当的时间、恰当的地点发生了恰当的事情。Morphosis 30多年来关于土地与景观，关于地景艺术，关于空间类型的整合等一系列研究在巨人项目上整合了起来，成为一个整体。可以说，巨人项目是三景整合的集大成者。（图18至图21）

图18 巨人远眺

图 19　巨人项目远观

图 20　巨人项目局部

图 21　巨人项目内部空间

通过对巨人项目设计的详细分析，我们就 Morphosis 的设计思想可以得出如下结论。

（一）关于景观与土地

景观与土地是设计的出发原点，是客观因素，是外因，是设计的基本素材。后继的设计基于对原始素材基本特性与特征的分析与研究，以及随之而来的建构方式展开。在巨人项目中，原始素材即是湖水、土岸与"山"，设计围绕它们展开。

（二）关于地景艺术

地景艺术是展示观与被观的艺术，通过提供不同的展示角度、方式、方法获得对展品的崭新认识与更深理解的艺术。地景艺术是景观与建筑之间的纽带与桥梁；是观者与景观之间的信息桥接。站在地景艺术的角度，景观从来不是孤立、静止、等待"被发现"的终点；而是需要主动展示、丰富全息体验的主体。从设计师的角度来说，地景艺术暗示了设计手法、观赏角度以及设计策略。

（三）关于建筑

功能的目的与容载的内容并非一切，建筑在本质上是功能的，但这仅仅是建筑的出发点。建筑一旦落成，所生成的空间及其体验即成为审美与情感的主体。建筑被活化了。所以，对建筑来说，内容不是本质，体验与互动是建筑本质的不可分割的一部分。建筑是凝固的音乐与史诗。

（四）关于设计

空间形式的组合策略本质上是通过元素间的独立构造出具有复杂性与矛盾性可能的方式。偏主观表达，是内因。组合的目的是通过激发元素间的个性与冲突形成关于空间体验的对话，而非"国际式"的终点与独白。建筑使用者通过丰富的空间形式组合所形成的空间体验对基地景观，以及与之相应的室内景观形成解读。这种解读随着观者在建筑空间中的自由行走而产生对话与独白，"新的洞察力"由此展开，新的景观由此产生，新的建筑意义就此形成。至此，景观艺术最终成为观景的艺术。从而艺术被生活化，生活被艺术化。

基于上述四层设计思想，巨人项目在湖岛景观、地景艺术与空间类型上，在建筑设计的外在景观环境逻辑与内在生成逻辑上做到了精彩的整合。建筑自身成为景观，景观与建筑是不可分割的整体。建筑获得了新生。在这一意义上，巨人项目成功了。

注释

① http:// www. 2005 Pritzker Prize Laureate Announcement.pritzkerprize.com

②接触时间在 2005 年 7 至 8 月；巨人网络科技融资巡演时间为 2005 年 7 月至 12 月。

③增强景观概念（Augmented Landscape）最初出现在 1995 年维也纳世博竞赛方案中，后经 1996 年乌托邦项目逐步完善，系统解释在 2010 年 10 月 22 日东京 GA Photographers 对 Thom Mayne 的现场采访当中。载于 Thom Mayne, Morphosis recent project[GA]，大日本印刷株式会社，2011。

④《柯林斯英汉双解辞典》。

⑤ Thom Mayne, Morphosis buildings & projects,Rizzoli International Publications, Inc., 2009.

⑥ Thom Mayne, Morphosis,equalbooks,New York,2017.

⑦扩展地面 Augmented Ground 在 1996 年乌托邦项目中得以应用，系统解释在 2010 年 10 月 22 日东京 GA Photographers 对 Thom Mayne 的现场采访当中。载于 Thom Mayne, Morphosis recent project[GA]，大日本印刷株式会社，2011。

⑧ Thom Mayne & [GA] 杂志社访谈，Tokyo，2010-10-22.

⑨ Thom Mayne & [GA] 杂志社访谈，Tokyo，2010-10-22.

⑩节选自百度百科 https://baike.baidu.com/，作了重新编排组织。

⑪ Thom Mayne & [GA] 杂志社访谈，Tokyo，2010-10-22.

⑫ http:// www. 2005 Pritzker Prize Laureate Announcement.pritzkerprize.com

⑬ Thom Mayne,Morphosis,equalbooks,New York,2017.

⑭注意巨人项目设计图示当中不同组别的空间 / 结构构造类型所起到的词汇的作用及其相互间的搭接方式。

⑮ http:// www. 2005 Pritzker Prize Laureate Announcement.pritzkerprize.com

⑯ Thom Mayne, *Morphosis recent project*[GA]，大日本印刷株式会社，2011。

参考文献

[1] Thom Mayne. *Morphosis recent project*[GA]. 大日本印刷株式会社, 2011.

[2] Thom Mayne. *Morphosis buildings & projects*,Rizzoli International Publications, Inc., 2009.

[3] Thom Mayne. *Morphosis*, equalbooks,2017.

[4] Vladimir Belogolovsky. Interview with Thom Mayne.ArchiDaily,2017(5):21.

[5] 部分观点来源于与 Thom Mayne 的访谈, Los Angeles ,2016-6-22.

[6] Announcement of 2005 Pritzker Prize，2005，10（官方通告）.

图片来源

图 1 来源于 2016 年 9 月谷歌地图（建成使用后）

图 2 左上：1995 维也纳世博会，右上：1996 塞纳河乌托邦，下：2008 汉城艺术中心，图片分别来源于 Thom Mayne：*Morphosis recent project*[GA]，大日本印刷株式会社，2011/ Thom Mayne：*Morphosis buildings & projects*,Rizzoli International Publications, Inc.，2009 / Thom Mayne：*Morphosis recent project*[GA]，大日本印刷株式会社，2011

图 3 笔者自绘

图 4 笔者自绘（2019）

图 5 笔者自绘（2019）

图 6 Morphosis 提供（2012）

图 7 笔者自绘（2019）

图 8 巨人网络科技提供（2012）

图 9 巨人网络科技提供（2012）

图 10 https://www.archdaily.cn/cn/michael heiser 作品位于科罗拉多大峡谷山麓，强调山脉肌理与人工制成物的关系

图 11 https://www. AD archdaily.cn/cn

图 12 https://www. Photo_by_David_Plakke davidplakke.com-Courtesy _of_Austrian_Cultural_Forum_New_York

图 13 笔者自绘（2019）

图 14 至图 16、图 20 至图 22 巨人网络科技有限公司提供（2019）

图 17、图 18 *Morphosis recent project*[GA]，大日本印刷株式会社，2011

图 19 笔者拍摄

特别致谢：除 Thom Mayne 本人外，本文大量关键字词、观点、演讲原稿的英文翻译、资料来源的出处、时间点的确定等来源于 Morphosis 事务所的中方事务全权代表陈瀚旭先生。他对本文的形成贡献极大，特此致谢！

基金项目：本文得到国家留学基金委"青年骨干教师"项目（项目号 CSC NO. 201706235051）和国家社会科学基金艺术学一般项目"文化景观遗产的'文化 DNA'提取及其景观艺术表达方法研究"（项目号：15BG083）资助。

海南"乡村不动产休闲产品"的建筑类型与景观形态探讨——"乡村振兴"战略实施背景下的乡村建筑复兴

杨春淮　　中元设计机构　董事长、高级合伙人

摘　要： 随着中国城镇化水平的不断提高以及乡村振兴战略的渐次推进，在中国的乡村，出现了一类在农村集体建设用地上建设的由城镇居民居住的乡村建筑，以及与之配套的休闲农业设施，本文将其概括为"乡村不动产休闲产品"，并对其涉及的建筑类型、景观形态、建筑风格等进行讨论。

关键词： 乡村不动产休闲产品；建筑类型与风格；景观形态

一、若干概念的解释

（一）"乡村不动产休闲产品"的概念

1. 乡村不动产休闲产品

中华人民共和国是社会主义公有制国家。中国特有的"城乡二元"的土地政策，将建设用地划分为"国有建设用地"与"农村集体建设用地"。近些年，随着经济的高速发展，中国的城镇化水平不断提高。在乡村振兴战略的引领下，出现了一系列涉及不同类型乡建业态的名词概念，如"美丽乡村、共享农庄、乡村民宿、田园综合体"以及"休闲农场、农家乐"等，其服务对象大都是城市居民。为了与"村民自用建筑"相对应，在此我们把在"农村集体建设用地"上建设的、为城市居民提供旅游休闲服务的乡村建筑、构筑与场所——既不是农户自建自用的"新建筑"也不是传统古村落的"老建筑"——和与之相配套的在"农业用地"上建设的休闲农业附属设施，统称为"乡村不动产休闲产品"。

2. 四种不同性质的乡村建设用地

在"土地象限图"（图1）的第 I 象限"农村集体所有建设用地"中，按照功能可以将其细分为四种不同性质的建设用地（图2），即村民宅基地、村庄内的道路广场用地、村集体公共服务设施用地、村集体经营性建设用地。

（二）三种不同类型"乡村民宿"的概念

1. "自有经营型"乡村民宿

指在私有制的土地上建设的、由民宿主人自我经营的民宿。这类民宿以旅游服务为主要用途，主要分布在我国台湾。由于经济发展水平较高、土地私有，在城乡一体化过程中民宿与乡村旅游高度结合，通过"高端化、精品化、高服务化"的运营管理，使台湾成为全国乃至全球乡村民宿发展最为成熟的地区之一。

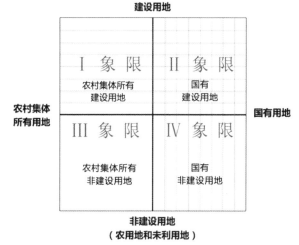

图1 土地象限图

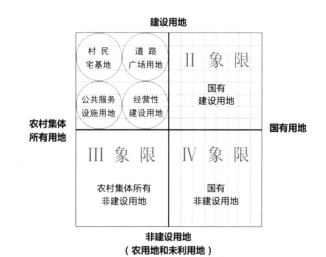

图2 四类不同性质的农村集体建设用地

2. "租赁自用型"乡村民宿

指通过租赁方式获得房屋使用权来建设的、由承租者自我经营并自用的民宿，以长三角地区的乡村民宿为代表。在城市拥挤、房价高等因素和交通便捷、经济发达等因素的双重作用下，城市居民在周末节日外出度假的需求较高，导致民宿淡旺季入住率起伏较大。为了化解经营上的压力，投资者在游客淡季往往自己（和朋友）使用乡村民宿，以降低经营风险、增加投资回报、平衡开支。

3. "租赁经营型"乡村民宿

指通过租赁方式获得房屋使用权来建设的、由承租者自我或者雇佣他人经营的民宿。这类乡村民宿以服务游客为主要经营目的，需要稳定的客源来支撑收入，一般情况下经营压力会比较大。只有"大香格里拉"这样的地区才会源源不断地吸引那些"不计成本"的"情怀客"来此"接盘"乡村民宿。

（三）海南特色"共享众筹型"乡村民宿的概念

"共享众筹型"乡村民宿与"海南岛的共享农庄"建设思路是一致的。它是承租者平台经营、使用者众筹投资，并与所有者（村集体与个体农户）密切合作的"乡村居住社区"，是由在四种不同类型的建设用地上建设的建筑（物）组成的"乡村不动产休闲产品"，并涉及部分农业附属设施用地，如图3所示。

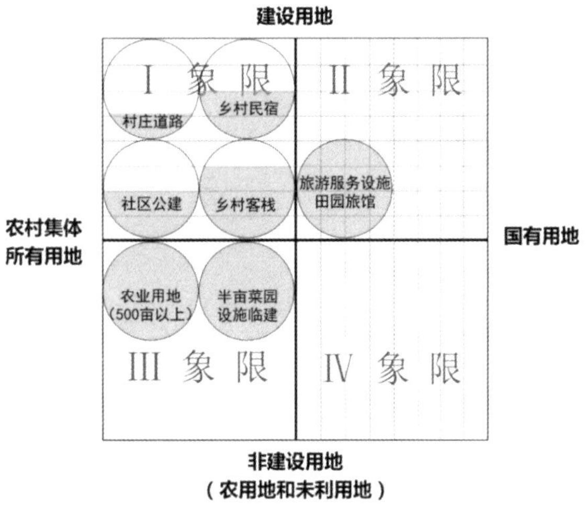

图3 乡村不动产休闲产品与村民自用建筑的关系

1. 乡村民宿

乡村民宿是与村民合作在其宅基地上修建的、提供给游客住宿的居住类建筑，可以分层使用。按照"一户一宅"的规定，在海南，宅基地单元最大用地面积不能超过175平方米，限高12米，建筑面积不能超过367.5平方米。

2. 乡村客栈

乡村客栈是与村集体合作在村集体经营性建设用地上建设的小型旅馆类建筑。独立地块，用地面积与建筑面积不受宅基地指标限制。

3. 半亩菜园

半亩菜园是在靠近村庄的农业用地中，为在乡村民宿中长宿的候鸟人群配套建设用于农事体验的小菜园，建议一般规模控制在360平方米之内。

4. 设施临建

设施临建在"5%附属农业设施用地"的政策允许的范围内，在半亩菜园中搭建的小于15平方米的小木屋。

由上述四类建（构）筑有机组合起来的"乡村不动产休闲产品"，只有由使用者"众筹"建设并获得稳定的使用权，才能把冬季候鸟人群的"乡情寄托"锚固在海南。所以，我们称其为"共享众筹型乡村民宿"。

二、乡村不动产休闲产品的建筑类型

乡村不动产休闲产品的建筑类型共九类：违法三类、自建三类、理想三类。我们用"版本-3.0到版本+6.0"的顺序来表达。

（一）版本-1.0至版本-3.0：从用地角度可能出现的三类违法乡建

1. 版本-1.0：小产权房

小产权房是指未取得政府合法手续、投资者私下与村集体达成协议、在规划为城市建设用地但政府尚未征收的、权属仍然为村集体的土地上建设的没有法定产权证的低层农村住宅。

2. 版本-2.0：假木屋

假木屋是指将正常的、钢筋混凝土结构的小住宅，在外墙上用木材加以包装冒充木屋充当农业设施建筑，是利用政府这一两年大力推行"共享农庄"的机会，在"5%附属农业设施用地"上以农业设施建筑的名义建设的房屋。与小产权房不一样，假木屋扩大并改变了"附属农业设施"的使用功能，进而导致土地性质发生根本改变。

3. 版本-3.0：大棚房

大棚房是在农业生产大棚内部建设的小住宅，是违法建筑的升级版。由于有农业生产"大棚"罩着，大棚房可以逃脱遥感卫星的监控，更具隐藏性。大棚房主要在高房价的特大城市周边出现，如京津地区。

（二）版本+1.0至版本+3.0：市场机制下自发孕育出的三类乡建

1. 版本+1.0：大混居——合租混居型村民住宅

所谓的"合租混居型"乡村民宿，是介于租屋与休闲民宿之间的一种居住形态，我们也称之为"大混居"民宿。其基本特征是"候鸟"与村民合住一幢房子，功能上分为不同的出入口。一般是村民住一楼，"候鸟"使用二、三两层。房主、房客之间互不干扰，甚至可以互相帮助。但也有彼此不便、相互干扰的时候。

2. 版本 +2.0：全买断——买断型村民住宅

由于合租混居型乡村民宿客户对象主要是北方"候鸟"，他们来琼居住时间较短，民宿在其他大部分时间闲置，因此他们对于"合租"并不在意。但是，对于本地城里人或者其他需要更长时间待在海南的"宿主"而言，他们希望拥有一个完全属于自己的宅院，这就导致了"买断型"乡村民宿的出现。

3. 版本 +3.0：半民宿——买断经营型乡村民宿

它是"+2.0 买断型乡村民宿"的升级版，即在北方候鸟离开海南的月份，将房子作为乡村民宿对外经营，以获得更好的投资回报。

（三）版本 +4.0 至版本 +6.0：具有海南岛特色的三类理想乡村民宿

1. 版本 +4.0：共享众筹型乡村民宿

它与"买断经营型"乡村民宿最大的区别就在于其投资是由北方"候鸟"众筹的。投资者的营利模式由出售与经营"乡建产品"转换成为提供全面服务。

2. 版本 +5.0：海南岛的共享农庄

它是"+4.0 共享众筹型乡村民宿"的升级版。在产品组合上，增加一系列的休闲农业和乡村旅游类项目。如果农业生产的规模足够大，就有可能进一步发展成为田园综合体。

3. 版本 +6.0：乡村全域旅游特色景区

由在"美丽乡村"建设成果基础上形成的共享农庄集群与田园综合体构成的复合体，可以成为具有全域旅游性质的"海南特色乡村旅游景区"。

三、乡村不动产休闲产品的景观形态

（一）两类不同尺寸的乡建用地：组合态景观与自由态景观

1. "村民宅基地"建筑的组合态景观

能够与城市资本进行合作的土地，是"村民宅基地"和"村集体经营性建设用地"。在符合"多规合一""三权分置"和"一户一宅"等一系列政策调控的前提下，村民宅基地的用地面积与建设标准、强度是已经有规定的。在海南，规定是"175 平方米的用地面积，70% 的宅基地基底面积、12 米（三层）限高"。这样的话，理论上地上建筑面积上限是 367.5 平方米。考虑到村民宅基地的"划拨"性质，在布局上，一定会遵循最节约用地

的原则。也就是说，在村民宅基地上的建筑景观形态一定是一个"等体量"的建筑组合态景观。它主要依据等体量的宅基地建筑模块，通过布局变化形成不同的建筑组合来形成乡村景观。

2. "村集体经营性建设用地"建筑的自由态景观

另一块"村集体经营性建设用地"的占地面积，一般会比宅基地要大很多。在功能上，它可以是（如果我们把宅基地当作乡村酒店里的标准居住单元时）前台及公共服务中心。这时候，它的建筑设计表现空间的自由度就要大很多，建筑师的个性也能得到较大程度的展现。如果建筑高度的控制可以适当放开（比如四层 16 米），那么整个村庄的建筑景观的体量关系就有可能生动得多。

3. 两种不同的体量关系组成中国乡村的基本景观类型

于是，我们就看到，在中国现行的土地所有制基础上的村庄建筑——乡村不动产休闲产品——的主要景观形态是由组合态景观与自由景观共同形成的，如图 4 所示。

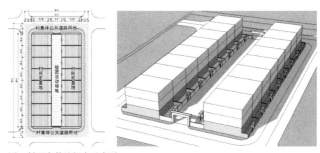

图 4 村民宅基地组合示意图

（二）两类不同住户用地的景观：背景景观与标志景观

由于"乡村不动产休闲产品"只能"寄宿"在"村集体建设用地"上，并以村民宅基地和村集体经营性建设用地的名义所有，可用的只能是村集体的"存量建设用地"和"余量建设用地"，因此它只是村庄整体建筑的一部分，那么由于不同的使用者（原村庄居民和城市"候鸟"居民），建筑景观就形成了有趣的对比。

目前，中国的绝大部分原村民的住房，由于建设标准、时间等均不一样，在景观上基本是以"框架裸房"为主（这样最省钱省事），这就成为"乡建景观"的背景。而城市"候鸟"居民的"乡村不动产休闲产品"由于规模性的要求，一般建设时间、建设标准基本一致，是有系统设计的，就会形成具有标识性的乡建景观。

换言之，未来的乡村，会是两类景观的有机组合："原村民的栖居建筑景观"和"暂居民的旅居建筑景观"。自由与规范、

杂乱与死板……做得好就交相辉映、相得益彰，做得不好就对比强烈、互相伤害。

（三）两类不同性质用地的景观：建筑景观与生态景观

由于乡村不动产休闲产品还包括一部分休闲农业的内容，那么在农业生产用地上的休闲活动、文化创意活动所形成的景观，就与在建设用地上的建筑景观形成对比。在乡村，对城市园林景观的审美需求由农业生态景观来满足。

四、乡村不动产休闲产品的建筑风格

（一）自由创作：建造师个性的发挥

主要是在用地属性为"村集体经营性建设用地"、建筑功能为"酒店前台及综合服务"的小公建上。这类项目的用地范围、建筑体量、周边环境、区域地位都比较适合建筑师的自由创作幅度。当然，在"村民宅基地"建筑上，建造师也有充分的创作空间。

（二）本地风格：地域传统特色的挖掘

1.本地民居风格的延续

中国地域广大、气候多样，农村传统建筑遗产十分丰富，值得挖掘整理。具体到海南，我们推荐具有地域特色的四种乡村建筑风格（图5）可以优化提炼，即南洋骑楼、琼北民屋、军屯合院、客家围屋。限于篇幅，这里不展开讨论。

图5 四种不同建筑风格的海南传统民居

2.本地建筑材料的使用

比如火山石、本地陶、海生物石等。限于篇幅，这里不展开讨论。

3.本地建筑的传承思路

我们以南洋骑楼传统建筑为例。在当前的海南，海口骑楼（街区、建筑、装饰）已成为一种文化符号并获得了广泛的社会心理认同。在建筑实践中，出现四种对骑楼的不同理解和表达。

（1）再现。将传统民居区进行"原真性"的保护与修缮，并尽可能将其融入现代生活之中。这是一般对传统建筑的保护方法。

（2）聚合。以戏剧化的舞台手法集中重现传统民居区的场所精神，以突出其画面感和游人的自我体验。冯小刚电影公社中的民国骑楼街即是实例，这种方法在旅游景区中经常使用。

（3）重塑。按照建设者对历史文化的自我理解和价值观念，重新改造原有的骑楼建筑并使之适应城市功能的需求。比如，海口骑楼老街区中原来的得胜沙改造工程和文昌的文南街改造项目。

（4）嵌入。将骑楼的建筑构成要素作为地域文化的可识别符号，从而自由地运用在现代建筑之中，在近几年的海南市县城镇街区立面环境综合整治工程中被大量使用，一些商业建筑中也有使用，比如海口的骑楼小吃街。

五、乡村振兴战略实施背景下的乡村建筑复兴

在城镇化过程中，乡村的衰败是经济社会发展到一定阶段的必然现象。但是在中国，由于实行独特的"城乡二元"土地政策，使城市资本进入乡村并助力乡村振兴成为可能。农村建设用地方面的法律与政策不断完善，给建筑师的建筑设计创作带来了一个全新领域。

在我们以前的惯性思维中，乡村建筑就应该是"在乡村的农民建筑"。但是，现在情况正在发生变化。乡村不动产休闲产品就是适应这种变化而出现的新的建筑（建设）类型，它不是传统意义上的农民住宅，也不是房地产模式下的乡间别墅，它是为适应城市居民进入乡村而正在出现的一个集"长宿、旅馆、创业工坊、乡村休闲"于一体的全新的居民生活方式与存在空间。它为建筑师发挥聪明才智提供了一个广阔的用武之地。

基于共享理念的中国城市街道空间运行机制探究

叶鹏 合肥工业大学建筑与艺术学院 副教授

徐晓燕 合肥工业大学建筑与艺术学院 副教授

摘 要： 本文立足于共享经济的时代背景，从中国当前街道空间使用过程中的现实矛盾和问题出发，以物权归属和规划管理为主要工具，从公私界限划分、公共空间保障、信息平台运行、共享规划编制等几个方面，讨论了基于共享理念的城市街道空间运行机制。

关键词： 共享；街道空间；物权归属；公共性；运行机制

一、前言

街道是城市中最重要的空间类型。在梅赫塔看来，人们可以利用它从事各种不同的活动，几乎所有的社会生活都要依赖街道而存在 [1]。

中国的城市街道开始于西周，成形于唐朝，成熟于宋代中叶，可谓历史悠久 [2]。农耕文明主导的封建社会，皇权政治与宗法纲常高度交织，成为中国传统城市街道发展的语境。空间呈现出等级制度下稳定的、自给自足式的繁荣，一直到民国时期，出现现代城市街道的建构。新中国成立后的计划经济时代，"单位大院"是城市的基本单元，并实现了相对独立的内部社会管理，这些封闭的组团分隔了城市空间，使得街道由曾经的活力中心沦落为了无生气的"边缘空间" [3]。20 世纪 80 年代，我国已实行改革开放，城市街道随后发生了天翻地覆的转变，街道变宽了、建筑变高了、环境变精致了……然而，在发生这些积极而深刻变化的同时，一些新问题开始出现，并产生相当大的消极影响。

二、市场经济时代我国街道空间运行问题的积累与显现

（一）街道空间的公共性受到侵犯

在土地财政制度的帮助下，私有资本已经成为掌控中国城市发展的重要力量，并渗透到了其中的各类空间，包括花园、商业广场以及街道等 [4]。在"谁购买谁拥有""谁开发谁受益"的市场原则下，这些私有资本掌控下的不动产物权受到《物权法》的保护，可以堂而皇之地将那些不受欢迎的普通大众排除在外。缘于这个因素，我国现阶段城市街道空间的公共性遇到了挑战。

2007 年，天涯网站上的一则消息暴露出当代中国城市街道空间堪忧的一面。网友发帖《史上最牛的保安》称，8 月 30 日，一名挑夫在重庆江北观音桥步行街靠着橱窗擦衣休息时，因嫌他衣衫褴褛影响了店面形象，保安前来制止，未果，两人发生口角，身材瘦弱的挑夫在与壮硕的保安扭打过程中受伤，无奈地离开这个光鲜亮丽的玻璃橱窗。南方都市报对此也做了相应的报道（图 1）。

城市是人类文明的最高形式，人口高度聚集，空间资源十分有限，因此对于生活在其中的市民而言，城市空间的公共性有着重要意义。列斐伏尔认为，城市应该是一个开放的公共空间，居民拥有生产、管理、使用城市空间的权利 [5]。这一点与阿伦特关于公共空间与个体生活之间的关系的论述具有相似性。街道是城市公共空间的典型代表，引导城市中不同社会阶层的人们进行交流、融合，它所具有的多元化和包容性是形成社会相互理解和共融，促进社会安定和谐的重要因素。因此，无论在什么样的制度环境下，街道空间的公共性都应该得到尊重和保障。而公共性的前提就是可达性，它既包括"不同的人"—— 允许不同社会阶层、种族和团体都能进入，还包括"不同的活动"——能允许各种社会活动的发生。在卡尔看来，城市居民在公共空间不仅应具有"进入的自由"，还应具有"行动的自由" [6]。

资本逻辑导向下的中国城市，在短短几十年的时间里创造了世界上独一无二的发展成就，然而资本的逐利性同时也削弱了城市空间的公共性。资本占据了那些地理位置优越、自然资源禀赋较好的城市空间，它们隔离了大众，成为少数人的乐土，社会阶层之间的界限泾渭分明，隔阂日益增大 [7]。

图 1 受到管控的街道空间

（二）街道空间的供给与需求之间的关系严重失衡

在街道发展的历程中，绝大多数的时间，空间的供给和社会生活的需求之间都在一定程度上保持着动态平衡。20世纪末，随着机动车的快速普及，这一平衡被打破。首先是街道慢行空间的供给在减少。日益加重的道路拥堵，严重阻碍了城市的健康发展，为了疏导交通，许多城市压缩人行道和绿化来拓宽机动车道，街道空间中的慢行区域不断减少。与此同时，一些新型社会生活对此类街道空间的需求在不断增长，跳广场舞的大妈们"争夺"活动场地的冲突屡见不鲜。

另外，街道空间的供需关系错位也是失衡的一种表现。一个典型例子就是共享单车占道现象。2016年，交通出行领域在我国共享经济融资规模中的占比已超过40%[8]，最常见的就是共享单车，品牌五花八门、蜂拥而至、风靡全国，摩拜、ofo、哈啰等，它们需要大量的停放空间，一些"热点"地段，共享单车在街道里见缝插针，严重地干扰了通行（图2）。共享单车占道停放已经成为许多城市的棘手问题，上海甚至采用严厉的"诚信污点"惩戒措施来约束共享单车的"野蛮发展"[9]。与那些热点地段形成鲜明对比的是，还有许多街道空间却处于长期闲置状态。

图2 随处可见的共享单车占道现象

（三）街道空间中的活力日趋下降

在简·雅各布斯看来，城市的生命力主要体现在公共空间中的市民活动上，街道是城市这个"生命体"里最具活力的"器官"，而这种活力的最好注脚就是其中的活动的多样性。[10] 新城市主义者认为街道空间是一种社交场所，应该成为最富有活力的公共空间，他们鼓励人们在街道进行停留……[11] 而中国当下的街道似乎离这种情况越来越远。

机动车优先的交通设计大大压缩了街道的步行区域；大型超市和网络商店挤垮了许多传统的沿街商业类型，减少了市民日常生活对于街道的依赖；在政府主导的城市空间生产中，许多作为面子工程、政绩工程的街道空间只注重视觉美观或交通效率，而不重视街道活动空间的利用和优化。[12] 以合肥滨湖地区为例，笔者调研了方圆2.5平方千米的核心住区，沿街商铺的长度在街道总长度中的比例不到25%，围墙和绿化成为街道界面的主要元素（图3、图4），这种冰冷、封闭的界面大大降低

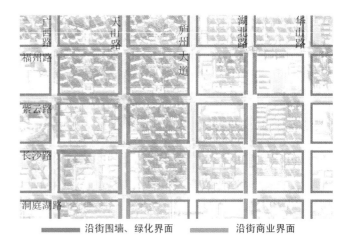

图3 合肥滨湖新区住区街道界面

沿街围墙、绿化界面　　　沿街商业界面

图4 合肥滨湖新区冷清的住区街道

了街道活力[13]。曾经发生在街道上的购物、娱乐、散步和不期而遇的社交行为不复存在[14]，街道上只剩下沿路停放的汽车和行色匆匆的路人。

上述这些问题实际上是城市空间运行机制的作用结果。

三、影响中国城市街道空间运行的重要因素

（一）规划管理因素

三个不同层级的规划从上而下影响着中国城市街道空间。第一个层次是城市总体规划，在该体系中，道路规划确定了街道的交通等级、街道的线型、街道的宽度等；用地规划确定了街道两边的用地性质。总体规划从城市的尺度决定了街道的整体性格，是商业型、办公型，还是居住型？是直线型，还是曲线型？是快速路，还是主干道等？

第二个层次是控制性详细规划，根据总体规划深化和管理的需要，构成对地块的使用控制和容量控制，诸如确定容积率、建筑高度、建筑密度、绿地率等，并进行定性、定量、定位和定界的控制和引导。控制性详细规划从街区的尺度，大致确定

了建筑与街道的关系，进一步决定了街道空间的形态、尺度和功能。

第三个层次是修建性详细规划，它确定了场地的竖向设计和交通组织方案，明确了建筑的准确高度、外立面的材质和色彩、建筑的开口位置，以及建筑、道路和绿地三者之间的布局关系还有景观设计等。因此，修建性详细规划是从人体尺度确定了局部街道空间的特征。

规划管理因素在一定的时间内，动态地决定了街道空间的物理属性及其发展方向。

（二）物权归属因素

在《物权法》颁布实施十多年后的今天，权属关系已经成为解释市场经济现象的重要工具。20 世纪 80 年代，中国开始实行土地使用制度改革，其使用权和所有权分离，国家在保留土地所有权的前提下，通过拍卖、招标、协议等方式将土地使用权以一定的价格、年期及用途有偿出让给使用者，使其真正按照商品的属性进入市场流通环节，并受《物权法》保护。

街道通常指城市建筑围合而成的线性空间，在土地利用上，它除了道路红线以内的范围外，还包含沿街建筑与道路红线之间的部分（图 5）。因此，依照中国当前的土地有偿使用政策，街道空间的权属关系可以分为两类：一类是道路红线范围内的部分，属于公共物权；另一类是红线以外的部分，如果土地使用权已经有偿让渡出去，则该部分为非公共物权，属于诸多不同的土地开发主体[15]。目前，我国现阶段具体地块的土地出让条件和规划用地条件并没有对建筑退让空间进行明确的规定，同时不同业主的开发理念、运作能力、管理方式等千差万别，从而导致了这部分空间后续发展与管理的复杂性。

街道空间的权属关系，决定了街道空间在市场经济环境下的归属以及将被如何利用。

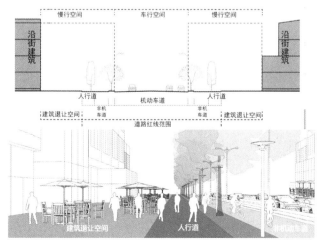

图 5 街道空间的区域划分

四、基于共享理念的街道空间运行模式

共享经济的本质是基于信息平台整合闲置资源，以使用权临时性让渡的方式，使需求方获得低价服务的同时，供给方获取一定回报[16-17]。近年来，我国共享经济快速崛起，2016 年的市场规模达 39450 亿元，增长率为 76.4%，已经成为我国经济持续发展的新支撑点[18]。共享经济的迅猛发展必然倒逼社会系统重构，形成一种基于共享理念甚至共享主义的社会新范式，进而带动城市资源要素配置系统、城市空间结构和形态架构的再组与重构，共享或将成为解决社会和城市问题的重要寄托[19]。

（一）街道空间资源的权属关系与共享机制

2013 年召开的中央城镇化工作会议明确提出，"城市规划要由扩张性规划逐步转向限定城市边界、优化空间结构的规划"[20]，这标志着增量发展的模式开始逐渐退出历史舞台，城市空间将成为一种稀缺资源，城市闲置空间资源的整合及有效利用变得越发重要。对于街道而言，盘活闲置空间，提高空间使用效率，可以在一定程度上缓解目前街道空间供给不足的问题。

在许多人眼里，中国的城市街道不存在明确的"私"的概念[21]，似乎街道空间都是公有的，正是因为公众对街道空间物权关系的这种误读，"公"和"私"权属不分，导致了街道空间的占有、使用、收益、管理、维护，以及相应的责、权、利关系不清楚，大量街道空间使用效率低下，有的甚至处于闲置状态。因此，清楚地划定街道空间在"公"与"私"之间的界线，保障私权空间的发展权，让其顺利地参与到共享经济的潮流中，并从中获利，将变得非常有必要。这样不仅可以弥补各类新型共享产业对城市空间需求的缺口，而且可以在网络平台的帮助下，实现街道空间供给与需求之间的良好匹配。

在精细化治理的存量时代，共享街道将是城市提升发展质量的重要途径，空间可以成为一种社会资本，构建新的城市增长点。例如，若那些闲置的私权街道空间在互联网的帮助下，能够跟共享单车结合，实现精准化的匹配和管理，那么这些空间就能够参与共享单车的赢利，这样不但化解了自身消极的空间特性，还能够在共享交通产业中创造价值。几乎所有的私权空间都可以与赢利的共享型企业进行类似合作。因此，产权明晰的私有街道空间完全有可能成为发展共享城市的重要抓手和载体，进而推动城市空间的转型，方便居民生活并提升城市活力。

（二）土地出让契约与市民城市公共空间权利的保障

列斐伏尔认为空间是社会活动展开的场所，从属于不同的利益群体[22]。在资本主导的城市发展过程中，过度的资本化会导致城市空间权利的异化，城市居民公平享有使用城市空间的权利就会被限制，甚至被剥夺。而共享城市的发展是基于空间的正义性，利用技术整合资源，满足人们的多样化需求，最终实现城市权利价值的回归。

资本已经成为影响中国城市街道的核心动力，但是这种空间生产的资本逻辑也影响了城市的公共性，并已经在街道空间中产生出阶层隔阂，底层民众生存的社会空间形态，在权力与资本主导下被边缘化和区隔化。资本的逐利本性与城市空间的公共性有着不可调和的矛盾，如果没有必要的制约，城市空间就会被资本一步步侵蚀，沦为资本的盛宴[23]，市民的空间权利也就不复存在。哈维在论证空间生产的资本逻辑时指出，资本控制下的城市运作必然意味着对城市公共空间的挤压和抛弃，空间的非正义不断地被生产出来[24]。因此，有必要通过公共政策对资本逻辑下的城市空间生产进行设定。比如在一些城市土地出让过程中，通过契约的设置，使得私权空间成为具有一定包容性的契约空间，以保障公民的城市空间权利[25]。这种公众赋权的顶层设计甚至要上升至法理的高度（图6）。无论是美国容积率奖励方式催生的私有公共空间，还是东莞实行的通过三旧改造政策获得的沿街绿化和广场，都为我们提供了有效的借鉴[26]。

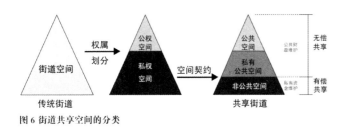

图6 街道共享空间的分类

（三）信息技术与街道空间共享平台的搭建

通过发展信息通信技术（ICT）与物联网（IOT）等各项技术建立信息平台，整合线下闲置的空间资源，拥有者可以通过信息平台发布空间供给信息，使用者可以通过平台获得相关空间需求信息，甚至可以进行性价比，然后预约、使用，使得闲置空间得到充分利用。

信息时代，人们可以随时随地通过终端获取共享资讯，各种要素流在不同空间尺度上流动和共享，空间不再静止和封闭[27]。共享经济不但在尺度上突破了原有空间的使用习惯，而且在时间上也对空间进行了分隔，同一空间被分时利用，不同时段可以容纳不同的功能，导致空间的不确定性增强。

共享经济依然遵循价值规律对资源的配置作用，互联网降低了使用权获取的信息成本，在清晰的物权关系下，街道空间资源所有权的价值可能低于使用权的价值[28]，于是独占式的所有权向共享式的所有权与使用权分离演进[29]。在网络平台的支撑下，街道空间资源在多个供给方和多个需求方之间的高效匹配，降低了供给成本和交易成本，尤其是边际成本的降低，集聚效应使得网络服务供给更易取得规模效应。街道空间的供给方、需求方及第三方信息平台均在此过程中获利。这种经济效益多元化同时提升了社会信任度[30]。

（四）规划策略的更新与街道空间活力的提升

利用技术手段，让相对固定的空间与不断变化的需求实现精准化匹配，最终致力于打造共建、共享、共管、共治的活力空间，传统规划中基于功能区块的空间组织模式已经无法适应这一改变。基于此，新的策略首先是建设能激发市民进行自主性社交活动的共享场所和共享设施，利用信息技术革新，创建出虚拟化和实体化混合的新型社会关系网络，促进城市居民间的社会交往，让他们有更多机会享受街道空间带来的乐趣，并以此来提升市民的领域感和归属感。其次，规划从功能导向转为活动导向，关注不同活动对街道空间的差异化需求，采取更加精细化的空间布局方式，灵活设置各类尺度多样、性质多元的微小型空间，推动混合式开发，建设能够包容多种活动的弹性街道共享空间[31]。最后，利用第三方信息平台数据，加强对居民行为的追踪分析，感知居民对街道空间使用需求的变化，并及时将这种变化反馈到新的空间规划布局之中，促进街道共享的良性循环。

五、结语

街道是中国城市空间的典型代表，两千多年来，它承载并延续着中国的历史文化和社会传承。面对多元、杂糅且不稳定的现代城市生活，城市街道需要具有容纳差异化与异质性的特质。联合国第三次住房与城市可持续发展大会提出的《基多宣言》，倡导城市应该成为一个开放的系统——空间可渗透、不预设叙事方式[32]。基于网络信息平台的共享街道，将弥补传统城市中空间划分不均、城市服务覆盖不足及功能空间各自为营等缺陷，使得各类空间在街道中高度叠合，与城市生活紧密相融，形成一个相互渗透并嵌套接合的领域空间，最终创造出一个具有包容力的城市多元栖息地。

参考文献

[1] 维卡斯·梅赫塔. 街道：社会公共空间的典范 [M]. 金琼兰, 译. 北京：电子工业出版社, 2016.

[2] 宁欣. 转型期的唐宋都城：城市经济社会空间之拓展 [J]. 学术月刊, 2006, 38（5）：96-102.

[3] 刘佳燕, 邓翔宇. 权力、社会与生活空间：中国城市街道的演变和形成机制 [J]. 城市规划, 2012, 36（11）：78-82, 90.

[4] 朱喜钢, 宋伟轩, 金俭. 《物权法》与城市白线制度：城市滨水空间公共权益的保护 [J]. 规划师, 2009, 25（9）：83-86.

[5] 亨利·列斐伏尔. 空间与政治 [M]. 2版. 李春, 译. 上海：上海人民出版社, 2015.

[6]Carr S. Public Space[M].Cambridge：Cambridge University Press,1992.

[7] 陈水生 . 中国城市公共空间生产的三重逻辑及其平衡 [J]. 学术月刊，2018（5）：101-110.

[8] 张新红，于凤霞，高太山，等 . 中国分享经济发展现状、问题及趋势 [J]. 电子政务，2017（3）：2-15.

[9] 聂晶鑫，刘合林，张衔春 . 新时期共享经济的特征内涵、空间规则与规划策略 [J]. 规划师，2018（5）：5-11.

[10] 简·雅各布斯 . 美国大城市的死与生 [M]. 金衡山，译 . 南京 : 译林出版社，2006.

[11] 潘宇翔 . 关于城市街道活力塑造方式探析 [J]. 居业，2017（3）：62，64.

[12] 陈喆，马水静 . 关于城市街道活力的思考 [J]. 建筑学报，2009（11）：121-126.

[13] 赵燕菁 . 从计划到市场 : 城市微观道路——用地模式的转变 [J]. 城市规划，2002, 26（10）：24-30.

[14] 郎嵬，克里斯托弗·约翰·韦伯斯特 . 紧凑下的活力城市 : 凯文·林奇的城市形态理论在香港的解读 [J]. 国际城市规划，2017（6）：28-33.

[15] 陈定石，陶思静，江海燕 . 建筑退让红线空间开放化规划设计策略 [J]. 广州园林，2018（6）：43-48.

[16] 郑志来 . 共享经济的成因、内涵与商业模式研究 [J]. 现代经济探讨，2016（3）：32-36.

[17] 李勇，何方，方珂，等 . 共享经济的发展与政策推进 以杭州市为例 [J]. 浙江社会科学，2017（9）：107-113.

[18] 聂晶鑫，刘合林，张衔春 . 新时期共享经济的特征内涵、空间规则与规划策略 [J]. 规划师，2018（5）：5-11.

[19] 李振宇，朱怡晨 . 迈向共享建筑学 [J]. 建筑学报，2017（12）：60-65.

[20] 袁昕 . 规划转型发展 : 规划院管理变革学术笔谈会 [J]. 城乡规划，2017（11）：106-111.

[21] 刘佳燕，邓翔宇 . 权力、社会与生活空间 : 中国城市街道的演变和形成机制 [J]. 城市规划，2012, 36（11）：78-82, 90.

[22] 亨利·列斐伏尔 . 空间与政治 [M].2 版 . 李春，译 . 上海 : 上海人民出版社,2015.

[23] 陈水生 . 中国城市公共空间生产的三重逻辑及其平衡 [J]. 学术月刊,2018（5）：101-110.

[24] 董慧 . 公共空间 : 基于空间正义的一种尝试性思考 [J]. 华中科技大学学报 (社会科学版），2017, 31（7）:12-14.

[25] 叶鹏 . 走向契约空间 : 转型期中国城市公共空间的思考 [J]. 建筑学报,2015（10）:87-91.

[26] 同 [15]

[27] 甄峰，秦萧，席广亮 . 信息时代的地理学与人文地理学创新 [J]. 地理科学,2015,3(5）:11-18..

[28] 陈虹，刘雨菡 . "互联网 +" 时代的城市空间影响及规划变革 [J]. 规划师,2016(4）:5-10.

[29] 申洁，李心雨，邱孝高 . 共享经济下城市规划中的公众参与行动框架 [J]. 规划师，2018, 34（5）：18-23.

[30] 张加顺，安秀荣 . 共享经济在我国的发展现状与建议 [J]. 经营与管理，2018（2）96-98.

[31] 赵四东，王兴平 . 共享经济驱动的共享城市规划策略 [J]. 规划师,2018, 34（5）：12-17.

[32] 联合国住房和城市可持续发展大会 . 新城市议程 . http://habitat3.org/the-new-urban-agenda.)

图片来源：

图 1：https://image.baidu.com

图 2 至图 4, 图 6 和图 7：作者自绘

图 5：潘盈希绘制

舶来样式对中国近现代建筑发展的影响与启示——以外廊式建筑为例

张勘媛　　合肥工业大学建筑与艺术学院　硕士研究生

苏剑鸣　　合肥工业大学建筑与艺术学院　教授

摘　要： 本文以舶来样式的代表案例——外廊式建筑在近现代中国的本土化与影响为研究对象，对中国近现代外廊式建筑的起源、传播动因、发展历程等关键特征结合其时代背景进行系统性梳理，试图通过物质与精神、功能与布局、技术与艺术、场所与环境、时间与空间、传承与创新等六个维度对外廊式建筑的现代意义进行解读，并借此提出以外廊式建筑对中国建筑发展的现代性启示为研究路径，可揭示舶来样式在当代建筑体系中提升开放性和交互性的应用价值。

关键词： 舶来样式；外廊式建筑；中国近现代建筑；现代性启示

一、外廊式建筑——由西方舶来的生存智慧

建筑是关于建筑价值生产的创造性劳动，是所处时代和特定因素下的产物，建筑形制的产生往往与生活需求、文明程度所影响的审美和价值观相关。外廊式建筑是对带有外廊形式的建筑类型的统称。建筑形式以主体建筑空间外单侧或数侧具有屋顶的立面、可见的过渡空间和列柱围廊为特征，外廊的空间功能以休憩和交往为主，满足热带、亚热带气候中人对于居住环境的遮阳、通风等自然需求[①]。藤森照信先生于 20 世纪末发表的《外廊样式——中国近代建筑的原点》一文中论述到，外廊形式可能受英国殖民者在印度进行的建筑活动——"廊房"影响，在近代中国是一种舶来样式的衍生体。始自希腊古典柱式建筑体系的廊式建筑发展成住宅和公共建筑，融入气候因素、社会习俗和生活方式，外廊作为一种独特的建筑空间与人居环境紧密相连[②]。

建筑自古就具有揭示所处时代特征的符号意义。外廊式建筑的传播与发展之初，离不开殖民活动所带来的文化交流的副作用，这一时代特征的"全球化背景"决定了外廊式建筑作为一种符号，贯穿于整个 19 世纪的社会之中，而这一符号特征又为畸化的社会阶级所固化，成为权力和高贵的象征。但建筑所揭示出的时代特征，其真正的内核是人的价值观，这也是形式的生命力所在。外廊式建筑虽然与阶级固化相联系，但究其起源与亚洲热带地区人民适应气候环境的创造密切相关，论其发展也与近现代中国人民在生活方式及审美价值上的多元化相生相息。

童寯先生曾经指出："中国人的生活，若随世界潮流迈进的话，中国的建筑，也自逃不出这格式。"[③]这一观点，前瞻性地指出了中国建筑与舶来样式融合共生的必然性。但其融合的过程，从物质形态、结构形式、材料特点、审美特质等多维度，存在着难容性甚至排斥性。之所以外廊式建筑能够产生、发展

并形成独特的建筑形式，究其原因，与其地域性优势相关，也包含了设计理念中的人本因素，适应了人类对于灰空间环境的物质需求，达到了交往与空间的开放共鸣，表达了中国建筑随着世界建筑潮流迈进的理想和信念。

二、外廊式建筑——中国近现代建筑中不可逾越的一章

通过梳理发展演变，外廊式建筑经历了从舶来移植到一味模仿，最后洋为中用的融合历程，在时间跨度上可以大致分为三个阶段。

（1）本体移植阶段。自鸦片战争爆发至 19 世纪末，殖民地外廊式建筑从通商口岸传播至主要商贸城市，传播路线与殖民势力范围扩张基本吻合，如英国驻上海领事馆、法国驻重庆领事馆（图 1）、鼓浪屿汇丰银行公馆（图 2）等建筑，风格移植自 18—19 世纪英法建筑中较为流行的新古典主义、帕拉第奥学派以及后期的新文艺复兴样式、新哥特样式等，有一定的滞后性和简化性，同时保留了一些殖民文化特征，有开敞外廊，平面规整简单，表现上没有出现"中式"建筑风格。

图 1 法国驻重庆领事馆旧址　　　　**图 2 鼓浪屿汇丰银行公馆旧址**

（2）西式效仿阶段。19 世纪末至 20 世纪初，清朝灭亡前至辛亥革命动荡初期，在政治需要的前提下，伴随着宪政改革

出现了一部分主张全盘西化的官式建筑，其中外廊式建筑多半是基于政治考量，采用了形式上的古典主义模仿，京师大学堂藏书楼（图3）、湖北省资议局、正阳门西车站、长春吉长道尹公署（图4）等官式外廊建筑应运而生，然而形式西化终究挽救不了内在的沉疴腐朽，这些披着西方外壳的外廊式建筑并没有在真正意义上走向现代化。

图3　京师大学堂藏书楼旧址

图4　长春吉长道尹公署图像资料

（3）中式改良阶段。20世纪初至20世纪中叶，民国时期新的建筑材料和技术开始运用，近代建筑师们开始探索中国建筑的新路径，实践中也出现了"外廊式"的运用。在主张全盘西化和复兴中华传统的辩论之中，新建筑的创造不仅破除了单纯形象模仿的旧窠，探索中还闪烁着对新技术发展的探求和对现代生活方式的追求，如南京总统府子超楼（图5）、鼓浪屿三一堂（图6）、庐山近代别墅群（图7、图8）等，或大胆融合现代元素，或探索大跨度结构体系的运用，或创造出与自然相融的特质，都或多或少地朝向现代化建筑之路迈出了前进步伐。

同时，还要特别提到的是南方华侨士绅在"外廊式建筑"创造中的历史地位，20世纪上半叶以来，南方尤其是广东、福建沿海一带的外廊式民居建造之风盛行，民居自由浪漫的建筑特质赋予了外廊式建筑极大的发挥空间，出现了"泉州闽南官式大厝"以及"厦门装饰风格洋楼"等代表作品，其外形变化较为丰富，功能、装饰考究，蕴含传统民居风韵，并且借鉴不同文化的设计元素，包容性和地域性并存。这一现象证明了外廊式建筑作为热带、亚热带建筑范式的合理性，这一舶来样式出现了进一步的中国特色衍变。

图7　林鹤年旧居"怡园"　　　　图8　啟青别墅

三、外廊式建筑——传统走向现代的变迁

外廊式建筑作为一种类型学图像，可以将之认定为近代建筑的范式之一，其产生与殖民主义的扩张相关，作为一种舶来建筑类型，同时也是社会变迁的观照。对外廊式建筑近百年发展历程的认识研究，不能脱离近代社会的历史发展过程，随着"人"这一社会本质的变化，建筑也相应体现着生活方式的变迁，以及传统向现代的转变。

（一）物质与精神

作为一种可溯源的宽泛的建筑类型，外廊式建筑的营造可以说是抽象的群体历史经验在建筑构成形式上的具象体现，这一种建筑物质构成，可认为是存在于心理层面的建筑构建原则，成为一种社会性的范式。在这样模糊的不精确的形态中，传达的是对地域和环境的群体性认知，这种类似的认知可以追溯到干栏式建筑对于建筑内外空间区分的不确定性，以及这种模糊空间界限的营造方式中体现的淳朴自然观和社会观。当建筑作为一种物质成为社会观念的表达方式时，也恰恰是它获得了精神生命的契机源点。

（二）功能与布局

外廊式建筑的结构布局不能简单用模块化来分析，其本质上的西化布局与中式传统礼制布局在具备一定共通性的基础上，进行着衍化互融。在外廊式民居的空间发展中存在着由中式传

图5　南京总统府子超楼

图6　鼓浪屿三一堂

统民居家庭合院式向多房多厅的布局转变。空间布局的转化不仅存在进步的美学意义，也是设计者对于舶来生活方式的理解以及自由平等价值观萌芽的体现。外廊式建筑与中国传统建筑最大的不同是其着重体现空间交往功能。与以往内敛的建筑文化所不同的是，外廊空间为人类提供了一个舒适安全的场所进行交往和休闲，开放式建筑空间的兴起与久处重压下的民众情感爆发存在着正相关，建筑开始打破礼制的囚笼，散发出人性的光辉[④]。

（三）技术与艺术

近代以至现代建筑的发展进化，是采用新技术，新材料，将创造理念的转变由构造方式的转变而实质化。辛亥革命后日渐开放包容的社会环境为多元地展现建筑技术和艺术提供了优质土壤[⑤]，钢和混凝土的应用、瓷砖和地砖的铺贴等现代技艺传入，结合木作、砖石、雕刻、泥塑等传统技艺，外廊式建筑类型有着相当丰富和生动的演绎。不仅技艺上日臻纯熟，外廊式建筑遗存更加凸显出一种工匠精神——包容和创新。对外来新材料的运用，并不是拿来主义，而是加入了自己对建筑元素的理解和创造。这种"拼凑艺术"正是朴素的折中主义的体现，是工匠努力探寻中西建筑文化结合方式的历史实践。

（四）场所与环境

在外廊式建筑的衍生和繁荣景象下，热带、亚热带气候环境的土壤提供了一定的必要条件，这也解释了在高纬度地区较少出现群体性外廊式建筑的文化景观的原因，寒冷的气候使得灰空间的运用会耗费更多能量资源，而外廊所带来的小气候红利在热带、亚热带地区显得尤为突出。南部沿海属于夏热冬暖地区，日照强烈，灰空间可以有效消解海洋性亚热带季风气候给人类活动带来的不便，上覆屋顶以遮蔽骤雨骄阳，廊内又构成了通风降温的小气候环境（图9、图10）。适应生存环境，这正是外廊式建筑可以漂洋过海、超越偏见，并且融入了地域性基因，得到繁荣延续百年的要义之所在。

图9 鼓浪屿街景　　图10 鼓浪屿街景

（五）时间与空间

从整个外廊式建筑的发展时间轴上来看，这一历史进程正是西方建筑体系与中国建筑体系发生联系的过程，也是以西方知识体系为契机，对中国传统营造体系开始整理和重构的一个起点。这种重构将中国建筑突然暴露在全球的时间和空间维度之中，如何以普适的价值观去判断和探寻中国建筑的发展道路，不可避免地需要在世界建筑和全球发展的时空版图中进行认知和提炼。反观外廊式建筑融入中国传统社会体系的过程，可以得出这样一种结论，只有融合了现代知识构架的中国建筑知识体系，才可以既具有独立于世界的空间建造特色，又具有时间上的普适性，从而被世界建筑体系所接纳和认可。

（六）传承与创新

不忘初心，方得始终。在对于外廊式建筑的整理和研究中发现，这种纵贯了中国近代建筑发展历程的舶来品并不能完全脱离中国古代营建传统，空间结构上也没有完全背离传统的价值观（图11）。强调全球化和现代化带来的开放交流，正是外廊式建筑的功能实质，中国文化并不一直是一个内敛而封闭的体系，丝绸之路和海上丝绸之路，都强调了开放和交流带动内在活力的重要性。在海上丝绸之路的原点泉州和广州，我们可以认为外廊式建筑的发展和兴起并不是偶然的，这种范式的传播也展现了一种东方传统与西方开放的漫长博弈。复兴与更替的主题交织在中国文化的现代转型之中，中国建筑是否会因为失去原有文化土壤而发生嬗变，世界建筑又是否会同化中国建筑，这些问题的答案，似乎可以从对外廊式建筑的研究中探寻出一些线索。

图11 不同文化在泉州市内的建筑体现

四、外廊式建筑——对中国近现代建筑发展的启示

（一）形式上的通约性

外廊，作为交流和开放的象征，从舶来到中国化一路走来，打破了中国传统建筑内向封闭的性格特征，可以视为一种变革的成功。究其成功的原因，一方面是外廊式建筑类型并不是西方独有、现代产生的，"副阶周匝"的传统建筑平面有着近千年的历史，海南三亚崖城民居也因遮阴纳凉的功能需求而具有

外廊建筑特征⑥，外廊元素在中国传统语境下有着一定的文化积淀，这种内在同一性使得外廊形式更容易为地域性群体所接纳；另一方面，外廊形式与其说是具有直观上融合建筑风格的普适性，更不妨说是具备一种多样性的可能，被封建传统压抑的民众创造力借此平台喷薄而出，外廊形式与生俱来的创新性和灵活性被那些为了破除枷锁而斗争的群体所善用。所以，外廊式建筑可以认为是中国建筑体系与世界建筑体系沟通的桥梁，是两个体系之间的公约数。

（二）内容上的开放性

在南方地区，现代外廊式建筑因为耗能或者用地不经济等原因而不多见，但半开放式建筑体系依旧繁荣，入夜可见建筑周边围坐休憩畅谈论道的社会景象，正体现了大时代下被互联网信息化所掩盖的人们的内在需求：面对面地沟通交流，以及在快节奏生活中的休闲喘息。外廊式建筑在精神层面不只是近现代化起点那么简单，追溯到千年之前廊对于人类的影响，外廊从未失去丰富人类文明和交流的价值，而今我们对舶来样式的研究和传承，不能仅限于史学研究，更需要着眼于现代人类的需求和发展，以开放和交流为研究目标，或许可以有效脱离外廊式建筑的南方地域性限制，通过新材料和新技术的运用，为整个建筑体系的开放性提供更多可能。

（三）价值上的普适性

外廊式建筑作为舶来样式的代表，其建筑形式是社会价值取向的显著标志，在西方文化和本土文脉交流融合的过程中，通过内在不断衍变达到了一个平衡点，如厦门中山路商区等骑楼街区的繁荣景象，这种机遇是功能、结构、审美共同作用的结果，符合主体价值取向而发展。这样的内在因果联系是舶来样式能够在中国的土壤中生根发芽的根源所在。不同的文化和背景的融合，需要为认识建筑和发展建筑提供一个具有包容性和适应性的土壤，而这个土壤，正是以现代知识结构为框架的地域性特质和人居环境理念，这种价值上的普适和共通，将随着构建人类命运共同体的使命而薪火相传。

注释：

①本文所指外廊，是一种介于室内和室外之间的有顶的过渡空间，向建筑外部空间敞开，以柱廊为空间限定界限，提供活动场所的功能特征是其定义为"外廊式"的重要依据之一。

②不论外廊样式起源于何处，可以肯定的是，这种形式是人类应对区域气候而创造的建筑现象，为了改良气候而营造的免于暴晒而又通风良好的半限定空间。

③童寯在其一篇英文手稿 Chinese Architecture 中评述了中国建筑在现代的发展路径，提出了建筑是时代的产物这一立场，认为中国建筑势必将被放在世界价值观中被审视，必将产生激变。

④环境心理学认为环境会与人的情感相互作用，"行为约束"理论认为人的自由受到限制时一直会存在不愉悦的情绪，一旦出现机遇和条件，重新建立对情境的控制和恢复行为的自由是人存在的第一反应，这种现象被称为"心理对抗"，这种心理是礼制建筑迅速衰落、外来建筑兴起的主要原因之一。

⑤19世纪末到20世纪上半叶，近代中国建筑表现为租界和租借地城市的建筑活动日益频繁，为资本输出服务的建筑类型增多，建筑设计水平明显提高，建筑的规模也逐步扩大。体现在建筑类型和建筑技术上尤为明显，建筑材料、建筑结构、建筑施工等方面相对于封建社会有了重大的突破和发展，近代中国的新建筑体系已经产生了一定的影响。

⑥三亚市崖城县地处海南岛南端，气候闷热潮湿，夏季多有台风，这两点气候特征要求其民居建筑多需要遮阴纳凉以及低矮抗风的要求，外廊就成为建筑之必要，穿斗木作的结构使得附加在主屋外的外廊具有2米左右的进深，为居住者提供了进行日常活动的生活空间。

参考文献

[1] 胡正凡，林玉莲.环境心理学 [M].北京：中国建筑工业出版社，2018.

[2] 李华.现代性与"中国建筑特点"的构筑 [J].建筑学报，2018（8）：85-90.

[3] 刘亦师.中国近代"外廊式建筑"的类型及其分布 [J].南方建筑，2011（2）：36-42.

[4] 刘先觉，汪晓茜.外国建筑简史 [M].北京：中国建筑工业出版社，2010.

[5] 潘谷西.中国建筑史 [M].6版.北京：中国建筑工业出版社，2009.

[6] 钱毅.鼓浪屿百年建筑风格流变及其背后的文化意义 [J].中国文化遗产，2017（4）：16-31.

[7] 藤森照信.外廊样式：中国近代建筑的原点 [J].建筑学报，1993（5）：33-38.

[8] 王珊，杨思声.近代外廊式建筑在中国的发展线索 [J].中外建筑，2005（2）：54-56.

[9] 杨思声.近代闽南侨乡外廊式建筑文化景观研究 [D].广州：华南理工大学，2011.

[10] 杨思声，肖大威，戚路辉."外廊样式"对中国近代建筑的影响 [J].华中建筑，2010，28（11）：25-29.

图片来源

图1 www.byzc.com

图2、图8 鼓浪屿管委会相关展览资料

图3 www.jisiedu.com

图4 www.item.btime.com

图5 广州中山纪念堂官网

图6 南京总统府官网

图7 www.libaclub.com

图9至图11 作者自摄

巨构时代以来的人类太空幻想

赵立敏　　上海建筑设计研究院有限公司　主创建筑师
　　　　　　海南省建设项目规划设计研究院有限公司建筑规划设计所　副所长

摘　要： 从现代主义建筑到当代遥远的太空巨构设想，这其中隐藏着一条曲折却满怀激情与才思的历史脉络，从中我们可以看到主流建筑学之外的精彩历程，可以看到一代建筑大师的激情构想，可以看到人类科技与幻想的碰撞，更可以看到由建筑师、科学家、社会学家、物理学家、生态学家、经济学家等各界精英为人类都市文明的发展所做出的探索。可以发现一条人类都市文明由地表走向太空的探索之路、传承之路！

关键词： 巨构建筑；太空幻想；都市文明

一、时代背景

20 世纪 60 年代，位于地表的人类城市文明正在经历新一轮的地表重构，以化解现代主义城市的生存危机。建筑师、城市规划师正在进行一种前所未有的城市空间重构实验，以一种无比宏大的巨型结构体系（megastructure，图 1）来实现其对混乱拥挤的现代城市空间的整治和控制，并以此来达到对土地空间更为高效的利用及更为广阔的生存空间需求的目的。

危机之下，不但现有都市空间被重构，海洋、地底、荒原、沙漠——人类活动尚未触及的地球的每一个角落，都被人类以想象力率先征服（图 2）。而 20 世纪 60 年代以来，一系列航空航天技术的飞速发展，更将人类想象力的触角伸向广袤的宇宙。无限的空间、土地及矿物资源从未显得如此触手可及，大航海时代以来人类第二次文明大爆发看似将要到来。太空科幻文艺作品出现井喷式增长，众多关于太空城市、太空运输系统的构想在工程技术界得到专业的研究，以适应即将到来的太空文明的物质基础构建需求。谁曾想，冷战的结束、经济的衰退使得一切戛然而止，人们也逐渐对这种宏大的构筑物失去兴趣，最终巨构时代逐渐掩埋在历史的尘埃之中。

一切的路都不会白走，人类的历史亦然。环境与能源危机、人口爆炸以及地球毁灭的阴影使得生存危机再次被人们重视，巨构时代的构想被重新提及。回顾那些人类想象力巅峰之作，我们发现一部恢弘无比的人类都市文明空间构建史。从地表都市文明到太空都市文明，我们会发现巨构时代从未远去，我们今日的一切——从城市到太空探索，都源于那个曾经的时代，都与那个时代的想象力一脉相承！

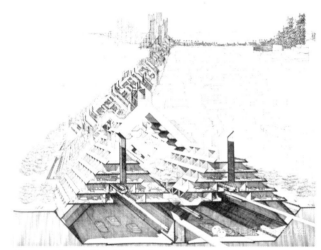

图 1　20 世纪 60 年代的巨构建筑构想

图 2　巨型海上城市

二、缘起之路

太空建筑本质上源自太空文明经济体系有效运行的物质基础的构建需要，主要包含供人类生产、生活的聚居地和太空运输中转系统两大类。太空聚居地又分为类地星球殖民地和漂浮于太空之中的太空城市两大类，太空运输中转系统主要包含太空飞船及空间站等中转系统，两大类型的结合又会衍生出其他各类太空建筑形态。尽管太空城市所面对的自然环境与地球表面完全不同，但通过认真研读巨构时代的伟大构想，我们会发现人类地表都市文明同太空都市文明呈现出某种一脉相承的关系。

（一）封闭式建筑生态环境系统（arcology）

保罗·索列里（Polo Soleri）于 1967 年在行星轨道建筑生态工程（Asteromo orbital arcology project，图 3）中提出一个崭新的概念——建筑生态学（arcology），创造出了一个全社区化封闭式自给自足的巨型建筑生态系统，来解决非宜人居住空间的人类生存问题。此后，建筑生态学在人类太空探索中得到继承发展，成为基本核心议题。而索列里的早期构想也成为星际旅行中世代星际飞船的源头，在后面得到最为精彩的演绎发展。

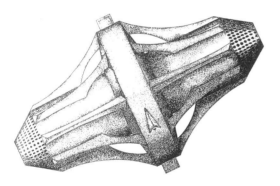

图 3 Asteromo orbital arcology project，Polo Soleri，1967

（二）一个应对环境危机的穹顶

巴克明斯特·富勒 (Buckminster Fuller) 于 1961 年提出的曼哈顿穹顶（dome over Manhattan）源自其对人类都市空间的前瞻性预测，随着环境的恶化及人类都市自身的发展，人类都市空间将逐步走向室内化，为此富勒提出用一个巨大的穹顶营造一个更节能、更自适应的室内化都市气候环境（图 4）。首先其全封闭式生态环境与保罗·索列里的建筑生态学概念一脉相承，其次他为非宜人区人类生存环境建立了一个可复制、可扩展的模板，现在看来这简直就是类地星球人类聚居空间难题的救星，成为人类移居其他星球后的不二选择。在哲学层面，其恰如古代巴比伦人的宇宙观（图 5）一般，广袤的都市空间被

坚实而透明如星空一般的穹顶所覆盖，为人类创造出一个真正自我臆想的宇宙世界，以解决人类所面对的生存危机，这次人类终于扮演了上帝。

图 4 dome over Manhattan，　图 5 古巴比伦结构性宇宙观
Buckminster Fuller，1961

（三）一个可无限扩展的构建体系

巨构建筑作为一种时代趋势，最初是作为一种城市空间基础设施被提出的，以开放式的巨型结构体系来满足不同城市功能的植入及更新需求。在城市的尺度上，以建筑的手法解决城市的混乱拥挤问题，其目的是构建一个充满秩序的可控的城市空间体系，类似于通过细胞增殖的方式最终实现一个完整的人体，而细胞自身可以在不影响整体形象及功能的基础之上不断更新迭代。其在建筑电讯派的插入式城市可以得到完美体现（图 6）。

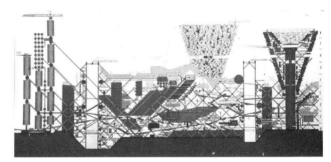

图 6 Plug-in-City, Peter Cook, 1964

但是，从技术角度，太空学家感兴趣的却是这种内在的可插入式（clip-ons）开放性结构体系，而非其完整的酷炫形体。正是此种开放式的可插入式的结构体系使得不同功能模块可以无限自由地扩展组合，满足了太空专家对太空探索运输系统的技术要求，而非把有限的经济资源运用到在技术上并不适用的形式问题之上。这为人类太空探索提供了一种切实可行的技术之路，从多级式捆绑火箭、航天飞机发射系统（图 7），到阿波罗登月计划，甚至至今几代的空间站设计都遵循了这条现实可行的技术路线。这也是由于太空殖民地及太空城市尚显遥远，而人类太空探索最迫切的问题又是在现有的技术基础之上将人类及货物送入太空的时代局限性所致。

图7 NASA航天飞机发射系统

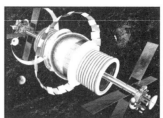 

图8 漂浮于太空中的贝纳尔球　　图9 贝纳尔球内部生态系统

三、群星璀璨

那个充满危机与变革的年代，人类曾做过众多关于太空移民的构想及专业化研究，科技与幻想交相呼应、彼此借鉴，出现了众多天才般的想法，可以说正是这些天才构想塑造了我们几代人关于太空探索的科技及文化认知。

（一）NASA1970

为应对人口爆炸危机，20世纪70年代，NASA认真考虑了太空移民的可能性及必要性。最终，由物理学家Gerard K. O'Neill带领，斯坦福大学及NASA科研技术人员组成了一个包含物理学家、数学家、结构材料专家、生态环境专家、建筑师等各相关专业学者的团队，对太空在轨城市进行了一次专业系统的研究，研究内容涉及太空城市的技术可行性、运输制造、社会学、经济价值、生态环境等各个层面。为解决重力及生存环境问题，先后提出了贝尔纳球、奥尼尔桶、斯坦福环三个解决方案，成为太空建筑史上的经典案例。三者均通过自身的旋转来产生人造重力以模仿地球的重力环境，同时都有足够巨大的空间来容纳地球一般的大海、高山、森林、耕地，以构建一个封闭的自给自足的生态系统（保罗·索列里提出的建筑生态学），也都处于拉格朗日点以减少行星引力的破坏作用。所不同的是三者的几何形体，在技术上需要面对不同程度的挑战。

贝纳尔球其实源自科学家John Bernal 1929年的构想，这个巨大的空心球体直径为2~10千米，内部充满空气以模仿地球大气环境，而球体两极设置有巨大的动力马达，使其可以永不停歇地旋转。旋转产生的离心力在球体内表面营造出地球重力效果，人们可以居住生活在这里。外表皮上设置有巨大的玻璃窗，结合外部镜面的引导，从而将阳光引入球体内部，营造白天黑夜的效果。遗憾的是，越靠近两极，球体内表面重力越小，越不适合居住，从而产生巨大的空间浪费。（图8、图9）

为解决贝纳尔球重力不均等的问题，物理学家Gerard K. O'Neill提出两个桶体的替代方案。两个如气缸一样的桶体直

径为2千米，长度达20千米，平行并排相距一定距离，仅在端部通过杆件连接，且各自朝相反的方向旋转以维持整体结构的平衡，以免偏离原有轨道，同时在各自内表面产生大小一致的重力环境。奥尼尔桶体的怪异之处在于其对阳光的引入上，每个桶体都被分割成均匀的六条纵带，玻璃天窗与人造地面交替间隔，玻璃用以引入阳光，人造地面用以居住生产，所营造的光环境与地球有较大差距，甚至会出现刺眼的闪光灯效果（图10、图11）。为应对此类诘难，奥尼尔提出每个桶体均为封闭的人造地面，仅在两端开设巨大的玻璃天窗用以引入阳光，但此类想法又使得内部光环境犹如一个狭长的隧道。不管如何，奥尼尔桶作为一个经典构想对后世影响深远，比如《星际穿越》中，人类最终离开地球飞向第二家园所乘坐的库伯空间站，即是对奥尼尔桶的直接模仿，稍后还会有奥尼尔桶的升级版本（图12）。

斯坦福环源自拉里·尼文于20世纪60年代构想的环形世界（the ring world），相比前两者，这是一个更为有趣、更为震撼的伟大构想。直径1.8千米的甜甜圈以一个足够长的桶体弯曲而成，也是通过自身的旋转来产生重力，理论上可同时支撑10000人同时居住生活，阳光通过头顶上方的镜面反射到地面。斯坦福环营造出了一个无限空间的视觉效果，而非奥尼尔桶一样一眼看到世界的尽头（图13、图14）。当然理论上，如果斯坦福环足够巨大，其离心力产生的重力将足以吸附住环面上方的大气层，从而可以取消环面上方的玻璃屋顶，正如拉里·尼文在《环形世界》中描绘的一般，开放性的环面空间，飞船等可以自由出入。但是，这至少要求环的直径在2000千米

图10 漂浮于太空中的奥尼尔桶　　图11 奥尼尔桶的内部环境

以上，环面宽度达到 500 千米以上，如此巨大的尺度自转离心力所产生的对环自身结构的拉应力无疑也是巨大的，人类材料及结构科学尚不足以提供足够的技术支撑。拉里·尼文的环形世界的影响远不止此，其对后世有关宇宙探索的科幻影视文化产生了深远的影响，比如《太空漫游 2001》中的环形空间站（图 15），再如尼尔·布洛姆坎普执导，马特·达蒙主演的《极乐世界》中的空间站。

图 12 端头开有采光井的奥尼尔桶内部景象

图 13 漂浮于太空中的斯坦福环

图 14 斯坦福环环内剖切效果

图 15 《太空漫游 2001》中的环形空间站

此后，由于冷战太空竞赛的中断及政府财政支撑的减少，NASA 对于太空城市的关注一度降低甚至中断其发展，尽管缓慢，但也有一定的进展。2006 年，A.L.Globus 同其两个学生，为改良之前的三个方案及 1991 年李维斯 1 号（Lewis one）的概念，提出了卡帕纳 1 号太空城市概念设计（Kalpana one）。卡帕纳 1 号是奥尼尔桶与斯坦福环的折中，由几个直径 500 米的环拼接组合成长 325 米的封闭桶体结构，其以 2 转 / 分钟的速度进行自转以产生不小于 1G 的重力环境，可同时满足大约 10000 人的生活需要。在 Globus 的论文中，基于建设一个 1G 重力、防辐射的类地舒适环境，对形体的选择、尺寸的大小、自转速度、内部结构体系、稳定性及动力系统都有极为详细而精确的计算（图 16、图 17）。

图 16 卡帕纳 1 号，A.L.Globus，2006

图 17 卡帕纳 1 号的内部环境

（二）戴森球

在 1964 年，苏联天文学家尼古拉·卡尔达舍夫（Nikolai Kardashev）提出了这样一个理论：他认为人类文明的技术进步与其国民可控制的能源总量息息相关。根据这条思路，他从低到高确定了银河系中文明发展的三种类型。

类型 I，该文明是行星能源的主人，这意味着他们可以主宰整个世界能源的总和；类型 II，该文明能够收集整个恒星系统的能源；类型 III，该文明可以利用银河系系统的能源。

人类至今尚未进入任何一个文明等级。但在 20 世纪 60 年代，物理学家弗里曼·戴森（Freeman Dyson）提出了一个"球形能量源"的概念，在恒星周围建立一个巨型球形结构包裹恒星，从而可以实现对恒星能量的最大化使用，这个巨型的球形结构体系即被称为"戴森球"（Dyson sphere）（图 18）。这被普遍认为是实现人类文明越级的必经之路。NASA 在 20 世纪 70 年代提出的几个太空城市概念，其实属于一个更为宏伟计划的一部分，Gerard K.O'Neill 在这一研究计划的总结报告中提出，太空城市作为一个自给自足的人类世界，将得到不断地完善及复制，最终将实现对整个太阳系的包裹和占领，以实现对太阳系能源及矿物资源的最大化开采。这一天才般的构想，同样对后世文艺作品及大众认知产生了深远影响，比如在《星球大战》系列电影中的"死星"武器，电影《全球风暴》中用以控制地球气候环境的球形卫星网络系统，还有电影《星际迷航之超越星辰》中的约克镇则属于环形世界与戴森球的结合体。其甚至对科技探索也产生了不可磨灭的影响，比如科学家运用戴森球的概念对地外超级文明的探索等（图 19、图 20、图 21）。

（三）夹式结构的教义传承，马斯克 space-X 移民火星

由于能源动力系统及制造经济性的原因，太空运输系统发展至今大多采用一种插入式的开放结构体系，即巨构空间体系的精髓之一——夹式结构（clip-on），以实现整个发射运输体系的灵活拼装组合及拆卸工作。从最初的多级捆绑式火箭发射系统，到阿波罗登月计划，再到几经换代的空间站，夹式结构因其现实的技术可行性，一直作为人类太空探索运输系统的首

图 18 戴森球

图 19 《星球大战》"死星"武器

要选择。其至最近几年几部基于严谨的技术科学思考的科幻影视作品也采用了此种结构体系，如《星际穿越》中的永恒号太空飞船、《火星救援》中的赫尔墨斯号飞船（图22、图23）。

此种技术体系已经成为人类最为成熟的太空运输发射系统技术，在马斯克的火星移民计划中，不但其整个太空飞船运输系统基于夹式的结构体系，甚至其初代火星殖民地也是基于此种可无限扩展复制的开放式结构体系，以便于快速制造使用（图24）。2017年上映的《星际特工之千星之城》由众多星际文明飞船组合而成的阿尔法空间站充分反映出夹式系统的开放可变性的伟大价值（图25）。

图25 《星际特工之千星之城》中由众多外星文明飞船组合而成的阿尔法空间站

这一切都暗含着地表都市文明将迎来巨大的变化。因此，太空城市高速发展的时期，也将是人类地表城市文明空间重构的时期。

地表都市很可能如"银河帝国"首都川陀一般成为全球城市，地下、地面、半空、天空的界限将消失，都市空间成为一个真正三维立体的空间网络（图26）。这一场景初次出现在20世纪之初纽约城市的畅想当中，并在《银翼杀手》中得到精彩的呈现（图27）；功能空间的配置将得到更为巨大的变异，地表建筑将变得更为巨大，甚至直达太空，与空间站相接，增强地空对接的便利性（图28）。

图20 《星际迷航之超越星辰》中的约克镇太空城 图21 超级外星文明

图26 "银河帝国"首都川陀，一座城市一个星球

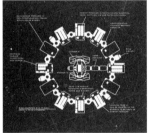
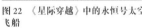

图22 《星际穿越》中的永恒号太空飞船 图23 《火星救援》中的赫尔墨斯号飞船

图24 Space-X 火星移民城市

四、大宇宙时代背景下的地表城市文明预言

人类地表文明升级为星际文明之后，并不说明地表城市文明将逐渐没落或者原样持续下去。恰恰相反，星际文明时代将带来技术的超级大爆发，资源将得到颠覆性的重新配置，所有

图27 20世纪早期关于未来三维城市概念构想 图28 直达太空的巨型地表都市建筑

也有可能因为气候或战争原因，导致地表不再适合人类居住，从而导致人类都市空间深入地下，如《黑客帝国》的地下城锡安（图29），科幻小说《三体》及《基地》中都可看到大量此类描述。而地下城市的概念完全可以移植到类地星球的城市文明建设中去，由于缺乏大气层的保护，深入地下将是一个合理的选择。

或者以一个富勒式巨大的穹顶覆盖行星表面城市空间（图30）。富勒的天才构想，很少出现在星际太空城市的构想之中，原因之一是最初几代人类太空移民需要一个与地球一致的重力环境，来适应低重力甚至零重力的太空环境，以实现地表人到太空人的顺利过渡。这一点在无重力的太空之中很容易即可通过自转得到，但是在其他星球表面则几乎不可能实现。所以，太空城市、世代星际飞船得到了大量而充分的演绎，但是富勒的穹顶对于非宜人居住区的城市文明具有巨大的借鉴意义。无论在科学幻想还是实际的地外行星专业探索方面均有重要影响，如欧洲航天局（ESA）及福斯特事务所合作计划的月球基地（图31）。

五、结语——一个崭新时代的开始

从远古时代的部落群居，到丝绸之路时代的人类城市的星罗棋布，再到大航海时代至今的全球都市，我们会发现，每一次人类都市文明，甚至人类文明的进阶都会伴随着一次人类地

理视野的扩展。航空航天技术的不断发展及人类科技的累积，必将引导人类进入一个宇宙大发现时代，届时，人类文明将步入新一轮的大爆发时代，全球经济将向星际经济时代迈进。星际文明时代的到来，将使建筑学从肤浅的自娱自乐的甚或走向形式主义的歧途走向一条充满变革、亦得到救赎的道路，一个可比肩现代主义建筑初创时期的伟大时代，人才辈出、群星璀璨！建筑与科技、与时代的完美结合将为我们构建出一个全新的星际文明物质世界。正如西蒙斯《海伯利安》中的救世主伊妮娅一样，以一名建筑师的身份站在重新找回的地球之上，全新的世界蓝图呼之欲出。

参考文献及图片来源

[1]Al Globus, Nitin Arora, Ankur Bajoria and Joe Straut.The Kalpana One Orbital Space Settlement Revised.

[2]Rain noe. Space coloney form factors.AUG.07.2015.

[3]Richard D. Johnson. Space Settlements, a design study. NASA Ames Research Center Charles Holbrow, Colgate University, 1977.

[4]The Colonization of Space – Gerard K. O'Neill, Physics Today, 1974.

[5]Reyner Banham. Megastructure, Urban Futures of the Recent Past. Harper & Row, Publishers, Inc., 1976.

[6]Never Built Newyork,by Greg Goldin.

[7] 罗恩·米勒. 带我去太空：一部幻想与现实交织的宇宙飞船史. 严笑，译. 北京: 北京联合出版公司，2017.

[8] 维基百科，百度词条等网站.

[10]《海伯利安》《基地与帝国》《环形世界》《三体》等科幻文学作品。

[11] 部分图片来自网络。

图29 《黑客帝国》地下城锡安

图30 类地星球殖民地概念设想　图31 月球基地概念构想，Foster + Partners and ESA

巨构时代的空间遗产——城市轨道交通上盖物业设计研究

赵立敏　　上海建筑设计研究院有限公司　主创建筑师
　　　　　　海南省建设项目规划设计研究院有限公司建筑规划设计所　副所长

摘　要： 回应于当代城市空间高密度立体化发展趋势及城市轨道交通对城市空间发展的塑造引导意义，文章选取城市轨道交通上盖物业这一独特概念作为研究的切入点。有别于现有研究，本文将上盖物业作为都市空间设计理念，将其置于高密度垂直城市的历史演变脉络中，通过繁复的时代背景与案例研究，探寻其背后的设计理念与方法，并通过探寻此种空间形态背后实际推动者的关系演变史来发掘已远去的巨构时代的核心空间遗产，进而完整把握城市轨道交通上盖物业的都市空间形态学价值和意义，改善我国城市空间发展现状，促进城市空间发展的可持续化。

关键词： 城市轨道交通上盖物业；巨构；高密度垂直城市；城市性

在当代全球城市可持续发展背景下，为解决城市的无限蔓延、环境恶化、资源浪费等问题，实现城市空间的良性健康发展，对应传统城市二维功能分区法主导的城市空间形态，三维立体化发展的高密度城市再次成为学术界的焦点，而香港的高密度垂直城市实践更成为讨论的热点。城市轨道交通上盖物业不但是香港高密度垂直城市的标志，更成为我国内地城市发展积极借鉴与研究的对象。

然而，对香港上盖物业概念的引进大都偏重于其作为地产开发模式本身的资本运作管理等方面，其原始动机亦为借此来快速达到轨道交通发展的赢利化，缺乏香港上盖物业所拥有的那种都市空间理念，这也正是内地城市空间欠缺都市人文关怀的很大原因。为此本文将上盖物业作为都市空间设计理念，将其置于自身的历史演变脉络中，通过繁复的时代背景与案例研究，理清隐藏在其背后的设计理念与方法，并通过探寻此种空间形态背后实际推动者的关系演变史来发掘已远去的巨构时代的核心空间遗产，进而完整把握城市轨道交通上盖物业的都市空间形态学价值和意义，改善我国城市空间发展现状，促进城市空间发展的可持续化。

一、上盖物业空间形态之历史流变概述

（一）基本流变概述

上盖物业本是一个地产开发词汇，直接来源于香港 R+P（Intergrated Rail-Property Development）模式，是香港地铁公司（MTRC）处理城市轨道交通和城市土地开发的一种特定的开发模式，可追溯到美国的"联合协同开发"（Joint Development）概念。但将上盖物业作为城市空间形态进行研究，则可将其置于现代主义城市空间发展史上的高密度城市建筑构

想实践这一更为广阔的历史背景当中，上盖物业的一些核心概念正是对当时的一系列巨构乌托邦城市建筑构想实践的继承和发展。

19 世纪末 20 世纪初，面对现代城市的无序混乱及不断恶化的空间环境，美国纽约及欧洲的现代主义建筑师、工程师依据自身城市背景提出了一系列前沿性的城市空间构想和实践，传统二维发展的城市逐渐走向多重地表三维向度发展的城市，高密度垂直城市即在此背景下产生。如沃克（A.B.Walker）的"空中乌托邦装置"（1909，Theorem）、法国建筑师尤金·赫纳德于 1910 年提出的多层街道系统、纽约大中央车站综合开发项目、华盛顿大桥项目（George Washington Bridge approaches），以及意大利未来主义建筑（Futurist Architecture）、约纳·弗里德曼（Yona Friedman）的空间城市（The Spatial City）构想、柯布西耶当代城市（Ville Comtemporaine）等一系列乌托邦式构想和工程实践，最后汇聚成一股席卷全球、几乎囊括所有现代主义建筑师的巨构城市

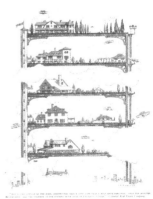
图 1 空中乌托邦装置

图 2 华盛顿大桥综合开发项目

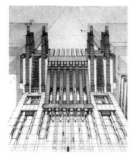

图 3 米兰中央车站，圣埃利亚　　图 4 当代城市之中央交通港

图 5 尤金·赫纳德于 1910 年提出的多层街道系统

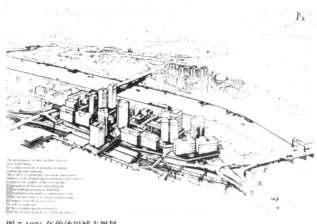

图 7 1976 年的沙田城市规划

图 8 将军澳站上盖物业

建筑思潮。相继出现了一大批巨构理论家、建筑师及学术研究机构，并最终促使政府成立相关部门来研究巨构理论在改善城市空间环境及城市规划设计上的可能性。（图 1 至图 5）

　　这种早期的乌托邦城市建筑构想在西方福利资本主义时期的新城建设当中得到真正的实施，比如英国的坎伯诺尔德、瑞典的魏林比新城开发设计等（图 6）。这种城市建筑思潮在英国人麦理浩（Murray MacLehose）任香港总督的"十年善政"期间在香港得到完全的贯彻，始自 1961 年的香港沙田新市镇的开发建设即直接来源于坎伯诺尔德的多层次立体化城市空间规划理念，将整个新城中心放置在主要的交通干线正上方，即用高程区隔（grade separation）的方式将新城中心规划为一个多平台叠置的巨构建筑（图 7）。之后的华富村社区中心、美孚村及太古城中心建设都发展了此种模式。始于 20 世纪 80 年代的上

图 6 英国的坎伯诺尔德新城

盖物业开发直接继承了这种交通与空间规划方式，最终对当代香港城市轨道交通上盖物业开发的空间模式产生了深刻而直接的影响（图 8、图 9）。

　　另外，几乎与香港高密度垂直城市发展同步的日本 20 世纪 60 年代的新陈代谢派运动更是将此种空间模式推向了更为系统化、理论化的高峰，产生了如桢文彦的新宿车站项目及大高正人的

图 9 九龙站上盖物业综合开发项目 TFP

坂出集合住宅项目等（图 10、图 11），从工程形态上看与上盖物业何其相似。

　　（二）对核心概念的把握

　　上盖物业作为三维立体化城市空间规划形态，其核心概念之一即是"活动基面"。其作为上盖物业空间形态的核心概念

图 10 新宿车站项目（桢文彦、大高正人）

图 11 坂出集合住宅项目（大高正人）

图 12 柯布西耶"阿尔及尔规划"中的人造地面

亦有同上盖物业一样的历史根基，我们依旧可以从现代主义建筑早期巨构乌托邦城市建筑构想中找到其原始来源。最早可以追溯到纽约建造商西奥多·斯塔雷特（Theodore Starrett）于1906年构想的100层大厦（100 story building）蓝图中每隔20层即设置一个社会公共功能空间；后来有沃克（A.B.Walker）的"空中乌托邦装置"（1909 Theorem）中无限复制的"地面"（图1）；柯布西耶当代城市中的"次级地面"及其阿尔及尔规划中的"人造地面"（图12）；再到后来如日本新陈代谢派所钟情的"人造地面"。这一概念可以说贯穿于高密度城市建筑

探索与发展的始终，在西方和香港相关的新城建设中发展为"高程区隔"（grade separation）概念，这一概念也成为现当代一些先锋建筑师回应城市高密度、垂直发展以及建筑的城市化的核心理念和手段，更成为上盖物业空间结构的决定性因素，其功能空间、交通体系的组织均以此为基础展开。

二、三维区划的功能体系

现代主义二维功能分区规划主导的城市空间发展，不但导致了世界城市走向一种无限二维蔓延的状态，造成了大量土地资源的浪费，更由于严格的功能分区使得城市生活缺乏活力、运行效率低下，大量交通拥堵也由此而生，使得城市空间陷入一种混乱无序的状态，造成了大量资源浪费甚至死城现象发生，严重限制了现代城市空间的良性可持续发展。

在此背景下，一些高密度垂直城市工程建筑实践和乌托邦畅想开始登上建筑史的舞台，最终汇聚成一股席卷全球的巨构建筑实践，对整个现代主义建筑史产生了深刻的影响，更对我们今天的城市建筑空间形态产生了深远影响。如纽约的垂直城市实践、柯布西耶的光辉城市思想、圣·埃利亚的米兰中央车站工程构想、弗里德曼的空中城市构想，还有后来的意大利、英国等地的新城开发构想实践和日本的新陈代谢派运动等，可以说是一脉相承，都强调建筑的城市化及功能布置的垂直分层化、集约化发展趋势，彻底地改变了严格功能区分的二维分区规划主导的城市空间结构。最后，这种垂直高密度城市空间形态在香港殖民地时期通过英国的坎伯诺尔德新城影响到香港的沙田新市镇建设及后来的城市轨道交通上盖物业工程空间形态，极大地节约了香港的土地空间资源，使得香港城市发展走向了一种良性可持续发展道路，成为当今全球独有的高密度城市空间范本。

延续巨构城市对城市功能的集聚化处理传统，上盖物业的功能体系包含居住、办公、商业娱乐及交通等一系列城市功能空间（图13），使得其自身成为一个自给自足的微型城市。各种城市功能在有限空间的集聚复合化极大地提高了城市生活的便利性、多样性及活力，更减少了不必要的出行需要，进而极大减少了城市交通压力。同时，合理多样的功能配置造就了全

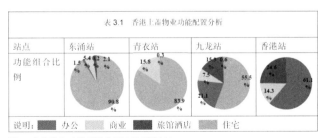
图 13 上盖物业功能配置分析（作者绘制）

时化的功能组织（Twenty-four hour design cycle），去除了现代主义城市的死城现象。

而在具体的功能组织上，上盖物业创造了一种有别于现代主义二维功能分区的规划方法——三维立体功能空间区划。即依据不同功能私密性和公共性属性要求，可将城市空间自地下至空中划分为不同功能区位，进而根据不同功能的私密性需求进行合理配置，从而使得上盖物业的功能体系在竖向上呈现出一种千层饼式的层叠现象，如九龙站地下层布置了公共性较强的城市轨道交通系统，地面层设置了城市机动车交通系统，二层至平台之间布置了城市商业娱乐设施，而平台上方布置了私密性较强的住宅、酒店及办公功能空间（图8）。合理有序的垂直功能区划再结合三维立体的交通网络系统，便可将上盖物业内部功能体系同整个城市区域功能体系串联为一有机整体，进而建立高效有序的三维网络化功能体系，实现城市功能空间在有限空间的合理紧凑有序高效运转和良性健康发展。

三、三维网络化的区域交通体系

巨构城市乌托邦对当代城市的最大遗产之一即是对区域城市交通的整合。光辉城市之中央车站、拉德芳斯、坎伯诺尔德新城建设均整合了城市车行道路系统、城市轨道交通系统及步行天桥系统等多种城市交通方式，成为高密度垂直城市开发的核心特征之一，为后代提供了先进的城市交通组织策略，这也成为上盖物业有别于一般的城市综合体的核心差异，体现了真正的城市性。

面对多种城市交通的高密度紧凑整合所引发的巨大复杂性，上盖物业首先要使这种复杂性有序化，其次是实现各种交通方式的高度整合，进而实现整个系统的高效运转。

曼哈顿摩天楼思想家哈维·威利·科贝特在"现代威尼斯"中描述的人车分流景象有效地反映在了香港九龙站上盖物业的交通组织策略中，其地下布置了东涌线、机场快线及一条铁路干线共计三条轨道交通系统；地面层作为环绕基地和车站的公共交通系统，布置了巴士站、的士上下客区、城市道路及停车场地，有坡道联系到屋顶平台，该平台层为工程本身及未来周围建筑的开发提供了交通网络化节点空间；在地面二层接入城市空中步道系统，与同楼层的商业街区、公共空间、平台公园等步行系统连为一体，该步道系统由车站可联系到整个西九龙地区。不同城市交通方式依据功能区划要求垂直分层设置，不但实现了现代主义所梦寐以求的空中城市景象，更极大地提高了城市交通容量，高效有序的三维立体化交通体系也极大改善了城市空间环境质量（图14）。

高度整合不仅仅体现为各种交通方式有限空间内的合理有序分布，更体现为各交通流之间高效有序的无缝衔接，进而实

图14 垂直分层布置的九龙站交通体系（作者绘制）

现各信息流间的高效转换。光辉城市及拉德芳斯的底层换乘聚散大厅、坎伯诺尔德和香港沙田新市镇的商业中庭及新陈代谢派的"人造土地"均成为上盖物业实现各交通方式无缝衔接的有效手段。反映在具体的上盖物业中为底层换乘大厅、中部商业中庭、顶层上盖大平台三大聚散系统。在九龙站中，通高的换乘大厅将平台层、中庭融为一体，特有的场所感首先增强了空间的可识别性和引导性，其次通过电扶梯等竖向交通设施将地下轨道交通站台与地面层的士区、停车场、公共汽车站和深圳来的过境巴士及空中天桥步行系统全部整合在了一起，成为各城市交通流线的交汇转换空间。其首先实现了地面层各种城市交通设施的换乘，其次实现了地下轨道交通站点同其他城市交通系统的换乘整合，最后实现了各城市交通系统同上盖物业内部的高度整合，构筑了一个高效有序的三维网络化的交通体系。

四、立体化活动基面主导的空间结构体系

从沃克（A.B.Walker）的"空中乌托邦装置"到柯布西耶的阿尔及尔规划及至后来的欧洲新城建设和日本新陈代谢派运动，"人造地面"逐渐承载了更多的城市空间学价值。基于此，城市功能空间不断重置，最终形成系统化的城市空间统筹规划方法，城市基础设施、商业娱乐等公共服务设施及私有化的功能空间逐渐摆脱传统街区城市模式，围绕作为公共财产的"地面"，以"高程区隔"的方式形成垂直化空间城市。这种空间模式在香港上盖物业中以立体化活动基面的方式得到继承强化。具体来说，围绕原始地面形成城市交通基础设施活动基面系统，围绕上盖大平台这一"人造地面"形成被私有功能空间共享的公共活动基面系统，而位于两重地表之间的空间则形成城市性的公共服务设施活动基面系统，容纳了商业、娱乐等服务设施。地表在此成为公共性和私有性的标志，形成自下而上公共性逐渐递减的都市空间地质学景象（图15）。

各活动基面内部首先通过大量楼梯、电梯、坡道等竖向构件引导要素取得联系，其次通过换乘大厅、商业中庭及平台广场等一系列完善的空间序列实现良好的空间整合。另外，城市交通活动基面与平台基面、服务设施活动基面的交叠渗透成为第三种最有潜质的整合方式，活动基面的立体化交叠渗透形成

一个三维连续立体化的转换空间，进而创造出连续多变的景观形态和公共活动空间，如深圳市华润二期项目（图16）。三种方式相互结合共同构筑了一个多层次立体化活动基面主导的开放性空间结构。

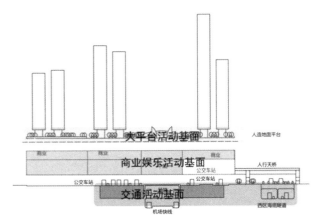

图15 九龙站多层次立体化活动基面系统（作者绘制）

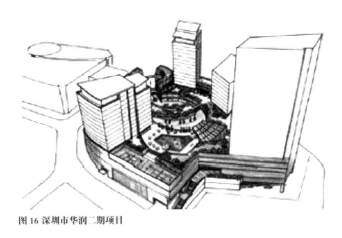

图16 深圳市华润二期项目

　　而活动基面的设置更使得上盖空间成为一个开放性城市空间体系，为区域城市空间一体化提供空间可能性与便利性，并为同区域城市空间的整合连接提供载体。如城市道路系统同九龙站底层交通基础设施活动基面和平台活动基面系统的整合、港岛站周边城市天桥系统同其商业服务设施活动基面的整合等都体现了一种城市建筑空间一体化的组织特征（图17、图18）。另一方面则由于各活动基面的立体化交叠渗透展示了一种多元开放式的工程形态可能性，如九龙站连接两层地表的巨大的城市道路系统、华润二期商业中庭与平台广场连续化的空间景观体验均展现了此空间形态潜力。再者汤姆·梅恩（Thom Mayne）设计的纽约新城公园概念设计，通过两重地表基面系统的交叠渗透将周边城市公共空间整合为一有机整体，进而营造出一地景化城市空间形态（图19），反映出未来城市、建筑

图17 九龙站人造地面　　　　图19 新城公园概念设计，汤姆·梅恩

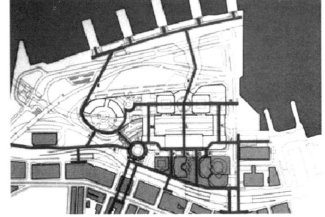

图18 港岛站周边城市天桥系统

地景化趋势，更反映出此种空间结构体系在不同空间尺度、不同区域背景下实施的可能性。库哈斯、MVRDV、BIG事务所等的城市建筑操作手法都在不同程度上反映并印证了此种趋势。

五、巨构时代的人文关怀

　　回顾发轫于20世纪初并在60年代达到巅峰的巨构城市运动，有其自身特殊的社会政治经济环境，而其背后的直接推动者亦为各种社会活动家、政府官员、满怀人文主义激情的建筑规划师及学者。如坎伯诺尔德及魏林比新城的建设发生于西欧福利资本主义时期，香港沙田新市镇的建设亦是在所谓的"十年善政"时期积极推动的，而日本新陈代谢派的各种未来都市空间畅想更是建立在某种特定的社会政治制度设想之下。他们最原始的期望是通过对都市空间的重构对当时的都市空间环境进行改善，营造一个宜居的人类都市空间环境。无论是西奥多·斯塔雷特（Theodore Starrett）的100层大厦（100 story building），还是柯布西耶的光辉城市构想，抑或是西欧的新城开发建设，公共空间的营造都成为其空间塑造的核心内容，"人造地面"亦是挣脱于繁杂都市地表的伊甸园畅想。这种满怀人文主义情怀的都市空间营造正是源自其背后积极的社会政治因

素，坎伯诺尔德的最大空间福利也正是其室内化的区域商业街区，这也正是其持久活力的最佳保证（图20）。

公权力的积极介入使得都市空间的市民公共性在大型城市开发建设中得到了有力保证，这一点在香港沙田新市镇的空间建设中亦可看到。但进入20世纪70年代以来，伴随着西方福利国家资本主义宣告失败，社会政治因素相继发生重大变化，巨构式的城市开发建设相继告停。香港因其巨大的城市开发空间稀缺的压力及特定的社会政治条件，通过寻求民间资本的介入保证了此种垂直高密度式空间开发，即所谓的R+P模式（Intergrated Rail-Property Development）。但原有的公共空间福利逐渐降至最低，回看香港20世纪80年代第一代上盖物业金钟（图21）、天后等的开发建设，便可发现其对资本追逐的关注和对都市空间环境关注的缺失，而公权力与资本利益的失衡正是其背后的直接原因。这也成为我国当代城市综合体及一系列大型城市开发建设市民公共性严重缺失的主要原因，缺乏对区域城市交通及都市空间的统筹规划设计，过多的关注于资本效益的增长。资本利益最大化的直接物化形式即为对建设基地的100%的覆盖率和以超高体量的建筑形式，如香港九龙站在18米以下100%的覆盖率、高达18米充斥着各种商业娱乐空间的巨大体量、超高层建筑体量及高达1：12的容积率。但进入20世纪90年代以来，公权力的影响逐渐加强，这种缺失的都市人文主义情怀逐渐得到回归，香港第三代上盖物业将军

图20 坎伯诺尔德室内街区　　图21 金钟站上盖物业

澳站、九龙站、青衣站等的开发设计都包含了对区域城市空间环境的整合与改善，从其巨大的商业中庭、开敞的平台景观以及庞大的交通集散大厅可见一斑，以一种立体化开放性空间体系有效地将区域城市功能空间及交通体系整合为一个有机整体。

近现代以来的城市发展史，可以说就是一部城市空间环境发展史，将城市基础设施、城市各功能空间一体化统筹设计亦是源自对城市空间环境改善的良好初衷，这也正是巨构时代所遗留的最大空间遗产。任何时代，无论其城市空间发展背后的推动者如何，此种人文主义情怀式的城市性都应被保留并坚持。尤其是高密度垂直城市空间的发展，如果缺失了此种城市性，

将完全沦为商业利益榨取的机器，不但无益于城市空间的良性可持续发展，更将造成巨大的资源浪费，从而严重阻碍城市空间的健康发展。

图片来源

图1：http://www.architakes.com/?p=1687

图2：Reyner Banham. Megastructure, Urban Futures of the Recent Past. Harper & Row , Publishers, Inc., 1976

图3：Reyner Banham. Megastructure, Urban Futures of the Recent Past. Harper & Row , Publishers, Inc., 1976

图4：[瑞士]W. 博奥席耶，O. 斯通诺霍. 勒·柯布西耶全集：第一卷·1910—1929年，牛燕芳，程超，译. 北京：中国建筑工业出版社，2010.

图5：纽约大中央车站：一段城市地表的消弥史. 源自：http://www.douban.com/note/191326459/

图6、图7：谭峥. 共用空间的福利属性：从布坎南主义到沙田价值. 城市中国，2013（4）.

图8、图9：Thomas HO Hang-Kwong. Railway and Property Model- MTR Experience. Hong Kong: MTR Corporation. 2011.

图10、图11：[美]林中杰. 丹下健三与新陈代谢运动：日本现代城市乌托邦，韩晓晔，丁力扬，张瑾，等，译. 北京：中国建筑工业出版社，2011.

图12：网络。

图13、图14、图15：作者绘制。

图16：林燕. 建筑综合体与城市交通的整合研究. 深圳：华南理工大学，2008.

图17：汤姆·梅恩. 复合城市行为. 丁峻峰，王青，孙盈，译. 江苏：江苏人民出版社，2012.

图18：网络。

图19：The City in Architecture. Antique Collectors Club Ltd.

图20：Reyner Banham. Megastructure, Urban Futures of the Recent Past. Harper & Row , Publishers, Inc., 1976.

图21：网络。

参考文献

[1] 马奕鸣. 紧凑城市理论的产生和发展 [J]. 现代城市规划，2007（4）.

[2] 纽约大中央车站：一段城市地表的消弥史. 源自：http://www.douban.com/note/191326459/ .

[3] 王士君. 地铁上盖物业项目开发可行性研究 [D]. 天津：天津大学，2010.

[4] 陈琳. 地铁上盖物业综合开发模式 [J]. 建筑与发展，2011（6）.

[5] 韩冬青，冯金龙. 城市·建筑一体化设计 [M]. 南京：东南大学出版社，1999.

[6] 薛求理，翟海林，陈贝盈. 地铁站上的漂浮城岛：香港九龙站发展案例研究 [J]. 建筑学报，2010（7）.

[7] 郑远明. 轨道交通时代的城市开发 [M]. 北京：中国铁道出版社，2006

[8] 林燕. 浅析香港建筑综合体与城市交通空间的整合 [J]. 建筑学报，2007，（6）.

[9] 于文波. 城市建筑综合体设计：空间·功能·交通组织 [D]. 西安：西安建筑科技大学，2001.

[10] 董贺轩. 城市立体化设计：基于多层次城市基面的空间结构 [M]. 南京：东南大学出版社，2010.

[11] 王富臣. 形态完整：城市设计的意义 [M]. 北京：中国建筑工业出版社，2005.

[12] 钱才云，周扬. 空间链接：复合型的城市公共空间与城市交通 [M]. 北京：中国建筑工业出版社，2010.

[13] [14] [英] 迈克·詹克斯，伊丽莎白·伯顿，凯蒂·威廉姆斯. 紧缩城市：一种可持续发展的城市形态 [M]. 周玉鹏，龙洋，楚先锋，译. 北京：中国建筑工业出版社，2008.

[15] [美] 林中杰. 丹下健三与新陈代谢运动：日本现代城市乌托邦 [M]. 韩晓晔，丁力扬，张瑾，等，译. 北京：中国建筑工业出版社，2011

[16] [法] 勒·柯布西耶. 明日之城市 [M]. 李浩，译. 北京：中国建筑工业出版社，2010.

[17] [瑞士] W. 博奥席耶，O. 斯通诺霍. 勒·柯布西耶全集：第一卷·1910—1929 年，牛燕芳，程超，译. 北京：中国建筑工业出版社，2010.

[18] ［美］凯文·林奇. 城市形态. 林庆怡，陈朝晖，邓华，译. 北京：华夏出版社，2001.

[19] [美] 汤姆·梅恩. 复合城市行为 [M]. 丁峻峰，王青，孙盈，译. 南京：江苏人民出版社，2012.

[20] 谭峥. 共用空间的福利属性：从布坎南主义到沙田价值 [J]. 城市中国，2013（4）.

[21] Reyner Banham. Megastructure, Urban Futures of the Recent Past. Harper & Row , Publishers, Inc., 1976.

[22] B S Tang, Y H Chiang, A N Baldwin, et al. Study of the Integrated Rail - Property Development Model in Hong Kong. Hong Kong: The Hong Kong Polytechnic University, 2004.

[23] Robert Cervero , Jin Murakami. Rail + Property Development-A Model of Sustainable Transit Finance and Urbanism, working paper. UC Berkely Center for Future Urban Transport, 2008.

[24] Eugène Hénard. The Cities of Future. Royal Institute of British Architects, Town Planning Conference London, 10-15 October 1910, Transactions London: The Royal Institute of British Architects, 1911.

[25] Rem Koolhaas. Delirious New York. The monacell press, 1978.

[26] Mike Jenks, Rod Burgess. Compact city: Sustainable Urban Forms for Developing Countries. London: Spon Press, 2000.

[27] S S Y. Lau, R Giridharan, S Ganesan. Multiple and intensive land use: case studies in Hong Kong. Hong Kong: University of Hong Kong. 2005.

[28] Not Available. The City in Architecture. Antique Collectors Club Ltd.

[29] PAAU Chun Ming Jose. Comparative study on podium structure for urban development in Hong Kong. Hong Kong : The University of Hong Kong. 2009.

城市风貌资源量化评价与城市风貌特色辨析研究——以海南省文昌市为例

周国艳　　苏州大学建筑学院　教授

韩雪　　苏州大学建筑学院　硕士研究生

李祥龙　　海南巨方规划设计有限公司　创始人、教授级高级规划师

摘　要：留得住"乡愁"是城市化快速发展背景下城市可持续发展的需要。城市风貌特色就是"乡愁"的重要内涵。 但是，目前对于城市风貌资源与特色的系统解析十分缺乏，在一定程度上存在对城市风貌特色的模糊认知和研究的不足。本研究尝试通过构建城市风貌资源价值综合评定模型，基于合理可行的量化分析方法，辨析和构建城市风貌特色体系。以海南省文昌市的城市风貌资源评价为实证，探索文昌市风貌特色体系的构建。本研究是对城市风貌特色研究的新探索，对城市风貌规划与城市设计的理论建构与实践具有重要意义。

关键词：城市风貌；风貌资源价值评价；风貌特色；海南省文昌市

一、城市风貌内涵

城市是典型的复杂系统[1]，由于城市风貌系统的复杂性，多数学者采用发生定义法对城市风貌的内涵进行描述。池泽宪原著，郝慎钧翻译的《城市风貌设计》中认为："城市风貌是一个城市的形象。体现出市民的文明、礼貌和昂扬的进取精神，同时还显示出城市的经济实力、商业的繁荣、文化和科技事业的发达。"综合"风貌"词义的演化以及诸多学者的研究成果[2-6]，城市风貌是自然资源、人文资源与人工资源相互融合而展现出来的城市意向，是城市发展中所形成的城市传统地域文化的环境特征体现。城市风貌中的"风"表现的是风土人情、社会习俗、传说、戏曲等文化层面；"貌"则综合表现了城市总体环境的特征，也就是城市的无形空间和有形形体，是"风"的载体，二者相辅相成。

通过对城市风貌特色进行文献研究[6-11]，我们将与城市风貌相关的城市之"风"归纳为两个维度，分别是自然维度和人文维度，将城市之"貌"也相应分为自然之貌和人工之貌，"貌"是"风"的载体，两者相辅相成，形成城市的风貌整体（图1）。城市自然之风体现的是城市和自然山水的关系理念。城市人文之风一方面包含历史文化之风，体现了特定的城市历史、文化内涵和人文精神；另一方面是市民生活之风，注重市民的价值观和对美好生活的精神诉求。城市之貌在城市中的体现就是城市的自然生态资源载体和城市人工资源载体，包括地形、水文、地质、植被、气候、土壤和动物；以及城市物质空间环境，包括城镇、建筑等资源要素。

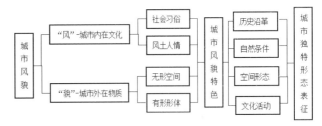

图 1 城市风貌解释图（自绘）

二、城市风貌相关研究动态

目前，国内对于城市风貌的相关研究主要分为三个方面。其一是对于城市风貌的价值内涵及理论的研究。段德罡等[6]（2010）从城市风貌的影响因素出发，阐述了城市风貌的概念，提出城市风貌应该是人们所倡导的城市特色空间。同时，对城市风貌的研究主体及其之间的相互影响进行研究，并探讨了优化城市风貌的实施路径。该类研究起步较早，文献也多集中在 2010 年以前。其二是对于城市风貌保护与利用的研究，有以下几个方面。一是关于城市某个区域的风貌区更新保护的策略与指引，例如郁霄（2019）对上海老北站地区风貌保护街坊更新设计与发展策略，针对上海老北站街坊风貌进行了保护策略的提出[7]。二是关于城市整体风貌提升与城市整体风貌感知的研究，例如张怡然、苏可伦（2019）基于英国城市风貌的规划来思考中国城市风貌的整体感知和提升策略[8]。三是关于城市色彩系统风貌的提取与规划发展策略，例如张煌（2019）对于广州历史城区色彩规划研究，基于历史风貌区的保护提出了对城市色彩系统的提取与策略指

引[9]。其三是对于城市风貌特色资源评价的探索，杨文军（2010）运用层次分析法、地理信息技术等手段，探索更具逻辑客观的方法，使城市风貌评价达到可以运用到实际的目的，并对南宁市城市风貌现状进行评价实践[10]。朱东风（2015）在实地调研基础上就江苏城市空间特色体系规划的实施效果进行了评价[11]。该文献未对评价体系、评价方法、评价过程加以说明，评价结果主要为定性评论的形式，主观性较强。

总体来看，国内对于城市风貌内涵与构成要素的研究较为成熟，近年来对于城市风貌的保护与利用研究愈加增进，但是对于城市风貌资源价值评定的研究还处于探索阶段，更多的是对于某城市局部风貌的评价，缺乏对于城市整体风貌资源的系统性评价以及其与风貌特色的关系的研究。

三、城市风貌特色生成机制

城市风貌是城市物质、社会、文化系统等相互融合而形成的一种整体精神面貌[12]。而城市风貌特色主要是指在一座城市的发展过程中由自然条件、历史积淀、社区生活、文化活动和空间形态等共同构成的，感知与其他城市有别的形态表征和意向。城市风貌特色的构成要素来源于某些或某类城市风貌资源，这些城市风貌资源在城市历史演化过程中，逐渐被城市人们理解、记忆、保护和传承，从而构成了城市的风貌特色系统。

目前，城市风貌研究领域的理论主要涉及城市空间组构与结构理论、城市意象与场所理论、建成环境意义理论以及建筑模式语言理论等，其部分代表性理论隐含着城市风貌系统的生成性思维。

城市空间组构与结构理论主要以英国比尔·希利尔（Bill Hillier）的空间组构理论和美国尼科斯·A.萨林加罗斯（N.A. Salingaros）的城市结构原理为代表。结构理论的核心观点如下：首先，建成环境并非是静态的背景，而是与人们日常生活互动的生成物，既不断地自我演化，也在传承历史；其次，建成环境对人的影响不是直接的，也不是一一对应的，而是借助空间的组织与构成的随机过程，间接地发生作用，符合统计规律；最后，建成环境对应于集体人群或社会，因为建成环境本质上是社会性的客体，它是人类社会传递社会文化的载体，既是物质，又是信息[13]。城市意象与场所理论的代表性论著包括凯文·林奇（Kevin Lynch）的《城市意象》（1960）和诺柏·舒兹（Norberg Schulz）的《场所精神：迈向建筑现象学》。凯文·林奇专注于城市实体环境给予人们的城市意象，实际上提出了城市之"貌"的五个空间资源要素包括道路、边界、区域、节点和标志物[14]。诺柏·舒兹主张建筑只能从当地特定的环境中"生长"出来，强调建成环境的文脉与渊源。场所是人存在于世的

立足点，它以具体的建筑形式和结构丰富了人的生活和经历，以更为明确的方式和更为积极的意义将人类和世界联系在一起[15]。这种场所的概念既是抽象的又是具体的，实际上是对于城市特定区域风貌特色的综合体现。美国建筑理论家阿摩斯·拉普卜特（Amos Rapoport）致力于建成环境的意义、环境与文化、行为关系的探索。他认为城市形态环境的本质在于空间的组织方式，而不是表层的形状、材料等物质方面，而文化、心理、礼仪、宗教信仰和生活方式在其中扮演了重要角色，提出从文化人类学的角度来理解环境，并提出概念化环境的四种最佳方式：①一种对空间、时间、意义及沟通的组织；②一种场景构成；③一种文化景观；④由固定、半固定和非固定元素构成[16]。克·亚历山大（Christopher Alexander）建筑模式语言的理论思想认为，任何东西都是有生命的，如建筑物、动物、植物、城市、街道、荒野还有我们自己，建筑和城市的产生就像所有生命过程一样，其规则来自自身，而非其他。他认为这种文化经过逐步、有机的发展，无意识地产生出与其环境完全协调的形式。亚历山大的理论实际上解释了城市空间环境的风貌特色产生于历史沿革与发展。

目前，对城市风貌特色的生成演化机制的研究十分稀少，仅有一篇，也是初步具体的认知。从上述理论的初步探源可知，第一，城市风貌特色来源于城市的物质之貌和文化之风的资源，是被社会公众广泛认同与感知的一部分资源[17, 18, 29, 33, 35]。第二，城市风貌特色形成是城市风貌资源要素长期以来相互作用、协调与历史演变的结果。

四、城市风貌资源价值评定模型构建与风貌特色要素辨析

评价因子的选择目前使用最多的方法就是通过文献研究，频度分析初步选择指标因子，再通过专家咨询，进行指标调整与修正，形成最终指标因子（图2）。常用的评价方法有德尔菲法、因子分析法、层次分析法、熵值法、模糊聚类法等[19]。本文所用的方法是层次分析法。

通过对国内城市风貌资源价值评价的文献（总共18篇）进行梳理研读，将城市风貌的要素分为物质资源要素和非物质资源要素两类。针对因子分类归纳与频度（3以上）分析，得到最终的三级指标因子，如表1所示。

通过上文对城市风貌资源价值评定指标因子的初选和终选，形成城市风貌资源价值评定模型，如图3所示。

本文运用层次分析法求权重的方法确定评价因子的权重。

（1）构建判断矩阵。根据Satty提出的1-9标度法（表2），将评价指标体系中的指标因子分层次构建矩阵，邀请多位专家对因子两两比对进行打分，通过数据分析计算得出最终矩阵。

图2 评价因子选择过程（自绘）

开始 → 明确评价目标 → 评价因子初选 → 完善与否 —否→ 补充、删除、修改

是 → 评价因子初步确立 → 评价因子的完善 → 完善与否 —否→ 补充、删除、修改

是 → 评价因子最终确立 → 结束

目标层	准则层	一级因子	二级因子
城市风貌资源价值评定体系	物质影响因素	人工因子	城市格局
			历史文化区域
			历史文化街道
			历史文化建筑
			其他历史遗留物
			特色建筑（历史建筑除外）
			标志物
			重要节点空间
			夜景照明
			公共基础设施体系

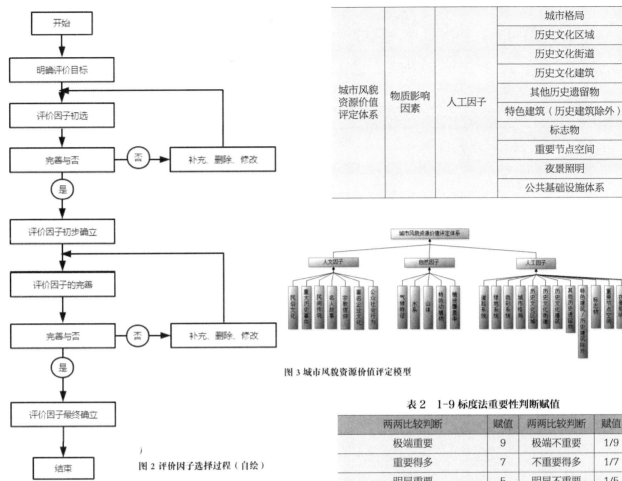

图3 城市风貌资源价值评定模型

表2　1-9标度法重要性判断赋值

两两比较判断	赋值	两两比较判断	赋值
极端重要	9	极端不重要	1/9
重要得多	7	不重要得多	1/7
明显重要	5	明显不重要	1/5
稍微重要	3	稍不重要	1/3
同等重要	1		
表示两个要素之间相互进行比较时，取上述相邻判断的中间值	2，4，6，8，1/2，1/4，1/6，1/8		

（2）通过层次单排序及一致性检验。根据判断矩阵，计算求得最大特征值及其对应的特征向量归一化后的权向量。一致性指标为 CI，λ_{max} 为最大特征值，RI 为平均随机一致性指标，CR 为一致性比率，则：

$$CI=(\lambda_{max}-n)/(n-1)$$

$$CR=CI/RI$$

其中，λmax 的计算公式如下：

$$\lambda_{max} \approx \sum_{i=1}^{n}\frac{(A\cdot W)_i}{nw_i}=\frac{1}{n}\sum_{i=1}^{n}\frac{\sum_{j=1}^{n}a_{ij}w_j}{w_i}$$

据此计算获得一致性检验结果 CR 值分别为 0.0434，0.0304，0.0544，0.0515，CR 值均小于 0.1，一致性检验通过，从而得知对城市风貌特色影响最大的要素为人工要素和人文要素。

表 1　城市风貌资源价值评价因子

目标层	准则层	一级因子	二级因子
城市风貌资源价值评定体系	非物质影响因素	自然因子	气候特征
		人文因子	民俗文化
			重大历史事件
			民间传说
			名人故事
			宗教信仰
			著名企业文化
			公众社会行为
	物质影响因素	自然因子	水系
			山体
			特色动植物
			植被覆盖率
		人工因子	道路系统
			绿地系统
			色彩系统

图 4 文昌市物质风貌资源要素部分调研图

		特色建筑（历史建筑除外）c_9	0.1127
城市风貌		标志物 c_{10}	0.1233
资源价值	人工因子	重要节点空间 c_{11}	0.0251
评定体系	c0.4934	夜景照明 c_{12}	0.0278
		公共基础设施体系 c_{13}	0.0180

五、文昌市风貌资源价值评定实证研究

文昌市位于海南省东北部，全市南北长 99 千米，东西宽 65 千米，土地总面积 2459 平方千米，占全省的 7%。文昌市东、北、南三面临海，海域辽阔，有大小港湾 40 个，海域面积约 4600 平方千米。

本次调研主要是在前期资料梳理与理论分析的基础上，采用问卷调查、访谈与实地踏勘的方式进行风貌资源要素的数据收集与整理，详见图 4，表 3。

通过调研数据的统计与分析，依据评价指标体系，将价值高低分为五个层级：极有特色（5 分），较有特色（4 分），有特色（3 分），一般特色（1~2 分），无特色（0 分）。通过近 30 位专家打分，最终取得均值，并结合权重，得到每个风貌资源要素的加权分值。通过对文昌市风貌资源现状价值的分类评级，结合三个目标层因子的权重，提取人文因子中要素分值排序的前 31.08%，自然因子中要素分值排序的前 19.58%，人工因子中要素分值排序的前 49.34%，组成文昌市风貌特色资源要素因子，构建城市风貌特色资源要素体系，见表 4。

表 3 城市风貌资源价值评价指标权重

目标层	准则层	因子层	权重
城市风貌资源价值评定体系	人文因子 a=0.3108	民俗文化 a_1	0.1750
		重大历史事件 a_2	0.2714
		民间传说 a_3	0.0819
		名人故事 a_4	0.1274
		宗教信仰 a_5	0.0807
		著名企业文化 a_6	0.2114
		公众社会行为 a_7	0.0522
	自然因子 b=0.1958	气候特征 b_1	0.0389
		水系 b_2	0.3621
		山体 b_3	0.3621
		特色动植物 b_4	0.1607
		植被覆盖率 b_5	0.0762
	人工因子 c=0.4934	道路系统 c_1	0.0263
		绿地系统 c_2	0.0259
		色彩系统 c_3	0.0701
		城市格局 c_4	0.0547
		历史文化区域 c_5	0.1440
		历史文化街道 c_6	0.1310
		历史文化建筑 c_7	0.1530
		其他历史遗留物 c_8	0.0881

表 4 文昌市城市风貌特色资源要素分类整理

非物质资源要素		
目标层	资源要素（10 种）	加权分值
人文因子	中国文昌航天发射中心	0.4218
	文昌鸡	0.272
	椰雕	0.272
	老爸茶	0.2176
	宋氏三姐妹	0.198
	盅盘舞	0.1632
	公仔戏	0.1632
	琼剧	0.1632
	张云逸	0.1188
	摩的出行	0.0811

物质资源要素（28 种）			
自然因子		人工因子	
资源要素	加权分值	资源要素	加权分值
高隆湾	0.3545	文庙	0.3774
八门湾	0.3545	文南老街	0.3232
铜鼓岭	0.3545	清澜大桥	0.2433
月亮湾	0.2836	规划在建航天城	0.2433
木兰湾	0.2836	张云逸故居	0.2264
文昌河	0.2836	清澜片区沿海建筑波浪形立面	0.1668
抱虎岭	0.2836	八门湾湿地公园	0.0619
七星岭	0.2836	高隆湾夜景	0.0548
观音岭	0.2127	文建路	0.0519
椰子	0.1573	航天大道	0.0519

红树	0.1573	清澜港	0.0495
冯家湾	0.1418	航天发射基地	0.0495
		文成片区的复古暖色系，偏历史厚重感	0.0346
		清澜片区的清爽浅色系，偏轻快时尚	0.0346
		滨湾路	0.026
		文昌大道	0.026

六、结语

本研究仅仅是对于城市风貌特色的一次创新性和探索性研究，尝试通过对风貌资源要素的价值评定梳理出风貌特色要素体系，为城市风貌的规划研究与城市设计提供一定的技术支撑。但如何保护风貌特色系统要素，以及如何融入文化旅游发展，还需要在理论与实践上进一步探讨。

参考文献

[1] Portug ali J. Sclf-Organization and the City[M]. Ncw York: Springcr, 1999.

[2] 吴伟. 城市风貌学引论 [A]. 世界华人建筑师协会城市特色学术委员会 2007 年年会论文集 .2007.

[3] 张继刚. 城市风貌的评价与管治研究 [D]. 重庆 : 重庆大学 ,2001：5-7, 22-30.

[4] Garnham H L. Maintaining the Spirit of Place:A Process for the Preservation of Town Character[M].Mesa. Ariz: PDA Publishers Corp, 1985.

[5] 蔡晓丰. 城市风貌解析与控制 [D]. 上海 : 同济大学，2005：4-5.

[6] 段德罡, 孙曦. 城市特色、城市风貌概念辨析及实现途径 [J]. 建筑与文化 ,2010(12):79-81.

[7] 郁霄. 上海老北站地区风貌保护街坊更新设计与发展策略 [J]. 规划师, 2019,35:17-21.

[8] 张怡然, 苏可伦. 城市感知与设计 : 基于英国城市风貌的规划思考 [J]. 城市建筑 ,2018(36):119-121.

[9] 张煌. 面向传统风貌保护与提升的城市色彩规划 : 广州历史城区色彩规划研究 [J]. 城市建筑 ,2019,16(3):36-37.

[10] 杨文军. 南宁市城市风貌规划现状评价研究 [D]. 长沙 : 中南大学 ,2010.

[11] 朱东风. 城市特色的认知、表达与规划探讨 : 以江苏省为例 [J]. 城市规划 ,2016,40(7):65-73.

[12][德] 莱布尼茨. 神义论 (单子论) [M]. 朱雁冰 , 译. 北京 : 生活·读书·新知三联书店 ,2007.

[13] 杨滔. 空间句法是建筑决定论的回归？——读《空间是机器》有感 [J]. 北京规划建设 ,2008（5）：88-93

[14][美] 凯文·林奇. 城市意象 [M]. 方益萍, 何晓军, 译, 北京 : 华夏出版社, 2001.

[15][挪] 诺柏舒兹. 场所精神 : 迈向建筑现象学 [M]. 施植明, 译.武汉 : 华中科技大学出版社,2010.

[16] [美] 阿摩斯·拉普卜特. 文化特性与建筑设计 [M]. 常青, 张昕, 张鹏, 译. 北京 : 中国建筑工业出版社, 2004.

[17] 孔亚暐, 王丽娜. 城市风貌的层次构建与系统保护 : 以山东典型城市为例 [J]. 华中建筑 ,2014,32(10):104-106.

[18] 黄兴国, 石来德. 城市特色指标体系与评价 [J]. 同济大学学报 (自然科学版),2006(8):1131-1136.

[19] 吕茂鹏. 城市风貌特色评价体系构建研究 [D].武汉 : 武汉理工大学 ,2015.

[20] 黄丽琴. 城市历史文化风貌区游憩空间品质评估研究 [D]. 上海 : 上海师范大学 ,2019.

[21] 李彻丽格日, 王亮, 魏钰彤, 等. 城市特色风貌现状评价方法探索 : 以沈阳市城市特色风貌现状评价为例 [J]. 城市住宅 ,2018,25(8):58-62.

[22] 汪蓉. 柳州市城市景观风貌规划（2006—2020）实施评价研究 [D]. 广州 : 华南理工大学 ,2018.

[23] 李继珍, 冷炳荣, 易峥. 基于语义分析的重庆主城区风貌感知评价研究 [A]// 中国城市规划学会、东莞市人民政府. 持续发展 理性规划 : 2017 中国城市规划年会论文集（05 城市规划新技术应用）[C]. 中国城市规划学会 ,2017:12.

[24] 顾浩. 抚松老县城城市特色风貌评价体系研究 [A]// 中国城市规划学会、东莞市人民政府. 持续发展 理性规划——2017 中国城市规划年会论文集（07 城市设计）[C]. 中国城市规划学会、东莞市人民政府 : 中国城市规划学会 ,2017:20.

[25] 易峥, 李继珍, 冷炳荣, 等. 基于微博语义分析的重庆主城区风貌感知评价 [J]. 地理科学进展 ,2017,36(9):1058-1066.

[26] 祝晨琪. 西藏林芝城市风貌评价与发展研究 [D]. 北京 : 北京建筑大学 ,2017.

[27] 程龙. 小城镇风貌脆弱性评价研究 [D]. 合肥 : 合肥工业大学 ,2017.

[28] 朱文一, 吴唯佳, 吴晨. 首钢颜值论 : 工业遗存风貌量化评价初探 [J]. 城市设计 ,2016(5):68-83.

[29] 王晓, 吕茂鹏. 试论城市风貌特色评价体系 [J]. 华中建筑 ,2016,34(1):16-18.

[30] 芮光晔, 王世福, 赵渺希. 基于 IPA 分析法的城镇风貌改造后评价研究 [J]. 规划师 ,2014,30(3):95-100.

[31] 何宓. 山地城市风貌区道路交通适应性评价与优化研究 [D]. 西安 : 长安大学 ,2013.

[32] 刘津源. 具有地域风貌的城市环境景观评价要素研究 [D]. 合肥 : 合肥工业大学 ,2013.

[33] 刘慧. 城市风貌特色评价研究 [D]. 苏州 : 苏州科技学院 ,2011.

[34] 杨文军. 南宁市城市风貌规划现状评价研究 [D]. 长沙 : 中南大学 ,2010.

[35] 余柏椿. "人气场" : 城市风貌特色评价参量 [J]. 规划师 ,2007(8):10-13.

[36] 蔡晓丰. 基于系统理论的城市风貌及其评价研究 [J]. 新建筑 ,2007(2):4-7.

[37] 张继刚, 蒋勇, 赵钢, 等. 城市风貌的模糊评价举例 [J]. 华中建筑 ,2001(1):18-21.

嘉宾论文

蓝天碧海听涛声　第三届全国建筑评论研讨会（海口）论文集

读《中国建筑历程 1978—2018》有感（五则）

顾孟潮　　　　中国建筑学会　教授级高级建筑师

一、史册书写的灵魂与生命力
——初阅《中国建筑历程 1978—2018》有感

首先，热烈祝贺《中国建筑历程 1978—2018》一书的问世！

这也是吸引我来现场学习的原因。起初我还为是否需要来而犹豫不决，现在看到书后很高兴。

有些要讲的内容现已刊入该书第 281 至 283 页，这里我不再重复，只讲初阅后感受到书的几个特色。

正如 300 多年前的培根（1561—1626）和孟德斯鸠（1689—1755）所指出的：读史使人明智，学史知兴替，学史可以看成败、鉴得失、知兴替。

但是，这一切的前提是书写的历史必须真实。真实性是历史书写的灵魂和生命力，最为重要。

该书具有如下几个特色。

（1）《中国建筑历程 1978—2018》一书堪称真实的中国当代（改革开放 40 年）建筑史册。真实性是对其很高的评价，因为只有真实的历史才能使人明智，虚假的历史则是在忽悠读者。

（2）该书是《建筑评论》编辑部充满激情地献给建筑界的厚礼，本来是国庆前完成即可，但是在世界建筑节前的 6 月就完成了！

（3）此书是建筑界、建筑行业共同完成的业务成绩单。它体现了城市建筑园林事业是"万人一杆枪"的事业，而设计者是给这杆枪扣扳机的人。

（4）作为史册它具有"四见"特色，带原味地见人、见物、见思想、见事件。比起以往的建筑史书"见物不见人更不见思想"，类似"建筑物实录"，本书是很大的进步。

（5）对于推动我国建筑评论工作，它是十分重要的奠基石，它为即将召开的第三届全国建筑评论研讨会创造了更好的条件。

感谢《建筑评论》编辑部各位的辛勤劳作！向各位致敬！

2019 年 8 月 15 日会上发言

二、鲜活的"中国当代（改革开放 40 年）建筑史册"
——初阅《中国建筑历程 1978—2018》有感之二

8 月 15 日那天下午，在该书首发式和座谈会后，我把这本书带回来，我爱不释手、手不释卷，而且越读越有兴趣，就半夜三更从床上爬起来，写了这篇有感之二。

那天在座谈会上，我强调该书抓住了史册书写的灵魂和生命力，属于忠实的"中国（改革开放 40 年）的建筑史册"，读它能使人明智。后来听说不少与会者都有与我一样的感觉。

近几天，特别当我读到该书 240 至 439 页，近 200 页由 49 位建筑学人所写的"人物篇"文章后，感觉这 48 篇文章再次证明了"此书是'忠实的中国当代建筑史册'，它具有'四见'特色"，这个评价基本上是恰当的。

49 位建筑学发言人忠于史实的见人、见物、见思想、见事件的叙述，更突显出此书的另一大特色——"鲜活"。

从 91 岁的高介华、88 岁的张钦楠、83 岁的费麟和程泰宁等老师到 49 岁的新秀范欣，是名副其实的三代建筑人济济一堂，用他们的亲身经历和感受，活灵活现地叙述了他们闪光的思想、奋斗的历程、宝贵的经验教训以及惊心动魄的历史事件。这些乃是建筑教育、建筑职业和认知城市与建筑的活教材，不仅使我们明智，更展现了对这些战斗在一线的"建筑人"的尊敬、希望和信心。他们的思想、业绩和贡献理应载入史册。

该书封底表达了大家的共同愿望——向评论者、设计者、

蓝天碧海昕涛声　第三届全国建筑评论研讨会（海口）论文集

管理者和中外一切为中国建筑做出贡献的合作者、执行者致敬！

书写历史难，书写当代史难上加难。但是这个难题，在44位经历者合奏的叙述交响中初步解决了，忠实的历史是不能定于一尊的，我相信该书经得起历史的考验。因为这些建筑人为历史提供了闪光的思想和坚强的肩膀。

当然，要深化改革，要继续前进，必须接过历史的接力棒，"站在前人的肩膀上"，这是历史的必然规律！

2019年8月21日凌晨3时许草

三、科学思维是事业乘风破浪前进的核心动力
——初读《中国建筑历程 1978—2018》随感之三

"业精于勤荒于嬉，行成于思毁于随。"（韩愈言）"学而不思则罔，思而不学则殆。"（孔子言）本来是中华民族优秀的文化传统，现在渐渐地被人们淡忘了，整天忙于操作疏于思考。

难能可贵的是该书汇集了这么多人对40年实践的回顾、思考与自省，很有使人明智的价值。这里摘取十位"业、勤、学、思皆佳"的实例与各位共勉之。

（1）以弘扬优秀传统文化和推动建筑文化学建立为己任的高介华老先生。他的建筑观和设计理念为：①建筑是科学，不要走向玄学；②确立建筑设计创作的生产性质，它具有发现性和发明性；③要创造"以东方为体"的中国新建筑文化。

（2）对中国建筑业发展和建筑师成长以及中外建筑文化交流做出多项重要贡献、德高望重的张钦楠先生。他于米寿之年完成的《建筑三观》出版，汇集了他的建筑学术思想，值得新老建筑学人阅读参考。

（3）理论与建筑创作皆精的程泰宁院士，指出目前阻碍建筑设计健康发展的"三失"问题——"价值判断失衡""跨文化对话失语""体制和制度建设失范"，这些都是亟待解决的重要问题。

（4）穿梭于东西长安街的后起之秀孙宗列总，贡献出他的职业生涯的感悟：①在优秀传统文化和地域环境中寻求设计源泉；②正确处理简单与奢华、有与无的问题；③用当代技术与材料表达当代建筑语言；④在广义合作中做好二次创作。

（5）三论"建筑策划"的庄惟敏大师，先后出版了《建筑策划导论》（2001）、《建筑策划与设计》（2016）、《建筑策划与后评估》（2018），最后这本已被定为国家注册建筑师继续教育的教材。他认为"今天的高校应该成为一个'Harbour（港口）'，高校的作用相当于一个载体、一个平台，也相当于电源插座，可以集合所有的插座。"

（6）提倡科学思维的崔彤总，有"思想比专业重要，智慧比知识重要"的科学思维，并提出"研究式设计"的思路，提出要"生产思想"的目标十分精彩。

（7）变"不顺"为"机遇"的赵元超大师，一直认为建筑应有一个恒定的评价体系，不应像运动似的忽左忽右，建议中国设立建筑创作25年奖，全面分析建筑创作的得与失。另外，他说他想写一本书，叫《我所看到和体验的建筑》，我非常欣赏这个好主意，告诉他我已经盼望着早日拜读。因为我走进建筑师行列，就是由于上中学时的斜校门引起的。这样的书绝对抢眼又抢手，甚至是拍电影的好题材。

（8）强调"静谧"的李兴钢大师，分享了逛书店的遭遇——2008年10月4日，国庆长假第六天，午睡后，他走进北京甘家口书店，很快感到来这有点后悔：书架上满满当当、密密麻麻的新旧书仍然是老样子，××作品集、××精选、××大全、××年鉴、××名家名作……完全就像如今我们身边的城市和建筑的平面微缩，毫不掩饰的表现欲、不加思考的浮躁感，外表光鲜，内在浮浅，令人生厌。那些书无声地在书店里制造出一片喧嚣。"干吗非得老看建筑书呢？"他对自己说，决定离开，去离此不远的百万庄新华书店……

（9）秉持"无处非中"理念的刘恩芳总，认为"我处是中"，"他者"也是中，即所谓"多元"，用包容和接纳的态度彼此交流，实现"各美其美"的同时也"美人之美"。这大概是他能迅速成长的原因吧，十年之间由博士成为有60年大院历史的大设计院的掌舵人。

（10）持"自然建筑观"的年轻院长范欣，主张：①与自然无为，把建筑作为自然的一部分；②道法自然，自然而然的创作境界，主要表现在建筑空间的随机性，讲究留白；③大象无形，大美不言，即形以寄理的审美取向。

令人欣喜的是，这里我看到了日渐繁荣的建筑思想市场，离"百花齐放，百家争鸣"的局面越来越近了！

2019年8月23日

四、阶梯思维和网络思维的特色与区别
——初读《中国建筑历程 1978—2018》随感之四

"书籍是人类文明进步的阶梯。"高尔基所言让我心悦诚服。
"互联网思维既是世界观又是方法论。"这话我也赞同。

于是有人指出互联网思维的优势：①后工业化思维；②民主化思维；③用户至上思维；④产品和服务一站式思维；⑤带有媒体性质的思维；⑥扁平化思维。"北城剑客"又列出了九大思维（用户、简约、极致、迭代、流量、社会化、大数据、平台、跨界）。这一闷棍下来把从事纸媒（书籍、报纸、期刊）工作的朋友（包括我）打蒙了，开始有严重的危机感：似乎纸媒性质的书籍生命危在旦夕。

今年 6 月 23 日，我看到北京王府井书店的建筑书几乎全军覆没，只留下室内设计和古建筑的书架在苟延残喘。我心疼啊，同时看到的则是路上、车上、床上的人们拜倒在网上，对纸质书籍却不屑一顾。

据统计，中国这个文明古国，竟然成为世界上平均每个人读书最少的国家之一（人均每天读书 13 分钟，但看电视或手机的时间超过 3 小时），而中国图书每年印数达 793 亿册，平均下来每个人超过 5 册。

翻开此书的"图书篇"（第 440 至 495 页），读了季也清馆长的导言，既为她贺喜又为她担忧。喜的是中国建筑图书终于开始列入"史册"了，这真正是"伟大的进步"，看来人们毕竟离不开"人类文明进步的阶梯"；忧的是她接了一个堪比奥运夺冠的难题，40 年只选 40 几本书，简直是在做一件异想天开的事情。好的开始是成功的一半，能前进一步就不后悔。

再看入围的图书，榜首是《建筑设计资料集》第三辑，40 年内共印 6 次，1964 年第一辑总印数 237165 册，第二辑达 244325 册，第三辑达 261795 册，共计 743276 册。作为建筑专业书达到 74 万多册，绝对是图书界的奥运冠军。

为什么会出现这种现象呢？

在互联网的"闷棍"下我醒悟了——《建筑设计资料集》兼具书籍的阶梯性和网络性特色，主编者既具有历史眼光，又具有世界眼光，而且率领多专业的专家大兵团、综合全国各地人才进行编著的做法，远远超过一个人或几个人的编撰水平，使其相当长时间（无互联网前）内稳居建筑书冠军宝座。尽管还不如上网方便，但它绝不会消亡。5G 时代有它的电子版不是难事。

书是在信息加工提炼上见功夫，网络是在联络收集上见优势。谁也别想取代对方。

前面说的，网络思维 6 条也好 9 条也好，两者在绝大多数方面是相同的。唯一不同的是"阶梯"有高度、有深度、有专利，而网络则多数情况下是开放的、"扁平化"的。不知各位以为如何？

最后，附上今年 4 月 11 日关于《建筑设计资料集》并非十全十美的短信，求证于万家。

附：把该资料集看成是十全十美、无懈可击的，是不准确

的。其主要有三大问题。①未能扼要介绍先进理念，缺乏先进理念作为指导思想，用这个资料是达不到设计构思效果的。②迷信一图顶千文，对于必读的建筑学经典书没有索引和提示性文字，助长了建筑师少读书的坏习惯。③对于国别、地区差别、具体情况的多样性，如本土化、个性化问题强调不足，容易让使用者把它视为万灵的"天书"，不再调查设计对象的具体情况，促成了众多的千篇一律的设计。

2019 年 8 月 24 日

五、再说"阶梯思维"
——初读《中国建筑历程 1978—2018》随感之五

余每每忘记伟人的警告：言多必失，祸从口出。

正画句号时，有朋友问我：有感之五、之六呢？还有人开始为"思想"生产者点赞！我不得不回复了。

对于如高尔基这样的"思想"生产者只"点赞"显然是不够的，向他致敬并且实践之似乎更合乎逻辑。

高尔基"书籍是人类文明进步的阶梯"这句话大概不仅照亮了我一生，鼓舞了我一生，更让成千上万的人受益。

所谓"阶梯思维"的提出，也是受高尔基这句话的启发，我不过是"接着说"而已。

"思想"生产者是高尔基。我只是为"救场"加了"思维"二字，现在看倒有些弄拙成巧。

这次与互联网思维的对话，幸亏我捞上了这根救命稻草，否则我会败得很惨。

以高尔基阶梯的思路分析眼前这本讲 1978—2018"阶梯"的书，为什么该书会忠实与鲜活呢？关键在于编者和作者选得正确。

该书开辟"事件评论篇"，绝对是创新的高招！

以往的史书习惯于以著名人叙述为主，有关事件列个"大事记"。到底有多少人能够从寥寥数语的"大事记"中悟出大事件重大又深远的意义和价值呢？恐怕屈指可数。

该书编者则"双管齐下"，既有"大事记"，又有重点地请出亲临现场观察或参与其中的"事件人"出场，现身说法，此举一出，大事件马上就被激活了，他们的话当然比较真实可信。

这是个好经验：选作者比选题目更重要，好的编者和作者不但是"思想"的生产者，而且能支"高招"！OK！

时空文脉中的创作自由度——一个建筑文化论题

黄天其　　　重庆大学建筑城规学院　教授

摘　要： 建筑学包含三大组成部分：建筑史、建筑创作和建筑评论。建筑评论是助建筑创作飞翔的一翼。20 世纪 80 年代曾昭奋为开拓建筑评论的新局面做出了贡献。建筑评论具有引领建筑新时代的巨大作用，同时这种评论本身构成建筑界的一种文化景观。提出建筑评论克服现时期城乡空间中的建筑文化乱象的途径是正确认识建筑创作的自由度问题，答案在于开展城乡空间文化生态学的研究。

关键词： 建筑评论；曾昭奋；文化景观；创作；自由度；建筑伦理学

一

1962 年，一个年轻的建筑学助教为了补充与建筑学相关的文化修养，从图书馆借了一本《文学概论》，并在假期返乡探亲途中的火车上阅读。此书开篇就讲到文学的三大组成部分：文学史、文学创作和文学批评。我从这里领悟到批评或评论是创作成果不可或缺的社会检验台和方向标。我将这一观点或知识移植到对建筑学理论结构体系的理解：它也应包含建筑历史、建筑创作和建筑评论三大板块，而后者对于建筑学科和建筑文化的发展尤其不可或缺。

这里要提到的是，此前的 1960 年，我被哈尔滨工业大学派到清华大学进修时，有幸结识了刚从华南工学院分配到清华大学建筑系的曾昭奋君，话语相投，很快成为挚友。20 年后的 20 世纪 80 年代迎来了我国百业复兴、百学复苏的大好局面。高兴地连续读到他一篇篇掷地有声的建筑评论之作，为新时期中国建筑创作的成长击鼓鸣钟，由此也奠定了他作为一位资深建筑评论家的地位。今年 4 月接到他寄赠新出版的评论文集《建筑论谈》（吴良镛先生题写书名），并嘱言希望能撰写一篇书评在《重庆建筑》上发表，因为早在 20 世纪 80 年代他主编《世界建筑》时，杂志社在重建工支持下在山城重庆举办了评论世界建筑的学术讨论会，与这座城市建筑学人的情谊绵延至今。文集中的 90 篇建筑评论汇集了他在 20 世纪 80 至 90 年代针对我国改革开放初期的建筑热点问题提出的独到见解，洋洋大观，扶正抑邪，观点鲜明，仿佛成为那个时代的交响乐章的一个响亮的声部。我欣然受命，写下了这部评论之书的评论，也算是学习心得吧，并荣幸地被排在该期刊 6 月号的首篇登出[①]。

二

建筑评论是助建筑创作飞翔的一翼——如果承认这是学科结构的普遍法则，那么文学批评在文坛上一直是高热度的关注面。在我国，建筑评论却因种种局限而长期相对滞后，往往是方暖即凉，不容多言。这和国家高速、大规模的建筑设计实践远不相称。建筑评论除了包括对具体作品的赞扬、分析或批评外，更重要的是通过作品对创作原理、原则和方法等理论层面的深入探索（例如丹·克鲁克香克《建筑之书——西方建筑史上的 150 座经典之作》），就好像从对于个别言语的分析上升到语言学规律的高度。建筑评论不可避免地还有关乎是非成败的不同意见的交锋，而这种学术争论又促进了学科的发展（例如泽维的《现代建筑语言》与詹克斯的《后现代建筑语言》的对垒）。在欧美发达国家，对从建筑思潮、设计流派到具体某个作品以及建筑师的分析评价，建筑评论起到了引领时代思潮的先锋和罗盘作用。当然评论的前提是先有创作的实践，先有建筑师的作品。首先业主是方案好恶取舍的关键，然后作品才得以出世，在地域空间上占有位置，发挥社会影响，受到社会关注，被议论及成败功过。随着我国经济社会和文化发展进入高质量需求的时代，更加迫切地需要建筑评论。在我国经济高速发展的形势下，建筑物的大规模建设犹如各类产品排山倒海地涌现出来，却没有检验程序便轻易放行，必然导致伪劣产品泛滥，甚至出现劣币驱逐良币的现象。因此，建筑评论的学术组织担当了建构高水平国土城乡空间文化的历史使命，或许也就是这个时代的新起点的一个标志。

如果说繁荣的建筑评论能起到扶正驱劣、树理开新，从而引领建筑的新时代的巨大实际作用，除此之外，这种评论本身就构成建筑学界的一种激动人心的文化景观。建筑师不再仅仅埋头设计，在参与是非真伪的争论中更能够逼近真理，共同积极关注建筑学发展的方向，理论水平也就得到提高。菲利普·约翰逊之所以成为大师，是有哲学研究、对欧洲的现代主义潮流考察和评论的深厚理论准备作为基础的。这里评论就是学习环节，好似学画的过程伴随着读画和评画，更易进入真境。好的建筑评论文章甚至可以成为文学作品，如本雅明的《拱廊计划》（图1、图2）。跨越街道空间的玻璃走廊在建筑的狭窄意义上

图 1、图 2 本雅明评述的巴黎拱廊街

不过是一个小角色，却在巴黎城市空间中成为跳动在她的毛细血管中最具情感的生命因子。建筑师从这里可以得到对城市空间的现代性和场所性的理解，每一座建筑不论大小都在这个城市整体中相互依存，它们对城市居民的意义往往靠一些小小的连接体而得到很大的提升。当然宏大建筑物的成功创作无疑是建筑师更大的荣誉，但是这究竟给城市人民带来了什么，却是一个建筑文化修养和建筑伦理的问题；放大来谈，也是一座城市空间的美学和价值观问题。

1999 年出版的《中国土木建筑百科词典·建筑卷》（齐康主编）较《中国大百科全书·建筑卷》增加了不少词条。如"建筑伦理学"（architectural ethics）条目，由我撰写，限定 300 字；当时感到是一个很大的挑战。经过搜集与思考，写下如下的阐释文字。

"对建筑作品及风格的判断除了功能的、美学的以及技术经济的准则外，还存在甚至涉及建筑师本人行为品格的道德准则的学说。建筑学的伦理学问题发轫于拉斯金（1819—1900）在《维也纳之石》一书中对文艺复兴建筑的批判：'我要反对的不是它的形式……但是它的道德品质则是腐朽的'。建筑伦理学认为，社会生活是基本上不可分割的整体，作为其一个部分的建筑生活，如果是在使社会受到损失的代价下成为良好的，就不可能是真正良好的；从最重要的意义来说，它就是坏的建筑。但是如何确立建筑的道德或伦理的准则，是有争议的问题，近一个世纪以来论争延绵不断。如阿尔弗雷德·罗斯在《建筑现状之批判》（日本《世界建筑 3/1980》）一文中对建筑职业的商业化引起的建筑作品的不健康追求、国际式的专制、后现代派以至建筑教育状况的抨击都涉及建筑的伦理学问题。"

进入 21 世纪以来，我国建筑伦理学研究成果渐丰。令人惊讶和赞叹的是，2007 年出版的《建筑伦理学概论》的作者陈喆竟然是一位非建筑学专业人士[②]。这有力地说明对建筑品性的跨学科、跨行业的社会关切及其引发的学术研究动力。2016 年 10 月 21 至 23 日，以五大发展理念与城市发展为主题的"伦理视域下的城市发展"第六届全国学术研讨会暨北京建筑文化研究基地 2016 年学术年会在北京召开。其中，北京建筑大学作为一支异军突起的力量，在建筑伦理、城市伦理研究方面涌现出一批知名学者，取得了一批重要研究成果，推动了建筑伦理学和城市伦理学这一交叉学科的发展。这也极大地充实了建筑评论的标准和内涵。

三

一个时代的优秀建筑产生自那个时代先进的建筑思想和高超的设计和施工技术，是建筑师和能工巧匠协力合作的结果。

今天人类的建筑技术，包括材料、设计和施工的能力已非常强大。我国的建筑技术在世界已经名列前茅，处于全球先进水平。那么，当代的建筑评论的火力何在和何向呢？

设想的答案是：建立多学科的检验标准，包括技术、美学、经济学、社会学、生态学、文化学等。方案的优劣要经过多维度的检验。吴良镛先生在《人居环境科学导论》中列了 12 门学科并预留了若干空缺位子。加入建筑伦理学可以说是前列多种学科的社会性综合。这里就涉及建筑设计的观念和态度。新中国成立和改革开放以来，我国的城乡建筑作为民族和国家文化的一个重要部分，一直在经济社会发展的曲折历程中探索前进。到今天，我们已经登上了一个新时代的台阶，有必要建立强烈的国土城乡空间文化建构的意识：建筑设计和包含建筑在内的城市设计是一种空间文化行为，不仅为人民提供居住和活动场所，更要构建正义而丰硕的精神家园。

人们，特别是包括建筑师在内的创作者群体历来渴望自由。自由已经列在中国特色社会主义核心价值观 24 字中，因此在市场经济条件下，设计的创作活动有了历史上空前的自由。但是建筑物作为国土城乡空间中的实体存在，其性质、形态和布局必须受到已有的技术性和文化性规划法规体系的制约，能够与周边其他建筑形成一个有机的整体是对个体设计的最低（技术的）和最高（文化、美学、伦理的）要求。这看起来好像容易做到，但是从城乡建设实践来看，建成的高水平的建筑群体却很少，杂乱无章、互相倾轧的体量堆积却屡见不鲜。单调的高密度的方盒子住宅楼盘形成了城市很多地段的天际线。这些楼盘建筑和规划方案都按法定的控规通过了审查，但是建成的整体效果却令人失望。传统街区大拆除的做法受到批评而且高潮已过，但遗憾的是它们基本上已经被新式建筑或假古董置换完毕。神圣的自由被异化。城市空间的百年体态成了这种自由的牺牲品。

问题的根源在哪里？第一是唯经济主义，或称唯 GDP 主义。开发商的高获利模式变成了城市形态扭曲症的逻辑惯量，也常常同地方行政官员的腐败利益不无关系。建筑师混迹其中分得粥羹，完成了平庸而可叹的设计图。而针对这类具体项目的评论至今少见，例子却是太多了。第二是文化的无知或麻木，无知者无畏，胆大包天。曾昭奋先生当年对北京西客站上加古典亭子的荒谬事情有过评论。对古都风貌的维护本应在整体建筑方案阶段统筹解决。当然这个幼稚的时期已经走进历史了。但是今天建筑评论的任务在面对大量的建筑创作问题时依然会迎面而来。在重庆，紧邻著名的磁器口古镇建起百米高楼，使其旁边 50 米高的凤凰山失去了风景价值（图3、图4）。沿嘉陵江北岸直排的一行高楼，反映出从规划师到建筑师的文化麻木。这里反映出开发商的牟利自由，把容积率做到合法的极限而罔顾山水城市的"千年美誉"。

联想到 1999 年、2005 年和 2011 年三次到香港都看到滨海的住宅楼群（图5），45 层密集而单调的形象，心中泛起一种恶感："东方之珠"被开发商搞成了这样，有负盛名，因为她的空间文

图 3 重庆磁器口古镇凤凰山与高层住宅

图 4 重庆嘉陵江某些河岸段的高层住宅

图 5 看着令人揪心的香港柱屋楼

化背离了人性而沦落。

四

这篇小文最后的落脚点是建筑创作在国土城乡空间中的自由度问题。第一是我们的城市空间，这种自由在人文、道义甚

至人居环境质量上一度面临失控，成为一种建筑文化乱象。滥用这种自由最严重的是地方某些政府官员错误的开发和改造决策，堪比轰炸似的大肆拆迁旧城区；让一些外国建筑师在其本国不可能得逞的奇思怪想在中国这片具有深厚人文底蕴的土地上信马由缰。其作品不仅耗资巨大，更使得城市空间丧失了宝贵的地域特色，摧毁了人们的文化自信。几件多年来令人议论纷纷的大项目公婆辩理，是非难判，但是米饭已熟，不惯已惯。第二是开发商的"自由"轻车熟路，提高容积率的情况几乎发生在每一个项目中，落马官员大多与此有关。近20年来大城市房价的疯涨导致我们的城市居住空间香港化，这实在是一种耻辱。20世纪90年代笔者曾在海南与建设部住宅研究所的一位副所长讨论我国住宅建设的目标，提出要让每个中国人的家庭都得以体面（并不都是豪华）地居住，彼此深有同感。体面的标准是什么？40，60，80，100平方米或以上？我们的人民应当普遍摆脱空间的贫困，而不是在GDP主义下居住条件的悬殊差别。建筑师不应当按照高房价楼盘设计香港似的鸽笼与富人的比弗利山庄形成尖锐的对照。应当研究满足中国普通家庭的居住空间需求的住宅方案。住房楼盘的价格应当控制在10个人均GDP以内，第一套免税或低税，以此来指导科学的住宅设计。第三是建筑师的创作自由问题。基于建筑的科学与技术原理而不断创新，臻于功能与美学的妙境，如莱特那样的图出惊人，是每个建筑师从学生时代就有的梦想。作为一个曾经的建筑学教师，我喜悦地在华林、汤华、杨瑛的作品中看到那种梦想的结晶。他们从专业的必然王国到自由王国（享有盛誉，争相邀请，竞标多胜）的成长过程中各自深有体会。这里摘录一段关于杨瑛的设计思想的访谈。

杨瑛被问到一个很业余的问题：这栋削去一个角的坡屋顶房子，和建筑设计院新楼那栋通透的玻璃建筑，风格是不是现代主义？杨瑛说："我从来不界定什么主义，非要说的话，就是合适主义。"③

合适就是对建筑的时空文脉最切实的尊重，达到理智和感情的高度融合、以人为本、天人合一的境界。约翰·罗斯金《建筑的七盏明灯》的最后一盏，乃是"遵从之灯"（The lamp of obedience)）。遵从建筑学的内在规律和外在条件，有节制地运用自由，并不会压抑建筑师的浪漫情怀，而是把创意的翱翔掌控在合理的高度。罗斯金是古人，言出于衷而非圣贤之教，但在美学与道德上也道出了一部分重要的真理。我国改革开放后，外国建筑师满怀热情来到中国一展抱负，我们当年处在幼稚时期，往往虚心到陷于盲从；专业上外行而有权力的领导者更易慈禧似的偏爱洋货。这就造成了一些有重大争议的建筑方案的定板。但是我们不能责怪任何人，可以把这看作一个成长时期

难免留下的痕迹。今天来看，无论是中国或是外国同行，全球化的专业竞争有大利而无大弊。珍视自由，就要看到自由的边界。我们曾开玩笑地说：无论是已经仙逝的安德鲁、哈迪德，还是活着的库哈斯，他们那种放肆的风格恐怕再也不会在中国大地上出现了。可是十大最丑建筑评选在网络上每年还是笑话般地进行。当然这也并不意味着方盒子就能继续大行其道。我们初步定义：建筑创作的自由度就是建筑诸要素取舍时减去约束条件；方案来自约束和灵感的融合。将文化生态学研究拓展到建筑学领域，自由的真形就不远了，而建筑评论却是永恒的。

注释

①《重庆建筑》目前为土木工程的综合性学术月刊。

②陈喆，男，1963年出生，汉族，大学本科学历，中共党员，国务院特殊津贴专家。曾任陕西毛纺织厂厂长、副总经理，海南欣龙无纺股份有限公司副总裁，现任该公司生产技术总裁，国家非织造材料工程技术研究中心副主任，亚洲非织材料协会研究与开发中心副主任，亚洲非织材料协会工作委员会副主任。

③《长沙晨报周刊》，2017-03-19。

参考文献

[1] 约翰·罗斯金.建筑的七盏明灯[M].谷意，译.济南：山东画报出版社，2012.

[2] 威廉·M.泰勒，迈克尔·P.莱文.建筑伦理学的前景[M].王昭力，译.北京：电子工业出版社，2017.

[3] 陈喆.建筑伦理学概论[M].北京：中国电力出版社，2007.

[4] 黄瓴，许剑峰，黄瑶.创意的陷阱[J].新建筑，2007（6）：87-89.

形式之辩：我们需要什么样的建筑审美观？

汪正章　　　合肥工业大学　教授

建筑形式问题，向来是建筑理论研究中一个具有相对意义的独立命题，也是建筑创作和评论中的一个美学难题，而且时常成为社会各界关注建筑的一个热门话题。对建筑，特别是新落成的建筑，人们常喜欢指指点点、议论纷纷，也往往多集中在对建筑形式的评价上：是美是丑？是好是坏？是奇是怪？是恶是爱？如此之类，不一而足。

从专业角度看，建筑形式得以产生和创造，其因素固然很多，方方面面、形形色色、是是非非，莫衷一是，但无非是两大要点：一是本原，二是观念。"本原"只能产生形式，而"观念"才能创造形式。为什么在相同的"本原"下会产生大相径庭的建筑形式？其原因不是别的，正是形式得以产生的形式观念在起作用。不仅如此，当"本原"确定之后，"观念"往往就成了建筑形式的决定因素。

这里简要讨论一下有关建筑形式的审美观问题。

如何审视和审美建筑形式？我们需要什么样的建筑形式审美观？建筑形式不能简单理解为建筑外形和建筑样式，不能看作"任人打扮的小姑娘"。建筑形式是建筑的通体形态，是建筑存在基因的通体呈现，它既包含作为实体形态的建筑造型，也包括作为虚体形态的建筑空间，还包含作为综合形态的建筑环境。在这种"通体基因"的形式存在中，美的形式是建筑存在的最高形态和最高境界，是建筑通体形态的美学升华。

首先，建筑作为"生活的容器"，既要容纳以实用为主的物质生活，也要容纳以美感为乐的精神生活。建筑，没有生活就没有内容、没有人气；没有文化就没有内涵、没有品位；而没有美感就没有快乐，没有美的情趣、美的享受、美的陶醉。所以，建筑形式首先是一种以生活实用为主的美感形式，即美的生活形式、实用形式。

其次，建筑作为"巨大的工艺产品"，需要各种精心完备的制作技术，需要精益求精的工匠精神和工程技艺，而建筑形式正是这种技艺的物质积淀和呈现。建筑形式不是随心所欲的主观塑形，而是靠工程技艺锤炼和打磨出来的美的技术形式、艺术形式。

最后，建筑在西方作为"石头的史书"，在中国作为"木头的诗篇"，它们和城市及其环境之间的关系都极为密切。同建筑相比，城市及其环境是一本更大的书，是一本可阅可读、可思可考的空间的立体的"大书"，也就是说，它既能供人们生活居住，又能供人们阅读思考，让人们认识历史和文化。如果说建筑是城市这本大书的主体章节和内容，那么建筑形式就是城市这本大书的主要语言和文字。人们通过建筑形式阅读建筑、阅读城市，就如同通过语言文字阅读书本。因此，建筑形式不是建筑本身，建筑形式首先是城市及其环境的主要语言和表现形式，其次才是其自身。不言而喻，美的建筑形式就是美的城市形式、美的环境形式。

如此，建筑形式作为生活和实用形式也罢，作为技术和艺术形式也罢，作为城市和环境形式也罢，总之建筑是有体有形的"体型环境"和空间环境，建筑形式则是这种体型环境和空间环境的必然显现。建筑的好用好造、好美好感等属性，都一一呈现在建筑的最终形式中。

建筑是"美"的！美在哪里？美就美在建筑形式的"悦身悦体、悦耳悦目"，也美在建筑形式的"悦心悦意、悦情悦志"。前者是建筑审美的初级阶段，后者是建筑审美的高级阶段。美和美感，作为审美对象，但审美主体在人。建筑的最高最终审美目标在于创造人们所需要的"美人之美，各美其美，美美与共"的建筑、城市及其环境。

建筑之美，美是"高"的！高在哪里？高就高在这种审美形态的情感升华和深化，从理性到感性，从物质到精神。"建筑的真正价值存在于情感之中"——我非常认同马岩松建筑师的这句话，他设计创作的"梦露塔"也为此作出了生动诠释。"美是难的"！为什么难？建筑形式之美，因为其美而显其"高"，因为其高而显其"难"，形、美、高、难，这就是建筑审美形式的辩证法。任何对建筑审美的片面化和表面化的认知、理解和观点，都是不能成立的。

我们应当怎样看待当下中国有关建筑审美的形式问题呢？

总的说来，我们四十年来的建筑成就有目共睹，特别是近十余年来，城市面貌日新月异，又好又美的建筑不断涌现，令人目不暇接。真所谓：城巨变，高楼立，"苟日新，日日新，日又新"。我常想，如杨老（杨廷宝先生）、童老（童寯先生）的在天之灵俯视金陵，怕也不认识鼓楼、新街口了，如梁思成、林徽因先生的在天之灵俯视京城，怕也不认识东单、西单和王府井了。近些年来，我们也确实做出了许多建筑佳作，特别是一些中青年建筑师出手不凡，不断推陈出新，正在追赶、逼近乃至达到世界先进建筑创作水平。

但是，我们的建筑与城市还有若干突出问题需要反思和研究。什么问题呢？其中之一，就是建筑审美中的某种滞后性和某种失衡性的出现。什么叫"滞后"？建筑的工程技术和工具理性比较先进、相对超前，而建筑的艺术品位、审美感性比较滞后、相对落后，也就是说，后者还赶不上前者急速发展的脚步。什么叫"失衡"？就是技术与艺术、工程与审美、理性与感性之间的某种不平衡，即建筑审美的失衡。我们的城市与建筑为什么长期为"千变一律""千城一面""千房一貌"所困扰，究其原因固然很多，但建筑审美观上的这种"滞后"和"失衡"，无疑是其重要原因。它反映了建筑发展进程中的矛盾，导致"质"的发展落后于"量"的提升。

有一种理论观点，叫建筑是科学。不错！建筑确是一门既古老又新兴的综合和系统科学，是自然生态学科和人文社会学科的交织和渗透。但是，建筑又是一门艺术，一门既古老又新兴的综合艺术和环境艺术，它体现了科学和美学、技术和艺术、理性和感性的高度统一。因此，正确理解建筑的科学属性，应是"科学＋美学""技术＋艺术""理性＋感性"。不！准确地说，建筑应是"科学×美学""技术×艺术""理性×感性"。这是我们讨论"形式之辩"和建筑审美问题的全部起点和归宿。可谓顺之者明，违之者盲。

由此，我们引申到建筑审美的另一个话题，即建筑审美的态度问题。对于建筑审美中的上述这类"二元"悖论，大致有三种态度，它们各自都因为对这种悖论及难题的不同审美态度所引起。

一是知难而"进"。即迎难而上，迎难而创，用积极进取的态度和方法去对待和求得建筑"二元"的对立和统一，坚持亦此亦彼，亦科学亦艺术，从而做出又好又美、理性和感性交相辉映的创新佳作。国内外不乏这类成功建筑之作，其创作态度和方法值得尊重和效法。

二是知难而"退"。即知难而"弃"，放弃其中的一端，非此即彼，其结果，不是走向以牺牲功能技术和科学理性为代价的唯美主义和形式主义，就是走向以摒弃建筑艺术和审美感性为代价的功能主义和唯理主义。如此两个极端，违背了建筑的本原和本义。

三是知难而"践"。亦即知难而"戏"，践踏建筑艺术，玩弄建筑形式，从而远离建筑的科学理性，又与真正的建筑艺术和审美价值相差甚远，乃至走向迷茫甚而变得疯狂。它实际上是上述第二种态度中唯美主义和形式主义的极端表现。建筑形式上的所谓"奇奇怪怪""千奇百怪"，例如所谓"福禄寿""酒瓶盖""马桶盖"之类，以及故作某种奇姿怪态的"丑"形建筑等，均属此列。这类建筑形象，往往使人哭笑不得，但在嬉笑中却隐伏着人们对它的嘲弄、惊叹和不满。当然，也要把建筑审美上敢为人先的真正艺术创新和故作扭捏的歧异丑形区别开来。

列举这些，绝不是否定建筑成就，更不是否定建筑师们的辛勤耕耘创作，而是帮助发现问题，探明原因，引起重视，防患于未然。如何在新时代条件下，全面准确而又创造性地贯彻"适用、经济、绿色、美观"的建筑方针？如何使"东西南北中"较普遍存在的"高大上"式的建筑千篇一律实现千变万化、更好更美？如何在建筑审美创造中坚持寻美求真、循真求美和守正求新，达到"和而不同"而不是"同而不和"？如何协调和改善城市中"母体建筑"与"分体建筑"即"背景"与"前景"建筑的视觉审美关系，以减少乃至避免建筑千篇一律与千城一面所带来的"审美疲劳"？如何使建筑与城市更加尊重和贴近自然，融入绿水青山，最终走向中国式的"诗意栖居"？如何创造出更多人本化、人性化、人情化的"人化＋美"的人居环境和积极共享的城市建筑空间？如此等等，都反映了中国亿万人民的筑梦理想，也是中国建筑师的历史担当。在现代条件下，那种"结庐在人境，而无车马喧"，"采菊东篱下，悠然见南山"的美居境界，能不能在中国当下的人居环境和诗意栖居中创造性地加以转化和实现，这的确是一个美妙难题。但是，"人（性）本爱丘山""复得返自然"，人们心想往之、居者求之，设计创作者何不努力试之、大显身手，孜孜求之？！

国家的快速发展和社会的不断进步，在召唤着建筑美与环境美、城市美与乡村美的创造。人们呼唤美！美也在向人们招手、微笑！中国迈入新时代，对包括建筑及其形式在内的审美追求，已然成为某种高尚的家国情怀、筑梦理想乃至国家意志。中国不但要富起来、强起来，还要绿起来、美起来。国家迈向"美丽中国"，人民迈向"美好生活"，建筑与城市迈向美好形式，迈向美的空间、美的环境、美的景观、美的意境。相信不久的将来，会有更多的城市与乡村，能像人们理想中的"生态园林城市""绿水青山乡村"那样，随处风景如画，移步皆成美景。所有这些，就是我们讨论"形式之辩——我们需要什么样的建筑审美观"这一命题的宏观背景及其深层的现实和历史意义。

中国建筑处在新的十字路口！中国建筑的明天一定会更加美丽辉煌，更加真善美好！谢谢！

城市更新的观念、视界和目标指向

徐千里 重庆市设计院 院长

在过去的大约三十年时间里，中国城市经历了一次快速的城镇化历程。在此期间，城镇人口增长了 5 亿，城镇化率从不到 20% 增长到接近 60%，全国已有一多半的人口居住在城镇，并且预计到 2025 年，中国的城镇人口将达到 10 亿左右 —— 约占中国人口数量的 70%、全球人口总量的 1/8。在这样的高速增长下，我们的城市出现了诸多问题——因盲目的地域性迁移和城市缺乏理性的野蛮生长，造成了如土地资源紧张、环境污染、生态破坏、交通拥挤、房价快速上涨、产业后劲不足、人文关怀缺失、空城"鬼城"现象日益严重等一系列城市化矛盾与挑战。面对这些现象和矛盾，关心和思考城市未来的人们必然会严肃追问这样一些问题：城市的本质究竟是什么？随着社会的发展和生活的演进，城市自然也应当相应地进化，但是我们究竟应当如何使城市更好地进化发展，从而更好地发挥其功能，实现其价值呢？要回答这些问题，离不开对城市基本价值和发展规律的认识，同时也必然绕不过一个与之密切相关的论题 —— 城市更新。

随着近几十年来社会经济的发展和城市化进程的高速推进，我们的许多城市在城市新区继续扩展建设的同时，"城市更新"亦日益成为一个备受关注的话题。目前，国家对城市新增用地规模进行严格控制，要求从增量扩张向存量挖潜转变，城市开始迈入存量发展的新阶段。同时，城市产业转型发展和宜居环境建设也需要通过城市更新来实现。

城市更新作为引导土地集约高效利用、优化城市功能、推动城市可持续健康发展的新方式和新路径，越来越成为城市规划建设和管理的重要内容。可以预期，不久的将来城市更新必将成为我们城市最重要的发展手段和途径。因此，如何有序推进城市更新并以更新规划、设计引导城市更新建设，就成为当下一个刻不容缓的重要课题。

人们通常认为，城市更新的主要目的是改变、提升城市的面貌和空间形态，但实际上它的作用和意义远远不止于此。

"城市更新"的理念起源于第二次世界大战后西方大规模城市推倒重建式的更新活动（urban renewal）。随后，为了应对物质环境更新对城市原有社会肌理和内部空间完整性的破坏等问题，许多西方国家在经历了全球产业链转移后采取了一种被称为"城市再生"（urban regeneration）的更新方式，通过改善内城及人口衰落地区的城市环境，刺激经济增长，增强城市活力，提高城市竞争力。显然，这种城市更新，或称"城市再生"，是以现代城市发展演变中出现的种种问题为导向的。所以，罗伯茨和塞克斯在《城市更新手册》（*Urban Regeneration: a Handbook*）中把城市更新定义为"试图解决城市问题的目标和行为，旨在为特定的地区带来经济、物质、社会和环境的长期提升"。随着"全球化"的不断深化，与城市更新相关的各类再城市化运动引起了世界更广泛的国家和地区的关注。

国内对于城市更新问题的认识也是伴随着不同时期经济建设和城市发展水平的提高而不断深化的。随着城镇化进程的推进，城市更新的内容和方式也在不断地改变。社会经济的发展和人们对城市本质认识的深化，促使在城市更新中涌现出的社会公平公正、公众参与等社会议题日益成为政府、学者乃至公众关注的焦点；关注的视角也日益从单一的空间形态等规划建设转向更加广泛的社会、经济、行政、法律等层面。在此背景下，关于城市改造与更新的话题受到越来越多的关注和热议，当然是一件很好的事情，因为它将使我们对于城市问题的探究更加深入和广泛。

然而，现实的情况又似乎并非那么乐观。当前人们对此问题的许多讨论还常常难以触及应有的深度和广度，有关城市更新的思想理念，特别是价值观念和取向，往往存在着明显的偏差。这与人们看待和思考这一问题的角度有关。

在城市和建筑领域，我们长期习惯的形式主义思维可谓影响深远、无所不在。在当前城市的更新改造中普遍暴露出的许多问题，尽管表现的形式各种各样，但究其根本，显然大都涉及城市更新改造的目标和价值取向，就是过于强调改造更新的景观目的和形式意义，而对于城市空间和功能的整体改进普遍关注不够；大多较为关心单体建筑的形式、风格、色彩等，却漠视城市尺度的规划和设计。

然而实际上，仅从城市规划和建筑学专业最基本的常识着眼，城市更新改造的目标和意义皆远不止于城市景观、形象的改善与提升，更加重要的是它应当指向城市功能的调整和优化。而且，不论是对于功能的完善还是对于形象的提升，城市整体都远比建筑个体重要。但遗憾的是，这个基本常识却往往被人们遗忘。

如果我们对人类在城市聚居的历史稍加回顾和考量，便不难领会城市的本质及其与我们日常生活的密切关系。不论城市的形式和内容经历了怎样的变化，它们为人的生活服务的本质永远不会改变。我们设计城市和建筑，表面上关注的是由各种建筑材料和结构所构成的建筑实体和界面，然而设计的真正目标却显然不是这些建筑实体，而是由这些实体围合形成的承载人们各种活动的空间。正是在这个意义上，我们说建筑的本质是空间，而且这个空间不是抽象、孤立的，而是与人们实实在在的生活需要和活动方式密切相关的。也是在这个意义上，建筑设计的问题最终都应当归结于或上升为城市设计的问题，尤其是与人们的公共活动密切关联的公共建筑和空间，它们对于整个城市的形态、交通、基础设施和区域结构往往会产生重要影响，其复杂性和层次性只有在城市设计的层面上去认识才有可能获得正确的理解和评价。所以，我们在进行城市、建筑的改造与更新时，关注的目标和焦点显然就不应当仅仅是建筑的形式或形态，而应是这些建筑所服务的人们的生活和活动，是承载这些生活和活动的城市空间，以及与之相关的城市运行机制。

对城市进行改造与更新，既不是新的理念，也不是新的任务。因为城市就如一个有机体，就整体而言，它总会经历从初建到发展、成熟，再到衰落从而需要改造和更新的历程。对于不同的城市而言，这一历程或快或慢或短或长，当然与其城市建设的背景、成长的条件以及影响其发展的种种因素有着极其复杂的关系。而从组成城市的细胞或个体——如建筑、邻里、街道、社区等——来看，显然也同样要经历一种类似的生长变化过程。

城市整体和个体的关系就如同有机整体与细胞的关系一样。因此，改造与更新是城市建设和发展中一项基本和常态化的工作，它甚至比城市的初建（包括扩建）更加接近"城市建设"的基本含义和核心内容。换句话说，如果我们放眼整个人类城市建设和发展的历程，便容易理解，城市的初建（包括扩城）虽然也是一个极为漫长并且至今尚未完成的事业，但毕竟相比其后必然要不断进行的改造和更新，它只是一个起点。与初建相比，改造和更新乃是城市建设更加主要和常态化的工作。强调这样的区别，并非为了分辨二者孰重孰轻，而是为了厘清城市更新的思想与观念。

真正意义上的"城市更新"与过去惯称的"旧城改造"是有所不同的。人们所说的"旧城改造"，通常是指旧城区的再开发，是对旧城区中已不适应经济、社会发展需要的物质环境部分进行改造，使其功能得到改善和提高。在过去二三十年工业化、城镇化快速发展时期，建设用地粗放利用、闲置浪费现象普遍，为了集约用地，旧城改造着力的重点和出发点主要在于城市土地利用以及建筑、空间等物质和经济层面的问题，改造的方式主要是以新的替代旧的，而对于改造的社会目标和人文价值取向并未予以充分的关注。而另一种与之相对的思考和处理城市发展问题的策略和角度，则是城市的"有机更新"。

对于城市"有机更新"，国内最早提出这一思想理论的吴良镛先生有一个经典解释：城市是一个有生命的机体，需要新陈代谢。但是，这种代谢应当像细胞更新一样，是一种"有机"的更新，而不是生硬的替换。

过去因为对城市作为"生命有机体"的认识不足，更由于对城市发展问题的看法和诉求皆太过短视，常常把"旧城区"看作城市的"包袱"和"毒瘤"，而旧城改造的目的就是清除这些"毒瘤"。此外，强大的商业利益的驱动，更促使人们在旧城改造中采取不分良莠、大肆拆迁的简单化做法——这往往直接瓦解了城市原有的社会结构和文化脉络，其市场化运作对高回报率的追求，又屡屡突破城市规划对建设的控制，导致城市历史格局、空间肌理的破坏和传统风貌的丧失。

这是我们正在经历和追求的城市化、现代化过程中普遍存在的本末倒置的现象。这种高度物质化城市空间的发展，不仅自身的目标模糊不清，甚至心有旁骛，而且大多是以城市生态环境不可修复的破坏为代价而获得的。它们实际上沦为单纯经济、技术的运作而不是依据人文价值尺度的创造。城市被当作获取经济利益的机器，而不是人民安居乐业的场所。于是，不仅评判城市建设的尺度和标准，而且看待和思考城市、建筑问题的角度与视野，都根本扭曲甚至颠倒了。

而与之形成鲜明对比的是人们在城市发展中所坚守的理念

和秉持的另一种态度。近些年，国人有了越来越多机会走出国门去感受和体验一些世界名城的风采，这对于我们习惯的思维方式应当有许多触动。当我们行走在如罗马、伦敦、巴黎、维也纳和佛罗伦萨等欧洲名城的大街小巷，她们的万象融汇、温文尔雅，她们的体恤周全、尺度宜人，给我们的印象之深刻、感受之强烈，与在我们许多城市里到处可见的宽阔马路、无垠广场、玻璃幕墙、霓虹闪烁体现出的冷若冰霜、拒人千里……是多么的不同，让人们深深感悟到城市的本质和那里人们生活的态度。由此我们才特别理解并赞同余秋雨在其《行者无疆》一书中为一城市景象所配注的文字："古老而安静的欧洲小镇，最适于居住。这个图景不见人影，却充溢着一种人生观。"

近年笔者参与了一些老城区的改造更新项目，从其间所进行的若干探索中，也获得了一些有益的启示和思考。

重庆在过去十多年里持续进行了数次较大规模的城市主干道和社区的"综合整治"。与以往的城市整治有所不同，这些年对大部分城市干道 —— 以及后来推及老旧社区 ——进行的较为深入的整治，不再如以往那样简单地给沿街的建筑"穿衣戴帽"，而是将建筑、环境、绿化以及市政设施、标识系统、广告、店招等综合起来一并考虑和设计，实际上是以一条条街道为单元而进行的城市更新设计。它关注的首先不是某一幢或几幢建筑孤立的形式、风格或色彩的"完美"，而是着眼于整条街道服务于市民生活与活动的功能的完善，是一条街道甚至更大区域内城市空间、尺度和肌理的整体协调。

人们之所以普遍感觉更新改造后的旧建筑比大多数近年新建的建筑更加美好，其实并不是由于改造前后建筑之间本身的差别，而是单体与整体的区别，或者说是单纯强调单体建筑形式与注重城市整体功能的区别。因为这种城市更新遵从了城市设计的理念与原则，着眼的是城市整体功能的有效发挥，而不是单个建筑的形式之美。而过去的不少建设则因普遍缺乏城市设计的思想和意识，过于看重单体形式而忽视城市整体的设计，造成了城市风貌的模糊、混乱和功能缺失。在这个问题上，欧洲城市同样可以给我们许多启示和教益。

早在 20 世纪 70 年代，包括英、美在内的一些西方发达国家在旧城改造中也曾经走过弯路——一些具有历史文化价值的老城区由于年久失修需要改建，老城区所处的地段又具很高的商业开发价值，故而成为借城市开发牟利的房地产商觊觎的目标。当时通常的做法是，开发商拍得一块地，将旧建筑通通推倒，建设高档商品房和写字楼，卖给出得起钱的富人，而"原住民"则只得在高昂的房价下背井离乡。在这种城市开发模式下，难免使许多具有历史文化价值的古建筑在"旧城改造"的旗帜下遭到破坏；而买不起房的原住民被赶走，更使城市传统的社会

肌理和人文环境丧失殆尽。这与我国过去几十年普遍存在的旧城改造模式十分相似。

那么，究竟应该如何进行旧城改造？是将便民低价的杂货铺、小饭馆、理发店统统推倒，将原住民统统赶走，换上更时髦的酒吧、咖啡馆、霓虹灯吗？意大利博罗尼亚 (Bologna) 旧城改造拒绝"绅士化"的实例可以给我们以启发。

博罗尼亚是意大利北部富裕的历史文化名城，市中心有中世纪和文艺复兴时期最大的建筑群体，建于 1088 年的博罗尼亚大学也是欧洲最古老的大学。由于博罗尼亚城市里的人行道均以沿街柱廊形式修筑，这座城市又被称为"柱廊之城"。

在博罗尼亚的旧城改造过程中，同样也面临过开发后的住宅走向"绅士化"的倾向。"绅士化"(Gentrification) 一词是从法语演变而来，在城市社会学中特指"中上阶层涌入传统蓝领阶层居住区"，这个潮流往往伴随旧城改造而来。旧城改造，这条看似光明的前途在博罗尼亚却遇到了难以想象的阻力——因为居住在原社区里的低收入家庭没有能力承租经过改建后的房屋。

意大利人对历史文化遗产的保护起步很早，历史文化遗产保护的理念在那里早已经成为一种全民意识。博罗尼亚则是世界上第一个提出"把人和房子一起保护"（整体性保护）的城市。所谓"整体性保护"，就是既要保护有价值的历史建筑，还要保护生活在那里的居民的原生态，留住原来的居住者。

1970 年，当时的博罗尼亚市政府聘请罗马著名的建筑、规划大师柴菲拉提 (P.L.Cervellati) 任总规划师，提出整体保护规划，其要点是利用公众住房基金改善社区居民的居住环境，保护历史建筑；并用法律形式规定居住其中的 90% 以上的旧住户必须留下来，居住在社区里的低收入家庭的租金不能超过其家庭收入的 12% ~ 18%，从而实现历史街区里"原来谁住的房，改造后还由谁住"的旧城改造目标。举例来说，在某个街角，开发前是面包房、咖啡馆或花店，改造后仍归原主人管理。这项改造规划因为照顾了社区中低收入家庭和小店主的利益，深得居民欢迎，群众参与热情高涨。

博罗尼亚旧城改造取得成功的经验有以下几点值得借鉴。

首先，保护古城风貌，除了要保护那些有形的文化遗址，如宫殿、教堂、街巷、旧房，还要保护一个城市有别于其他城市的无形的人文内涵——如民俗、民情、生活方式与社会风尚。

其次，历史建筑作为城市文化的载体表现了城市文化中最直观和最表层的一面，而每座城市独有的人文景观才是城市的灵魂。一座历史文化名城的魅力在于它的居民的文化生活，它的实质不是僵死的古董和遗址能够涵盖的，而只能在其居民的现实生活方式中去寻找。

最后，一座城市，应该是一个同时给予所有人希望，让穷人、富人都能找到生活支点的城市。我们不能想象一个没有平民百姓，只有富人"绅士"的城市是个什么样子！

博罗尼亚人对他们生活的城市所进行的这种有机更新反映出他们积极健康的生活态度和对于城市本质的深刻理解。抚今追昔，对比中外，对我们城镇化浪潮中罔顾生态环境与文化价值的现象，我们的确可以获得许多有针对性的借鉴经验、建设理念与应对之策。

由此我们或许可以把问题引向一个更深入的层面——城市更新，可以更新什么？

朱荣远先生在《城市更新不止于空间》一文中的论述清晰地回答了这个问题："城市更新不仅直接改变空间形态，也引发社会方方面面的连锁反应。从政府的角度看，城市更新是系统地补强和建构具有更高文明的社会公共品（公共政策、公共服务和公共设施）的难得机会；从市场的角度看，城市更新可以改变空间实体，更直接、更现实地提质增值；从大众的角度看，城市更新是推动社会变革和进步的动力。当下的……城市更新'运动'正在持续、系统地更新着或局部或整体的经济格局、文化格局、城市公共服务格局和社会治理格局，更新着人与人的社会关系。城市更新不仅能够更新空间，还能借机更新社会。"

所以我以为，不论城市更新的具体内容和方式怎样，其根本目标都是持续不断地改善人的生活方式和生活状况，因此它真正指向的就不仅仅是城市和建筑形态的更新，而是人的生存环境和生活状态的优化与提升。所以，城市更新所能够更新的，也就不仅仅是城市和建筑的空间或形态，而是人的生存环境和生活状态，是社会健康发展的机制和条件。

聚焦生态业态，彰显品质活力——对海口湾提升规划的思考与探讨

方立　　海口市自然资源和规划局　专家顾问

摘　要： 海口湾是海口城市门面、脸面之地，提升规划旨在更好地服务自贸区（港）建设，顺应时代高质量发展。坚持"以人为本，生态优先"发展理念，聚集生态、业态、形态，构建高品质公共空间，创新立意构思①绿色生态文明范本空间；②功能业态产城融合空间；③地域标识，开放现代形象特色空间；④"内通外畅"交通路网宜人活动空间，一个宜居宜业宜游、好看好玩好吃好乐的地方，彰显城市品质、活力、现代、形象特色。围绕规划提升目标、策略、路径理想结果追求，针对建设实际，提出不能忽视现状存在的"不良与不是"，建议多措并举破题化解，坚持创新与更新是推动实现提升高质量发展的双引擎。

关键词： 创新更新提升；品质活力形象；生态业态形态

一、海口湾提升规划恰逢其时，契合服务自贸港城市，顺应时代高质量发展

海口地处祖国南疆海岛，是改革开放的热土，我国最大经济特区省会城市；海口还是我国历史文化名城，海南国际旅游岛重要旅游目的地和国家生态文明试验区标志性城市，名闻遐迩，当今新时代又迎来了新使命、新目标、新征程，是中国特色自贸区（港）建设核心城市。时代赋予海口新的历史使命和重任担当，海口必须与时俱进，高质量、高水平发展。察探认知海口，不难发现，海口湾处于城市中心区位，建设发展拥有得天独厚的优势条件，已形成的滨海城市功能空间及热带风光风情风貌图景令人惊叹……这里是见证海口市历史变迁和书写城市建设发展成就的封面之地，是展示城市文明水平、体现市民感受发展和享受生活质量的门面、脸面之地。其标志性重要地位和作用决定了对海口的提升规划有更高要求，旨在满足中国特色、海口标识、高点定位，以秉持"以人为本"、以人民为中心的民生观和贯彻生态文明思想以及绿色发展的生态观的新发展理念为主旨，明确战略定位、发展目标，谋定提升策略、路径，努力塑造"让生活更美好"的真正宜人境地海口湾。

当然，憧憬、梦想、目标的实现，离不开政策支持、策略和技术路径的支撑，在自贸区（港）背景下，城市转型提升，重在创新、更新赋能。

二、创新与更新是实现海口湾提升高质量发展的双引擎

当我们回溯和以理性目光审视具有动力、活力、魅力的城市和惊异地发现一些高品质街区或园区时，究其原因有三：一是凸显了主体功能定位的引擎作用；二是内在素质品格、人文情怀及文化底蕴的潜在作用；三是空间格局形态风貌特色与众

不同的彰显作用。也就是海口湾提升规划要强调关注和把握三个层面的重点内容：①强调提振主体功能，优化功能业态结构，增强产业动能引擎；②重视注入生态、文化、开放等文明要素，提升品格素质，发挥资源优势及内在潜能作用；③构筑打造一个具有热带滨海风光、风情、风貌，凸显海口特色形象魅力的空间。不言而喻，三者密切相关，皆不可或缺。其中，空间形象特色风貌犹如仪容颜面，亦即功能空间物质载体的具象，对认知海口具有视觉第一印象作用，必须加倍关注、重视高颜值。

海口湾空间格局形象风貌由所在自然地形地貌环境及建筑道路绿化等物质要素构成，通过整体规划、城市设计进行艺术创作，探求一个与提升战略目标、策略定位要求相一致的美好图景和引导路径，是海口湾提振必须首要明确的重要问题。鉴于海口湾前期建设中出现的某些"败笔"，所存在负面作用的不良影响，拟采取"得景无远近，俗则屏之，嘉则收之"原理，对现状存在的俗点、堵点、痛点，采取修复措施，提出有效高招、实招变革更新。就这个意义而言，海口湾提升目标策略及路径的探索与实现，重在推行理念与立意构思创新和对现状存在"不良与不是"变革更新两个方面引擎着力，既要坚持贯彻与推行新发展理念创新目标，也不能忽视修复变革更新的重要性。创新与更新双引擎赋能，为高标准、高质量创造新海口湾提升目标的实现提供支持和保障。

当然，创新、更新含义深刻，前者指的是发展理念、构思立意及实践表现的创新，后者主要是指对现状存在作用"不良与不是"的更新。

三、海口湾提升不能忽视现状存在的某些"不良与不足"

6月13日专家评审会提供《海口核心滨海区提升规划》成

果内容丰富，擘画了未来发展的美好图景，会上气氛和谐、议论热烈，有认同赞许，有建言商榷，如对"品质海口、活力海湾"目标，"品质、活力、形象特色"策略定位的赞许；对有关目标理想与目标实现矛盾统一及困难之问；对现状存在某些"不良与不是"作用，有损、有碍目标实施，质疑中议论企求破题化解之商和热议中建言凸显绿色生态文明、体现生态价值、彰显生态文明特色之提议。令人深受启迪，有思有感而发。

当然，毋庸讳言，会上提出有关之问、之商及建言和现状存在有悖、有违目标的俗点、痛点、堵点及难点，其存在负面作用，有碍、有损目标实现，涉及实现结果质量水平、品质的好与否、高与低，值得关注，应予重视。如下文提到的几个方面。

当下用地现状功能结构不尽合理。房地产开发居住用地偏高，公共服务设施用地比例相对偏低，前者占 33.85%，后者占12.14%，距提升规划目标与策略定位需求，对加强与拓展建立高品质公共活动空间体系存在影响或障碍，不相适应。

海口湾位居城市中心人口密集的市区，拥有优质公共资源，漫长滨水岸线优质用地，既是成景之地方，也是对景、观景、透视热带滨海城市形象特色的空间环境，自然也是汇聚人群最富有活力魅力之境地，但现状功能、形象、品质不尽如人意，且存在诸多弊端与问题，对提升目标及策略定位有较大矛盾与障碍，如何谋划、策应破题化解？

海口湾目标策略、功能定位和资源区位优势作用，这里定是人群汇聚、人气盈盛、客商纷至沓来的兴旺之地，必然期望增添新的公共活动场所及提供休闲旅游享受消费服务新产品。满足富起来的市民、游客日益增长的消费需求，培育市场注入新的活力要素乃当务之急，但可建用地所剩存量无几，用地危机与难题成为必要而难克服的"心腹之患"。

综上所述，现状用地、形象、功能、设施等暴露的一些不良与不足，存在格局性、品质性、功能性缺陷显现，必然会成为直接影响提升需求的不利因素。面对现状与目标的矛盾及挑战，具有针对性、前瞻性并从政策、技术层面探索破题化解，建议如下：①以共建共赢共享理念，强化顶层设计，追求高满意度和效益最大化，建立政企民联动实施机制；②提高规划建设管理水平及可操作性，加强规划主导引领，引导房地产"守正出新"，视需求合理转型以提质改性，近年来，常见房地产转型"经营"式房产增效发展，"解铃还得系铃人"，以海口湾目标、策略催生孵化作用激励和鼓励房地产向市场消费新热点创新业态、奖励出新公共服务产品，以取得房地产经济可持续性高效和助推海口湾高品质发展；③运筹政策赋能效应，鼓励企业创新，积极支持与海口湾目标定位相一致的新业态、新产品，加大对休闲、旅游、商业、现代服务业等产业的政策支持，

并出台相关奖励政策，鼓励、扶持、引导提供公共活动平台和服务消费空间场所，如对滨水地段的居住建筑能给人们直接感受微观层面和适合开放的底层平面及空间作必要、合理的技术改造，提供作为公共活动场所和消费场景的营造。为大众新生活创造更多美好的场景空间，为城市增添活力。

四、运筹创新动能引擎，构建高品质公共空间

在中国特色自贸区（港）视野下，海口湾提升规划有着积极意义和特定要求，审视并遵循提升规划认定的目标、策略、路径作为立足点和出发点，全面贯彻"创新、协调、绿色、开放、共享"和"以人为本、生态优先、产业支撑、文化底蕴、形象魅力"的发展理念及指导思想，站在新时代制高点，以"世界眼光、中国特色、海口标识、高点定位"要求，探索城市转型升级，与时俱进地高质量发展。深入领会理解上文所述，发现其关键是坚持推行创新赋能引擎作用，强调创新对功能空间内在品质的提升和外延景观形象特色的塑造；其核心含义是围绕绿色生态文明、功能业态产城融合和美化空间环境景象三个层面着力，从多元维度、多层次系列展开，提升核心聚焦，也就是重点聚焦生态、业态、形态，彰显品质、活力、现代、形象特色的海口湾。其内容包含以下几个方面。①视用地布局结构现状与需求，按合理与否进行必要有效的修复更新，通过规划梳理整合与设计创作，以目标需求及问题为导向，创新总体用地空间格局形态新版图。②强化主体功能，集群产业、优化业态，培育市场和优化营商环境，构建平台，形塑产城（此指海口湾）融合，产业功能联动共强格局。③重视护绿、增绿、优绿和美化、景化、绿化景观塑造，运筹生态赋能、绿色兴态策略，探求取得生态兴文明、促形美正能连锁效应。旨在"不夸高大华丽表，只留清风满乾坤"，椰风海韵映文明，诗情画卷海口湾。这里值得提出的是，海口作为省会，率先实现生态文明城市是国家生态文明试验区和海南生态省建设赋予的使命和责任担当，且海口湾具有先天的天时、地利和丰富资源基础，优势条件犹在，有本源有底气，旨在构建一个"以三大公园＋经绿化、景化、塑化的三板块为架构，以滨水岸线、道路两旁绿道为纽带的"网络结构形态，黄土不见天、绿色全覆盖的园林园艺特色风格意境，具有功能、交通、景观等内涵范畴及作用意义的全开放绿营地空间，凸显绿色生态文明，融生态、业态、形态协调和谐于一体，有活动功能，有景观形象，还具有关爱包容品质，更加富有活力、魅力而美丽的公园示范型绿色系统空间。④构思立意营造品牌效应，展示海口湾特色形象。美丽的城市形象，可以展现城市魅力，具有提升知名度、美誉度、影响力的品牌效应，海口湾形象提升塑造重在场景环境氛围与颜值景象和反

映地域标识与品牌标志的创新匠心塑造，即一是勾勒体现热带滨海、生态文明及人文自然地域特征风貌和标志改革开放热土，中国特色自贸港城市，多元复合的场景营造；二是擘画热带滨海风光、绿色生态风韵、人文关怀风情，包容共享风尚风貌、醉目醉人的美丽画卷。犹如交响乐有前序、引导、辅垫、高潮、收束，显现有韵律乐章的空间形象。⑤建立"内通外畅"路网，行游浏览适闲趣乐宜人，行来有序、活动自如、便利自主的空间场境。⑥就海口湾提升品质、活力、现代、形象特色策略而论，主要表现为宜居、宜业、宜游功能空间，尤为重要的是对滨海活动空间场所和消费场景的营造，力推创新以生态文明为主导的空间系统；以功能业态为支撑的产城融合空间系统；以凸显热带滨海风情风光地域特征的空间系统和力创"内通外畅"出行方便、活动自主、通畅无阻的交通路网空间系统。通过以上系统的建立，统筹综合汇聚协调生态、业态、"形态＋交通良态"融合一体的海口湾公共空间体系。

五、结语：何为城市，城市何为？何为提升，提升何为？

何谓城市，何为城市，城市何为？何谓提升，何为提升，提升何为？是本文所探索和要明确回答的。城市存在要与时俱进，要满足、适应和服从、服务时代，是城市建设发展的永恒课题，为政界所重视，社会所关注，业界久久持续不断地研究、探索。

恕本文诠释对"城市"名词的不成熟认识或认为，城市是集人类生存、生产、生活功能汇聚复合，统筹综合和谐协调发展和供人生享受福祉的物质、精神文明空间载体，有功能、有文化内涵、有个性特色和外观形象。纵观城市形成发展历程，其文明发展思想、理论经长期探索实践、积累沉淀和创新更新而博大精深，环顾国内外有无数别样的著名城市空间格局形态范本，各有作为，各尽其能，各展其美，为时代、历史而闪耀光辉。当今新时代倡导推动创新高质量发展，践行"以人为本"，以人民为中心的"民生观"和"生态优先""共创美丽家园"，以生态文明思想为导向的生态观，开创了新时代城市高质量建设发展的新境界。不言而喻，人类对"生存发展享受"有着积极追求，其实每个工作、生活、居住在城市的人，都怀着憧憬，梦想有更多、更好适宜多种人群、多样要求的生存发展享受平台和空间载体，海口湾提升规划正逢其时、恰逢其势、合乎民心、顺应时代，其抓住发展契机积极采取举措与举动，核心价值是坚持贯彻和坚定遵循新时代发展思想和新发展理念，提供的方向指引体现在规划图中，践行在海口湾，契合服务中国特色自贸港城市，以人民为中心，坚持创新赋能高质量发展。

海口湾提升愿景实现的关键，在于有一个先进、优秀的规划的引导和一个能够有效管控目标结果的机制，其意在从建设规划和规划管理两个方面着力，坚持创新与更新，中国特色、海口标识、高点定位，探索构建一个合乎民心、顺应时代、满足富起来的人民日益增长的新需求，从而实现海口湾品质、活力、现代、形象特色的提升飞跃。

建筑与城市评论之浅见

金笠铭 　　清华大学　教授

摘　要: 中国城市化与建设大潮推动着建筑与城市评论发展，在广度、深度、维度上都是空前的。中国社会正加速信息化和日益多元化。建筑与城市评论也要反映这种变化。本文对建筑与城市评论有三点浅见：①跨学科、跨专业、多视角、全社会的评论已形成趋势，但专业的评论仍是不可替代的；②网络等新媒体使建筑与城市评论建构了更开放的平台，相关专业评论要关注大量关系民生的建筑；③顺应高质量发展趋势，彰显"以人为中心"的核心理念。

关键词: 信息化；多元化；民生建筑；以人为中心

疾速奔涌的中国城市化与建设大潮，推动着建筑与城市评论的蓬勃兴起，其评论的广度、深度、维度都是空前的。从事建筑与城市规划的专业人士为此付出了巨大的心血和贡献；同时，一切关注此领域的各界及民间有识之士积极参与其中。可以说，中国的建筑与城市评论正呈现百花争艳、千帆竞发的大好风光。

当今，中国社会正在加速信息化和日益多元化。人们的审美取向和文化追求也更加多元化和多样化，这是扩大开放、经济转型、社会进步的显著标志。建筑与城市评论也必将反映出这种变化，更加多元活跃，并与时俱进。我已退休十余年，尽管与建筑和城市规划专业已渐行渐远，但基于使命惯性和盛情难却，仅以有限过时的资源，对这个问题发表几点浅见。

（1）跨学科、跨行业、多视角、全社会的评论正在形成趋势，但专业的评论仍是不可替代的。全社会的评论已不限于原建筑学及传统城市规划的学科视角，而涉及经济、社会、法律、人文、环境、科技等诸多领域和学科；其参与评论的行业也由最初的以建筑界、城市规划界、景观园林界为主，迅速波及房地产业界、文化艺术界（包括美术界、传媒界、影视界、文学界等，其中美术界内相关设计专业已成为国内建筑、城市及景观设计的新军，其市场参与度和话语权与日俱增，无疑对丰富建筑与城市设计营造是大有益处的），甚至还扩展到农林业界、国土环境业界、发改委等，并且在相关领域已拥有了相当强势的话语权，不少评论是智者见智、仁者见仁。这说明全社会对建筑与城市的关注度明显提升，无疑是一大进步。其所涉及的评论范围也非常宽泛，包括建筑、城市、景观环境诸多行业和专业。三者之间的界限也愈加模糊并联系紧密。这种局面恰是当年建筑与城市规划资深专业人士所期望的，当然也大大超出了预期。

这里必须指出：在建筑与城市评论领域，专业的评论仍是不可替代和不可或缺的。老一代建筑学家和大师们作为中国近现代建筑学科和行业的奠基人和领路人，不仅设计了流芳后世的建筑经典作品，而且创立了一整套新中国建筑与城市规划的基础理论和评价原则。改革开放初期，此领域的开拓者也是功不可没的。据不完全回忆，建筑评论领域有代表性的新领军人物有郑时龄、陈志华、曾昭奋、马国馨、汪正章、郑光复、顾孟潮、布正伟、张钦楠、张学栋、萧默、王其亨、金磊、王明贤、艾定增、洪铁城等；在城市规划、景观园林评论领域也有不少开拓者。同时，还有一大批学术新秀和设计新锐，承上启下，继往开来，提出了不少新的评论视角和评论标准，发挥着不可小觑的作用。但是还必须看到，专业人士的话语权和引导力却与突飞猛进的城市化建筑大潮极不相称。如何扭转这种颓势？的确值得专业团体、相关部门和有识之士认真反思并采取对策。举办这届论坛，非常及时。在某种意义上，正是为扭转这种颓势，在专业领域内加强交流并达成某种共识的积极举措，期望能长期坚持下去，定期或不定期举办此类专题论坛，使之成为专业有识之士常见常新的学术平台。

（2）网络等新媒体的加速普及，使建筑与城市评论建构了更加开放的平台，评论的方式更加多样和接地气，博得了更多受众的思想交流与交锋。对于"奇奇怪怪的建筑"的众口一辞的批评，也大大激发了建筑评论的全民参与热情，对普及健康向上的建筑美学起到了积极作用。同时必须指出：这些网络上的评论大多仍停留在肤浅的建筑外在形态方面，并未涉及更多建筑专业的问题，也很少触及其产生的社会经济背景，仍有一些难以启口的禁忌和顾虑，难以从实施上杜绝这种怪象产生。一些"标题党"进行性质低劣的炒作，哗众取宠，故弄玄虚，使本来严肃的话题沦为笑柄，造成误解。这种变了味的社会评论风气，还有一定的市场，不能不引起相关专业人士的关注，并积极加以引导。相关的建筑评论，其对象也多限于一些大型公共建筑物（如行政办公类建筑、标志性建筑、高档酒店等公共服务建筑），而较少涉及大量关系民生的建筑类型（如海量建设的高层住宅建筑，其形成的"百米新城"现象；适合各类人群的、特别适合中低收入人群的养老设施与建筑；大量量身定制、因地制宜的农村建筑与农业设施；各类不同对象的文教建筑；各类工业建筑与交通建筑；各类医院建筑等）。这些建筑影响巨大而深远，仍有待专业人士能更多关注并开展针对性评论。对于城市形象、乡村风貌的盲目跟风、攀比、一刀切式搞"千城一面"或"新村兵营式"的评论仍多限于业界内或议论层面，并未更多探究其产生的深层原因，或报喜不报忧，或言不由衷、隔靴搔痒，并未能以"授之以鱼，不如授之以渔"为出发点，在培育当地村民自治自建能力上（包括真正传承村规民约和传统技艺等）加以引导提升，留下一些应景的遗憾和无奈的作品。

（3）顺应回归理性科学高质量发展趋势，相关评论要坚持贴近瞄准现实问题，切中时弊，并彰显"以人为中心"的核心理念和价值追求。冯仑先生的论著《野蛮生长》，如一石激起千层浪，其不仅揭示了改革开放初期房地产业兴起时的一些弊端，也对建筑和城市评论有所启迪。在城市高速粗放式发展中，已暴露出不少有违城市的建设规律和自然生态法则的决策和行为失误，并为此付出了沉重的代价（现在一些城市在搞"双修"，也是在亡羊补牢，弥补以前的失误）。各种"城市病"和经济社会转型而产生的新的建筑和城市热点难点问题，对建筑与城市评论提出了新的挑战。

首先，"以人为中心"始终是建筑与城市规划设计的核心理念和价值追求，吴良镛先生曾指出"建筑不光是盖房子，建筑是关于人、关于社会"。北京大学景观系的李迪华博士对城市设计管理中"以人为敌"的批评，深刻揭示了当今一些城市中普遍存在"管理至上"而忽视人的行为科学的错误倾向。一段时期内在建筑设计和城市设计中还有一些片面或违心迎合权势及资本的现象，而"以人为中心"多停留在虚张声势的口号上。可以理解，在为生计而委曲奋争的一线建筑师们也是不得已而为之的。从方法论上看："以人为中心"是通过建筑和城市规划设计，从宏观到微观的各阶段体现的，最终要落实到细节设计与精心、精细、精明的营造上。从实践认识论上看："以人为中心"还要紧密跟踪人们物质与精神生活的最新需求，针对各类人群的多样化物质空间需求和多元化精神文化空间需求（面对各种新业态和新生活方式而产生的新城市空间形态和建

筑类型，如信息化、智慧化而催生的新业态和建筑类型与社区空间，绿色生态住区与住宅，新材料、新工艺、新科技下的建筑集成化、装配化、定制化，文创、科创、商创所产生的新建筑综合体，旅游等新业态催生的各类建筑与城市新街区等）。尽管花样众多又层出不穷，且有全新的功能、结构、营造方式、空间形态及与之相配合的设计营造规范，但在人的行为科学方面，在自然生态法则与人文美学原理方面，仍有不少相通之处。因此，相关的专业评论不仅要在"方法论""形式论"层面展开，而且还要在"社会学""经济学""人文学"层面提升。

新时代、新挑战，打铁还要自身硬，不待扬鞭自奋蹄。建筑和城市评论要以更开放广阔的视野，对最新发展的领悟，超前敏锐的思维，勇敢站在时代的潮头，搏风击浪、荡污扬清，谱写无愧于中华民族伟大复兴的新篇章。

参考文献

[1] 吴良镛 . 人居环境科学导论第二版 . 北京 : 中国建筑工业出版社 .2018.

[2] 郑时龄 . 建筑批评学第二版 . 北京 : 中国建筑工业出版社 .2018.

[3] 冯仑 . 野蛮生长第二版 . 北京 : 中信出版社 .2017.

建筑的纤弱与弥散——石上纯也建筑作品解析

吉志伟　　海南大学土木建筑工程学院　教师

摘　要： 东方的传统建筑哲学中，有追求建筑视觉的非永恒性的文化渊源和倾向，这往往体现在强调建筑的体积轻薄以及与自然元素的交融上。日本新生代建筑师石上纯也（Junya Ishigami）在个人作品的探索中反复拾取这一特质，以自己的方式推进建筑体量感和永恒感的消逝，同时使得其作品具有一种纤弱和弥散的状态。

关键词： 建筑；石上纯也；纤弱；自然；弥散

当现代主义统治全球建筑的时候，西方建筑传统中的坚固和恒久也自然而然地成为建筑理所当然具有的特征。这也暗合了现代主义革命倾向中的绝对性和纪念性。

相对于欧洲建筑传统中对坚固和恒久的追求，东方的传统建筑哲学中，有追求建筑非永恒性的文化渊源和倾向，尤其在视觉上，"遮蔽"和"藏"往往是一种体现含蓄态度的美学追求。这反映在建筑材料以木结构为主的选择上，还有对自然形态的园林植物的倚重——在东方的园林中常常利用植物对空间进行围合、划分、过渡等，形成空间中柔软的并有意义的背景或内容。

日本新生代建筑师石上纯也（Junya Ishigami）在今年（2019年）的7月至10月，在上海当代艺术博物馆（PSA）举办了题为"自由建筑"的个展，展览通过大尺度的模型、建筑手绘、设计手稿、影像资料等方式，展示建筑师眼中的"自由建筑"。

石上纯也的建筑创造一直以一种"纤弱"和"弥散"的特质著称。纤弱是其对重力及承重结构构件在视觉上极力摆脱的一种呈现方式，又是其在设计手法上追求的一种视觉体验——没有任何历史和装饰的痕迹。与此同时，其作品呈现一种弥散的状态——充满整个空间的"桌子"和"气球"，灵感来自拥有一片树林的神奈川工科大学 KAIT 工房。特别是他近年来的作品，多是大面积覆盖草地、树林、海面的建筑。但这些建筑往往并无坚实的体积，其边界也趋向模糊，而是以一种弥散的状态生成并存在——类似"云"的状态，感觉很分散，并形成包围的环境和空间，但并无明确的界限和形状，从而感受不到其体积的存在。

一、桌子

桌子是石上纯也早期的作品之一。虽然是一件家具，却渗

透了建筑师的风格特点。这是一张像纸一样薄的桌面，仅有3毫米厚，却有9.5米长、2.5米宽；桌腿也十分纤细，且1.1米高。这个桌面如此的薄，一般情况下它的中间部分会下陷，四脚会歪斜。但是设计师把这作为一个事先考虑在内的因素，预先给桌面和腿一个曲度——与桌子将要下陷的方向相反的方向——当安置在地面上时，预应力和重力达到一个平衡的临界点，桌子变得十足地水平和垂直，仿佛没有任何的外力作用在桌子上一样。这样的大桌子的搬运路线可谓非常狭窄（图1）。

图1 桌子

二、气球（2007年）

气球通常轻盈漂浮，使我们忽视它其实是有重量的。这个气球项目是在一个现代艺术博物馆的4层楼高的大中庭中，设置一个漂浮的、棱角刚硬的方形铝盒子，高约4层楼，重达1吨。它的重力和它内部氢气的浮力正好达到一个平衡，于是它漂浮起来，并在被空调或者是附近人的流动形成的轻微的气流中缓慢地移动——在中庭和气球之间形成的空间在不断改变；中庭上空天空的轮廓也在不断改变。盒子气球表面用镜面锡板包裹，时刻反射着周围的事物及环境，使其体积感和重量感进一步被削弱。

我们可以在它的镜面表皮看到弗兰克·盖里 (Frank Owen

Gehry) 在毕尔包的毕尔包古根汉美术馆 (Guggenheim Museum in Bilbao) 的影子，但是它显然站在另外一个极端。

观众观察缓慢运动的气球形成的空间，感觉似乎在海底观看一个漂浮的冰山或舰艇，海底水下空间的奇妙特征能够被体验。这个装置让人们意识到周围的空间是被空气所充满的，虽然它是如此的透明和虚无，以至于人们几乎忘记了它的存在（图2）。

图 2　气球

三、KAIT 工房（2004 年）

神奈川工科大学 KAIT 工房总面积约为 2000 平方米，是一个单层的方形体块，四面以 10mm 厚的玻璃包覆，结构由 305 根 5 米高的纤细钢柱支撑，这些钢柱的布置舍弃传统的矩阵排列方式，而采取不规则分布。

对于一般人而言，KAIT 工房可能只是一个大大的玻璃盒加上散乱的柱位，然后加上不同的空间配置罢了。但其实石上纯也花了三年的时间研究前述每个空间的用途、大小，仔细地排列每个柱子的位置，以手绘图、CAD 图纸等方式探讨各种可能性，制作了超过 1000 个模型，所以在不知情的人眼中那些柱子看似随机放置，其实它们围塑出来的 290 个四边形都是建筑

师审慎思考的结果。

结构工程师小西康隆（Yasutaka Konishi）解释：由于柱子的复杂度极高，所以简化结构系统是一件非常重要的事情，因此 KAIT 工房屋顶仅是常见的框架结构，但 305 根柱子当中有 42 根作为压力构件承受垂直载重，而其他 263 根柱子则作为拉力构件。

每根柱子都是细扁的长方体，最薄的拉力构件剖面尺寸是 16mm×145mm，最厚的压力构件则是 63mm×90mm。由于每根柱子的朝向都不一样，依照人们所站立的位置，会看到不同粗细的柱子。

施工时，必须先将压力构件定位以承接屋顶的重量，然后将屋顶加压去模拟下雪时可能承受的重量，等到屋顶降到某个高度时，才将拉力构件从梁架往下与地面连结，最后让整栋建筑的每个结构顺应结构工程师的设计，微量变形达到其所预定的尺寸，甚至屋顶的泄水坡度都已经考虑在内。

"我并不想把一个个独立的场地依次摆放在不同的位置上，我想营造的空间是一个整体，在其中各部分几乎拥有同等的价值。这些场所被设计为在任意时间都对这个 2000 平方米的整体大空间开放，每一处空间又有各自独立的范围，空间上有一定的距离感。"每个场地不存在明确限定的边界，存在各自延伸、相互渗透的范围。

这些散乱分布的柱子，在视觉上更像是分隔不同场地的、随时可以被撩起的垂帘，因为它们太过纤细，像挂在天花板上一样，从特定视角看更是如此。这个看似带有密斯·凡·德·罗

图 3 KAIT 工房

(Mies van der Rohe) 风格的玻璃盒子，其实恰恰是对现代理性主义的建筑内部对机械化规则柱网建筑结构的一种质疑（图3）。

四、日本馆（2008 年）

在 2008 年威尼斯建筑双年展中，石上纯也设计了日本馆。因为在双年展中展示建筑实物是不可能的，设计师找到一种非正统的设计来展示建筑的形式，建立一个与临时展馆的现有结构有着寄生关系的装置。通过精确的结构计算，他设计了仅仅能够站立起来的足尺寸的"建筑"。这个装置预示着建筑未来的可能性。

对石上纯也来说，包括纤弱的、短暂存在的、与周围的环境融为一体的花房，既没有安装空调设备，也没有用栏杆封闭起来，减少了人为环境的感受。植物的纤弱模糊了内部和外部环境的元素，在植物学家的帮助下，石上纯创造了一个对地形景观有轻微干扰的系统，乍看上去风景似乎相当普通，但是对周围环境有积极作用。

进入内部，日本馆看上去几乎是虚空的空间，显示出独特的空间魅力。日本馆的室外运用分散的家具和植物营造内部风景的气氛。整体建筑没有一个物质实体的特征，模糊了内与外，使整个日本馆像是一团边界不清的、人造的环境，或是地势的元素。石上纯也在同一层面考虑了建筑和景观，运用植物去营造一个类似于建筑尺度的建筑环境。他设法使建筑与自然结合，不分彼此，空间的内与外以一种不十分确定的方式同时存在（图4）。

图 4　日本馆

五、看不见的钢丝房（2010 年）

2010 年威尼斯建筑双年展，由日本建筑师妹岛和世（Kazuyo Sejima）主持策划。她表示，本届建筑双年展将会反映当下的建筑特色，而同时参展的部分艺术品更将反映出建筑遭遇到的挑战和冲击。

她把威尼斯建筑双年展金狮奖最佳项目奖颁发给了石上纯也。石上纯也在双年展上的作品名叫《空气中的建筑》，这仿佛是一件向卡尔维诺的小说《看不见的城市》致敬的作品——14m×4m×4m 的建筑模型，所有结构都是用细如线丝的金属钢筋建成。它和一个真正的建筑几乎一样，包含了圆柱、梁和支柱的架构，但又缺乏具体的物理形态，是一个几乎绝对透明的空间，仿佛漂浮在空气中一样。该建筑模型在展览不到一个月的时间里就倒塌了两次，其中有一次是因为一只迷路的猫忍不住在里面转了一圈造成的——这可以看作建筑消隐的极致了（图5）。

图 5　空气中的建筑

六、水园（ 2016 年）

石上纯也经过了长达五年的反复勘察、思考及建模的这一项目在日本栃木县落成。这是建筑师为建造中的新酒店旁边的草地空间所设计的一个庭院。

整个过程是把建设酒店将要砍伐的 318 棵树木精心地移植到旁边不远处的地块上，而这块地本身又带有稻田、草地和水洼，建筑师做的工作就是把这些元素精心地叠加在一起。通过这样的方法，草地不仅因为移植来的森林得到了改造，同时还与这块土地上曾经出现过的环境相交叠：稻田和被苔藓覆盖的森林重叠在了一起，形成了新的景观。

图 6　水园

这里的池塘和树木以无法在自然界看到的高密度布满了整个场地，空隙也被苔藓所填满。这样一座拥有无数树木和无数池塘的苔藓森林，形成了既崭新又集合了场地原本自然景观的独特风貌（图6）。

这个项目在2018年获得了首届obel奖项，并在今年日本的good design上获奖。

七、谷之教堂（2016年）

石上纯也在中国山东日照白鹭湾设计的教堂，入口最窄宽度仅为1.35米，而高度达到45米。从外观上看，教堂形似一张轻柔的竖立纸张。

游人从入口走进教堂，高高的狭长天窗洒下天光，天空是唯一能变化的场景。当步入建筑，人仿佛置身狭小的深井底部。建筑的外观则像一片巨型的雕塑（图7）。

伊东丰雄（Toyo Ito）曾指出：建筑如同时装。这仿佛也在暗示我们不要太把建筑的纪念性当回事，同时也暗示建筑可以是贴近我们肌肤的感动。在当代建筑设计多元的背景之下，这种"示微"的价值取向及审美追求，携带东方的哲学信息，迎合了当代个体而非集体，柔弱而非强势，特色而非权威，易变而非永恒的美学选择。

石上纯也的作品所追求的纤弱和弥散是一种类似于自然环境状态的体验，其中隐藏或弱化了建筑的具体功能，结构施工工艺等，体现了抽象的、经过精心设计的"自然"，恰恰是建筑学的目标之一——营造和改造环境，创造空间的体验。

参考文献：

[1]（日）石上纯也. Contemporary Architect's Concept Series 2——Junya Ishigami: small images[M]. 东京：INAX出版，2008.

[2]（日）桥本纯. JA[J]. 2008（2）：4-19

[3] 邹广天，于戈. 日本现代建筑设计创新探析 [J]. 建筑学报，2009（2）：92-95.

[4] 日本株式会社新建筑社. 空间艺术 [M]. 大连：大连理工大学出版社，2011.

所有图片来源于网络，如有版权问题请联系本文作者。

图7 谷之教堂

智慧型开放建筑——BE 设计理论和实践

贾倍思　　BE 建筑设计（香港）　合伙人、设计主创
香港大学建筑系　副教授

摘　要： 本文从智慧社区的概念出发，借助 BE 建筑设计案例，探讨了智慧型建筑和开放建筑的关系。大数据、互联网和物联网将 21 世纪的城市和生活推向新的起点，然而对建筑的应变能力和建筑设计方法，特别是对建筑设计质量的改变探讨不足。智能建筑不仅体现在建筑技术上，更主要的是充分发挥人特别是使用者的作用，实现建筑和人互动，建筑和环境互动。首先将建筑分成不同的层面，其次要注重软件建设。开放建筑理论框架对智慧社区和建筑的研究依然有深远意义。

关键词： 智慧型建筑；开放建筑；软件；互动；被动节能

一、引言——建筑设计是智慧建筑的基础

智慧型居住环境包括智慧城市、智慧楼宇（主要是绿色建筑技术）和智能住宅（主要是智能化家具）等概念。智慧社区是从智慧城市分离出来的一个新理念。在科技新形势下，它借助互联网、物联网拓展了一套新的社会管理模式，通过结合信息和通信科技（ICT）、电信业务、信息化城市建设等充分提高城市社区服务的质量和性能，继而建立基于海量信息和智能化基建等的生活模式。其意义在《中国智慧住区建设评价标准》中被定义为："充分利用传感器、智能设备等信息化基础设施，获取数据信息，并对数据进行处理，为居民提供便捷、舒适、节能、环保和人性化服务的住宅小区。" 一般认为人工智能现在能够应用在建筑设计上的主要是感应器监控(主要是依赖图像识别)、WiFi 手机定位（主要是用户 GPS 获取）和收集住户作息规律的自动定时条件设备， 基本上是通过跟手机互联来积累数据。至于智慧灯柱、智能提醒功能、收集住户数据、收集植物水分、自动洒水、节约用水等在国外基本都已经比较成熟了。其主要通过在关键地点装若干感应器，再设计一个"大屏"管理数据可视化和加上神经网络算法调节即可，当然具体的算法各有不同。

从房地产的角度来看，智慧社区可视为一种长期的服务产品，它的服务范围覆盖了项目的规划、设计、施工、运营和使用等。房地产的智能社区项目规划是一种长期的运营策略，尤其是在如何通过智能社区云平台的运营来提高客户满意度和创造价值方面。

智能物业管理，如万科智慧工地，涵盖收集人员、环境等关键业务数据，依托物联网、互联网，建立云端大数据管理平台，形成"端 + 云 + 大数据"的业务体系和新的管理模式。 销售方面， 万科分享家和一键式分享平台业务已覆盖国内及海外 59 个城市，有 304 个项目；功能模块包含分享万科海量好房、提供房源信息及优势分析、地图找房、条件筛选找房、客户动态。

智能生活体现在水、电、物业费缴费，投诉报修，小区内外智能设施使用（从家庭用品到社区设施）。除了智能交通、智能保安、智能环境方面，还包括环境监测， 具备更多各种智能和节能功能的绿色建筑，应用科技以提高能源效益和节约能源。特别是通过智能 GIS 将三维 GIS 的发展带入多维 GIS 时代，实现物联网前端感知、应用事态分析、还原实际系统的行为和模拟及分析管理，达到最优智能环境管理的模式。

但这些概念和技术与建筑设计脱节，与建筑的可持续发展脱节，与建筑的质量提高脱节。虽然一般设计院自己的协同平台可以管理设计过程，BIM 云平台可以管理建造过程， 大屏可视化来管理使用状况。但这些智能化措施都是从管理的层面来节约人力和成本，对建筑设计、人居环境、空间质量等层面的相关概念缺乏认识。

二、开放建筑是走向建筑智能化的基础

1914 年，勒·柯布西耶（Le Corbusier）提出"多米诺住宅结构体"，将住宅承重结构和内部功能空间分开（图 1）。承重结构包括规则的柱网、大跨度楼板和垂直交通体。平面规整开敞，可以容纳各种不同的平面划分和功能。住宅设计和建造过程由内及外，在确定了内部空间的功能分隔并安装完隔墙之后，再对建筑的外墙进行设计安装。柯布西耶认为这一结构体将开辟全新的住宅设计建造方法（Russell, 1981：125-126）。随后，密斯·凡·德·罗（Ludwig Mies van der Rohe）提出了"流动空间"，建筑内部除特定功能空间——卫生间和厨房外，

其余空间相互连通，去掉不必要的分隔，各种功能没有指定的空间位置，因而可以互相调换。另一个典型例子是施罗德住宅（图2）。依据蒙特里安的绘画艺术设计的这一小住宅，除了强烈的构成主义风格外观，最大的特色是在内部使用了大量可移动的分隔构件。通过这些构件的不同组合，白天二层可以变成一个完全开敞的大空间，方便施罗德太太从自己的工作台观察房间里孩子们的活动情况。晚上可以分隔出几个独立的卧室，大人可以继续工作而不影响孩子们休息。这些先锋概念集中展示在1927年斯图加特的魏森霍夫（Weissenhof）现代住宅建筑展中，柯布西耶运用灵活构件和家具实现了空间功能的分隔和转换；密斯则将单元平面进一步简化为规整的长方形，除了确定楼梯间和通风管井的位置，整个空间不设任何分隔。限于当时的技术经济条件，这些设计理念未能得到广泛实施，并在随后涌现的大量住宅设计中流于概念层面。

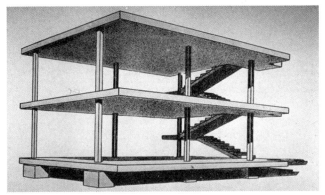

图1 勒·柯布西耶的"多米诺住宅结构体"（Russell, Barry. Building Systems, Industrialization, and Architecture. London: John Wiley & Sons 1981）

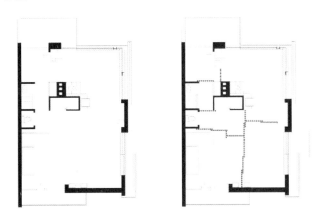

图2 施罗德住宅二层平面（作者根据 Schneider & Till. Flexible Housing. 2007. 57 页重绘）

受福特汽车的"T 模型"生产流水线启发，沃尔特·格罗皮乌斯（Walter Gropius）曾于 1922 年提出过"通用模板拼装系统"（General Panel Integrated System）：用有限的标准化建筑构

件，通过不同的组装方式，形成各种各样不同的住宅。20世纪50年代荷兰"结构主义"代表人物范·埃克（A. van Eyck）和赫兹伯格（H. Hertzberger）运用结构设计与功能布局脱开的方式，解决结构的长期稳定和功能多样变化的矛盾。面对专业人士与普通民众在批量化住宅问题上的剧烈冲突，尼克拉斯·约翰·哈布瑞肯（N. John Habraken）于 1961 年在他的论著 Supports : An Alternative to Mass Housing 中开门见山地向传统建筑学的认识论和住房设计方法论发问："半个世纪以来，人类的居住需求和住房策略之间的冲突，是否意味着两者之间存在关联？住房短缺，这一看似无解的现象，是否源自需求与回应方式的对立？"穿过功能和技术的表层，哈布瑞肯试图用建筑的物质语汇转译居住的底层逻辑——自然与人的基本空间关系，并提出了"支撑—填充"体系（Supports-Infill）将理论付诸实践。

三、智慧型开放建筑的框架

以我们的身体为起点，从个人到城市可以区分出大体 6 个层级，如表 1 所示。按实体元素划分由微观至宏观依次是家具、隔墙、建筑构件、一般道路和城市主要干道；这些可控的实体元素组合成不同的形态，在对应的层级上形成特定的空间。处于上一层级的部分控制和限定下一层级的变化发展，而处于下一层级的部分可以自由变化而不影响上一层级，任何具有控制限定作用的都可以看作相对其下一层级的"支撑体"，而任何受控的部分都是相对其上一层级的"填充体"。

哈布瑞肯借用层级的概念来描述建筑在时间过程中变化的规律：发生在下一层级的变化不会影响到上层级，发生在上层级的变化会影响到下一层级。融入人的决策过程，在实体层级之中则出现了不同的权力分配层级（allotment levels），也就是领域层级。不同的权力边界会产生不同的空间边界。例如在同一个支撑结构中，不同的权力关系形成不同的房间划分模式。在这样的认知下，功能的含义将扩展至三维的空间能力，即容量（capacity）。这一概念落实到住宅中，即将结构分层，同时脱开技术和决策权两个层面：一个是包括公共设计和管线在内的结构层面，由建筑师等专业人员代表住户群体设计建造；另一个是由住户个体来选择、购买和组装的构件。这样一来，住宅单元在建筑整体和其他部分不受影响的情况下获得灵活变化的机会。决策权的分离，扩大了住户对环境的干预能力，为解决多样性和功能性变化、城市形态共性和个性之间的矛盾创造了机会。同时，居住者直接参与设计建造成为可能。在不影响支撑体的前提下，人们可以挑选所需的标准化构件进行装配，形成真正适合个人家庭需要的居住空间和智能化空间。

表 1 建造环境的层级

层级	实体元素分类	形态模式	形成的空间
6	城市主要干道	城市结构	
5	街区结构	街区	区块
4	建筑结构、表皮	建筑	"建成空间"
3	隔墙	平面分区	"房间"
2	家具	室内布局	"场所"
1	身体		

（一）人性化的的街区结构

建筑设计由一系列对场地属性的调查逐步推演而成，包括场地结构的开放性、复杂性、中立性、完整性、临时性、可移动性、基础服务性等。设计过程中遵循三个原则：①对秩序和稳定统一保持怀疑，鼓励多样性和不确定性的形式，以及所有由此而产生的分歧、模糊和变化的过程；②建筑被视为信息、物质和时间的复合体，形体的聚合可以是紧密的，也可以是松散的；③相对于一般意义上场所精神的营造，更注重空间生产的过程（图3）。空间的生产源于对各种随机事件保持接纳和开放的态度。建筑设计不受制于有限的条件，而是开始主动生产各种可能性，以吸引更多其他形式的"阅读和写作"（理解和发展）。建筑本身既是使用者又是观众，既是参与者又是读者。在操作上，这需要大量的规划设计基础，也意味着空间干预和赋形之间有弹性的却又精确的关系：事件和结构之间的虚实相合。事件与结构之间的互动是连续的，不断引发形式与空间的积极转换。建筑不是纪念碑，而是各个复杂体系动态运行的过程。

图 3 武汉青山印象城城市综合体（BE 建筑设计，2017）

（二）包容性建筑结构

结构是建筑设计行为和思想汇集的交汇点。之前的模型因为新材料（木棍和面板）的介入而发生改变，从而产生结构概念。这组练习旨在探讨物理上和概念上的结构设想。一方面，结构在传统意义上被认为是物理承载系统所构成的形态，一个促使形态更牢固的系统。另一方面，结构被理解成在实体部分内建立潜在关系的系统和对空间的相互作用——它是对空间的明确

的定义，也提供空间改变的可能。这种结构被称为包容性的结构(Jia,2007)。

建筑结构二元论是关于适应性最基本的认识：建筑结构包括承重的结构体系和非承重的室内划分构件。不论是轻质隔墙还是用来分隔房间的家具，灵活构件都必须独立于结构而存在。建筑师们也常用另一个概念——"功能复合"来描述空间适应性。通过不同功能空间在领域上的重叠，扩展空间实体在时间和事件上的容纳力，实现空间的多用途性（图4）。

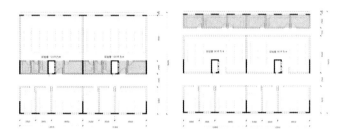

图 4 深圳南方科技大学工程院多功能实验室平面（BE 建筑设计，2016）

①任何空间都不是专门为了某一类功能而设计的，适应性更多关注的是功能问题而非设计问题。

②理解个体生活需求的多样与多变。

③按照稳定性和分化性来区分不同类型的需求点，选择并探索相应的适应性策略。

④以人为本将这些设计策略相互融合，构建和谐的空间关系；

⑤只在必要的时候采用灵活可变构件，对追求灵活性持审慎的态度。

⑥建筑设计只是实现住宅灵活性的一部分，施工环节的技术难点、建造方法、工程管理等都需要统筹考虑。

（三）与人互动的填充体

哈布瑞肯生动地用书架和书的关系来类比"支撑体"和"填充体"：书架（一个被共享的基本架构）上放置书本（独立居住单元），书可以被自由取出和放入。前者更趋向于稳定、坚固、中性和消隐，后者则更追求灵活、方便、个性和辨识度。如此构成稳固与变化的共生体，再现空间与时间的基本关系（Jia,2001）。

灵活可控的填充构件是实现居住者参与空间决策，回归居住中心角色的关键。实际上，传统的居住空间形态和建构技术中存在各种室内外灵活构件的原型，为当下的填充体设计提供了大量参照。相较于支撑体在设计层面需要进行的革新和深入探索，填充体更多涉及材质、构造、体系化、操作方式、耗能、经济成

本等具体的技术细节。如何更好地利用现代工业技术并融入多样多变的现代生活方式，如何不断提高填充构件的品质并广泛推广，是建筑师、工程师们正在面对并将长期面对的课题。（图5）

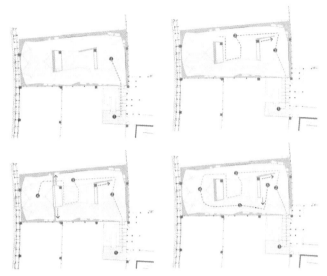

图 5 深圳印力集团展室平面（BE 建筑设计，2018）

（四）智慧型立面——弹性界面

如果说，英文里的立面（facade）指的是建筑的一张面具，那么中国传统建筑的立面则被描述为一个壳（shell），一个从地表到屋面完整织围而成的壳，区分着天与地、外与内、公与私。中国建筑的立面，不是二维的平面，而是立体的层，用一种更有弹性的方式处理暧昧的空间关系 (Jia,2011)。开放建筑理论也更倾向于将立面解释为一个复杂的壳而非简单的面。立面设计并非反映着客户或设计师个人趣味的建筑外观设计，而是协调空间过渡、权力分配、共性个性与能源消耗的建筑系统设计。具体来说，开放建筑理论认为建筑立面设计应包括以下几个方面的内容：

①立面是室内与室外、私密与公共领域的交界；

②立面是地域文化的载体，立面设计是一个社会共识的过程；

③立面要处理不断变化的自然环境和个体生活所需的稳定物理环境的冲突；

④立面的选材与设计会对建筑能耗产生很大影响。

立面设计是一个社会问题。从权力的角度来看，建筑立面可以是不同层级的权力在空间领域里的交织和过渡。领域指的是被某种力量控制着的空间或空间序列 (Habraken, 1983: 29)，哈布瑞肯认为，每个个体或群体在任何环境里都应该有权力并且有能力通过干预空间实体来确认自己的领域 (Habraken, 1983: 15)。作为一个边缘空间，立面不受时间影响且无处不在。科别茨－辛格 (Kobets-Singh) 曾描绘过一个尼泊尔住区的立

面，"立面的特别之处在于它可以生长出各种形态，通过增加、减少或者简单重置构件，它就变成了有生命的构造物" (2001：135)。墙变成了限定领域边界的一个特殊元素，同时表现着相邻两个领域的特征。立面标志并区分领域的层级，同时明确领域之间的过渡。立面的两侧，一面是处于较高层级的公共领域，另一面是较低层级的私人领域。墙体作为边界符号有着极其丰富的含义，一边隔离一边防御，体现出潜在主导力量的特征和价值取向。（图6）

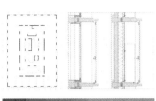

图 6 奥地利罗巴赫住宅活动式外墙（BE 建筑设计，1998）

四、智慧型被动式节能——软件加感应器

BE22-26 办公楼位于奥地利 Lustenau，其设计的目的是为用户建立有意义的连贯性。名称的含义涉及 22~26 ℃，是室内普遍可接受的舒适区间。它的独特性在于在没有采暖和制冷设备的情况下保持全年平均室内温度 23 ℃ 结构构造的设计借鉴了奥地利福拉尔贝尔格地区传统的建造方法，包括两种不同的结构均为 36 厘米的石灰抹面黏土空心砖砌块（内层是结构墙，而外层是特殊的绝缘表皮）。内层具有较高强度的抗压性，外部则隔热保温更有效，墙体上空心层的植入，有着超高的绝缘性。平面的基本形式为 24m×24m，容积最大，表面积却最小。

三英尺深凹的三层玻璃窗总面积在整个大楼外墙中占据的比例只有 24%，有助于减少建筑的热量损耗。冬季中（福拉尔贝尔格地区一月的平均温度是 −4 ℃），绝缘和气密性极高的外层表皮保存了使用者、电脑、灯具和其他器具的 22% 的热量损失，而内层表皮保留了 78% 的热量损失。这个双层表皮有着非常低的热传导以满足室内在最冷季节夜晚仍保持舒适温度。夏季中（福拉尔贝尔格地区七月的平均温度是 24 ℃），窗户面板晚间会打开以提供凉爽的空气。感应器会自动在室内温度达到足够舒适的情况下关闭窗户。软件操控系统控制着窗户面板并记录着建筑运行的数据，如亮度、温度、湿度、二氧化碳、水平等，通过安装在每个房间的屏幕显示。同时，屋顶的感应器检测室外的温度。使用者可以监控空气质量，以及通过 KNX Bus 系统（一种在欧洲使用的建筑管理系统）和中央设备服务器收集数据。立面的低热传导性可以防止凉爽空气的流失。其他被动设计策略包括深凹的窗户设计保证窗墙比小，10 英尺的楼层空间增加了每个使用者的使用空间并防止二氧化碳的过度集中（王擎，

贾倍思，李敏儿，2015）。

通常情况下，很少有大体量建筑的热量数据和热惯性如何在长时间影响建筑的温度的记录。因此，BE22-26办公建筑（图7）的设计是根据密歇根大学工程师Junghans设计的模拟软件，计算出建筑一年中热量的获得、损失和存储能力范围，结果表明BE22-26的表现超出预期。到目前为止，建筑室内空气能保持新鲜是因为干燥缓慢的石膏石灰吸收了二氧化碳。当其变坚固后，这个过程就停止了，但石膏会调节室内湿度和抑制霉菌。（在立面的外表层，石膏石灰夹杂着麻，起到杀菌的作用，并不会随温度变化产生裂痕）正如其他设计原型一样，BE22-26办公楼也包含了不足和不可预测的结果。庞大的立面节约了能源，但同时减少了可租用的建筑面积。石灰石膏表面的二氧化碳含量偏高，而高质量材料和施工的造价虽然可以通过无须购买机器设备所节省的经费来平衡，但最终依然和常规的建筑相差无几。

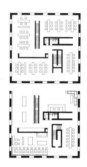
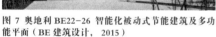

图7 奥地利BE22-26智能化被动式节能建筑及多功能平面（BE建筑设计，2015）

五、结语

我们正处在全球经济快速转变、多重文化融合和信息交流更快更强的时代变革中。纯粹静止的建筑形式和结构不再适用于当代城市和城市所承载的各种活动 (Lynn, 1997：54)。通信技术彻底改变了人们对建筑的认知。传统建筑经常以形象记忆方式表达并传递有关文化特征。建筑外观跟雕塑一样具有重要的象征性和可观性。然而，在快速的全球化进程中，互联网可以以图片的形式更快速有效地传播文化与特征。建筑技术已经使建筑从整体、厚重的体量，发展到由轻质预制构件组成的配件。20世纪末建筑趋向是技术的优化，21世纪是新智能的运用。不断改变建筑的形式，也最终改变了我们与建成环境的互动关系。

在全球市场化及与之相伴的消费经济环境中，对持续变化的需求使建筑形式和功能逐渐分离。建筑要像电视机一样，在单调的物质外表下不断提供不同而且变化的节目和图像。为了使建筑成本更能体现其价值，建筑应该为功能和活动的改变提供最大的自由。这样一来，我们关心的是"建筑怎样运作"，而不是像以前那样关注"建筑看上去怎样"。前者将变成衡量建筑设计的根本标准。

最后，由于环境科学和可持续发展概念在建筑学中的出现和整合，建筑设计越来越多地趋向于强调资源管理，而不是外形设计。根本问题是如何尽可能地减少建筑的资源消耗，同时尽可能地增加它的循环利用和环境效率。例如，延长建筑的寿命可以提高建造中的资源利用效率。建筑设计希望能提倡新的环保的生活方式。

建筑的开放设计为将来可能的改造准备了一个通用的、中性的和结构性的物质"场地"。它只是给将来的使用和改造准备一个条件，一种服务，提供一个流线、通信和交流的网络。它是位于室内的基础设施和建设场地。开放建筑是一个不确定的环境，由此建立起人和其周边环境的联系，并且准许人们通过使用、再利用和改造行动来体验这些空间；它具有灵活性、预期性，鼓励不同使用者、设计师和专业人士参与；它在保持与整体环境连续性的同时，体现自己的特征和目的；它也将资源和能源的利用效率和对于环境变化（例如气候、温度和多变的需要和活动）的敏感性作为评估标准。这种灵活的空间没有形态，且轻质、单薄，像是移动在人体之外的空间表皮。它将人的物质与精神，无论个体还是群体，从原本封闭、沉重、静态的建筑，从千篇一律、技术繁杂和昂贵奢华的形体中解放出来，代表了21世纪新的建筑学。

参考文献

[1] 中关村乐家智慧居住区产业技术联盟·中国智慧住区建设评价标准 [S] .2018 https://max.book118.com/html/2019/0614/6230102100002040.shtm

[2]Habraken N J. Supports: An Alternative to Mass Housing (translated from the Dutch by B. Valkenburg) [M].New York: Praeger Publishers, 1972.

[3]Habraken N.J. Transformation of the site[M]. Cambridge, Massachusetts: Awater Press, 1983.

[4]Jia Beisi. Infill Components in High Density Housing: The Past, Present and Future of Hong Kong Housing Sustainable Development[J]. Open House International, 2001, 28(3) : 9-18.

[5]Jia B S. Residential Designs From Baumschlager & Eberle - An Evaluation[J]. Open House International, 2007, 32(3):7-15.

[6]Jia Beisi. Flexibility of Traditional Buildings and Craftsmanship in China[J]. Open House International, 2011, 36(4): 20-31.

[7]Lynn G. An Advanced Form of Movement[C]//Architectural Design - Architecture After Geometry.1997: 54.

[8]Russell Barry. Building Systems, Industrialization, and Architecture[M]. London: John Wiley & Sons, 1981.

[9] 王擎，贾倍思，李敏儿.功能主义建筑和低碳建筑的反思：长效建筑理论及策略初探 [J]. 城市建筑，2015（3）：13-15.

日本当代建筑创作环境综述

王兴田   当代中国建筑创作论坛   总召集人

摘 要： 建筑创作是一个复杂的过程，建筑的安全性是创作过程中最首要的前提，与时代的结构技术、材料技术和建造技术的发展密不可分；建筑是一个社会的产物，其创作过程受到法律法规、人文伦理、宗教信仰、地域文化等一系列意识形态的因素影响；建筑不同于机器，机器是可以通过统一的标准从而实现批量生产的产品，而建筑需要量身定做，从而实现建筑本身真正的价值；建筑无法移动，建筑在一块特定的场地中落地生根，其在地性是创作过程中的灵魂，在地性与当地自然环境、人文环境和技术标准密不可分。

关键词： 建筑创作环境；日本；建筑评价

一、建筑评价与建筑创作

现代主义建筑大师勒·柯布西耶曾言道："形式追随功能"。形式诚然需要服从于功能和空间，然而建筑最终呈现在公众面前的是其外在的形式，人们对建筑最直接的感受是通过其形式获得的，从外部的形体，依次到内部的空间，进而感受到空间内部的光影、温度和湿度、材料的质感以及空间与自然的关系等更进一步的信息。研究称，人类从建筑中获取的信息，据统计有87%是通过视觉获取的，信息量非常巨大。因此，对于建筑的评价，我们习惯于通过视觉，从形式开始，先获取颜色、形体等信息，再通过其他体感去感知其余的信息。

然而，仅通过对建筑形式的认识去评价整个建筑的内涵，必然是片面的。隈研吾于20世纪80年代末设计的"M2"办公楼（图1），形式尤为突兀，一根古希腊式的巨大柱子耸立中央，完全的古典建筑废墟风作派，最终建筑无法经营下去，只剩下一个夸张的构筑物，"M2"最终成了殡葬厂，被社会所唾弃和批评。当然，隈研吾为之付出了代价，他被"逐出"东京建筑圈，有12年的时间与东京的工程项目失之交臂，痛定思痛，经过在乡村重新创作和再思考，从当地的材料、建构方式、生活习惯出发进行设计，再到今天回到东京，创作了根津美术馆（图2）而备受好评。因此，我们可以认识到：建筑并不只是一个博人

图1 "M2"办公楼

图2 东京根津美术馆

眼球的雕塑而已。

建筑师对于一个建筑项目的落成固然重要，同时建筑师从事建筑活动所处的创作环境也同样重要。建筑师创作的根本是什么？创作的前期，建筑师要有自己对方案的定义和策划，综合方方面面的因素，其中包括关乎项目本身、艺术、使用者、法律法规、意识形态以及技术和营建层面等多方面要求，并且要对地域环境、气候特征、历史文化进行考量，还要与政府、业主和使用者沟通。

建筑是人类动用的社会资源、人力资源、资金以及占用土地等资源最大的人造物，它的创作、落成与使用牵动着亿万公众的心，建筑与人类和自然的关系最为密切，建筑与人的互动使建筑也成为一个生命体。建筑创作必然是一个复杂的过程：建筑的安全性是创作过程中最首要的前提，与时代的结构技术、材料技术和建造技术的发展密不可分；建筑是一个社会的产物，其创作过程受到法律法规、人文伦理、宗教信仰、地域文化等一系列意识形态的因素影响；建筑不同于机器，机器是可以通过统一的标准从而实现批量生产的产品，而建筑需要量身定做，从而实现建筑本身真正的价值；建筑无法移动，建筑在一块特定的场地中落地生根，其在地性是创作过程中的灵魂，在地性与当地自然环境、人文环境和技术标准密不可分。

建筑师之于一座建筑的生命的影响固然首当其冲，然而建筑与社会制度、社会的管理水平和营造水平、使用者和非使用者这些因素同样也是密切相关的，建筑并不是一门纯粹的艺术，其创作过程会受到众多外界因素共同构成的复杂系统的影响，这个复杂的系统并不是几个简单因素的叠加，而是每个因素的介入都会使系统的整体复杂程度呈几何倍数增加，而这个复杂的系统正是建筑创作的本源，同时也是建筑师创作思路的起点。

由于地区的差异性，世界不同地区的建筑创作的方针各不相同。"适用、经济、美观"是中国20世纪50年代的建筑创作方针，这个方针符合当时的中国实际，曾发挥过重要作用。但是今天，中国已成为世界第二大经济体，计划经济已经转变为市场经济，市场主体已经从国有经济一家独大转变为多元主体，中国国情已经发生了深刻变化，因此新的建筑创作方针——"适用、经济、绿色、美观"应运而生，符合时代的精神。

二、"他山之石，可以攻玉"

日本一直以来就是一个天灾不断的国家。它刚好就位于北美板块、太平洋板块、菲律宾海板块、亚欧大陆板块的交界处，地壳非常不稳定，日本境内有多条火山带，也是台风每年的必经之地。地震、海啸、台风、火山爆发，这些自然现象随时都会袭来，当大自然肆虐发威时，人类是束手无策的。虽然人类不断制定多重防御措施，不断研究如何预测预报，但大自然的千变万化永远超出人类的想象。

日本人一直以来都与大自然共生，享受着丰富的森林资源、淡水资源、美丽的国土及多彩多姿的季节变化，并由此培养出了与大自然相关的审美意识、对大自然的信仰乃至感情文化，形成了现在的社会结构。比如因听从祖先传下来的地震一来就躲进山里的教导而获救的大有人在。我甚至觉得，所谓的现代化，从某种意义上来说，让我们的社会变得忽视了传统，却只信赖科学。

日本作为一个拥有东方文化背景的国家，建筑发展在唐朝时期主要受中国的影响，再到1864年明治维新时期受欧美国家的影响，以及之后的两次世界大战，通过参与到现代建筑发展的进程中，日本建筑的发展从根本上始终没有抛弃自身文化的内核，不仅将全球化与本土化进行了融合，并将本土文化向前推进，探索了属于日本建筑的创作方式。日本现代建筑在100多年的发展进程中，创造出了世人瞩目的作品，自立于世界建筑之林，这一独特的发展过程很值得我们深思和借鉴。

现代建筑进入日本初期，建筑创作和理论界就存在"如何使现代建筑在日本的现实中生根"，即如何实现外缘向内核的转化的讨论，面对全盘引入的外缘文化，起初是那样的生疏和束手无策，只是在钢筋混凝土建筑上加上坡屋顶，称之为"帝冠样式""祥和折变"。后来勇于探索的建筑师以现代建筑理论为过滤器，重新审视日本传统的文化"内核"本质特征，发现其空间的流动性，简明的意匠，构造和表现的一致性，使用材料与自然融合等都与现代建筑不谋而合，从而肯定了日本建筑的价值，为文化"外缘"向"内核"转化奠定了民族自信心。继而日本建筑师广采博收，从整个历史长河中找素材，多元地、

全方位地挖掘文化"内核"与"外缘"的联系，如提倡从空间来把握传统文化，从中提炼出"空间的无限定性"的概念，使"外缘"与"内核"的联系和转化成为可能。

五重塔是独特的日本传统塔式建筑，其中最高的一座是东照宫的五重塔（图3、图4），高56米。在日本的木结构建筑中有很多传说，尤其是在地震不断的日本，历史上从来没有出现过五重塔倒塌的记录，这一信念似乎创造了这些神话。为了解释这一结构现象，人们提出了各种结构理论，如"蛇舞理论""嵌入式多层箱体结构理论""弥次郎兵卫平衡原理"及其"通心柱减震结构体系"。今天，日本的结构工程师在抗震设计中受到这些结构理论的启发，现代建筑中也出现了受五重塔启发的结构体系。关于五重塔最著名的抗震装置是"通心柱减震结构体系"（图5），宝塔顶部悬吊的通心柱起着平衡荷载的作用，由于通心柱的存在，即使某一层的构筑体要发生大幅度移动，通心柱也会把它"拽住"，塔身也就不会倒塌。同时，通心柱也会像钟摆一样

图3 东照宫五重塔

图4 五重塔剖面图　　图5 通心柱构造

地摆动，起到减震的作用。以东京天空树（图6）为例，工程师采用现有的技术方法研究了这种机理，优化了设计的抗震性能。该系统由一个独立于外围钢框架的圆柱形钢筋混凝土通心柱（图7）组成。通心柱和塔身结构具有不同的振动周期，并与油压减震器（图8）相连，油压减震器起着平衡荷载的作用，在地震中对整个塔身的振动进行调节。

图6 东京天空树　　图7 通心柱减震概要图　　图8 油压减震器连接通心柱和钢结构

利用基于当今结构工程的最先进技术重新评估日本传统木作中的木结构要素，并将其融入东京天空树的设计之中，最终创造出了一种具有独特的形式和抗震性能的现代建筑。

三、日本建筑的创作环境

"施工单位没有较好的施工意识和建造的品质意识，建筑完成度非常低，是这个项目中最难过的事。为了建筑的经济、简单、易操作，我一直在调整我的设计方案，最终我花了十年的时间，相比之下，日本就像是建筑师的天堂。而在国外，我们每天都需要与施工团队不停地'战斗'、协商，花费了大量的时间和精力。"坂茂曾经在一次对话中这样说过，2017年坂茂对自己在法国的作品——巴黎塞纳河音乐厅——的营建和表达的效果并没有达到理想的预期水准而表达了些许遗憾，这段话从侧面揭示了建筑创作的环境对建筑的实现度非常重要。反观在日本的创作实践过程，整个创作过程进行得很顺畅，除建筑师对项目的总体进行把控之外，共同协作的团队具有极高的专业知识和技能水平，创作实践的过程固然有难度和挑战，但是整个团队会不遗余力地用技术来全面支撑建筑师创作灵感和想法的实现，再加上现场工匠领先于国际的施工技能和水准，这一切条件正是保证建筑工程得以健康运作的前提。即使自己的作品和足迹已经遍布全世界各地，坂茂也不禁言道："日本是建筑师的天堂！"

（一）日本建筑界的谱系关联

中日文化相近，在对待自身文化与西方文化之间关系的命题上有近似的诉求。日本建筑师在亚洲都市快速城市化进程中得到的对于建筑设计的思考，尤其值得中国的同行学习。最近日本建筑师持续推出了引起世界建筑界关注的优秀设计作品。这些设计中让人感到陌生却有效的设计手法不是偶尔出现的奇招，而是几代建筑师对于建筑设计的思考经过多年传承及积累后的结果。要理解日本当代建筑师的设计思想，需要关注其传承及思考过程。

（1）东京大学。说到传承，首先想到的是日本建筑界的谱系关联，受勒·柯布西耶影响的坂仓准三、前川国男及前川的弟子丹下健三在第二次世界大战后建设迅速发展的时期完成了大量受到瞩目的大型公共建筑，形成了具有代表性的日本现代建筑特征。借助东京大学的平台，丹下健三还在城市设计上进行了研究，影响了许多年轻建筑师，勾画出了一个清晰的谱系。在大建设的年代，这些建筑师以基础设施的概念及尺度来思考建筑，进行了大量的实践。

（2）早稻田大学。这一谱系从村野藤吾开始。村野藤吾认为无论是总体的建筑形态、空间，还是建筑的细节及材质，都要具有被观赏的可能。因而，建筑应该在各个尺度层级上都能被理解为艺术品。他更注重直觉以及视觉体验。他以早稻田大学为主要教学基地，对后辈产生了很大影响。早稻田谱系中最有影响力的当属菊竹清训。他不仅非常活跃，留下了很多具有影响力的公共建筑作品，更由于他走了一条与主流建筑师不同的道路，吸引了诸如内井昭藏、伊东丰雄、内藤广这样的年轻建筑师。他的事务所成了这些优秀年轻建筑师成长的摇篮。内井昭藏1967年从菊竹事务所出来后成立了自己的事务所，设计了诸多有影响力的作品，是早稻田谱系中重要的建筑师。该谱系中知名的建筑师还有石山修武、内藤广等。

（3）东京工业大学。除了菊竹清训，清家清、吉村顺三、筱原一男等建筑师则坚持以独栋住宅作为主要设计及研究对象，与将城市设计中确立的规划原则作为建筑设计前提和以大型建筑作为设计思考主要载体的主流建筑师形成反差，走上了一条不同的道路。筱原一男继承了东工大前辈的思考，执着地寻求将本体思考与实践对应起来的建筑设计方式。他独树一帜地完成了大量具有深远影响力的实践作品，促成了东工大学派的发展及今天的活跃面貌。

在具体的实践环境中，日本的传承更体现在前辈对后辈的提携上。除了东工大建筑师们在师徒制模式下的提携做法外，其他很多建筑师也是如此。矶崎新组织了熊本Artpolis项目，并通过项目为自己认可的优秀建筑师在熊本提供了非常好的实践土壤。他组织的福冈香椎集合住宅项目更是成为非常知名的集合设计。伊东丰雄则通过他的事务所培养出了妹岛和世、曾我部昌史、佐藤光彦、平田晃久、中山英之、末涯弘和等诸多优秀的建筑师。与老师矶崎新一样，他也通过 Artpolis 项目以及九州地区的其他项目为很多年轻建筑师提供了亮相及实践的机会。

不同代际、不同学派之间的建筑师们可以有大量尖锐的相互批评，这不影响他们之间的私人交往。这些批评都可以在公开发表的文献上看到。这种专业批评及讨论的氛围形成了健康的建筑评论环境，为整体实践水平在交流基础上的提高创造了条件。

（二）日本建筑事务所的构成形式

（1）组织型综合设计事务所。①日建设计（代表作见图9）、日本设计（500位技术人员以上）。②东田建筑事务所山下设计（100~500位技术人员），类似中国北京市建筑设计研究院、上海现代建筑设计集团等。建筑、结构、设备等所有专业齐全，包括城市规划、城市设计到建筑、环境景观和室内等各类设计。其设计事务所分布各大中城市，代表着日本大规模开发和大型建筑项目的综合设计水平。

（2）总承包型综合设计事务所。①竹中公务店、大林组（代表作见图10）、鹿岛建设（代表作见图11）的设计事务所（1000位技术人员以上）。②熊谷组、藤田工业建设的设计事务所（500位技术人员左右），是经营范围涵盖开发策划、设计、施工等一体化承包公司的建筑设计事务所。大型总承包公司拥有大型的建筑事务所，除具有组织型综合事务所的一些特征外，突出的特点是发挥自身开发—设计—施工一体化的优势。特大型公司的技术人员在万人以上，大型公司也有几千人，它们还有代表世界先进水平的研究所，其新技术、新工艺、新材料很快能通过各自公司事务所在建设项目中运用、实施，极大地缩短了科研成果转化为实践的过程，领导着日本建筑技术发展的潮流。

（3）建筑执业师事务所，又称个人或者明星设计事务所。①丹下健三城市建筑研究所（代表作见图12，100位技术人员左右）。②安藤忠雄建筑研究所、矶崎新事务所等（十几人至几十人），是日本建筑设计领域的基础，分布在全国各个角落，虽然每个事务所从规模上看人数不多，不过几个到十几个技术人员，几十至上百人的事务所已是凤毛麟角，但这并不妨碍它们走向世界。由于建筑师事务所创作人员少，通常在某一方面有突出的个性和风格特征，开发商可根据其建设规模、功能、性质及对思想风格的要求来选择建筑事务所，从而让这些有个性的建筑师有了用武之地，设计了许多世界级的建筑作品，产生了非凡的影响。因此，小规模的建筑事务所虽然综合实力不及综合型事务所，但重在追求创造个性和风格这一建筑艺术真谛的原则，使它们有异常的生存能力，并给日本建筑创作注入了活力。

图9 索尼公司索尼城大崎（日建设计）　　图10 东京电通大厦（大林组）

图11 浦安市新厅舍（鹿岛建设）　图12 东京圣玛利亚主教堂（丹下健三）

三种基本类型的事务所并不仅仅彼此孤立存在和工作，同时也会因为项目的不同需求，三者之间进行相互叠加与融合，相互借力形成一个稳定的体系。在建的东京奥运会主场馆便是由隈研吾建筑都市事务所和大成建设集团合作建设，先进的创意与强大的技术支撑相结合，让设计更加趋近于完美。

（三）全民素质

建筑活动牵动亿万人生活的方方面面，日本作为发达国家，公众对于建筑的认知和理解程度，不仅仅停留在外在形式和日常使用，而是对于建筑通识的理解程度，对于建筑与环境之间关系的认知，对于建筑的传统文化与现代化进程的碰撞，对于建筑内涵和本质以及对于文化审美都具有深入的认识，这些与日本国民所受的教育相关，同时也具有历史的传承性。日本现代化转型期的重大社会变革，对于日本的传统建筑而言像是一个巨大的过滤器，在势不可挡的建筑现代化进程中，源自传统社会武士道伦理经历过全盘西化冲击，被现代主义者重新发掘，并最终与西方现代建筑内在精神相融合的简约观念，在日本现

图13 表参道之丘（安藤忠雄）　　图14 纽约新当代艺术博物馆（SANNA）

代建筑中得到确立。这种根植于本土传统文化而经过现代主义洗礼的简约精神，不仅对日本的现代建筑产生了持续的影响，还成为日本建筑走向世界时鲜明的气质标签。

除了建筑师对于建筑创作的关心和投入，使用者和其他社会公众也会对一座建筑的营建表示关切，这与日本土地私有化相关——人人都有机会成为业主，公众对于建筑创作活动的参与度和热情非常高，小到住宅设计的私人订制，大到公建项目意见众筹的参与过程，比如安藤忠雄的作品——表参道之丘（Omotesando Hills，图 13），其创作过程便是由上百业主选出代表、提出意见，再归纳整合，最终成为建筑师创作理念的重要来源。笔者的一次经历则更加印证了这一点，在日本某一个不知名偏远乡村，偶遇到一位村民，在随意交谈间，他甚至可以对当地一座建筑的设计理念、材料、建构手法等建筑的内涵以及一些本土建筑师的作品风格娓娓道来，日本民众对建筑的认识可见一斑。那么，本土的地产开发商对建筑的认知则更具专业性，开发商会根据项目的使用性、创意性、市场以及后期运营等因素去综合考虑，再去委托与项目相适应的建筑师，而不会盲目地去追求建筑师的名气。比如，设计若是强调与自然融合，那么人们便会想到安藤忠雄；设计若是强调轻盈飘逸，那么人们便会想到妹岛和世……然而，反观国内大多数公众对建筑的认识通常只是浮于表面，停留在其形式上，而很难做到深入去了解，这恰恰偏离了对建筑内涵和本质内容的把握。仅仅去追求表面的标新立异，其结果往往会适得其反，弄巧成拙。

（四）行政管理

除建筑师、业主之外，建筑营建同时是社会活动的一部分，在开发商和建筑师对土地使用的过程中，一系列报建报批的行政程序同样存在，并且严格按照城市设计的条例和指标进行，例如基地周围交通枢纽的存在对建设项目的影响或者建设项目对周边环境的指标（光环境、风环境、声环境、天空率等因素）的影响，法律法规制定得非常细腻和完善，项目实施过程中的每一个步骤都会严格按照相应的规定来执行，并且在行政层面上人的意志等主观因素对于建筑创作的影响程度比较小，因而更加科学和规范。对于建筑创作的限定方面，除去特定历史和景观保护区对建筑形式和色彩等因素限制之外，几乎没有其他多余的限制，即使存在限制因素，也都会在工程建设之前获得准确的信息，从而保证工程建设的连贯性。另外，建筑创作的过程并不会因为政府行政管理的即时变化而受到影响。因此，从某种程度上看，行政管理是为建筑创作而服务的。

（五）营建技术

近年来，由于日本经济的不景气，房地产建设项目的数量也伴随市场的调节而达到一定的平衡，导致建筑施工的工匠数量随之减少，此时正值东京奥运会场馆建设的攻坚时期，东京市竟然出现工匠不够的现象。日本对于工程质量的管控非常严格，不同单位前前后后要检查数遍，发现错误会标记，无法修正的直接重建，没有勉强使用一说。此外，日本多地震，房屋建设很多细节都是极度深化；并且工程种类不同，其建造体系也截然不同。因此，行业对建筑工匠的专业素质和技能要求非常高，日本的工程建造水平现在被公认居世界领先水平。日本不仅对建筑工匠的技术水平和专业素质要求非常严苛，对施工图纸也要求达到毫米的精度，经过层层精确度的保证，使得各个专业在工程上几乎可以实现无缝对接，进而保证工程进度的连贯性和工艺水准的精确性。因此，这种庞大并强有力的技术支持，能够为建筑师创意的完美实现起到锦上添花的作用。

（六）运营管理

日本建筑业的运营管理水平同技术水平一样，均达到了世界领先水平。但随着日本经济进一步发展，行业仍在不断地进行管理改革，以便适应新的市场环境。建筑工程落成之后，其管理、运营、维护以及后期再利用等方面是在设计之初就需要考虑的因素，例如建筑设备的更新是否会破坏建筑本身……对建筑未来的考虑是否长远、法律法规是否健全、建筑规范是否完善以及执行是否到位、建筑师设计是否欠考虑等，所有这些因素对建筑品质感的维护至关重要，只有高效健康地运营起来才能保证建筑的可持续，才能保证建筑的年代风貌、空间感受、时代记忆得以保留。在笔者的一次赴日游学经历中，参观过东京江东区再生中心（图 15），这是一座 20 世纪 90 年代初落成的建筑，从投入使用至今已有 20 多个年头，令人感叹的是，建筑无论外观，还是内部感受，都是如此之新，如同刚刚建成不久一般，很难察觉到时间留下的痕迹，可见日本建筑的运营管理水平着实令人钦佩。同时，也没有看到因为建筑设备的更新升级而致使建筑受到"伤害"的痕迹，可想而知，在设计之初，

图 15 东京江东区再生中心

未来设备更新的这个因素便已被纳入考虑范畴。

就像肥沃的土壤可以孕育出茁壮的植物一样，优秀的建筑品质离不开健康的建筑创作环境。影响日本建筑创作环境的因素绝不仅仅是以上所论述的几方面内容，一个职业建筑师的工作状态和社会生态，以及整个社会的发展阶段等，这些都是与建筑创作环境密不可分的因素。

四、结语

日本是一个非常善于引进模仿的民族，但从单纯的引进模仿后又发展为充分地消化吸收，进而又揉进本民族的文化传统，在超越传统的基础上发展创造了本民族的时代文化。纵观历史上的两次发展，一是 7 世纪学习中国，二是 19 到 20 世纪学习欧美，都经历了引进模仿、消化吸收和革新创造三个阶段。现代日本建筑的"独特性"就是在学习和应用西方经验时不失去自己的文化特征。

在我国，快速城镇化给中国建筑师提供了广阔的用武之地。经过 30 多年磨炼，我们逐步打破了"一元化"观念的束缚，开始展现出建筑创作多方向探索的可喜局面。虽然在发展路中不可避免地遇到一些制约建筑设计健康发展的问题，但我们积极直面现实，冷静思考，通过对日本国内建筑创作环境的认识和学习，借鉴日本成功的经验，也就是学习借鉴其引进模仿、消化吸收、革新创造的全过程，抱着"择善而从，不善改之"的态度来有针对性地提出应对这些问题和矛盾的策略。我相信，中国建筑创作的未来也会更有希望。

参考文献

［1］王兴田. 日本建筑事务所的构成形式［J］. 时代建筑, 2001(1):18-19.

［2］王兴田. 日本现代建筑发展过程的启示［J］. 建筑学报, 1996(6):50-54.

［3］王兴田. 建筑文化的"内核"与"外缘"［J］. 建筑师, 2005(5)

［4］俞左平, 徐雷. 日本现代建筑中简约观念的渊源［J］. 建筑与文化, 2019(6): 44-45.

［5］程泰宁. 希望·挑战·策略：当代中国建筑现状与发展［J］. 建筑学报, 2014(1):4-8.

［6］森美术馆. 建筑の日本展 [M]. 建筑资料研究社, 2018.

保护 20 世纪建筑遗产需评论和再认知——以特区经典建筑是珍贵的改革开放 40 年纪念碑为例

金磊　　中国建筑学会建筑评论学术委员会　副理事长
《建筑评论》　主编

摘　要： 20 世纪建筑遗产纳入《世界遗产名录》已是事实，但尚未引发国内建筑与文博界关注，再加上国内对历史建筑的概念太传统化，导致近二十年在国际上兴起的 20 世纪建筑遗产保护尚无地位。所以，新中国经典建筑、改革开放纪念碑都难逃拆旧建新的噩运。本文试对此作出初步联系与分析。
关键词： 20 世纪建筑遗产；中国建筑师；传承与创新

2016 年至 2018 年，以中国文物学会、中国建筑学会的名义向业界和社会公布了共计三批 298 项中国 20 世纪建筑遗产项目，获得良好的反响：建筑与文博界知晓了中国拥有与国际上同名的遗产类型；热爱城市风貌的市民也表示中国当代建筑保护有了专家团队和权威名单；不少省（市）及入选项目属地将此荣誉写入其官方网站，如《中国 20 世纪建筑遗产大典（北京卷）》出版后，北京人民广播电台围绕入选项目请专家做了多次长篇解读。尽管如此，城市管理者及文博界乃至不少媒体仍对 20 世纪经典建筑成为"遗产"持不理解态度，甚至近来我在接受一些媒体采访时，他们表达出面对历史文化名城与历史建筑、工业遗产及各级文物保护单位，20 世纪建筑遗产是否有被挤压的态势。对于这种担忧及认识误区，我认为不仅有必要对 20 世纪建筑遗产项目做定义式解读，更应将被国际广为关注的 20 世纪经典建筑入选《世界遗产名录》的信息向公众阐明，否则人们还将陷入传统遗产保护固有类型中，仍会轻视身边的 20 世纪建筑经典项目，继续产生让文化遗产"活"起来只要"文创"即可的误解。本文期望在对中国 20 世纪建筑遗产经典的回望中，找到传承与创新发展的新策。

一、建立 20 世纪建筑遗产的城市资源观

其一，20 世纪建筑遗产的存在有自身特性，不能被替代。2019 年是新中国成立 70 年，回望 70 载的建筑经典是光大城市精神之需。20 年前的 1999 年，第 20 届世界建筑师大会在北京召开，两院院士吴良镛代表国际建协宣读了《北京宣言》，其中最重要的内容是号召全球建筑界在用创新之思面对 21 世纪时，要先认真总结 20 世纪建筑的"亮点"，要特别珍视 20 世纪建筑遗产。在那次会议中，中国工程院院士马国馨给出了 20

世纪中国建筑遗产名单。20 世纪建筑遗产顾名思义是诞生于 20 世纪的建筑遗产的集合，正如同 20 世纪是人类文明变化最快、最丰富的时代一样，建筑经典也有了最理性、最直观的呈现。1961 年首批全国重点文物保护单位第一类别"纪念建筑"有 33 处，多数为 20 世纪建筑遗产（如 1957 年建成的中苏友谊纪念碑，1958 年建成的人民英雄纪念碑等）。1982 年国家《文物保护法》强调要瞩目与重大历史事件、重要人物相关联的纪念建筑等。据此，推进 20 世纪建筑遗产保护绝非是重复工作，而是在填补国内在建筑遗产保护上的类型"空白"，其对当下及未来中国城镇化建设作用巨大，诸如城市更新应敬畏什么？新建筑设计应如何向经典致敬？城市如何避免一桩桩"拆"事件产生的建筑"废墟"？

其二，《世界遗产名录》为全球展现丰富的 20 世纪建筑遗产项目。据不完全统计，目前《世界遗产名录》中已有近百处 20 世纪遗产，它几乎占到世界文化遗产项目的 1/8~1/7，这个数字十分可观且每届还在增加，它们有单体建筑、有整个城市（镇）、有工业建筑群，更不乏当代著名建筑大师的作品系列。截至 2019 年第 43 届世界遗产大会，美国建筑大师赖特八项作品申遗成功，至此 20 世纪举世闻名的四位设计大师的代表作品均申遗成功，这不仅是缔约国的成就，更是世界建筑界的荣光。美国建筑大师赖特（1867—1959）在其 72 载多产设计生涯中，作品近千，2019 年他入选的八个项目有住宅和别墅，有宗教建筑和美术馆；2016 年勒·柯布西耶跨越 7 个国家的 17 个项目，德国包豪斯创始校长格罗皮乌斯的法古斯工厂（2011 年），包豪斯第三任校长密斯·凡·德·罗的图根德哈特别墅 2011 年分别申遗成功。面对 20 世纪建筑遗产这一国际上认同的"热点"，我们要特别把握住其《实施世界文化和自然遗产保护公约操作

指南》的要点，发现世界文化遗产从初期关注反映人类文明发展过程中那些伟大的历史纪念性建筑或重要遗址，关注20世纪以后人类文化多样性所创造的文化艺术物质瑰宝。2019年的世界遗产大会对赖特作品申遗成功的评介是"1959年过世的赖特对20世纪建筑影响深远，他入选的这些项目反映出赖特开发有机建筑理念的成功，他对钢材和混凝土等材料的运用做出了前所未有的贡献……"应提及的是赖特大师还无比推崇中国的老子，他用作品效法"人、地、天、道"，他遵从"自然"与"无为"的设计原则。如他的设计尤其注意不可占有万物，要随自然发展，而"无为"更是倡导建筑师不要妄自作为，要对自然报以敬畏之心。

二、特区建筑是改革开放40年的"纪念碑"

2018年是中国改革开放40周年，城市建筑界最重要的成就，旨在捡拾这40年究竟靠何等创新步伐为中国城市留下了卓越作品且改善了民生幸福。如果说"北上广深"是中国城市建设改革发展的先锋之城，那么经济特区就是率先结出优秀项目成果之地。然而，近日有不少城市在借改革开放40年之机，用"奋进新时代，走在最前列"的精神，搞新一轮"旧城改造"，这给历史街区和历史建筑保护带来了新威胁。笔者认为，具有不同年轮的城市要有不同时代的遗产新思，城市更新与发展核心是要协调好城市文脉的延续与开拓的关系，呼吁有关方面要保护经济特区等20世纪"80后"项目，因为它们不仅是经济特区改革开放的重要历史物证，也是被国家珍视的20世纪建筑遗产之典型代表。

2018年6月26日，在素有20世纪80年代中国酒店业"黄埔军校"之称的深圳南海酒店（1985年）举办了"以建筑师的名义纪念改革开放：我们与城市建设的四十年·深圳广州双城论坛"。"住"是民众生活的常态，在建筑的变迁在改革开放进程中，设计进步与创新之态是完美呈现的。建筑是时代的纪念碑，建筑师是改革开放的见证者，建筑不仅可以使用，更在用事件、用理念、用故事回溯历程，致过去且敬未来，它可提供城市记忆最生动、最形象的言说。据此与会专家在归纳深圳建筑设计改革重要"时段"时，深情地用作品回望了多位对深圳做出贡献的前辈建筑师，如深圳体育馆（熊承新，1985年）、深圳南海酒店（陈世民，1985年）、深圳大学演艺中心（梁鸿文，1983年）、深圳向西小学（陈达昌，1984年）、深圳贝岭居宾馆（吴经护，1987年）、深圳华夏艺术中心（张孚珮，1991年）、深圳天祥大厦（左肖思，1995年）、深圳南山图书馆（程宗灏，1996年）、深圳特区报业大厦（许安之，1997年）等。特别强调这些项目之所以令业界与公众瞩目，不仅在于建筑师创作的

先锋性，还在于它们从实验性、多样性、示范性上承载了深圳新建筑背后太多的故事。

如1985年建成的深圳体育馆属深圳建市后"八大"文化设施，主持设计的建筑师们回忆，当时为了体现体育建筑的力度与向上精神，设计摒弃了所有装饰附件，特用建筑固有的构件表现它的形象美，如高举的屋盖、自然坡起的看台体量，与水平舒展的观众休息平台形成对比，从而表现出稳重有力的气势。尤其可贵的是它从设计之初就千方百计地提供面向普通市民服务的宜人设计，确保90%以上的观众席在好的或较好的视觉区，从而使它成为集市民休息、娱乐和建设多功能的体育公园。该体育馆的严谨、求新的设计风格无疑使之成为改革开放初期深圳的标志性建筑，除荣获一系列业界奖项外，1989年它在国际建筑师协会举办的"体育与娱乐设施优秀设计"评选中获银质奖，2009年中国建筑学会还授予其"新中国成立60周年建筑创作大奖"。人们知晓，1979年7月8日，蛇口工业区破土动工的"开山第一炮"，是改革开放的一声春雷，它带给国人与业界的是蛇口精神遗产的改革基因。建筑作为改革开放的纪念碑，罗湖作为深圳最早的建成区，国贸大厦、渔民村、东门商业街、地王大厦、罗湖口岸、深圳火车站、深圳迎宾馆等无疑是深圳部分改革开放地标。这种保护是每一个经济特区培育文化、珍视历史的需要。其当代遗产价值至少表现在：当代人要为这诸多细节留下"历史脚步"；改革开放的特区早期建筑是自带故事的；改革开放并非要满溢新姿，该从积淀中品鉴过去、思考未来；尤其倡导阅读每一座城市，更要倡导市民从历史建筑中读懂城市的珍贵记忆。据此我的思考有以下几个方面。

其一，创造特区新文化，要先珍视自身的文化。如改革开放40载让深圳不断呈现文化新貌，其中坚持了22年的城市阅读是深圳文化建设的"亮点"，这是一个渴望文化立市的步伐，此外联合国教科文组织的"设计创意之都"也为深圳带来了国际文化创意之桂冠。问题是，深圳的文化不仅要"创"，还必须在回望中珍爱，必须在认知中发现这是深圳当代遗产发展的40载，这是深圳文化自信的标志。阅读之城不仅仅是"读书"，更要教授公众与管理者读城市、读建筑。习近平总书记曾指出："历史文化是城市的灵魂，要像爱惜自己的生命一样保护好城市历史文化遗产。"作为深圳改革开放后的一批建筑，如深圳体育馆，不仅真实地记录了深圳城市的崛起，更代表了时代精神下人民的美好记忆，呼吁人们要站在文化城市建设大视野下，保护好深圳这批20世纪"80后"优秀建筑，它们将是20世纪新中国建筑的辉煌记忆；因为只有生机勃勃的深圳新经济才越来越需要城市文化"标签"的衬托，恳请经济特区诸城相关部门下定决心留下这批"城市富矿"般的建筑。

其二，特区改革开放文化包括始于20世纪80年代的建筑文化，这是由特区文化特征所决定的。20世纪80年代的深圳优秀建筑，就是象征深圳建筑史的"历史建筑"，它是深圳乃至中国城市化改革的无价之宝。对于中国20世纪建筑遗产，住建部和国家文物局均有专门规定强调要予以保护：2017年9月住建部下发建规〔2017〕212号通知，从历史建筑普查、确定、建档、挂牌、不拆除、不乱建等方面提出了明确要求；国家文物局早在2008年就发布《关于加强20世纪建筑遗产保护工作的通知》，2018年6月27日又印发《不可移动文物认定导则（试行）》，其中第七条、第九条的内容实际上规定了20世纪建筑遗产的保护要则。在对翱翔在改革开放春风里、不断发生蝶变的深圳取得的成果予以肯定的同时，也需要认真梳理属于改革开放40年的新建筑成果，要自识瑰宝，要从建筑当代遗产的载体中找到城市发展的脉络。建筑以服务城市的视点体现在区域与土地蜕变、城市与高度蜕变、城市与生产力蜕变的一系列过程中。在此充满感慨地建言：经济特区需要保留有"事件学"视角的建筑，要总结出一批20世纪80年代经典建筑作品的设计建设"史论"观，更要留住从一开始就倡导面向公众服务的文体建筑示范。面对全国上下城市更新进入快车道的大势，我们必须明白，社会与城市需要的不再是一般意义上的"拆旧建新"，而是有文化内涵保证的高质量的有机更新。否则，失去了敬畏历史之心的更新之策，莫过于又一轮大拆乱建，是有悖于现代社会文明与遗产意识的"佛像刷油漆"之举。建议通过尊重建筑历史与原貌的方式，重塑功能，使它可阅读、可亲近、可利用，让特区的"历史建筑"焕发新生。

三、中国成为世界遗产强国必须补20世纪遗产的"课程"

在常人眼中，"20世纪"意味着"现代"，而"遗产"则表现"传统"，这是必须要扭转的误区。城市文化建设热衷于上大项目、盖新房子，以为发展新的文化项目一定要从新建筑入手，殊不知让老房子有"新作为"才是现实且理想的选择。从另一视角看，只有老建筑才能延续人们的记忆，才容易嵌入新文化内容并焕发特殊的城市魅力。难道一个城市非要靠牺牲20世纪经典建筑才能发展？殊不知所拆的不仅是建筑本身而是对当代社会进步有价值的文化影响力，拆掉的是一个城市精神与永逝的"乡愁"记忆。所以，我有以下几点建言。

①中国要从遗产数量大国步入遗产保护强国，最终服务于城市文化发展，需要审视自身在遗产保护上是否已具备了与世界接轨遗产新类型对话的可能。

②依法保护20世纪建筑遗产要成为共识，应在对建筑遗产名称的自定义上再下功夫，既不用历史建筑取代20世纪建筑遗产，也不要弱化作为20世纪"城市纪念碑"的现当代建筑的作用，这是城市更新不可或缺的文化与历史敬畏之需要。

③面对国际上不少国家纷纷将本国20世纪著名建筑大师系列作品"捆绑"申遗的做法，提请有关部门考虑将20世纪"建筑五宗师"吕彦直（1894—1929年）、刘敦桢（1897—1968年）、童寯（1900—1983年）、梁思成（1901—1972年）、杨廷宝（1901—1982年）参合中西的作品"申遗"，也可探讨20世纪50年代"国庆十大工程"的整体"申遗"问题。此举不仅可固化中国现当代建筑师的创作成就，更彰显新中国建筑的早期文化创造对世界的贡献。

④中国要步入世界遗产强国行列，还要提升全民族文化遗产意识，开展"阅读城市"活动是最明智的举动。因为只有读懂"城市家园史"才会产生对身边20世纪建筑遗产的热爱与珍视，这里有城市文化的缘起，更有建筑设计文化创意的层层内涵。

浅析个性化别墅酒店的建筑——以长城脚下的公社为例

杨锴　海南省土木建筑学会　副秘书长

摘要： 在北京市延庆区八达岭水关长城附近，有 42 栋各具特色的别墅错落有致地建在这陡峭安静的山谷里，这里所有的建筑都表达了同一个理念：建筑不只是周围环境简单的补充，还与自然融为一个和谐的整体。这是一个把建筑创意创新和个性化住宿体验相结合的成功案例。

关键词： 别墅酒店；建筑创意创新；个性化住宿体验

在过去十年里，人们明确通过空间关系、建构、使用地方材料和技术对传统建筑与城市进行再诠释。其结果却是一种谦逊的建筑学，几乎有极简意味。这表现为设计师对过多的色彩和不必要的装饰的共同反感，也变成现在像竹子、木材、灰色岩石、混凝土和金属等廉价材料的反复使用。

——琳达·弗拉森罗德

"长城脚下的公社"是 SOHO 中国有限公司在大约 20 年前的一个明星项目——邀请当时亚洲地区 12 位著名建筑师，在长城脚下 8 平方千米的美丽山谷，各自设计并建造完成一栋代表建筑师设计理念的别墅。该项目在当时产生了极大的新闻效应，堪称是"事件营销"的成功案例。

一个建筑师的项目建成的效应是有限的，但是一群不但具有一定类似性又具有一定差异性的建筑师，其作品集群产生的合力和影响效应是巨大的。该作品是中国第一个被威尼斯双年展邀请参展并荣获"建筑艺术推动大奖"的建筑作品。同时，其用硬纸板和木材而制作成的模型也被巴黎的蓬皮杜艺术中心收藏，这是蓬皮杜艺术中心收藏的第一件来自中国的永久性收藏艺术作品。该作品 2005 年被美国《商业周刊》评为"中国 10 大新建筑奇迹"之一。

纵然当时评论界对"公社"里的建筑创作评价极高，但是建筑师终究要用自己的作品说话。"公社"虽小，建设量也算很小，但是汇聚了亚洲多个知名建筑师的作品。在中国当下有限的创作流向之中，在行业内有一定声望的示范性建筑师们是否能利用小体量的建筑作为载体，进行建筑创意创新，同时提供一批具有实验意义的、个性化体验的居住建筑。

一、"示范性建筑师"群体创作表象

所谓"示范性建筑师"，是指其作品和思想能够通过公共媒介而广泛传播，并产生一定的社会影响力以及专业领域的示范性，其作品和思想也能成为广大基层建筑师群体学习的对象和参照的范式。设计长城脚下的公社的 12 位设计师正符合这一定义。堪尼卡（大通铺）来自泰国，坂茂（家具屋）、古谷诚章（森林小屋）、畏研吾（竹屋）来自日本，简学义（飞机场）来自中国台湾，承孝相（公社俱乐部）来自韩国，安东（红房子）、张永和（二分宅）、崔愷（三号别墅）来自中国大陆，张智强（手提箱）、严迅奇（怪院子）来自中国香港，陈家毅（两兄弟）来自新加坡。

从以上我对这 12 位"示范性建筑师"样本的基础资料的整理中，可以了解这些建筑师的教育背景和国籍。

二、建筑设计手法多样

（一）设计手法的外在表现

外在表现是建筑与外界交流的最为直接的一种"语言"。"公社"内的别墅设计手法主要有两种。

1. 移植西方当代的创作手法

在全球化的今天，信息的传播速度日益加快，西方世界是所谓当代建筑学意义上的"第一世界"，其创作手法对全球建筑师特别是亚洲建筑师的影响不可避免。

21 世纪以来，建筑界的变化更是天翻地覆，从以妹岛和氏等人为代表的极少主义倾向，到赫尔佐格和德梅隆所推织的表皮设计，再到如今大热甚至变成为显学的非线性设计以及参数化设计，无一不给中国设计界带来强烈的冲击。这些影响也使一些中国的作品体现出一种"西方化"的特征。比如大通铺、怪院子、竹屋或多或少有着对国外这些成熟的设计手法的"移植"成分。

由泰国的女设计师堪尼卡设计的"大通铺"（图 1）分两层，

楼下有 2 间卧室，楼上有 4 间卧室，每间卧室自带卫生间，饭厅和客厅相连，厨房开敞，饭厅里有一张加长的桌子，可以和多位朋友一起用餐。大通铺强调沟通和共享。卧室是一排大通铺，甚至每个卫生间里都有两个大浴缸，可以让你和朋友体验边洗澡边聊天的乐趣。客厅屋顶上有一块凸出的长形玻璃窗，使屋内屋外可相互观望，连为一体。

"大通铺"的特点是在与室外环境交融的前提下，强调室内的沟通与共享。室内与室内、室外与室外都能相互沟通，连为一体。

图 1 "大通铺"

限研吾设计的"竹屋"（图 2），把竹子当模子，然后在里面灌入混凝土，模仿钢管混凝土的新建筑技术，解决了强度及耐久性问题。由竹子隔出的茶室，六面皆竹，透过竹缝可见长城的烽火台。建筑悬于水上，极具禅意。

"竹屋"的特点是以竹子作为建造材料，与自然完美交融。

图 2 "竹屋"

"怪院子"（图 3）的特点是以白色刷漆的墙面、木质地板与石材铺面传达了宁静的乡村式的家居生活。外露的竹子屏栅与富有特色的中庭相映成趣。

图 3 "怪院子"

2. 结合传统的现代实践

许多建筑师将地方性作为建筑创作的主要理念来源，特别是中国大陆建筑师对中国传统文化的传承俨然已经成为专业领域最为广泛的探索。

由新加坡建筑师陈家毅设计的别墅"两兄弟"，以一个较大的建筑物与一个较小的附件小心地配置于山谷的基地当中，两者平面呈 L 形，这有助于房屋与自然的密切结合。厨房与餐饮空间在小量体内位于北侧的陡崖边，并且与主建筑成 45 度角。

"两兄弟"建筑的特点还包括：以当地的石材为主要材料之一，为了观景，在屋顶开椭圆天窗，餐厅两侧用落地玻璃窗。

由张永和设计的"二分宅"，从表面上看，建筑从中间被分成两半，借机引入了不一样的空间、景致与氛围，也带入了"山水"意境。其中水的部分，有一条小溪从入口笔直地登堂入室，在玻璃地板的衬托之下粼粼闪光。而中庭，则由其中一侧的山峦与另一侧建筑分裂的两翼共同围塑空间，恰到好处地处理了周边自然与人造建筑间的冰冷分界。

"二分宅"特点：分裂是弹性建筑的各种状态之一；两半之间的角度可以自由调整，以适应不同的山坡地形；用当地的夯土建造，冬暖夏凉，而且具有防火功能。

（二）设计手法的现代来源

纵然在设计手法的表象上建筑师有着"西方化"和"地域化"的两种倾向，就其作品的时代性而言，无论如何都无法摆脱"现代建筑"的范畴，而现代建筑作为起源于西方的思潮，中国长城脚下的公社建筑归根到底依旧是来源于西方的现代建筑。甚至可以说，这种对西方建筑创作的"移植"已经成为激发建筑师创作灵感的重要因子；而中国的现代建筑尚在起跑阶段，开发商或者设计师"学习"或者"效仿"的心态也起到了很大的作用。

1. 向传统现代主义致敬

由日本著名建筑师坂茂设计的"家具屋"（图 4），引用了中国传统四合院建筑的概念，让中庭坐落在住宅的正中，房间则以基本的方形配置围绕庭院排列，其采用了新型材料——压制竹片合板。利用自己研发多年的"家具住宅"系统（这是一个利用组合式建材与隔热家具为主要结构体与建筑外墙的系统）作为本建筑的营造方式。

"家具屋"的特点：以合院建筑方式使宽阔的基地发挥最大的优势，以竹制家具与周边环境自然融合。

图4 "家具屋"

2.对国外"地域化"创作的参照

地域化已经成为中国当代建筑创作不可回避的主题。在地域化创作方面，西方建筑师作为地域主义的先行者，已进入新地域主义以及批判的地域主义阶段，其作品强调对建构文化的回归以及对创作场所精神的重构，这也给广大中国建筑师在地域化创作方面提供了大量可供学习甚至效仿的教材。既然中国建筑师难以绕过"本土化"的话题，那么也显然很容易与这些国外的地域主义的建筑师产生共鸣。

中国籍建筑师安东设计的"红房子"（图5），有四间面向不同风景的卧室，客厅空间大、采光好，与阳台相连，二楼

图5 "红房子"

的露台可以欣赏长城峡谷的景色，房子的顶部有一个屋顶庭院，视野开阔。

"红房子"的特点：采用悬臂，不改变原始的基地；用简单的几何手法，简单地使用材料，混凝土、水泥、红砖、木、竹子、玻璃；屋顶庭院提供广阔的视野，能一览公社全景。

3.对"先锋"的设计语言的模仿

在先锋的形式由传统意义上的"解构主义"走向无所不能的"非线性""参数化"设计的今天，很多建筑师都在这些领域有所实践。同样这种先锋的创作思潮对中国建筑也有广泛影响，从形式表达到创作方法以及材料表达等在创作上均有体现。这种设计的流行，一方面体现了中国建筑审美的日益开放，另一方面也是一部分业主的猎奇心态，迎合了商品社会中部分人的"冒险精神"。

由中国香港建筑师张志强设计的"手提箱"（图6）是一个灵活的室内设计，根据活动性质、居住人数以及个人对封闭性和隐私性的关注程度，空间可以很容易地改变。

"手提箱"的特点：大空间内分隔的小空间，可随时灵活改变。

图6 "手提箱"

三、建筑文化意象趋同

既然有八成以上的"示范性建筑师"将传统文化作为设计理念的来源，本节就以类型化的手段，着重分析在建筑文化层面上，建筑师从意象来源到表达方式内外两方面的同质化倾向。

（一）传统文化意象的来源

一般来说，中国古代建筑分为居住建筑和聚落、宫殿、寺庙、陵墓、宗教建筑和中国古典园林。立足于当代的民用建筑创作，通过对这些示范性建筑师作品的分析，可以发现传统的民居与聚落、宫殿类官式建筑和古典园林作为文化意象最容易与时代结合，也是当代建筑师频频转译的文化意象。贝聿铭曾经提到过："中国建筑有两条根，一条是皇家建筑，另一条是民居院落，它朴素、简易、雅致，在后一条路上进行革新和发展容易走通、

取得成就。"

1.民居与聚落

聚落不仅仅是房屋建筑的综合体，还包括与居住有关的其他生产设施和生活设施。聚落不仅是人们生活和开展社会活动的场所，也是生产的场所。

由韩国建筑师承孝相设计的"公社俱乐部"（图7），在大厅中保留了基地原有的树木，以当地自然的材料建造，中国餐厅拥有10个私人包厢，每一间都配有10个不同主题、个别围闭的庭院。

"公社俱乐部"的特点：以当地自然的材料建造，保留自然元素，用中国特色庭院打造中国特色餐厅。

图7 "公社俱乐部"

2."观式"建筑

著名建筑师崔愷设计的"三号别墅"（图8），诠释了到山里是为了看风景，建筑也为了不挡景。这座建筑视野开阔、层次丰富——近景为1号别墅，中景为会所，远眺可见群山；客厅和餐厅部分利用平台下沉，"蹲"在草地上，上部覆盖着泥土和草，土垄变成"玻璃垄"；部分房间与山体平行布置，保持山沟景观畅通，并可在头顶延续山体。

图8 "三号别墅"

"三号别墅"的特点：既能完美观景也不遮挡其他建筑的观景。

3.古典园林

中国的园林建筑是中国历史特殊条件下产生的一种特殊产物，他凝聚了中国的绘画和文学，在其建筑及综观本体的含义之外更多呈现出一种"意境"和"情怀"。

日本建筑师古谷诚章设计的"森林小屋"（图9），依山而建，错落有致，使用的是当地的原材料，从垂直窗洞口望出去，人们能看到景色的不同层面，景随人移。

图9 "森林小屋"

（二）传统文化意象的表达

在传统文化意象的表达方面，根据对传统"再现"的不同程度，依据从宏观到微观的策层面，可以将其分为空间及意境的转译、形式简化与抽象、细部的符号象征三种方式。

1.空间及意境的转译

"转译"一词本属生物学范畴，在建筑学领域指运用现代词汇来对传统建筑空间进行整合与抽象，并"写意"地再现出来。这种处理方式之中，传统的建筑语言，具体的细部形式，一目了然的空间表达都不复存在，取而代之的是建造逻辑与传统的呼应，空间拓扑关系的一致性及传统场景意境的延续。

2.形式简化与抽象

传统的建筑形式立足于农业社会的手工业传统，虽然形式优美，但早已与当代的生产力发展水平不吻合。立足手工业社会，传统的手工业美学也必须发生进化，这本质上是一种进步而不是一种丧失。手工业美学往往形式繁复、装饰性强，而工业时代的作品则体现出一种更为简洁的美学特征。

在中国当代建筑师再现传统文化的过程中，形式的简化也是一种主要的表达方式。

3.细部的符号象征（略）

四、面对建筑本体问题选择趋同

（一）建筑的实用性问题

就建筑实用性问题，可以从建筑对社会现实、对城市空间的回应以及建筑的具体功能两个方面展开。

首先，基于建筑的场地性而言，建筑与场地和园区密不可分，场地需要以建筑为依托。

其次，就建筑的具体功能而言，长城脚下的公社建筑功能性较弱，大多是易于体现建筑形式和空间的文化建筑。

如由中国台湾建筑师简学义设计的飞机场（图10），一面雨道嵌入山坡的石墙，石墙表面由当地的石材所砌筑，除了与后山长城的历史意象呼应之外，这一面墙的构造犹如生物的脊骨般支撑着衍生的空间，给房屋提供了生活机能与流通的动线。而自由的空间由此向周围延伸而出，一个个矩形空间也可以随着外在自然与内在人的行为关系而调整改变。

飞机场的特点：两道嵌入山坡的石墙与长城交相唱和，宛若回归自然怀抱。

图 10 飞机场

（二）建筑材料及技术应用

当今的建筑领域新材料、新技术层出不穷，传统材料及技术也在不断改进。但亚洲建筑师在实践过程中，却尤为偏爱传统材料和技术，广泛使用"廉价"的、"民间"的、"劳动密集型"的材料和技术。

青砖、夯土、木材、竹等传统民间材料在这些建筑师作品中频频出现。张永和、限研吾等大量运用这些民间材料。既能呼应现代主义，又能回望传统民居的白色涂料，更是得到亚洲建筑师的青睐。

技术方面，亚洲建筑师，特别是有文人背景的中国建筑师（如张永和）、日本建筑师等痴迷于建造，力图表达建筑的"诗情画意"，在建筑中大量运用筑土、夯墙等技术。如在石材应

图 11 两兄弟

用方面，这些建筑师习惯用石材来砌筑（图 11），极少使用已经非常成熟的干挂技术，具体见表 1。

表 1 使用材质统计表

	青砖	木材	竹子	纯色涂料	夯土	钢板
大通铺				√		
家具屋		√	√			
森林小屋		√			√	
竹屋			√			
飞机场	√					
三号别墅				√		√
手提箱		√				
怪房子	√					
两兄弟	√					
二分宅					√	
红房子				√		
会所				√		√

五、"公社"建筑创作构成现象小结

以上这些由 12 名亚洲杰出建筑师设计建造的私人收藏的当代建筑艺术作品，都有相同的设计理念——与自然形成一个完整的整体。这种特点有的是通过材料寻求突破口，有的是通过独特的造型，还有的是通过建筑内部的功能特色与其他建筑区分开来。不同的建筑师有不同的角度，但他们的设计无一不是在探讨人与人、人与物、人与自然的相遇、沟通和联系。可以看出，在百花齐放的表面之下，在建筑形象、文化意向、建筑类型、技术选择等方面，他们表现出相似性。

建筑评论的记忆——32年与建筑评论结缘简述

张学栋

第一阶段（1987—2003）实践与反省

1987年春以入选论文"对建筑评论的反省"，参加浙江东阳洪铁城先生发起的全国首届建筑评论会，宣读论文发表于《建筑学报》（2018年11月），在会上宣布承办四川德阳第二届全国建筑评论会。

1988年夏参加中国建筑文化沙龙顾孟潮先生等发起的"走向世界的当代中国建筑"学术论坛；同年，在西安召开的"西部建筑研讨会"发表论文。与德阳建委规划处处长马国祥先生一道筹备第二届全国建筑评论会，落实主办方和筹集会议经费。

1989年到海南省华南热带作物学院园林系工作，继续筹备第二届全国建筑评论会，落实诸联合主办方。

1990年在海南省开发建设总公司物业发展公司策划海南金融贸易区"风水·八卦·百金城"高级商住区，实践建筑评论与人居环境的良性互动，继续筹备第二届全国建筑评论会。专程到北京拜会中国建筑学会顾孟潮先生、清华大学《世界建筑》曾昭奋主编、《建筑师》王明贤先生等，就具体办会事宜请教众人，得到先生们热情指点和具体帮助。主办方、经费和主要邀请学者专家初步落地。

1991年，由建设部建设杂志社、《世界建筑》杂志社、《时代建筑》编辑部、《华中建筑》编辑部、《南方建筑》编辑部、四川省建筑师学会、德阳市建委共同发起并由德阳市建委主办的第二届全国建筑评论会，经过4年矢志不渝的筹备，终于在德阳市"月亮女神"伫望着的旌湖之滨召开。（会议报道另发）会议商定，第三届全国建筑评论会在海南举行。

1992—1994年在广西壮族自治区钦州工作，创办《大通道》杂志并任主编，筹备召开"钦州茅尾海旅游资源开发研讨会"，包括顾孟潮先生、高介华先生和艾定增先生等许多参加东阳和德阳建筑评论会的学者专家应邀参加，与广西壮族自治区政府相关部门、钦州行署领导"面对面"交流，共同谋划钦州未来发展。

1995—2003年，从广西到北京工作，1999年主要参与策划了由九三学社、北京市委主办的"从北京平安大道建设，看北京旧城保护与发展研讨会"，2000年主要参与策划组织了由太原市政府主办的"山西太原汾河治理改造专家论证会"，二十多个学科专家学者进行了跨学科、跨领域、跨行业的研讨，建筑评论进入与解决实际结合阶段。

第二阶段（2004—2018）思考与凝练

2004年完成《图·像思维——对人·自然·社会和谐共融观的整体感悟》一书，由中国文史出版社出版，首次提出一种建筑评论的方法，试图从人、自然、社会和谐共生角度，研究建筑评论的思维语言和思考模式。

2005年中国文史出版社出版《图·像思维与佛学》（易罡、智宣著）、《图·像思维与道学》（易罡、梓宁著）、《图·像思维与哲学》（易罡、严放著）、《图·像思维与文学》（易罡、阿东著），从本体论、方法论角度思考建筑评论的内涵。

2006年尝试用"图·像思维"研究中国古代建筑与城市中的"精气神、天地人、日月星"。感悟中国书法，直接感受线条艺术所呈现的断续、虚实、起伏、刚柔、黑白、阴阳的微妙变化，对应古建筑（书院）布局与（山水）景观旷奥关系。

2007年由中国文史出版社出版《图·像思维与人生》（易罡、刘坚著）、《图·像思维与水》（易罡、国岭著），以人生与水品味建筑评论学术体系。

2008年在国际设计与流程科学学会(SDPS)"设计与流程全球的合作：跨学科、跨行业、跨领域"国际学术研讨会上，获该会院士称号，尝试用"图·像思维"感悟建筑评论者的知识结构缺陷与智慧体系的圆融。

2009年尝试用"图·像思维"研究文化创意产业，完成"地方政府如何发展文化创意产业"研究，用"图·像思维"反观中国传统建筑文化框架体系，挖掘其创意元素的文化"基因"，研究建筑评论在建筑文化创意中的位置。

2010年用"图·像思维"研究建筑评论对建筑艺术、园林艺术、造像艺术的积极作用，探索古代东方绘画艺术中"充实"与"空灵"的深层关系。感悟古人内契于字、画、书、文之中，外化于山、水、草、木之间的人文情怀与心路轨迹。

2011年尝试从《山海经》《般若波罗蜜心经》《华严经》中，感受人类的想象力和创造力，在石器、青铜器、甲骨文以及战国竹简、木牍上的生命进化意象，从人类历史进程演进的角度，认识建筑评论对于人类人居环境转型升级的积极作用。

2012年因"图·像思维"理论（易·像学说）被国际跨领域高级研究院（ATLAS）聘请为首批院士。首次尝试用"图·像思维"观察汉代玉器、法门寺佛指、南京阿育王寺的佛顶骨舍利以及唐金银器承载的图像与文字，体会古代工匠和文官的建筑审美进阶特点。

2013年用"图·像思维"研究故宫的建筑格局与古代行政文化的比应关系，从园林建筑对联、碑拓、书法及印章所承载的建筑评论。

2014年用"图·像思维"研究晋商文化，通过对晋商精神和生活方式的研究，继续向着生活之根、生命之源、生存之道不断追溯，剖析心（理念）与物（建筑）的关系。

2015年用"图·像思维"探究"一带一路"跨文化互动交流与传播的规律。同时，参与中国行政管理学会和国家林业局联合研究，完成"国家生态体现建设——基于自然保护区的实践"课题，从生态建设角度认识建筑评论的边界与范围。

2016—2017年启动山西祁县塔寺村晋商故居董宅的保护与恢复工作，以120年的董宅（出生地）为背景，完成80回"小院故事"初稿，思考建筑评论的回归与超越。

2018年用"图·像思维"，走出建筑评论，探究文化养老，研究用文化滋润身心，从数千年源远流长的建筑文明成果中，发现并找到与自己精气神相应的素材，包括山水人文、江河湖海、花草鱼虫、名胜古迹、名人字画……

第三阶段（2019—　）新时代新希望

2019年盼来海南第三届全国建筑评论研讨会启动，28年前的梦想，今天成真。

编后记：建筑评论是有内涵有视野的建筑新叙事

金磊

横亘在城乡之间的每个建筑学人（建筑师或评论者）都面临共同的抉择：一方面建筑师的创作要有城市视野，因为城市是人类创造最美妙、最高级也最复杂且最深刻的产物；另一方面建筑评论者如何在审视建筑作品时真正评说，在发现美好作品的同时，也要批评那些不为城市添彩反而添堵的项目乃至设计思潮。建筑评论者有时也要勇于成为城市文脉与创新设计的不露声色的历史与文化的叙述者，他们的叙述与评说，要面对建筑的作品、事件与人，尤其要面向勇于洞察世道、服务社会基层公众、给善良而弱小的人们温暖的设计。以上这些吐露的真言，或许是在已持续五个月之久的全球疫情下，编辑《蓝天碧海听涛声　第三届全国建筑评论研讨会（海口）论文集》过程中的思考。

2019 年 12 月 14 日至 15 日，在 "谱写人居环境新篇章" 的主题下，来自国内外数以百计的建筑师，共聚海口市，成功地举办了以责任与使命为己任的研讨会。作为第一次参会的主办方之一——《建筑评论》编辑部代表，我完全赞同由马国馨院士、布正伟总建筑师在为本文集所做的序中提出的观点。马国馨院士在强调创作与评论是建筑繁荣的两翼因而在不可偏颇的同时，更提出将作品置于时间维度中，用评论促进评估；布正伟总建筑师的序不仅评点了本届论文集收录文章的亮点与问题，还特别给出建筑评论应坚持的意义与作用。论文集中可读到全国建筑评论研讨会共计三届的发起者与组织者洪铁城（第一届，浙江东阳，1987 年）、张学栋（第二届，四川德阳，1991 年）、李敏泉和段晓农（第三届，海南海口，2019 年）的扎实工作与历史性贡献。阅读这些回望与述评，我们面前仿佛呈现出为中国建筑评论做出贡献的一个个群体，他们之所以可敬，不在于他们对建筑与城市已做出怎样的创作，而重在作品如何服务于人们，如何给城市带来美好。常言道 "无序不成书"，更有 "序中有世界" 之说，马院士与布总为本书所作的两个序是具有理论气势与斐然文采的，读它们不仅可感受到字里行间洋溢的浩然之气，也能看到他们对业界发展的精准断言。

在论文集编撰中，自然会重温一些书，再次忆起一些贡献

突出的建筑学人：已故的建筑评论开创者、建筑学编审杨永生（1931—2012）；刚刚故去的国内较早践行以论代史，并创导建筑理论、建筑历史和建筑评论 "三位一体" 的学者罗小未（1925—2020）教授。中国科学院院士、中国建筑学会建筑评论学术委员会主任郑时龄在 2014 年第二版《建筑批评学》中归纳了中国建筑理论和建筑评论的奠基人，他们是：刘敦桢（1897—1968）、童寯（1900—1983）、梁思成（1901—1972）、谭垣（1903—1996）、林徽因（1904—1955）、刘致平（1909—1995）、冯纪忠（1915—2009）、汪坦（1916—2001）、吴良镛（1922—　）、罗小未（1925—2020）、陈志华（1929—）、张钦楠（1931—）、邹德侬（1938—　）、刘先觉（1931—2019）等。郑院士特别提及杨永生作为出版人和建筑批评家，创办《建筑师》杂志及早期开展建筑评论的行业贡献。这里我还想特别补充几位建筑学人的贡献：《世界建筑》原主编曾昭奋教授集建筑文化与建筑评论为一身的著作《建筑论谈》（天津大学出版社，2018 年 1 月第一版）；中房资深总建筑师布正伟的《建筑美学思维与创作智谋》（天津大学出版社，2017 年 9 月第一版）；马国馨院士《集外编余论稿》（天津大学出版社，2019 年 4 月第一版）；顾孟潮教授《杰出科学家钱学森论山水城市与建筑科学》（中国建筑工业出版社，鲍世行、顾孟潮，1999 年第一版）；钟华楠《大国不崇洋》（图 1，中国建筑工业出版社，2018 年 3 月第一版）等。作为对《大国不崇洋》的出版有较多了解的人，我需要说明的是，钟华楠（1931—2018）出生于香港，曾任香港建筑师学会会长，这部 22.7 万字 "小书" 完成于 2011 年，虽经杨永生、张钦楠、周谊等一批业界领导推荐，但在历经七年辗转三个出版社后才正式推出，好在钟华楠先生临终前看到了该书。该书精辟地指出："崇洋有远因和近因……建筑文明可以抄袭，建筑文化则需要了解和尊重。"

张钦楠老局长的《阅读城市》（生活·读书·新知三联书店，2014 年 1 月第一版）及《阅读建筑》（中国建筑工业出版社，2015 年 3 月第一版）分别揭示了城市与建筑的相关性，告知业界和公众，城市确如一本书，一栋栋建筑是 "字"，一条条街

道是"句"。恰如丘吉尔所言"人创造建筑，建筑也塑造人"，建筑用自己的语汇，开拓着一条与城市人际对话的渠道。作为耕耘不止有国际视野的学术前辈，张老 2018 年还出版了《建筑三观》（机械工业出版社，2018 年 9 月第一版），但从深刻影响建筑界且开辟建筑评论具有开创意义的当属他组织翻译的《现代建筑：一部批判的历史》（图 2，生活·读书·新知三联书店，[美] 弗兰姆普敦著，张钦楠等译，2012 年 5 月第一版）。作为建筑师、建筑史家及评论家的肯尼斯·弗兰姆普敦从文化的变革、领土的变革、技术的变革等视角出发，在书中剖析了全球的发展，指出："近来建筑学的庸俗化与社会日益严重的脱离，使整个专业被驱赶至孤立的境地，所以目前我们面临着一种矛盾的情境，这使许多聪明的、年轻的建筑师放弃了实现任何理想的希望。"张局长在该书第四版译后记中说，该书 1980 年首版后，在国际上赢得声誉，1985 年再版被誉为现代建筑史的经典，弗兰姆普敦作为国际建筑评论协会（CICA）主席，使该书不仅史实丰富，最有价值的是其在叙述中以批判态度努力发现建筑作品本身的批判精神，更可贵的是该书在"全球化时代"的新章节中，从地形、形态、可持续性、物质性、人居及公共形态这六大方面分析了近三十年来世界建筑的发展态势。张局长还特别介绍了两件重要的事：其一，弗兰姆普敦教授与吴良镛教授在 1999 年北京世界建筑师大会上分别作了主题报告，他鲜明地提出了当今世界建筑面临的七大问题；其二，在他拟定的全书结构大纲下，选取了 20 世纪全球 1000 个代表性作品，分五个时期和十个地理区域编撰成《20 世纪世界建筑精品集锦丛书》（英文名：*World Architecture, 1900-2000: A Critical Mosaic*，应译为《世界建，1900—2000 年：一部批判的织锦》，很可惜中文译名忽视了其批判的字眼）。

2019 年东方出版社推出《中国文化书院导师文集》的《师道师说：吴良镛卷》，反映了两院院士吴良镛在城市观、建筑观下的人居环境思考，代表了吴先生在第 20 届世界建筑师大会上主旨报告的思想。他反对建筑师在传统秩序中失落，在时代精神中迷茫，他批评在形形色色的流派劈天盖地而来时，某些建筑师头晕眼花，找不到创作方向。在他笔下的审美文化需综合集成，是一个地区、城镇、建筑、园林整体生成的动态体系，这是好设计的根本，无疑它是适合"适用、经济、绿色、美观"新八字建筑方针的。吴先生还特别谈及借鉴外来、发展自己的开放广义之思，无疑对建筑创作、建筑评论均有意义。我联想到，就在海口全国第三届建筑评论会召开之际，浙江教育出版社推出了国际知名城市历史学家、建筑评论家，宾夕法尼亚大学建筑学荣誉教授维托尔德·雷布琴斯基的《如何理解建筑》一书。该书在中外城市建筑评论方面无疑是本有价值的指导书，它涵盖建筑概念、环境、场地、平面、结构等十个思考维度，通过众多知名建筑师的设计思维理念的实践过程，带领读者深入地体验建筑本质，理解其功能舒适背后的艺术价值。这里讲述了赖特在纽约设计的古根海姆博物馆、密斯·凡·德·罗在伊利诺伊州为范斯沃斯医生设计的住宅、丹麦设计师约恩·乌松的悉尼歌剧院等，都说明一个人（无论是不是建筑师）若对建筑缺乏信仰，就难以知晓建筑到底是什么。好设计不仅在细节中蕴藏着民族性格，也展现了设计大国对人服务的理念，无论工业设计还是建筑设计，可持续原则确是标尺，如大家知晓：德国设计讲求极简且稳重的功能主义；北欧设计注重人体舒适与人性的精密程度；日本设计在雕琢时不忘崇尚自然古朴与"简素之美"，这些都是国人应学习并品评的。如 2012 年"欧洲酒店设计奖"展示了设计乃酒店之魂，共有九个专业奖项即最佳大堂 / 最佳客房与浴室（德国汉堡）、最佳新建酒店（克罗地亚罗维尼）、最佳非酒店建筑改造酒店（西班牙巴塞罗那）、最佳酒店酒廊（瑞士洛桑）、最佳现有酒店改造与扩建（意大利圣瓦伦廷）、最佳康体中心（法国巴黎）、最佳套房（英国伦敦）、最佳酒店餐厅（法国巴黎）、最佳可持续设计（意大利米兰）。如此细化针对酒店设计的奖项，对于我们又该有什么启示呢？国内有那么多评奖，不仅雷同，而且难评出设计真谛。

在本论文集的编辑中，或许是因为全球不断升温的疫情，或许是不断揭示出的与设计师相关的城市与建筑"短板"，我强烈地感到"返本开新"的分量，如吴先生在 1999 年北京第 20 届世界建筑师大会主旨报告中说，20 世纪的建设发展尚存缺憾，如何使用好技术这把"双刃剑"，让其更好地为人类所用，而不造成祸患，这涉及建筑师如何正视这些现象，如何使建筑之文化魂重回我们的家园。所有这些不仅需要建筑师的创作自

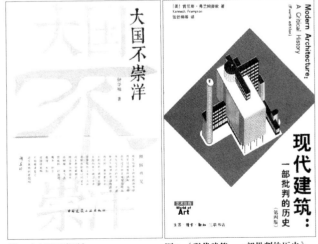

图 1 《大国不崇洋》　　　　图 2 《现代建筑：一部批判的历史》

2012年6月，金磊与三位学术前辈（前排右起张钦楠、钟华楠、杨永生）

2015年4月2日，《建筑评论》两位主编金磊、洪再生交流工作

省，也需要建筑评论者的冷静审视，旨在如何减少设计失当，避免人为酿灾的问题。2020年2月以来，面对疫情，我在中国勘察设计协会建筑设计管理分会网站上发布关于"设计防疫及灾难文化"的多篇文字，尤其推荐2020年4月2日《疫情考量建筑师贡献城市韧性的能力——〈设计灾难〉带我们走进"失败博物馆"》一文，《设计灾难》一书对疫情、对可持续安康设计的价值，在于通过27位各类设计师的实践个案，说明面对逃脱不掉的意外，重要的是要有正视失败、避免失败、战胜失败的设计本能与信心，从而建构起防灾减灾的生命安全准则，不可在自己的设计上唯利是图，不可将作品建构在大自然的灰烬之上。在本论文集中讲到这些，一是因为建筑师要学会从关注韧性城市设计中，查找自身设计中的"短板"；二是要牢记责任与使命，关注并研究行业乃至国家"十四五"规划中的安康应急建设大计。

2019年12月14日海口建筑评论会议后，我陪布正伟总建筑师回京，我们共同议到此次论坛的意义乃至相关论文的分量，其中特别谈到与历史经典建筑相关的20世纪遗产话题，他思索了一下，很快对"20世纪建筑遗产"给出了有可持续价值及审美意义的定义，即20世纪建筑遗产是"可持续且美好的建筑"。今天，我在欣赏这有科技文化内涵的建筑美好定义时，更感到建筑评论的持续价值。2020年是中国第一代建筑大师沈理源（1890—1950）诞辰130周年，也值第二代建筑师戴念慈院士（1920—1991）诞辰100周年，他们之所以成为可以站在世界建筑舞台上的先贤，是因为其作品和思想贡献了中国建筑的话语权；如果说沈理源早年通过《弗莱彻建筑史》成为在20世纪

中国传播世界建筑文化的先驱，那么戴念慈于1949年8月写的《论新中国的新建筑》几乎成为透析新中国建筑设计创作方向的标尺。愿全国建筑评论研讨会的百家园再发展，不仅成为审视建筑的智库，更成为总结创作历程的动力源。

尽管本论文集编撰不容易，但有感于几十年来全国各界建筑人士对建筑评论的坚守与努力，有感于国家对建筑评论的不断重视，更有感于民间学界汇集的建筑评论学术之力，《建筑评论》编辑部同仁倾情奉献，从而保证了论文集的顺利出版。在此我向所有贡献者致敬。

感谢虽人已离去，但对《建筑评论》学刊贡献永存的洪再生兄。

2020年6月16日于北京

作者系中国建筑学会建筑评论学术委员会副理事长
中国文物学会20世纪建筑遗产委员会副会长、秘书长
《中国建筑文化遗产》《建筑评论》主编